So wird's gemacht Special

**MOTOR
FAHRWERK
INTERIEUR**

LINDSAY PORTER

LAND ROVER DEFENDER

Den Klassiker optimieren:
von den Achsen bis zur Zentralverriegelung

Delius Klasing Verlag

Copyright © Lindsay Porter 2012
Die englische Originalausgabe mit dem Titel »Land Rover Defender Modifying Manual« – geschrieben von Lindsay Porter – erschien 2012 bei Haynes Publishing, Somerset.

Bibliografische Information der Deutschen Nationalbibliothek
Die Deutsche Nationalbibliothek verzeichnet diese Publikation in der Deutschen Nationalbibliografie; detaillierte bibliografische Daten sind im Internet über http://dnb.dnb.de abrufbar.

3. Auflage
ISBN 978-3-7688-3693-7
Die Rechte für die deutsche Ausgabe liegen beim Verlag Delius, Klasing & Co. KG, Bielefeld

Aus dem Englischen von Vincenzo Ferrara
Lektorat: Alexander Failing
Titelfoto: Lindsay Porter
Zeichnungen: Lindsay Porter
Fotos: Lindsay Porter
Einbandgestaltung: Gabriele Engel
Satz: Bernd Pettke · Digitale Dienste, Bielefeld
Druck: Firmengruppe APPL – aprinta druck, Wemding
Printed in Germany 2021

Alle Rechte vorbehalten! Ohne ausdrückliche Erlaubnis des Verlages darf das Werk weder komplett noch teilweise reproduziert, übertragen oder kopiert werden, wie z. B. manuell oder mithilfe elektronischer und mechanischer Systeme inklusive Fotokopieren, Bandaufzeichnung und Datenspeicherung.

Delius Klasing Verlag, Siekerwall 21, D - 33602 Bielefeld
Tel.: 0521/559-0, Fax: 0521/559-115
E-Mail: info@delius-klasing.de
www.delius-klasing.de

Die in diesem Buch enthaltenen Angaben und Ratschläge werden nach bestem Wissen und Gewissen erteilt, jedoch unter Ausschluss jeglicher Haftung!

Vor allen Veränderungen an Ihrem Fahrzeug sollten Sie deren gesetzliche Zulässigkeit sicherstellen.

Inhalt

Einleitung   **6**

Kapitel 1   **8**
Fahrwerk, Lenkung und Bremsen
Fahrwerksoptionen	**10**
Federn und Stoßdämpfer	**14**
Polyurethan-Lagerbuchsen	**22**
Stabilisatorkit	**26**
Lenkungsdämpfer	**30**
Differenzial-Unterfahrschutz	**30**
Bessere Bremsen	**31**

Kapitel 2   **36**
Kraftübertragung
Differenzialsperren	**38**
Mitten-Sperrdifferenzial	**43**
Automatikgetriebe-Umbau	**48**
Antriebswellen und -flansche für den Extremeinsatz	**60**

Kapitel 3   **64**
Motor
Einführung in das Turbo-Diesel-Tuning	**66**
Austausch-Ladeluftkühler aus Aluminium	**67**
Einbau des TGV-Motors	**70**
Verbesserungen am Ansaugsystem	**81**
Turbolader-Optionen	**87**
Optimierung der Diesel-Einspritzpumpe	**88**

Kapitel 4   **90**
Karosserie und Karosserieelektrik
»Supaglass« Scheibenschutz- und Tönungsfolie	**92**
Seitenfenster	**94**
Innere Fenstergitter	**97**
Windabweiser	**100**
Verbesserungen an den Spiegeln	**102**
Überroll-Käfige	**107**
Kotflügelprotektoren	**108**
Breitere Radläufe	**110**
Hintere Trittstufe und Anhängekupplung	**110**
Anhängekupplungen	**114**
Ersatzradträger: frühere Aluminiumtüren	**117**
Ersatzradträger: spätere Stahltüren	**120**
LED-Frontscheinwerfer	**124**
LED-Tagfahrlicht, -Standlichter, -Bremsleuchten und -Blinkleuchten	**127**
Zentralverriegelung	**133**
Elektrische Fensterheber für die vorderen Seitenscheiben	**137**

Kapitel 5   **142**
Interieur
Schalter von »Carling« und Instrumentenkonsole	**144**
Zusatzinstrumente	**148**
Dachhimmel	**152**
Sitzheizung und elektrische Lordosenstütze	**159**
Rücksitze	**163**
Schalldämmmatten	**166**
Aufbewahrungsboxen	**169**

Kapitel 6   **172**
Sicherheit
»Cobra«-Wegfahrsperre	**174**
Selbstüberwachender Peilsender	**176**

Kapitel 7   **178**
Komfort
Scheibenbelüftung	**180**
Tempomat	**184**
»Noise Killer«-Schalldämmung	**188**
Klimatisierung	**192**
Motorvorwärmung	**200**
Diesel-Standheizung	**204**

Kapitel 8   **208**
Batterieschaltung, Beleuchtung und Seilwinde
Batteriefach, Doppel-Batteriesystem, Sicherungskasten und Trennsystem	**210**
LED-Innenleuchten	**214**
Zusatzscheinwerfer	**216**
Positions-, Arbeits-, Nebel- und Rückfahrleuchten in LED-Technik	**219**
Einbau einer Seilwinde	**222**
Abnehmbare Rangierhilfe mit Kugelkopf und Aufnahmeplatte	**225**

Spezialisten & Lieferanten   **229**

Einleitung

Dies ist ein Handbuch für Menschen, die, wie ich auch, total verrückt sind. Verrückt nach ihrem Land Rover Defender. Verrückt genug, um ein solches Auto ihr Eigen zu nennen – es ist ja nicht das praktischste Alltagsauto, oder? Sogar verrückt genug, um dieses Fahrzeug ein wenig zu verändern, es zu personalisieren oder damit zu tun, was immer sie wollen, damit es den Wünschen entsprechend aussieht.

Das ist einer der interessantesten Aspekte des herkömmlichen Defender: Er ist äußerst stark, robust und langlebig, doch schreit er geradezu danach, modifiziert zu werden. Da es sich bei dem Wagen um einen Satz handverschraubter Teile handelt, ist es recht einfach, Bauteile selbst zu entfernen und diese durch andere Komponenten zu ersetzen. Es gibt ein enormes Angebot an Umbauteilen. Einige von ihnen werden von großen Herstellern gefertigt, andere hingegen von kleineren Unternehmen, doch wurden sie alle entwickelt, um die Bedürfnisse im On- und Off-Road-Bereich oder in Sachen äußeres Erscheinungsbild oder sogar Komfort zu befriedigen – wobei Uneingeweihte davon ausgehen, dass für Besitzer eines Defender der Komfort an letzter Stelle steht. Doch liegen sie mit dieser Annahme falsch.

Abgesehen vom Geldbeutel, sind den Besitzern eines solchen Fahrzeugs in puncto Modifikationen keine Grenzen gesetzt – die Umbaumöglichkeiten sind unzählig. Es ist unmöglich, jede denkbare Permutation von Defender-Modifikationen in einem einzigen Handbuch zusammenzufassen, daher habe ich das auch nicht versucht. Stattdessen habe ich versucht, eine Reihe der gängigsten, sinnvollsten und ansprechendsten Optionen samt unserer Vorgehensweisen bei deren Umsetzung zusammenzustellen. Würde nun jemand sagen »So hätte ich das nicht gemacht« oder »Diese Teile hätte ich nicht gewählt«, müsste ich der Tatsache zustimmen, dass es keinen einzig wahren Weg gibt, einen Defender zu verändern, und genau das macht dieses Fahrzeug aus. Jeder Defender ist anders. Daher hoffe ich, dass Sie die hierin enthaltenen Informationen als Leitfaden, als Quelle der Inspiration sowie als Startpunkt betrachten und Spaß daran haben, Ihren Defender unter Berücksichtigung der Sicherheit verantwortungsbewusst zu modifizieren und ihn somit einzigartig zu machen!

Wer – oder was – ist DiXie?

Da der Wagen in den Augen derer, die ihre Defender kennen, nicht »richtig« aussieht, wird auf vielen Seiten dieses Handbuchs auf DiXie eingegangen. Mein weißer Defender, im *Land Rover Monthly*-Magazin auch als DiXie bekannt, wurde 2006 als einer der letzten nur für den Export bestimmten Defender mit 300-Tdi-Vierzylindermotor gebaut. Damals verfügten die in England »offiziell« käuflichen Defender nur über den Td5-Motor.

Obwohl DiXie es bis zum Rotterdamer Kai schaffte, fiel der ursprüngliche Verkauf aus und der Wagen wurde 2008 in unbenutztem Zustand reimportiert, woraufhin ich ihn kaufte. Damals war es zulässig, eine Zulassung für importierte Land Rover mit Linkslenkung zu erhalten, indem sie einer Genehmigungsprozedur für Sonderfahrzeuge (Einzelabnahme) unterzogen wurden. Obwohl der 300 Tdi auf dem britischen Markt zuletzt offiziell im Jahre 1999 verkauft wurde, hatte ich einen fabrikneuen, im Jahre 2008 erstmals zugelassenen 300 Tdi, den wir später (natürlich ganz legal) auf Rechtslenker umgebaut haben. Mit der Zeit haben wir mal hier etwas hinzugefügt, mal dort etwas angebaut, und so kam es zu diesem Handbuch.

Danksagungen

Am einfachsten wäre es, zu sagen, dass alle Menschen, denen ich zu Dank verpflichtet bin, auf den Fotos in diesem Buch abgebildet sind, doch würde das nicht ganz der Wahrheit entsprechen. Zuerst möchte ich meiner Frau Shan für ihre gemeinsame Begeisterung für unseren Defender und ihre unablässige Ermutigung bei der riesigen Menge an Arbeit danken, die wir in das Fahrzeug und in dieses Buch gesteckt haben. Es läuft nicht immer alles rund, es läuft in der Tat selten rund, doch wenn man jemanden an seiner Seite hat, der die Wogen glättet, ist das schon die halbe Miete! Shan macht im Bedarfsfall auch tolle Fotos.

Ich möchte zudem Zoe Palmer danken, die mir seit 20 Jahren beim Schreiben assistiert und die mehr als die meisten Leute über die Entstehung eines Buches weiß – außerdem weiß sie einiges darüber, wie man Land Rover zusammenbaut. Sie hat viel wertvolle Arbeit in dieses Buch gesteckt und, wie immer, einiges bewirkt.

Mein anerkennender Dank geht auch an die großartigen Leute beim *Land Rover Monthly*-Magazin (wie man dort sagt: »Geschrieben von Enthusiasten für Enthusiasten«, was auch stimmt), die sich darum reißen, mitzuarbeiten und die mich einige Jahre lang dafür bezahlt haben, Anleitungen für das Magazin zu verfassen. Dort ist der größte Teil dieses Materials in seiner ursprünglichen, Magazin-orientierten Form erschienen. Steve Rendle, mein Lektor bei Haynes, hat während der Arbeit mit mir und Zoe einen großartigen Job gemacht, um meine Sachen in eine geeignete Form für dieses Handbuch zu bringen. Steve kennt sich wirklich aus!

Mein guter Kumpel Frank Elson von *LRM*, ein betagter Typ wie ich (obwohl er jedem Zuhörer erzählt, er sei einen Hauch jünger), war eine große Quelle der Ermutigung. Er schrieb freundlicherweise das Vorwort zu diesem Buch. Frank ist eine Legende mit seinem eigenen Land Rover, ein guter Kumpel und ein guter Kerl.

Was die Werkstatt angeht, so haben mich Ian Baughan und Tim Consolante mit ihrer unvergleichlichen Werkstatt und ihrem besonderen Fachwissen in puncto Elektrik großartig unterstützt, doch gebührt der größte Dank Dave Bradley-Scrivener, der an Wochenenden für mich arbeitet und dessen Bemühungen alle Erwartungen übertrafen, nur damit die Dokumentationen für dieses Buch rechtzeitig abgeschlossen werden konnten. Er ist ein toller Kerl, es ist schön, mit ihm zusammenzuarbeiten, er gibt immer sein Bestes und Shan und ich genießen es außerordentlich, dass er hier arbeitet.

Zudem ist es auch nicht zu viel verlangt, auch Ihnen, den Defender-Enthusiasten, für Ihre Hilfe, von der Sie vermutlich nichts wissen, zu danken. Ich habe von vielen Defender-Verrückten gehört und eine ganze Reihe von ihnen bei Shows getroffen. Jeder Einzelne, den ich getroffen habe, ist ein gutmütiger Land Rover Fan, kurz gesagt, ein vollkommener Spinner wie ich. Ich danke euch allen!

Nachwort. Auf die Frage, was er am komplett neuen Landy so falsch finde, brachte es Charlie Thorn, ein rundum gutmütiger und unerschütterlicher *LRM*-Anhänger sowie ein Zeitgenosse von Frank Elson und mir, sehr einfach auf den Punkt: »Die Oberseiten der Kotflügel sind nicht flach, du kannst nirgendwo eine Tasse Tee abstellen, während du an deinem Land Rover bastelst.« Das ist wirklich wahr und sagt alles.

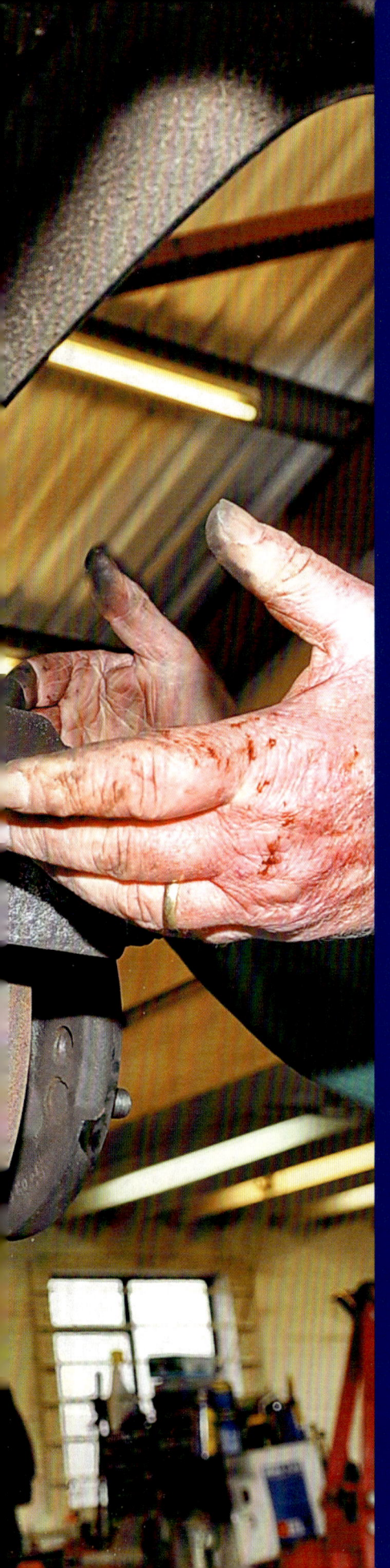

1
Fahrwerk, Lenkung und Bremsen

Fahrwerksoptionen	10
Federn und Stoßdämpfer	14
Polyurethan-Lagerbuchsen	22
Stabilisatorkit	26
Lenkungsdämpfer	30
Differenzial-Unterfahrschutz	30
Bessere Bremsen	31

Fahrwerksoptionen

Für den Defender-Besitzer muss es nahezu Tausende verschiedener Fahrwerkskomponenten geben. Doch bevor man geänderte Fahrwerkselemente verbaut, sollte man sich selbst zwei Fragen stellen. Erstens: Was ist am aktuellen Setup verkehrt? Zweitens: Was möchte man unter anderem hinsichtlich des Komforts, der Straßenlage, der Geländegängigkeit und der Tragfähigkeit erreichen? Bei den Land Rover-Shows sieht man, dass große, hohe, gemein und sexy anmutende Ausführungen am stehenden Fahrzeug großartig aussehen können und in Kombination mit hellen Farben sowie viel Chrom Macho-mäßig und verführerisch erscheinen. Doch muss man sich darüber im Klaren sein, dass es zwar sehr einfach ist, einen Defender gut aussehen zu lassen, aber dass das Fahren und das Handling solcher Autos schrecklich ist, ja gefährlich werden kann, wenn falsche Komponenten verbaut oder inkompatible Kombinationen gewählt werden.

Die Hersteller investieren Millionen für die Entwicklung von Federungssystemen, in welchen verschiedenste Faktoren gut ineinander greifen. Doch sollte man immer daran denken, dass es dabei nicht nur um die Höhe und Steifigkeit von Federn geht. Die Federn eines Defender erledigen u. a. folgende Aufgaben:
- Gewährleistung von Flexibilität in Sachen Traglast.
- Gewährleistung der Fähigkeit, je nach Kompressionsgrad unterschiedlich zu arbeiten.
- Gewährleistung der Fähigkeit, bei verschiedenen Kurvengeschwindigkeiten und unter verschiedenen Straßenbedingungen gut zu arbeiten.
- Gewährleistung von Beweglichkeit für die Off-Road-Fahrt.

Außerdem gibt es noch viel mehr, das berücksichtigt werden muss. Die Stoßdämpfer müssen die richtige Länge und den korrekten Dämpfungsgrad haben sowie die Fähigkeit aufweisen, nicht zu überhitzen. Das könnte ihre Eigenschaften verändern und schnell zu Schäden führen.

Die Massen (Gewicht der Achse und des Lenkgetriebes, der Räder und Reifen) sind bereits in den Berechnungen durch den Hersteller eingeflossen. Werden diese verändert, verändern sich auch die Anforderungen ans Fahrwerk.

Die Größe und die Höhe der Räder und Reifen beeinflussen die Straßenlage und das Handling, denn je höher ein Fahrzeug ist, desto stärker neigt es sich bei Kurvenfahrten oder wenn man in abschüssigem Gelände unterwegs ist.

Die Federung, die Lenkung und der Stabilisator haben einen Einfluss auf die Verträglichkeit der Fahrwerkskomponenten untereinander. Der Punkt ist, dass keiner dieser Faktoren sowie andere, die wir nicht angesprochen haben (z. B. verstärkte Lenkstangen) isoliert betrachtet werden kann. Jedes Mal, wenn ein Teil des Fahrwerks geändert wird, hat dies Folgen für die anderen Teile. Das ist auch bei anderen Fahrzeugteilen der Fall, wie wir später sehen werden.

Sie haben also bestimmte Anforderungen? Sie sind auch darauf vorbereitet, am Ende etwas zu haben, das schlimmer ist als vor dem Umbau? Oder wäre es vielleicht besser, das bestehende Fahrwerks-Setup noch einmal überholen zu lassen, damit es wieder so funktioniert wie damals, als es noch neu war?

Viele von uns können einfach nicht anders, als herumzubasteln. Wenn Sie bestimmte Anforderungen haben, wie beispielsweise extreme Traglasten, hohe Straßen- oder Off-Road-Performance, wird explizit darauf hingewiesen, die Änderungen nur schrittweise und anwendbar durchzuführen, damit die Wirkung der Änderung jeweils isoliert bewertet und eher kleinere als große und radikale Modifikationen durchgeführt werden.

Alle hier gezeigten Abbildungen sind von Terrafirma, einem Unternehmen, dessen Angebotspalette die hier gezeigten Komponenten bei Weitem übertrifft.

Höherlegen des Fahrwerks

Viele, wenn nicht gar die meisten Off-Roader möchten ihr Fahrwerk höherlegen, damit sie mehr Bodenfreiheit erhalten und, wenn längere Federn eingesetzt werden, die Achsenbeweglichkeit erhöht wird. Die Idee, die dahinter steckt ist die, dass bei einem Fahrzeug auf sehr unebenem Grund zwei Reifen den Boden nicht berühren könnten, was bedeutet, dass sich die Räder wohl drehen, das Fahrzeug jedoch nicht vom Fleck kommt. Differenzialsperren oder Sperrdifferenziale lösen die meisten dieser Probleme, doch ist es immer hilfreich, wenn möglichst viele Räder Bodenkontakt haben. Nachteile? Man kommt damit nicht in niedrige Parkhäuser. Außerdem werden Sie Schwierigkeiten beim Ein- und Aussteigen

Fahrwerksoptionen

haben; die Straßenlage wird schlechter und das Fahrzeug kann, sollte die Arbeit schlampig ausgeführt sein, auch sehr gefährlich werden. Die Hauptmöglichkeiten bestehen darin, speziell gefertigte längere Federn einzusetzen …

… oder Distanzstücke am Federteller anzubringen. Doch welchen Ansatz Sie auch immer verfolgen: Es müssen auch andere Komponenten angepasst werden.

Stoßdämpfer

Wenn Sie ihr Fahrzeug um 50 mm höher legen möchten, müssen Ihre Stoßdämpfer entweder um das entsprechende Maß länger sein oder tiefer eingebaut werden. Andernfalls wird man aufsetzen, bevor der maximale Federweg erreicht wurde.

Was passiert, wenn man niedrigere Stoßdämpfer-Halterungen (diese hier sind Beispiele für die Hinterachse) oder vordere Domeinsätze mit mehr Höhe (siehe unten) einsetzt? Obwohl der Stoßdämpfer den maximalen Federweg erreicht, wird dieser bei voll eingefedertem Fahrwerk nicht anschlagen.

Man könnte größere Anschlagpuffer, …

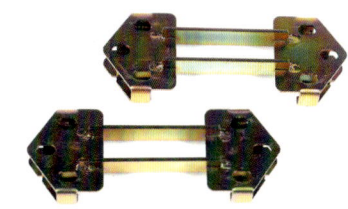

… Anschlagpuffer-Distanzstücke …

… oder niedrigere Halterungen an der Stoßdämpferoberseite (hier für hinten) einsetzen, doch all diese Modifikationen schränken die Achse in ihrer Bewegungsfreiheit nach oben ein. Somit liegt zwar das Fahrzeug höher, doch bleibt die Achsbewegung unverändert.

Einige werden sagen, dass sie ihre Stoßdämpfer und Halterungen nach dem Höherlegen des Fahrzeugs um 50 mm unverändert gelassen haben und dass sich keinerlei Probleme zeigten. Es könnte sein, dass ihr Fahrzeug nie den maximalen Federweg ausgenutzt hat oder dass sie nicht bemerkt haben, dass irgendetwas fehlerhaft sein könnte. Es wäre auch möglich, dass ihre Stoßdämpfer über eine Reserve verfügen, aber wie soll man das herausfinden?

Speziell angefertigte, längere Stoßdämpfer stellen die einzig akzeptable Lösung dar. Doch auch hier gibt es ein Problem: Die längeren Stoßdämpfer, vor allem die für eine Höherlegung um 100 mm, bewegen sich nun in Winkeln, die sich außerhalb der Konstruktionsgrenzen

des Herstellers befinden und zu Belastungen der Stoßdämpferhalterungen, Lagerbuchsen und der Stoßdämpfer selbst führen. Es wird sie nicht überraschen, dass es hierfür eine weitere Lösung gibt: Es geht um den Einbau von schwenkbaren Stoßdämpferhalterungen.

Alternativ dazu ermöglichen die oberen Stoßdämpferhalterungen für die Hinterachse …

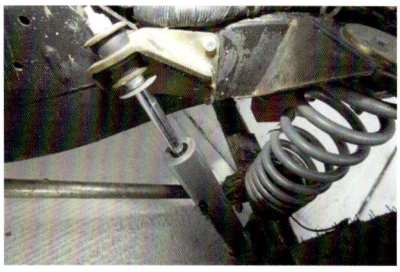

… die Wahl eines anderen Einbauortes.

Alternative Lagerung

Längere Federn und Stoßdämpfer sorgen im Off-Road-Einsatz für eine bessere Achsbeweglichkeit. Die Federlänge aber bleibt …

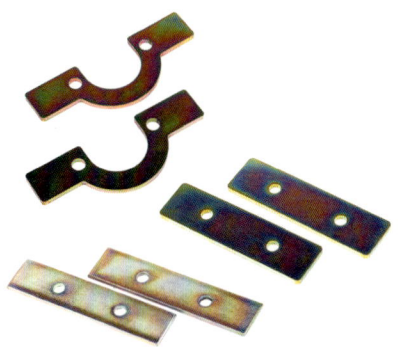

… bei fester Ober- und Unterseite der Feder (hier sehen Sie Spiralfederhalteplatten) weiterhin ein einschränkender Faktor.

Ein beliebter Modifikationsansatz ist der, die Federn aus ihren Sitzen herauskommen zu lassen, wodurch sich die Achse im Bedarfsfall weiter von der Karosserie wegbewegen kann. Doch in diesem Fall benötigt man auch eine Einrichtung, die die Feder wieder zurückführt, wenn die Achse sich wieder zurückbewegt. Hierfür bedarf es einer Kegel- oder Dornform.

Diese hier werden vorn eingebaut …

Fahrwerk, Lenkung und Bremsen

… während diese an der Hinterachse eingesetzt werden.

Alternativ kann man leichte Zusatzfedern einsetzen, die in die bestehenden Federn eingeführt werden. Wenn sich die Achse jenseits der Länge der Hauptfeder bewegt, bleibt die Hilfsfeder an Ort und Stelle und liefert Druck nach unten, um Traktion zu gewährleisten. Doch beeinflussen diese Zusatzfedern das Off-Road-Handling, während der Druck, den Sie zur Unterstützung der Traktion ausüben, minimal ist.

Die extreme Achsverlagerung stößt an ihre Grenzen, sobald die Verbindungsstrukturen und Lagerbuchsen sich dagegen wehren. Um dieses Problem zu lösen, gibt es teure, brandneue Verbindungen mit eingebauten Kugelgelenken, die anstelle der normalen Lagerbuchsen an speziellen Halteplatten montiert werden. Die damit große Bewegungsfreiheit erfordert auch eine Modifikation der Antriebsgelenke, damit diese mit den extremen Winkeln an den Wellen mithalten können.

Hierfür müssten die Antriebswellen bearbeitet oder Versionen mit größeren Gelenkgabeln eingesetzt werden, um mehr Bewegungsfreiheit zu erzielen.

Man darf auch nicht vergessen, dass die Schubstreben sich unter ihre Konstruktionsgrenze bewegen werden, wodurch der untere Teil der Fahrwerksbuchsen beschädigt und ihre Bewegungsfreiheit eingeschränkt wird.

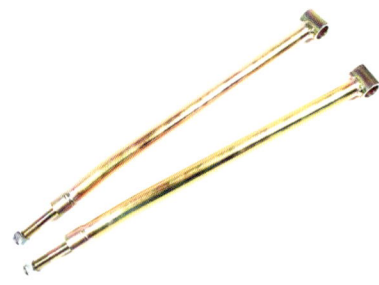

Eine Möglichkeit ist der Einsatz geknickter Schubstreben, während ein weiterer Ansatz den Einbau teurer, mit Gelenken versehener Schubstreben vorsieht. Hinten muss ihre seitliche Beweglichkeit geprüft werden.

Federn

Wenn man zu steife Heavy-Duty-Federn einbaut, wird die Fahrt schnell unbequem und sogar gefährlich. Außerdem könnten sich die Federn im Off-Road-Einsatz nicht stark genug komprimieren lassen. Andererseits kann eine zu weiche Feder auf einer normalen Straße gefährlich werden, sich unter Druck zur Seite biegen und sich bei Off-Road-Einsatz mit anderen Bauteilen verhaken.

Wenn Sie der Meinung sind, dass Ihre Federn Unterstützung vertragen könnten, wenn Ihr Defender voll beladen ist, könnten Sie »Spring Assisters« wie diese vom Typ Air-Lift 1000 einbauen. Diese Luftkissen aus Amerika wurden

entwickelt, um fest verbaut und nur dann mit Luft aufgepumpt zu werden, wenn das Auto schwere Lasten trägt oder um die Fahrzeughöhe stabil zu halten.

Die Kissen werden in die Federn eingeführt – sie sind weich genug, um zusammengedrückt durch die Oberseiten geschoben werden zu können. Die schwarzen und roten Pads können zur ober- und unterseitigen Sicherung des Luftkissens in die Federwindungen eingesetzt werden. Je nach Bedarf können diese Luftkissen mit der Reifenpumpe aufgepumpt werden.

Stabilisatoren

Wünscht man eine bessere Straßen-Performance, sind die standardmäßig verbauten Stabilisatoren die bessere Wahl und machen bei einem ziemlich schweren Fahrzeug den feinen Unterschied aus. Die Kombination aus einem sehr dicken vorderen und einem dünneren hinteren Stabilisator führt zu einem ziemlich deutlichen Untersteuern, bei dem das Fahrzeug in schnellen Kurven über die Vorderräder schiebt. Natürlich kann dies sehr gefährlich werden. Ein sehr dicker hinterer Stabilisator in Kombination mit einem dünnen an der Vorderachse bewirkt, dass das Heck ausbricht, was auch gefährlich werden kann! Wenn man an die Millionen denkt, die die Hersteller in diesem Bereich ausgeben, sind Standardstabilisatoren die beste Wahl.

Im leichten Off-Road- oder Wettbewerbseinsatz schränken die Stabilisatoren die Bewegungsfreiheit der Achse merklich ein. Einige nehmen die Stabilisatoren ganz heraus, während andere abnehmbare Achs- oder Fahrwerkshalterungen einbauen, die je nach Bedarf entfernt werden können. Bei weniger anspruchsvollen Off-Road-Einsätzen ist der Gebrauch von Standardstabilisatoren absolut ausreichend.

Räder und Reifen

Wenn es um Räder und Reifen geht, ist es sehr verführerisch, die schönsten auf dem Markt erhältlichen zu montieren. Doch während das äußere Erscheinungsbild zweifellos wichtig ist, muss sich dieses Kriterium der Sicherheit und Nutzbarkeit unterordnen.

Zunächst muss darauf aufmerksam gemacht werden, dass breitere Reifen kein Garant für einen besseren Grip und eine bessere Straßenlage sind. Sie können das Aquaplaning-Risiko und das Nachlaufen in Spurrinnen sogar noch erhöhen, während die Lenkung sensibler auf

Bodenwellen und Straßenmarkierungen reagiert.

Breitere Reifen mögen vielleicht sexy aussehen, doch haben sie unerwünschte Nebeneffekte. Das zusätzliche Gewicht an den Achsenden kann zu Fahrwerkstrampeln führen – was bei Kurvenfahrten gefährlich ist. Die Fahrzeugübersetzung ändert sich, genauso wie die Tachometer- und Kilometeranzeige.

Fahrwerksoptionen

Ein Ansatz zur Lösung des Trampelns, das durch höhere ungefederte Massen hervorgerufen wird, ist der Einsatz leistungsfähigerer und/oder doppelter Stoßdämpfer.

Hier die Halterungen für die hinteren Doppelstoßdämpfer ...

... und hier ein vorderer Doppelstoßdämpfer-Montagesatz.

Über Räder und Reifen gibt es noch viel mehr zu sagen, nur reicht hierfür der Platz in diesem Buch nicht aus. Ein wichtiger Punkt ist aber, dass man immer sicherstellen muss, dass die Bereifung dem Gewicht und der Tragfähigkeit des Fahrzeugs entspricht – andernfalls übernimmt die Versicherung nach einem Unfall keinerlei Haftung.

Natürlich gibt es für die Hartgesottenen nichts, was sie davon abhält, sich bei den Rädern und Reifen auszutoben, solange das gewählte Equipment legal ist, sich der Defender sicher fahren lässt und dass keine Nebenkomponenten geändert oder angepasst werden. Den meisten Defender-Besitzern wird empfohlen, eher den gemäßigten Weg zu gehen.

Bei 16-Zoll-Rädern und Reifen mit etwas geringerem Querschnitt als in der normalen Ausführung (zuerst mit dem Hersteller abzuklären) erhält man denselben Umfang wie bei Standardreifen, weshalb auch die Tachometerwerte unverändert bleiben. Räder mit einem leicht größeren Versatz können die Spurweite verbreitern, was die Straßenlage zwar verbessert, doch viel mehr Matsch an die Fahrzeugflanken schleudert.

17-Zoll-Räder können besser aussehen und den Einsatz von größeren Bremsen ermöglichen, doch ist hier ein viel geringerer Reifenquerschnitt zu wählen. Mit derartigen Rädern und Reifen wird alles spürbar härter.

Lenkung

Wird das Fahrwerk eines schraubengefederten Defender höhergelegt, ändert sich automatisch der Nachlaufwinkel, wodurch die Lenkung unpräzise wirkt und das Fahrzeug schwieriger in der Spur zu halten ist. Einige Spezialisten empfehlen, bei Fahrzeugen mit einer Höherlegung um 50 mm den Nachlaufwinkel um drei Grad zu korrigieren, damit die korrekte Lenkgeometrie wiederhergestellt ist, während der Nachlaufwinkel bei Höherlegungssätzen von über 50 mm um sechs Grad zu korrigieren ist.

Übrigens führt bei Fahrzeugen ohne Höherlegung eine Nachlaufwinkelkorrektur von drei Grad zu einer verbesserten Rückstellung und zu einem genaueren Lenkverhalten bei etwas mehr Widerstand.

Der Nachlaufwinkel kann durch Einbau modifizierter Gelenkarme, Längslenker (siehe Bild unten) oder – die kostengünstigere Lösung – von Längslenker-Lagerbuchsen korrigiert werden.

Letztendlich ist davon abzuraten, Fahrzeugmodifikationen nur nach dem Aussehen des komplett fertiggestellten Fahrzeugs oder des einzelnen Bauteils zu kaufen. Fragen Sie sich selbst, was an dem aktuellen Setup falsch ist und ob die Verbesserung nicht einfach durch den Austausch verschlissener Bauteile erzielt werden kann. Nachdem Sie erkannt haben, welche Probleme es in Ihren Augen zu lösen gilt, sollten Sie die Dinge so einfach wie möglich halten und die Veränderungen nur in kleinen Schritten durchführen. Damit können Sie den Fortschritt besser beurteilen, bevor Sie die nächsten Schritte einleiten. Und vergessen Sie nicht, dass der Standard-Defender eine tolles und wohlverdientes Ansehen hinsichtlich des Fahrverhaltens sowohl auf der Straße als auch Off-Road genießt.

Fahrwerk, Lenkung und Bremsen

Federn und Stoßdämpfer

Dieser Abschnitt umreißt die Arbeiten, die wir an zwei Fahrzeugen durchgeführt haben. Die hier gezeigten Modifikationen sind nicht speziell auf diese Fahrzeuge zugeschnitten, sondern können bei jedem Defender angewandt werden, so wie das auch mit einer Vielzahl weiterer Bauteile der Fall ist. Wenden Sie sich bei Fragen zur Kompatibilität an Ihren Händler.

Td5 110
Die »Old Man Emu Nitrocharger«-Stoßdämpfer von ARB wurden ursprünglich für australische Fahrbedingungen konzipiert, unter welchen schwer beladene Fahrzeuge auf schlechten Outback-Straßen weite Strecken zurücklegen. Die Old Man Emu-Entwickler haben sich auf Allradfahrwerke spezialisiert – genau das unterscheidet ihre Nitrocharger von den Produkten der Konkurrenz. Und wenn die OME Nitrocharger bereits mit den Standardfedern derart gute Ergebnisse liefern, werden die Vorteile beim Einbau von OME-Federn sogar noch spürbarer. So wurden bei diesem Fahrzeug hinten variable OME-Schraubenfedern eingebaut, während an der Vorderachse die Standardfedern verbaut blieben. Das lag daran, dass die meisten OME-Federn eine merklich größere Fahrzeughöhe zur Folge haben, was ich nicht mag. Old Man Emu bieten eine Palette an festen und variablen Schraubenfedern an; zudem gefällt ihr Hauptaugenmerk auf die verbesserte Niveauregulierung.

200 Tdi
Stuart Harrison befolgte den Plan von Paul Myers, dem Geschäftsführer von Britpart, und baute vorn die Performance-Federn von Britpart und die »Super Gaz«-Stoßdämpfer ein, die mit den hauseigenen Polyurethan-Lagerbuchsen geliefert wurden. Man behauptet, dass diese Stoßdämpfer die Fahreigenschaften und die Dämpfungsleistung in großem Maße verbessern, während die Federn die Fahrzeughöhe geringfügig vergrößern.

Vorn

Td5 110

1 Ian Baughan von IRB stellte Böcke unter, bevor er die untere Befestigungsmutter der Federbeine löste. Die Karosserie selbst wurde erst bei voll ausgefedertem Fahrwerk unterstützt. Während der Demontage ist es ratsam darauf zu achten, wie die Lagerbuchsen und Sicherungsringe montiert sind, damit neue Bauteile korrekt montiert werden können.

2 Nach dem Entfernen des Kühlmittelbehälters und der Gummiabdeckung an der inneren Kotflügeloberseite wurden eine Knarre und die passende Verlängerung verwendet, um die vier Muttern zu lösen, …

3 … die den Feder-Pylon fixieren. Weil die Achse in vollständig ausgefedertem Zustand unterstützt war, gab es beim Ausbau keinerlei Druck auf den Federn.

4 Ein Pressluftschrauber machte kurzen Prozess mit der oberen Stoßdämpfermutter, ohne dass der Stoßdämpfer gegen Drehen gesichert werden musste. Auch hier lohnt es sich, die richtige Ausrichtung der Lagerbuchsen und Ringe bei deren Ausbau zu notieren.

5 Die im OME-Kit enthaltenen Lagerbuchsen und Unterlegscheiben wurden in korrekter Reihenfolge an der Oberseite des neuen Stoßdämpfers eingebaut, nachdem dieser in den Pylon gedrückt wurde.

6 Nach dem Auftragen einer geringen Menge an Kupferpaste wurden die kleinere Unterlegscheibe sowie die Sicherungsmutter angebracht, …

7 … bevor der Nitrocharger-Stoßdämpfer samt Pylon, oberer Unterlegscheibe und Lagerbuchse an der Unterseite in Position gebracht wurde. Dann wurde er in seine untere Aufnahme gedrückt.

Federn und Stoßdämpfer 15

 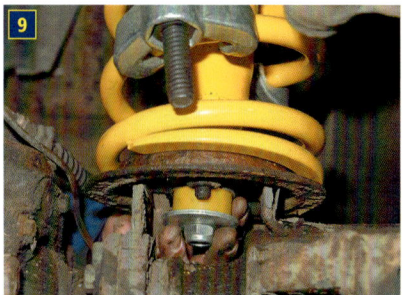 

200 Tdi

8 Um neue Federbeinaufnahmen einzubauen, werden die oberen Stoßdämpfermuttern abgeschraubt und die Achse abgesenkt.

9 Wie man hier sehen kann, ist es ziemlich knifflig, die untere Lagerbuchse, die Unterlegscheiben und die Sicherungsmutter in die Halterung zu bekommen.

10 Hier sollte sich dieser Ratschen-Ringschlüssel als Geschenk des Himmels herausstellen. Allerdings haben wir festgestellt, dass man nach dem Anziehen der Mutter auf der Unterseite des Stoßdämpfers den Schlüssel anschließend nicht mehr herausbekommt! Dass liegt daran, dass sich der Schaft an der Unterseite des Stoßdämpfers während des Festziehens der Mutter nach unten bewegt und zur Achse hin keinen Freiraum lässt. Es empfiehlt sich also, so lange wie möglich mit dem Ringschlüssel zu arbeiten, bevor das Vorhaben mit einem Gabelschlüssel zu Ende gebracht wird.

11 Der neue Längslenker bei der Vorbereitung für den Einbau.

12 Ein hydraulischer Wagenheber (maximale Traglast 1800 kg) kam vorher schon zum Einsatz, um das Fahrzeug aufzubocken. Die Achse musste separat vom Auto unterstützt werden, also wurde mit dem Wagenheber das ganze Fahrzeug angehoben, die Achsstütze in Position gebracht und das Fahrzeug anschließend langsam abgesenkt, bis das Gewicht der Achse auf der Achsstütze lag.

13 Zwei große Muttern, Schrauben und Unterlegscheiben fixieren die Vorderseite des Längslenkers. Man benötigt auf jeden Fall Kraft, um diese Verbindung zu lösen.

14 Eine Mutter fixiert die Rückseite am Fahrgestell.

15 Nachdem alles gelockert wurde, können die vorderen Schrauben freigeklopft werden. Wenn Sie beabsichtigen, diese Schrauben wiederzuverwenden, muss sichergestellt werden, dass sie größtenteils herausgedreht werden, bevor Sie das letzte Stück mit dem Hammer herausklopfen – andernfalls wird das Gewinde beschädigt.

16 Um den Längslenker zu entfernen, musste zuerst der Lenkhebel fahrerseitig entfernt werden. Hier löst der Techniker die konische Bohrung des Auges, indem er mit einem großen Hammer den zugehörigen Kegelstift des Kugelgelenks befreit.

17 Nach dem lösen dieser Verbindung kann der Hebel einfach aus seinem Lager geschoben und frei hängen gelassen werden.

18 Am besten hebelt man das Gummilager am Ende des Längslenkers ab, bevor man versucht, es von der Vorderseite zu entfernen, da die Lagerbuchse versuchen wird, das Lager festzuhalten.

Fahrwerk, Lenkung und Bremsen

19 Anschließend kann die Vorderseite nach unten freigehämmert werden.

20 Der alte Längslenker ist entfernt.

21 Die neuen Polyurethan-Lagerbuchsen sind über eine Presspassung mit ihren Gehäusen verbunden. Anders als Gummilager vertragen die PU-Lagerbuchsen etwas Fett, ohne beschädigt zu werden.

22 Die Backen eines Schraubstocks oder eine Schraubzwinge überreden die Lagerbuchsen dazu, vollständig im Gehäuse zu verschwinden. Das müssen sie auch, wenn sie wieder ans Fahrwerk montiert werden sollen.

23 Bei der stählernen Mittelbuchse handelt es sich auch um eine Presspassung. Ein Spritzer Schmieröl kann beim Hineintreiben sehr hilfreich sein.

24 Mit einer Stecknuss wurde sichergestellt, dass die Buchse an beiden Seiten gleichmäßig tief eingepresst wurde.

25 Es kann hilfreich sein, vor dem Einbau der Längslenker die Schenkel der Befestigungshalterung mit einem Hammer leicht auseinander zu klopfen. Achten Sie jedoch darauf, diese nicht zu weit aufzubiegen, da sich sonst die Bohrungen verschieben und der Bolzen verhakt. Auf jeden Fall empfiehlt es sich, auf der Innenseite der Halterung Roststellen zu behandeln und diese gut einzufetten.

26 Die Innenbuchse wurde am hinteren Ende des Längslenkers eingebaut, der anschließend in die Fahrwerkshalterung geschoben wurde.

27 Das vordere Ende des Längslenkers war über eine hochfeste Presspassung mit der Halterung verbunden. Machen Sie nicht den Fehler, den wir gemacht haben: Wenn Sie den Längslenker in Position hämmern – was man mit einem normalen Längslenker ohne Beschichtung eigentlich normalerweise tut – wird die Plastikbeschichtung abplatzen, wodurch es zu Rostbildung kommt! Wir werden die beschädigten Stellen noch einmal nachbessern müssen.

28 Die vorletzte Aufgabe bestand darin, die neuen Schrauben und Muttern am vorderen Ende des Längslenkers einzusetzen.

29 Erst danach konnten die hintere Buchse, Unterlegscheibe und Sicherungsmutter montiert werden.

Federn und Stoßdämpfer

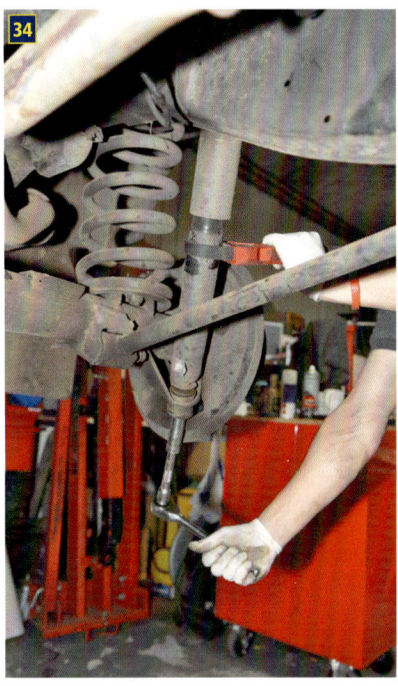

Hinten

Td5 110

30 Nachdem mein Defender angehoben wurde, wurde ein Getriebeheber eingesetzt, um das Gewicht der Hinterachse abzustützen. Den Grund hierfür werden Sie später erfahren.

31 Die Mutter, die die obere Stoßdämpferhalterung fixiert, wurde gelockert …

32 … und gemeinsam mit der Unterlegscheibe entfernt.

33 Als nächstes haben wir uns um die Mutter auf der Unterseite gekümmert. Man muss den Stoßdämpfer fixieren, damit er sich beim Lösen dieser Mutter nicht mitdreht. Der Schaft hat eine flache Stelle, die sich beim Einbau eines nagelneuen Stoßdämpfers gut fixieren lässt, doch wird man hierzu kaum Chancen haben, wenn der Stoßdämpfer schon eine lange Zeit verbaut war. Sollte es nicht weiter schlimm sein, wenn der Stoßdämpfer ein paar Ausbauspuren abbekommt, kann man einen Rohrschlüssel verwenden, doch wenn man eine Beschädigung vermeiden möchte, empfiehlt sich der Einsatz eines Gummi-Bandschlüssels.

34 Hier sehen Sie, wie der Stoßdämpfer zum Lösen der unteren Mutter fixiert wird.

35 Nun kann der hintere Stoßdämpfer entfernt werden. Achten Sie aber darauf, dass die flexible Bremsleitung nicht gedehnt wird, während die Achse herunterhängt! Dazu wurde der Getriebeheber unter die Achse gestellt.

36 Da die hinteren Federn auch getauscht werden mussten, wurde eine Knarrenverlängerung eingesetzt, um die Schrauben und Muttern der Federklemmen zu lösen. Ein zweiter Schraubenschlüssel ist zum Gegenhalten notwendig.

37 Ohne die Klemmplatte ganz zu entfernen, wurde die Feder »herausgeschraubt«. Dabei wurde sichergestellt, dass die Achse tief genug hängt, damit sich die Feder aus der Oberseite des Gehäuses herausbewegen kann.

38 So sollten Federteller bei geringem Rostansatz aussehen. Manchmal müssen sie jedoch ersetzt werden.

39 Federsitz und Klemme wurden entfernt, gesäubert und wieder locker montiert.

Fahrwerk, Lenkung und Bremsen

40 Die Old Man Emu-Feder war ein wenig länger als das Original, daher musste sie in die obere Halterung gedrückt werden. Klar zu erkennen: die breiteren, luftigen Ringe an der Unterseite und die enger zusammenstehenden Ringe an der Oberseite. Dadurch besitzen die Federn einen variablen Federweg. So erhält man ein bequemes Fahrverhalten bei leicht beladenem Fahrzeug und wird trotzdem mit schwereren Lasten fertig.

41 Auf Gummilager darf kein fett aufgetragen werden, bei Lagern aus Polyurethan schon. Diese Lager wurden mit Silikonfett behandelt, daher konnten sie nicht per Hand eingepresst werden. Eine Hydraulikpresse wurde verwendet – ein Schraubstock oder eine Schraubzwinge hätten dasselbe bezweckt.

42 Das obere Ende des OME-Stoßdämpfers wird auf seinen Montagezapfen aufgesteckt, die Unterlegscheibe und die Mutter lose angebracht.

43 Hier sehen Sie die Kombination von Lagerbuchsen und oberen und unteren Unterlegscheiben, die überall zum Einsatz kommt. Ob Sie die Federscheiben einbauen oder nicht, hängt davon ab, ob diese bei ihrem Defender an der Achshalterung vorhanden sind. Dadurch, dass unser Defender von 2006 ist, waren seine Achshalterungen bereits damit ausgestattet.

44 Nach dem Anbringen der oberen großen Unterlegscheibe und der oberen Lagerbuchse wurde das untere Ende des Stoßdämpfers an der Bohrung in der Halterung ausgerichtet.

45 Die Achse wurde angehoben, bis es möglich war ...

46 ... die untere Lagerbuchse, die großen und kleinen Unterlegscheiben und die Mutter anzubringen. Das Bild im Bild zeigt die ursprüngliche Lagerbuchse und was dabei herauskommt, wenn sie bei Montage des Fahrzeugs nicht richtig eingesetzt wird.

47 Nachdem die Mutter an der Unterseite vollständig festgezogen war (man muss nur die Lagerbuchsen andrücken, aber nicht so fest, dass sie flach werden oder sich verformen), ...

48 ... wurde auch die obere Mutter montiert.

Federn und Stoßdämpfer 19

200 Tdi

49 Eine Performance-Feder von Britpart und ein »Super Gaz«-Stoßdämpfer. Die Federn vergrößern die Fahrzeughöhe und es gibt sie in verschiedenen Längen. Diese pulverbeschichteten Federn kommen gut mit Off-Road-Betrieb klar und bieten ein gutes Fahrverhalten auf der Straße, während die Stoßdämpfer den Fahrkomfort und die Dämpfungsleistung enorm steigern.

50 Super Gaz-Stoßdämpfer werden mit hauseigenen Lagerbuchsen aus Polyurethan geliefert – wie auch das Schubstrebenkit hier. Diese ist gekrümmt, um die Fahrzeughöhe zu vergrößern. Es beeinflusst dadurch auch den Nachlaufwinkel und sollte daher nicht bei Standardhöhe eingesetzt werden.

51 Der Einbau begann mit dem Entfernen der Mutter am oberen Ende des Stoßdämpfers, die diesen an seiner Halterung fixiert. Hier empfiehlt es sich, viel Rostlöser aufzutragen – am besten am Tag vor Arbeitsbeginn. Bitte nicht mit einer offenen Flamme vorgehen, da die Lagerbuchsen dadurch Feuer fangen und ein chemisches Gemisch bilden könnten, das für die Haut sehr gefährlich sein kann. Sollte die Halterung abreißen, verzweifeln Sie bitte nicht (wir kümmern uns später darum).

52 Da der alte Stoßdämpfer ohnehin verschrottet werden sollte, wurde beschlossen, anstatt den Stoßdämpfer während des Lösens der unteren Mutter gegen Mitdrehen zu sichern, mit einem Trennschleifer senkrecht durch das untere Ende des Schafts und durch die Mutter zu schneiden. Hierbei wurde natürlich darauf geachtet, die Halterung nicht zu beschädigen.

53 Nachdem das erledigt war, wurde das untere Ende des Stoßdämpfers einfach aus seiner Halterung herausgehoben.

54 So kam der alte Stoßdämpfer frei und wanderte direkt in den Recycling-Container.

55 Der Aufbau unseres Defenders lag auf einem hydraulischen Wagenheber, was bei ausgebautem Stoßdämpfer ermöglicht, dass die Achse heruntergehängt und die Feder entspannt wird. Man muss auf die flexible Bremsleitung achten – sollte diese gedehnt erscheinen, empfiehlt sich ihre Demontage. Eine Alternative hierzu wäre der Einsatz von zwei Federspannern, was bedeutet, dass die Achse nicht so weit herabhängen muss. Das Absenken der Achse kann mit einem Wagenheber kontrolliert werden.

56 Nach Lösen der zwei Schrauben, welche die untere Federsicherung fixieren, kann diese nun …

57 … zusammen mit der Feder entfernt werden.

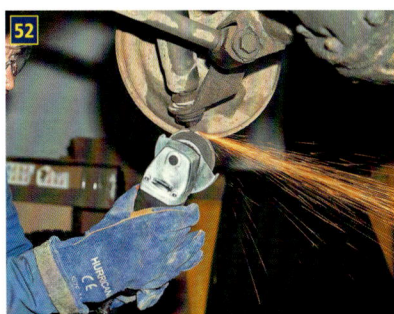

Fahrwerk, Lenkung und Bremsen

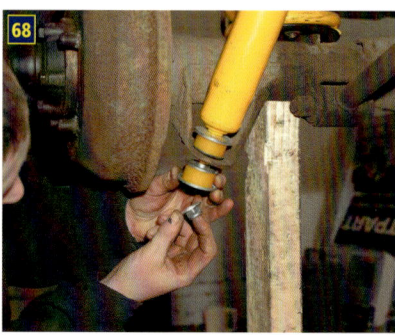

58 Die Lagerplatte wird unterhalb der Feder ausgebaut. Lagerplatten sind immer stark verrostet; daher wurden unsere durch neue von Britpart ersetzt.

59 Nachdem die Montagestelle für die Lagerplatte von jeglichem Rost befreit und mit Kupferpaste behandelt wurde, wurden die neue Lagerplatte und die neue Feder eingesetzt.

60 Als Nächstes wurde die neue Halterung eingesetzt …

61 … und festgeschraubt.

62 Die obere Halterung war zwar verwendbar, sah aber sehr schmuddelig aus. Daher entschlossen wir uns, eine neue einzubauen. An den drei Durchgangsschrauben wurden die Köpfe abgeflext, …

63 … die Halterung entfernt und die Schraubenüberbleibsel – an deren anderem Ende immer noch die Muttern aufgeschraubt waren – herausgetrieben.

64 Manchmal ist der Aufbau hinter der Halterung durchgerostet und bedarf einer Reparatur, doch in unserem Fall mussten wir nur bis auf das blanke Metall schleifen, die Stelle lackieren und die neue Halterung mit Schrauben, Unterlegscheiben und Muttern montieren.

65 Jetzt war es an der Zeit, die neue Unterlegscheibe und die PU-Lagerbuchse in der Halterung zu montieren; danach der Stoßdämpfer, die äußere Lagerbuchse, Unterlegscheibe und Mutter.

66 Die obere Mutter wurde festgezogen, …

67 … bevor unten die obere Unterlegscheibe sowie die PU-Lagerbuchse mit unterer Unterlegscheibe angebracht und der Stoßdämpfer in seine untere Halterung geschoben wurde.

68 Die untere Stoßdämpferhalterung wurde wie die obere zusammengebaut. Das richtige Drehmoment zum Festziehen der oberen und unteren Mutter liegt bei 37 Nm.

69 Eine Verlängerung wurde eingesetzt, um die große Mutter am Ende der alten Schubstrebe zu lösen. Der hier festsitzende Rost ist für einen normalen Ratschenschlüssel zuviel des Guten.

70 Drei weitere kleine Schrauben fixieren die Lagerbuchsen-Halterung. Auch diese gilt es zu entfernen.

71 Am anderen Ende der Schubstrebe gibt es eine durchgehende Schraube mit einer Sicherungsmutter. Auch diese muss mit Kraft entfernt werden. Anschließend kann die Schraube aus der Halterung herausgetrieben werden.

Federn und Stoßdämpfer 21

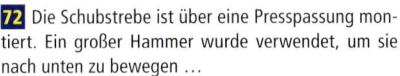

72 Die Schubstrebe ist über eine Presspassung montiert. Ein großer Hammer wurde verwendet, um sie nach unten zu bewegen ...

73 ... wodurch sie und die breite Lagerbuchse am vorderen Ende entfernt werden konnten.

74 Auf Seite 19 wurde der neue Schubstreben-Satz gezeigt. Hier wurden zwei PU-Lagerbuchsen eingesetzt, jeweils eine auf jeder Seite, bevor die Mittelbuchse aus Stahl eingetrieben wurde.

75 Nach einsetzen der PU-Lagerbuchse und der Unterlegscheiben am vorderen Ende der Schubstrebe wurde diese locker in die Fahrwerkshalterung eingeführt.

76 Es ist wichtig, dass das hintere Ende der Schubstrebe zuerst montiert wird. Wenn es zu schwer ist, die Lagerbuchsen zwischen die Schenkel der Halterung zu schieben, ist es hilfreich, sie etwas nach außen zu hämmern und mit Kupferpaste einzuschmieren.

77 Unsere Schubstrebe musste immer noch in Position gebracht werden, wofür wir einen Kunststoffhammer eingesetzt haben. Wenn Sie sich um die Pulverbeschichtung sorgen, können Sie auch ein paar Schichten Abdeckklebeband über das Ende der Lagerbuchse kleben und ein Stück Weichholz zwischen den Hammer und die Schubstrebe halten.

78 Nachdem alles ausgerichtet war, wurde der Lagerbolzen eingeführt, die Unterlegscheibe und die Mutter angebracht und letztere mit einem Drehmoment von 176 Nm festgezogen.

79 Bei angehobenem Fahrzeug kann nun die große Mutter am vorderen Ende des Längslenkers montiert ...

80 ... und die drei Muttern, Schrauben und Unterlegscheiben eingesetzt werden. Zu diesem Zeitpunkt müssen diese nicht vollständig festgezogen werden. Dies erfolgt, wenn das Fahrzeug abgelassen und ein paar Mal ein- und ausgefedert wurde. Die große Mutter wird mit 176 Nm festgezogen.

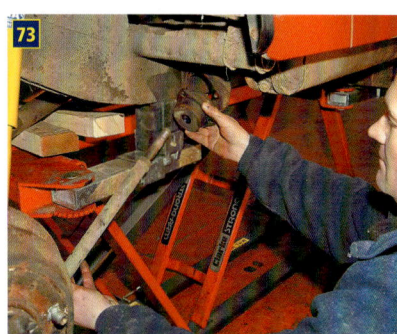

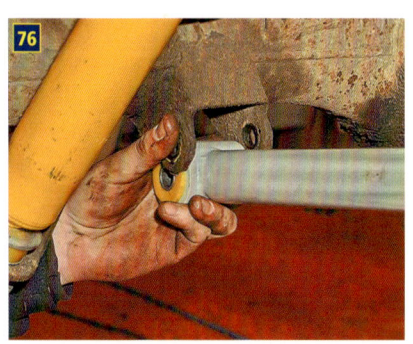

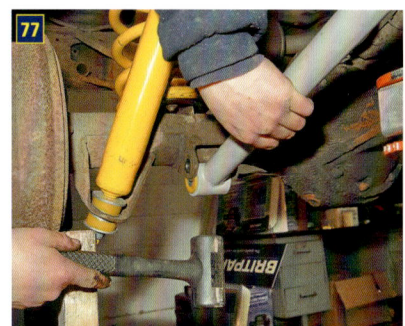

Fahrwerk, Lenkung und Bremsen

Polyurethan-Lagerbuchsen

Ian Baughan von IRB war überzeugt, mit paar relativ erschwinglichen Modifikationen die Straßenlage und das Handling von DiXie verbessern zu können. Der Plan sah drei Schritte vor:

- allseitiger Einbau von »SuperPro«-Polyurethan-Lagerbuchsen;
- Einbau von SuperPro-Buchsen mit Nachlaufwinkelkorrektur an den Schubstreben zur Verbesserung der Lenkung und der Rückstellung;
- Einbau von zwei Land Rover-Standardstabilisatoren.

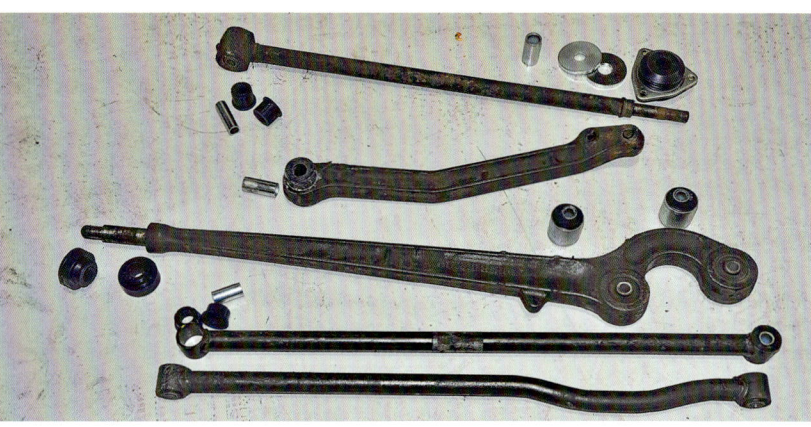

Hier sehen Sie eine Auswahl von Aufhängungen und Lenkern der linken Fahrzeugseite, die auf ihre neuen Lagerbuchsen warten. Im Vordergrund sind zwei Panhardstäbe zu sehen. Diese sind hier aufgeführt, weil während des Umbaus zum Rechtslenker der Linkslenker-Panhardstab (unten mit dem Knick) nicht entfernt wurde, weil er dieselbe Länge aufwies wie der Rechtslenker-Panhardstab. Dennoch beschloss Ian, diesen durch einen RHD-Stab zu ersetzen.

Der Nachlaufwinkel

Der Nachlaufwinkel ist einfacher zu verstehen, wenn man gedanklich von Fahrzeugen abrückt und sich die Laufrollen eines Einkaufswagens vorstellt. Das Drehlager einer Laufrolle liegt nicht in einer Flucht mit seiner Achse, sondern seitlich versetzt. Wenn man nun den Einkaufswagen anschiebt, schwenken die Rollen und folgen der Richtung, in die geschoben wird. Wenn man einmal versucht hat, einen Einkaufswagen zu schieben, dessen Laufrolle festsitzt, weiß man, wie schwierig die Richtung beizubehalten ist!

Der Achsschenkelbolzen eines Fahrzeugs (vergleichbar mit dem Drehlager der Laufrolle) liegt auch vor der Radmittellinie, sodass die Lenkung versucht, geradeaus zu steuern, sobald man die Hände vom Lenkrad nimmt.

Dazu kommt noch, dass der Achsschenkelbolzen nicht nur vor dem Rad liegt, sondern auch noch geneigt steht, was den Effekt der Selbstrückstellung mit sich bringt. Eine Lenkung mit geringer (oder gar keiner) Selbstrückstellung fühlt sich indirekt an, vor allem wenn man auf einer Straße geradeaus fährt. Zudem fühlt sie sich bei Kurvenfahrten unpräzise an.

Wird ein schraubengefederter Defender höhergelegt, ändert sich der Nachlaufwinkel. Einige Spezialisten empfehlen, bei einer Höherlegung um 50 mm den Nachlaufwinkel um drei Grad zu korrigieren, damit die Lenkung wieder ihre ursprüngliche, korrekte Geometrie erhält. Bei Höherlegungen ab 50 mm sollte der Nachlaufwinkel sogar um sechs Grad korrigiert werden.

Bei einem Fahrzeug mit unveränderter Fahrzeughöhe bringt eine Nachlaufwinkelkorrektur um drei Grad die Vorteile einer besseren Selbstrückstellung und einer präziseren Lenkung, und das bei lediglich geringfügig höherem Lenkwiderstand.

Schubstrebe

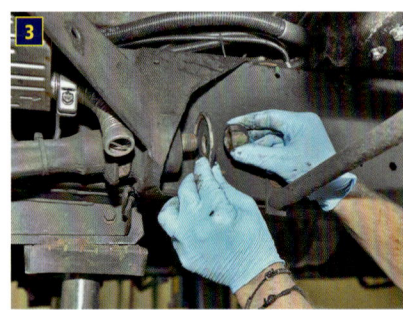

1 Der Lenkhebel wurde demontiert, um die Schubstrebe vom Fahrzeug abzunehmen.

2 Die Vorderseite der Schubstrebe wurde durch Lösen der beiden Schrauben, je eine auf jeder Achsseite, entfernt.

3 Am hinteren Ende ragt die Schubstrebe in einen Teil des Fahrwerks hinein. Ihr verschraubtes Ende verfügt über Lagerbuchsen, Unterlegscheiben und eine große Sicherungsmutter, die das Ganze fixiert, während die Stöße an der Vorderachse gedämpft werden.

4 Die Schubstrebe wurde entfernt.

5 Am vorderen Ende der Schubstrebe befinden sich zwei Lagerbuchsen; hinten ist eine Gruppe aus Unterlegscheiben und Lagerbuchsen montiert. All diese Lagerbuchsen werden durch ihre Pendants aus Polyurethan ersetzt. Theoretisch sollten diese länger halten sowie die Lenkung und Aufhängung etwas festigen.

6 Zwei Sets von Schubstreben-Lagerbuchsen für das vordere Ende – links zwei SuperPro-PU-Lagerbuchsen in Standardausführung mit nicht montierten Stahleinsätzen, rechts zwei Lagerbuchsen für geänderten Nachlaufwinkel, bei welchen der Stahleinsatz vom Mittelpunkt versetzt eingebaut ist.

7 Eine SuperPro-PU-Lagerbuchse für geänderten Nachlaufwinkel im Vergleich zu einer herkömmlichen Lagerbuchse eines Land Rover Defender.

8 Im Allgemeinen kann man Lagerbuchsen, die am Fahrwerk montiert sind, per Hand abziehen, während jene an den Achsenden herausgepresst werden müssen. Hier kommt eine Hydraulikpresse zum Einsatz, um die vorderen Schubstreben-Lagerbuchsen herauszudrücken. Manchmal lösen sich diese nur mit viel Kraft und selbst sehr starke Spindelpressen mit entsprechenden Größeneinsätzen zum Ein- oder Auspressen von Lagerbuchsen haben große Mühe damit. Wenn Sie keine Hydraulikpresse haben, sparen sie viel Zeit und Nerven, wenn sie die Dinger zu einem Agrartechniker oder Maschinenbauer bringen, der Ihnen die Arbeit abnimmt.

9 SuperPro-PU-Lagerbuchsen für geänderten Nachlaufwinkel werden mit einer Schablone und Anweisungen geliefert, auf welchen steht: »Schubstrebe auf diese Schablone legen und die Buchsenpositionen wie angezeigt markieren«.

10 Ian hat auch die Lagerbuchsen selbst markiert, um ihre Mitte anzuzeigen.

11 Die Anleitung rät: »Buchse so einpressen, dass sich das Loch so nah wie möglich an der Markierung befindet.« Die Lagerbuchsen wurden also einpressbereit in Position gebracht, doch bevor wir sie eintrieben, überprüften wir, dass der Abstand zwischen den Löchern 164±1 mm betrug – so, wie es die Anleitung erforderte.

12 Mit viel Fett, welches der Lieferung beilag, wurden die Lagerbuchsen eingepresst …

13 … und sichergestellt, dass ihr äußerer Teil bündig in die Schubstrebe eingesetzt wurde. Das innere Rohr kann später separat zentriert werden.

14 Die Lagerbuchsen am Ende werden einfach aufgeschoben.

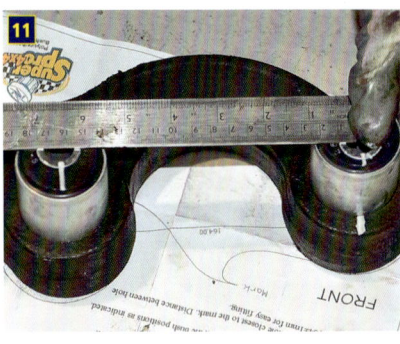

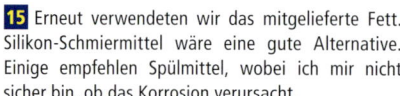

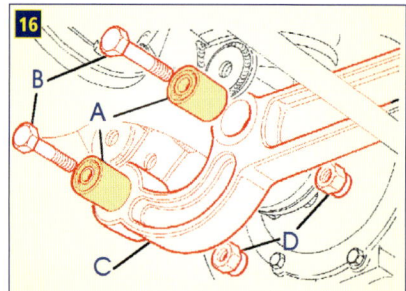

15 Erneut verwendeten wir das mitgelieferte Fett. Silikon-Schmiermittel wäre eine gute Alternative. Einige empfehlen Spülmittel, wobei ich mir nicht sicher bin, ob das Korrosion verursacht.

16 In unserem Beispiel waren die Lagerbuchsen bereits eingesetzt, doch dient das hier als Erinnerung darüber, wie die Schrauben (B) gemäß Handbuch einzusetzen sind.

17 Womöglich ist es doch unwichtig, wie die Schrauben nun eingesteckt werden – vielleicht geht es anders herum sogar besser. In den meisten Fällen muss man etwas hebeln. Das ist insbesondere bei Lagerbuchsen für geänderte Nachlaufwinkel der Fall, bei welchen sich der Achswinkel ändert.

18 Mit einem Pressluftschrauber wurden Schraube und Mutter zusammengeführt. Sie werden später mit einem Drehmomentschlüssel festgezogen.

Hintere Längslenker

19 Am besten löst man die große Mutter, die den Längslenker in seiner Halterung fixiert, während dieser noch am Fahrzeug sitzt. Somit wird diese festgehalten und kann sich nicht drehen. Anschließend wurden die drei Muttern und Schrauben, die die Halterung am Fahrwerk fixieren, gelöst und entfernt.

20 Am anderen Ende wurde die Mutter von der Halteschraube entfernt …

21 … und nach dem Kampf, diese aus dem Sitz zu bekommen, kann der Längslenker nach unten abgenommen werden.

22 Am hinteren Ende des Längslenkers wurde die alte Lagerbuchse mit einer Hydraulikpresse herausgepresst. Das neue Bauteil ist bereit für den Einbau. Wir waren uns sicher, dass sich die Lagerbuchsen mit der Hand eindrücken lassen würden, doch war es bei den mittig einzusetzenden Führungen nicht ganz so einfach. So mussten wir uns erneut der Hydraulikpresse bedienen. Auch hier genügt aber ein Schraubstock oder ähnliches.

23 Die neue Halterung wurde eingebaut und die Sicherungsmutter handfest angezogen, …

24 … bevor alles am Fahrzeug angesetzt und die drei Schrauben, die das Ganze am Fahrzeug fixieren, locker eingedreht wurden. Es empfiehlt sich, immer Kupferpaste auf den Schraubenschaft und in das Gewinde zu geben.

25 Hier macht die Achse nicht mit. Man braucht einen Spanngurt, um sie in die gewünschte Richtung zu ziehen, …

Polyurethan-Lagerbuchsen 25

26 … bis der Längslenker mit seiner neuen Lagerbuchse leicht in seine Position geschoben werden kann.

27 Nach der Montage der Achse wurden die drei Befestigungsschrauben und die große Sicherungsmutter festgezogen.

Panhardstab

28 Der Panhardstab beugt einer übermäßigen Seitwärtsbewegung der Vorderachse vor. Zuerst wurden die Zapfen gelöst …

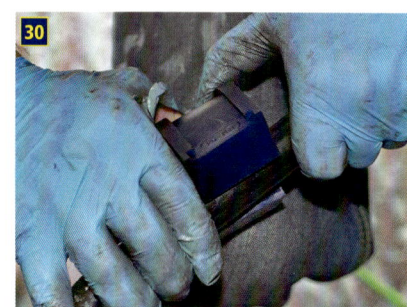

29 … und der Stab herausgehebelt, um mit neuen SuperPro-PU-Lagerbuchsen versehen zu werden.

30 Auch Stabilisatoren verfügen standardmäßig über Lagerbuchsen aus Gummi.

31 Neue SuperPro-PU-Lagerbuchsen werden wie zuvor beschrieben geschmiert, einfach über den Stabilisator geschoben und mit normalen Standardbügeln fixiert.

32 Im Bereich des Achsenendes gibt es weitere SuperPro-Lagerbuchsen in den Stabilisatorverbindungen.

33 Das ist übrigens einer der beiden Standardstabilisatoren, die Ian an meinem Fahrzeug montiert hat. Später nahm er einen Drehmomentschlüssel für diese und alle anderen Befestigungsschrauben um sicherzugehen, dass sie ordnungsgemäß festgezogen waren.

34 Um die höchst professionelle Arbeitseinstellung beizubehalten, wurde jede Schraube mit einem Lackstift markiert, nachdem Sie festgezogen und überprüft wurde. Nach beendeter Arbeit geht man einfach um das Fahrzeug herum und vergewissert sich, dass jede Schraubverbindung eine Markierung aufweist.

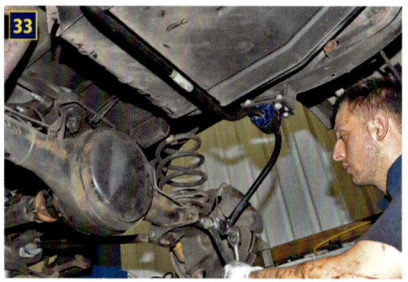

War es das wert?

Stabilisatoren
Wie man es womöglich von werksseitig entwickelten Bauteilen erwartet, verhält sich DiXie im Großen und Ganzen so wie vor dem Umbau. Nur ist jetzt die Seitenneigung geringer. In anderen Worten bedeutet das: Es gibt keine merkliche Veränderung in Sachen Unter- oder Übersteuern, obwohl ich das Gefühl habe, dass die Stabilisatoren das Fahrwerk ein kleines bisschen steifer gemacht haben.

Polyurethan-Lagerbuchsen
Sollten sie das Fahrwerk nicht steifer gemacht haben, so glaube ich, vermitteln sie dennoch ein Gefühl der Straffheit. Ob es nun die Stabilisatoren oder die Lagerbuchsen sind, die dazu führten – das Plus an Steifigkeit ist nicht so hoch, als dass man das Fahrgefühl als unkomfortabel einstufen könnte. Wenigstens werden diese Lagerbuchsen die Haltbarkeit ihrer ursprünglich verbauten Pendants um ein Vielfaches übertreffen.

Lagerbuchsen für geänderten Nachlaufwinkel
Ian hat mich vorgewarnt, dass sich die Lenkung etwas schwergängiger anfühlen wird, doch ist der Unterschied glücklicherweise vernachlässigbar. Die Lenkung ist nun viel stabiler bei höheren Geschwindigkeiten, beispielsweise auf Autobahnen, und neigt nun mehr dazu, in die Mittellage zurückzukehren, wenn man testweise die Hände vom Lenkrad nimmt.

Zusammenfassung
Das ist die Art von Modifikationen, die ich wirklich schätze – nichts Dramatisches oder mit unerwünschten Nebenwirkungen Durchsetztes, und dennoch ist nun das Fahren mit meinem Defender eine merklich schönere und sicherere Erfahrung.

Fahrwerk, Lenkung und Bremsen

Stabilisatorkit

Auch wenn Ihr Land Rover ab Werk bereits mit Stabilisatoren ausgestattet wurde, können Sie sein Fahrverhalten durch den Einsatz stärkerer verbessern. Sollte das Fahrzeug nie über welche verfügt haben, könnten Sie seine On-Road-Performance verbessern, indem Sie welche einbauen.

Stabilisatoren tun genau das, was ihr Name aussagt, bei Kurvenfahrt. Dabei möchte sich Ihr Fahrzeug zur Seite neigen. Die Stabilisatoren übertragen einen Teil der Neigungsenergie vom kurvenäußeren hin zum kurveninneren Rad. Damit wird die Federung gleichmäßiger komprimiert, wodurch das Fahrzeug gerade gehalten wird.

Theoretisch haben Stabilisatoren keinerlei Einfluss auf die Steifigkeit eines Fahrwerks. Auf einer absolut ebenen Straße würde das sicherlich zutreffen. Doch auf welligen Bodenbelägen bewegen sich die Räder gegensätzlich zueinander auf und ab. Hier versucht der Stabilisator, das Fahrzeug gerade zu halten, was wiederum eine steifere Federung zur Folge hat. Es empfiehlt sich, dies beim Einbau dickerer Stabilisatoren zu berücksichtigen. Man darf auch nicht vergessen, dass Stabilisatoren im Off-Road-Bereich Nachteile mit sich bringen, da sie die Beweglichkeit der Achsen einschränken. Noch wichtiger ist, dass ein flott bewegtes Fahrzeug mit dickeren Stabilisatoren an nur einem Ende dort aus der Kurve rutschen kann, weil sich die Federung dort stärker versteift.

Wahl der Stabilisatoren

1 Extreme 4x4 und IRB Developments bieten eine große Auswahl an Stabilisatorenkits, darunter auch verschiedene Dicken für die unterschiedlichsten Handling-Eigenschaften. Sowohl bei IRB als auch bei Extreme wird man Sie gern hinsichtlich ihrer besonderen Anforderungen beraten. Die hier aufgeführten Teile beziehen sich auf die unten abgebildete Zeichnung.

2 Bei meinem Defender waren die Stabilisatorhalterungen bereits am Chassis angeschweißt. Das macht es besonders einfach, Stabilisatoren dort einzubauen, wo nie welche existiert haben. Für diesen Vorgang müssen die Räder nicht abmontiert werden.

3 Bei früheren Defender-Modellen ohne angeschweißte Stabilisatorhalterungen können entsprechende Neuteile zur Montage von Extreme bezogen werden. Dieses Halterungsset ist für einen 90/D1/RR Classic geeignet. Das Heck des 110 braucht als einziges vier Schrauben.

4 Die neuen Halterungen werden bereits in vorgeformtem und vorgebohrtem Zustand geliefert.

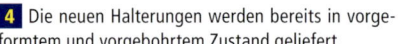

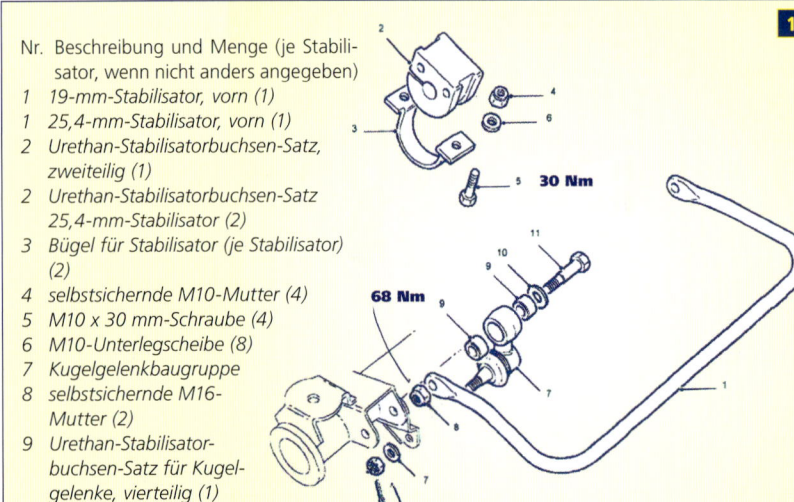

Nr. Beschreibung und Menge (je Stabilisator, wenn nicht anders angegeben)
1 19-mm-Stabilisator, vorn (1)
1 25,4-mm-Stabilisator, vorn (1)
2 Urethan-Stabilisatorbuchsen-Satz, zweiteilig (1)
2 Urethan-Stabilisatorbuchsen-Satz 25,4-mm-Stabilisator (2)
3 Bügel für Stabilisator (je Stabilisator) (2)
4 selbstsichernde M10-Mutter (4)
5 M10 x 30 mm-Schraube (4)
6 M10-Unterlegscheibe (8)
7 Kugelgelenkbaugruppe
8 selbstsichernde M16-Mutter (2)
9 Urethan-Stabilisatorbuchsen-Satz für Kugelgelenke, vierteilig (1)
10 M18-Unterlegscheibe (2)
11 M18-Schraube mit M16-Gewinde (2)

5 Für die Klammern müssen Löcher ins Fahrgestell gebohrt werden, bevor die Nietmuttern eingesetzt werden. Die Nietmuttern sind im Umbausatz enthalten und bei Extreme erhält man auch das Werkzeug, mit dem man die M10-Nietmuttern in das Fahrgestell einbauen kann.

6 Die Befestigungen bestehen aus zwei Bügeln für jedes Achsende. An meiner Achse ist die geschweißte Variante (siehe Pfeil) sichtbar.

7 Die Rückseite des Bügels sitzt auf der Befestigung des Panhardstabs.

Austausch bestehender Stabilisatoren

- Lösen Sie die zwei M16-Muttern und -Schrauben, mit welchen die Kugelgelenke am vorhandenen Stabilisator (falls vorhanden) montiert sind und entfernen Sie die geteilten Lagerbuchsen.
- Entfernen Sie die Splinte an den vorhandenen Kugelgelenken und lösen Sie die Kronenmuttern
- Klopfen Sie fest auf die Kugelgelenkgehäuse, um die kegelförmigen Schäfte aus den Achshalterungen herauszubekommen und zu entfernen.
- Lösen Sie die beiden Schrauben und Muttern von der Stabilisatorklemme.

Hinterer Stabilisator

8 Ian Baughan vergleicht den orangefarbenen Stabilisator von Extreme mit dem ursprünglich eingebauten Land Rover-Stabilisator. Ein dickerer hinterer Stabilisator bewirkt ein größeres Übersteuern.

9 Die Montage beginnt mit dem Einbau der Polyurethan-Lagerbuchsen am Stabilisator, gefolgt von den beiden Befestigungsbügeln. Die Bügel müssen richtig herum montiert werden, damit die hinten angebrachten Kraftstofftanks nicht beeinträchtigt werden.

10 Es empfiehlt sich, Kupferpaste auf das Gewinde jeder Befestigungsschraube aufzutragen, bevor diese eingeschraubt wird. Zudem ist es ratsam, Schutzwachs auf die stählernen Kontaktflächen der Befestigungsbügel zu geben.

11 Der schwerere Stabilisator wurde angehalten, damit die PU-Lagerbuchsen an ihre richtigen Montagepositionen geschoben werden konnten, …

12 … nur um festzustellen, dass man bei Land Rover die angeschweißten Bügel mit zwei verschieden großen Bohrungen versehen hat – mit 10 und mit 8 mm Durchmesser. Natürlich merkt man das erst, wenn man mit dem Einsetzen der Schrauben beginnt! So mussten die 8-mm-Bohrungen vorsichtig aufgebohrt und das blanke Metall mit Schutzspray behandelt werden, …

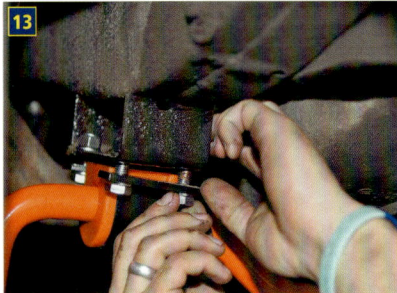
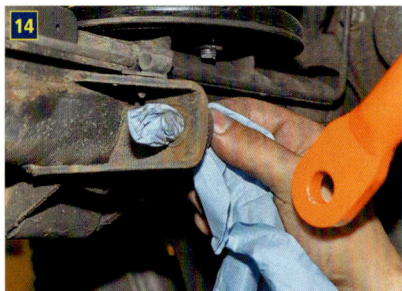

13 … bevor die übrigen 10-mm-Schrauben montiert werden konnten.

14 Vor dem Einbau des kegelförmigen Schafts ist sicherzustellen, dass das die konische Bohrung sauber ist. Wenn nicht, wird der Schaft nicht ordnungsgemäß sitzen.

15 Der Schaft wurde in Position gedrückt und die Kronenmutter sowie die Unterlegscheibe locker angeschraubt.

16 An diesem Punkt kann man die Kronenmutter teilweise festziehen (aber nicht ganz). Der Schaft muss so gedreht werden, dass der Splint später eingesetzt werden kann.

17 Der Bolzen für die Montage des Stabilisatorendes wurde mit Kupferpaste behandelt, bevor er ans Kugelgelenk gesetzt wurde. Beachten Sie, dass die dicke Unterlegscheibe zwischen den Schraubenkopf und die PU-Lagerbuchse gehört.

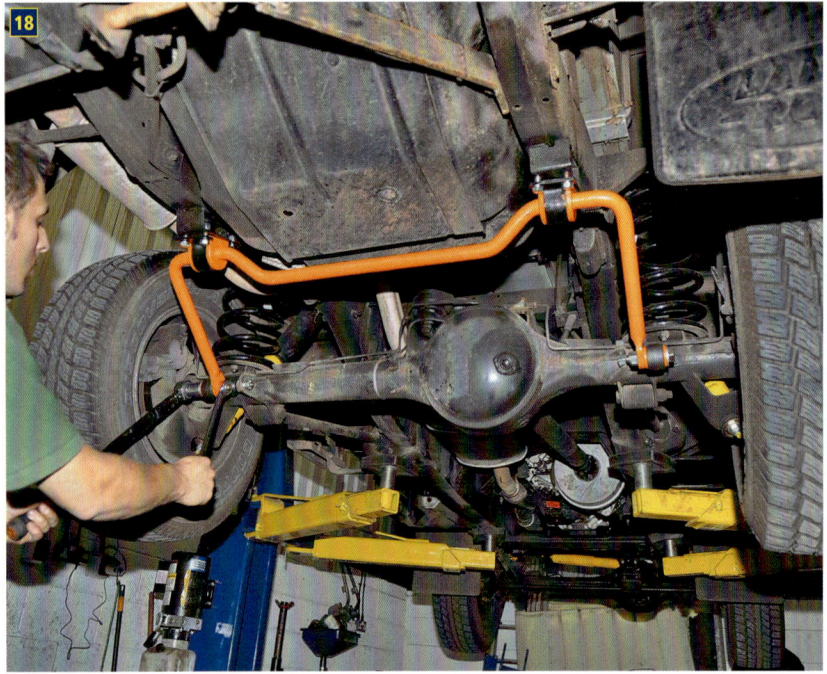

18 Die empfohlenen Drehmomentwerte wurden dem Handbuch entnommen, doch erzählte man mir bei Extreme, dass deren Montageanweisungen die drei wichtigsten Drehmomentwerte enthalten. Wir fingen mit den Bolzen an, die wir eben erst montiert hatten, …

19 … und machten anschließend mit den Achsbefestigungsbolzen weiter. Dabei achteten wir darauf, dass die Kronenmuttern an den Bohrungen (Bild 16) ausgerichtet waren.

20 Beachten Sie, dass auch diese Befestigungsschrauben lose waren, damit sich der Stabilisator in den Buchsen selbst zentrieren konnte. Nun wurde jede dieser Schrauben mit dem richtigen Drehmoment festgezogen.

21 Ein Tipp von Ian Baughan von IRB sieht vor, den Splint nicht vollständig hineinzudrücken, sodass der Splintkopf in der Kronenmutter verschwindet. Ist

dies aber der Fall und sollten Sie ihn später entfernen müssen, brauchen Sie etwas, um ihn festhalten zu können. Positionieren sie den Splintkopf lieber wie hier abgebildet und biegen Sie die Splintschenkel voneinander weg.

Vorderer Stabilisator

22 Extreme hat einen vorderen Stabilisator (orange) empfohlen und geliefert, der dünner ist als die Standardversion (schwarz), um den vorhin erwähnten Übersteuer-Effekt zu erhöhen.

23 Der vordere Stabilisator wurde – wie vorher der hintere – in Position gebracht und lose angeschraubt. Dabei wurden die Fahrgestellhalterungen absichtlich locker gelassen, damit sich der Stabilisator seitwärts bewegen konnte, während seine Enden angeschraubt wurden.

24 Die Kugelgelenke wurden in den Halterungen an der Achse montiert.

25 Anschließend wurden die Enden der Stabilisatoren an die Kugelgelenke geschraubt, bevor alle mit entsprechendem Drehmoment festgezogen wurde.

26 An der Vorderseite ist es nicht wichtig, in welche Richtung der Splint zeigt, weil es hier keine Behinderungen gibt.

27 Wie beim hinteren Stabilisator wurden die Achsbefestigungsschrauben ganz zum Schluss festgezogen. Es muss darauf geachtet werden, dass sämtliche Muttern, Schrauben und Befestigungen gemäß den Drehmomentangaben des Herstellers fixiert werden.

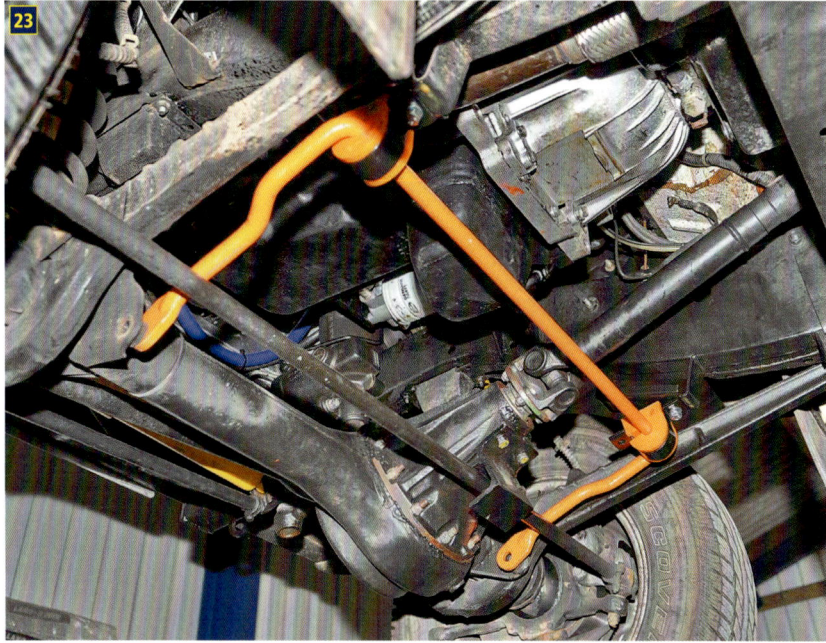

Bevor Sie ihre Stabilisatoren kaufen, machen Sie sich sorgfältig Gedanken darüber, welche Art von Straßenlage Sie erreichen möchten. Nach dem Einbau eines sehr dicken hinteren Stabilisators hatte ich eine Begegnung mit einem offenbar selbstmordgefährdeten Busfahrer auf einer nassen und engen Landstraße. Nach einem Ausweich-Drift machte ich einen Ausflug ins Unterholz. Daraufhin baute ich vorn und hinten Standardstabilisatoren ein, wodurch sich der Defender selbst in ähnlichen Situationen gut kontrollierbar anfühlt.

IRB und Extreme haben mir gesagt, dass Kunden, die vorn eine Stoßstange mit Seilwinde, ein Dachzelt, ein Ersatzrad auf der Motorhaube oder eine Kombination aus allem haben geraten wird, den Standardstabilisator zu versteifen oder eine 25,4-mm-Einheit zu montieren.

Extreme 4x4 weisen darauf hin, dass jede Änderung am Fahrwerk die Handling-Eigenschaften des Fahrzeugs verändert. Daher empfiehlt sich zunächst ein Test auf sicherem Terrain, um sich an die Änderungen zu gewöhnen, bevor das volle Potenzial des Fahrzeugs ausgeschöpft wird.

30 Fahrwerk, Lenkung und Bremsen

Lenkungsdämpfer

Der Lenkungsdämpfer ist ein weiterer wichtiger Bestandteil des Old Man Emu-4WD-Fahrwerkangebots. Er wurde entwickelt, um Vibrationen im Lenkrad zu verringern und Rückmeldung, Handling und Fahrzeugkontrolle zu verbessern sowie gleichzeitig Stöße in der Lenkung bei Fahrten im Gelände zu reduzieren.

Die Einheit von OME verfügt über ein neunstufiges Ventil, eine Spiralfeder, eine 15-mm-Kolbenstange mit stählernem Schutzblech, 35-mm-Kolben und -Bohrungen für ein höheres Ölvolumen, eine Zweirohrkonstruktion zum Schutz der inneren Bauteile vor Steinschlag und eine Mehrlippendichtung zum Schutz vor Ölverlust.

1 Einmal positioniert, wurden die untere Lagerbuchse und Unterlegscheibe montiert und alle Befestigungen vollständig angezogen.

2 Die Muttern am Ende des alten Lenkungsdämpfers zu entfernen war ein leichtes Unterfangen, doch können stark verrostete Bauteile einem das Leben schwer machen.

3 Auf die Gewinde des Lenkungsdämpfers wurde Kupferpaste aufgetragen. Hier sieht man klar das größere Volumen des OME-Dämpfers im Vergleich zum Original. Auch die bereits montierte innere Lagerbuchse ist zu sehen.

4 Die äußere Lagerbuchse und die Formscheibe werden aufgeschoben, nachdem der Dämpfer in die Bohrung an der Halterung eingesetzt wurde.

5 Anschließend wird die innere Mutter fest genug angezogen, um die Lagerbuchse unter die richtige Spannung zu setzen, ohne sie zu sehr zu quetschen. Mit einem Ringschlüssel wird nun die innere Mutter gehalten, während die äußere Sicherungsmutter montiert und festgezogen wird.

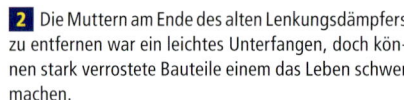

Differenzial-Unterfahrschutz

Eines der unter Off-Road-Bedingungen ungeschütztesten Bauteile Ihres Defender ist das Achsdifferenzialgehäuse – es befindet sich am tiefsten Punkt des Fahrzeugs und läuft deshalb besonders Gefahr, von Felsen oder Baumstümpfen beschädigt zu werden.

1 Hier ist ein Unterfahrschutz von Britpart montiert. Wie man sehen kann, ist der Einbau einfach und selbsterklärend.

2 Unter normalen Bedingungen ist die Differenzialpfanne anfällig für Rost. Die Tendenz hierzu wird noch verstärkt, wenn sich zwischen Achse und Unterfahrschutz Schmutz und Wasser ansammeln.

3 Es lohnt sich, die Achse großzügig mit wachsbasiertem Rostschutz zu behandeln, bevor der Unterfahrschutz montiert wird. Hier ist die galvanisierte Version von Extreme 4x4 zu sehen.

Bessere Bremsen

Wenn die Bremsen an ihrem Land Rover unter normalen Fahrbedingungen merklich schwächer geworden sind, haben sie zweifellos eine Überholung nötig. Stellen Sie sicher, dass sich alle Komponenten – Bremsscheiben, Beläge, Bremszangen, Leitungen/Schläuche, Hauptbremszylinder und Bremsflüssigkeit – in gutem Zustand befinden. Wenn Sie die Scheiben und die Beläge wechseln, möchten Sie vielleicht etwas Haltbareres und somit bessere Komponenten montieren.

Von verschlissenen Bremsscheiben und Belägen kann man keine gute Bremsleistung erwarten, doch alte Bremsflüssigkeit kann noch gefährlicher werden. Bremsflüssigkeit erhitzt sich, wenn sie komprimiert wird. Das hat nichts mit der Hitze zu tun, die die Bremsen selbst entwickeln, obwohl auch diese Hitze auf die Bremsflüssigkeit übertragen werden kann. Das liegt daran, dass sich Flüssigkeiten (oder Gase) erhitzen, wenn man sie komprimiert. Selbst ein paar schnelle Bremsungen auf der Autobahn können bei Standardkomponenten zum Nachlassen der Bremswirkung führen – vor allem, wenn diese auch noch in schlechtem Zustand sind. Verschlissene oder verglaste Teile können besonders schnell aufgeben. Bei einer einfachen Vollbremsung bringen auch die Standardbremsen die Räder zum Blockieren, daher werden stärkere Bremsen nicht in der Lage sein, das Fahrzeug früher anzuhalten. Doch wenn man einen Anhänger über eine lange abschüssige Strecke zieht, führt wiederholtes heftiges Bremsen ziemlich sicher zu nachlassender Bremswirkung. Das liegt daran, dass Bremsen Energie in Hitze umwandeln (durch das Verringern der Bewegungsenergie), doch wenn mehr Hitze entsteht als die Bremsen abführen können, werden sie immer unwirksamer (»Fading«) und funktionieren letztendlich gar nicht mehr.

Kühl halten

Das Optimieren von Bremsen besteht also im Wesentlichen darin, ihre Wärmeabfuhr zu verbessern. Im Bremsen-Upgrade von »MM 4x4« sind innenbelüftete Bremsscheiben, die bei jüngeren Defender-Modellen standardmäßig montiert wurden, für die Vorderräder enthalten. Sie sind für eine bessere Wärmeabfuhr und Wasserverdrängung gelocht und geschlitzt. Dazu kommen noch Bremsbeläge von EBC, die im Gegensatz zu Standardbelägen gut mit gelochten Bremsscheiben harmonieren und unter extremen Bedingungen nicht so schnell nachlassen, sowie Stahlflex-Bremsschläuche, die der Materialausdehnung bei starken Bremsungen gut standhalten.

Hierfür sind auch neue Dichtungen für die Antriebselemente, neue selbstsichernde Muttern für die späteren Modelle (wie hier abgebildet) sowie u.a. Splinte notwendig. Wenn Sie Teile bestellen, lassen Sie sich bezüglich weiterer Teile, die je nach Modell und Baujahr Ihres Land Rover wichtig sind, beraten. Mein Defender ist von 2006 und wird von einem Td5-Antrieb bewegt, daher gibt es einige besondere Unterschiede zwischen diesem und früheren Modellen.

1 Der Mechaniker hat die Staubkappe und anschließend den Sprengring (mit einer Sprengringzange) entfernt und die darunterliegenden Unterlegscheiben für die spätere Wiederverwendung entnommen.

2 Hier sehen Sie, wie sich bereits Rost an der Antriebswellenverzahnung bildet. Am besten ist es, das Fahrzeug nur einseitig aufzubocken, damit das Achsöl zur anderen Seite der Achse fließen kann, wodurch der Ölverlust verringert wird.

3 Nachdem die Splinte an den inneren Bremsbelaghalterungen entfernt wurden, lassen sich letztere herausschieben. Stellen Sie sicher, dass sie die dort angebrachten Federn nicht verlieren.

4 Womöglich muss vor dem Herausschieben der Beläge der Kolben mit einem Hebel nach hinten gedrückt werden, vor allem wenn die älteren Bremsscheiben am äußeren Rand einen Verschleißgrat aufweisen.

32 Fahrwerk, Lenkung und Bremsen

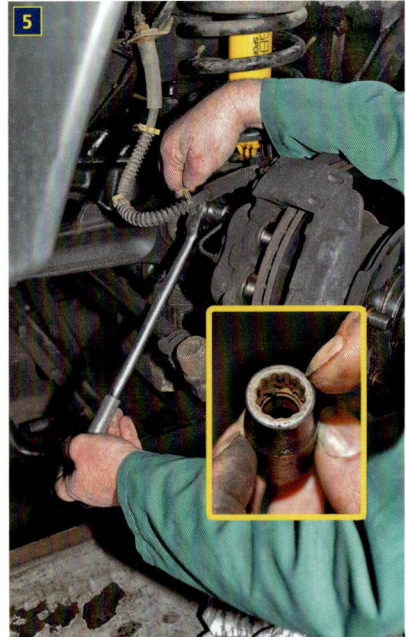

5 Sie werden eine Verlängerung und eine 12-Kant-Stecknuss brauchen, um die beiden Befestigungsschrauben der Bremszange zu lösen.

6 Wenn Sie die Bremszange entfernen, ohne die Bremsleitung zu tauschen, ist die Bremszange so hängen zu lassen, dass ihr Gewicht nicht von der Schlauchleitung gehalten wird – Rissgefahr!

7 Im kleinen Bild sehen Sie die Nabe, mit der wir es hier zu tun haben, während die Zeichnung die Bauteile zeigt und wie sie zusammengefügt werden.

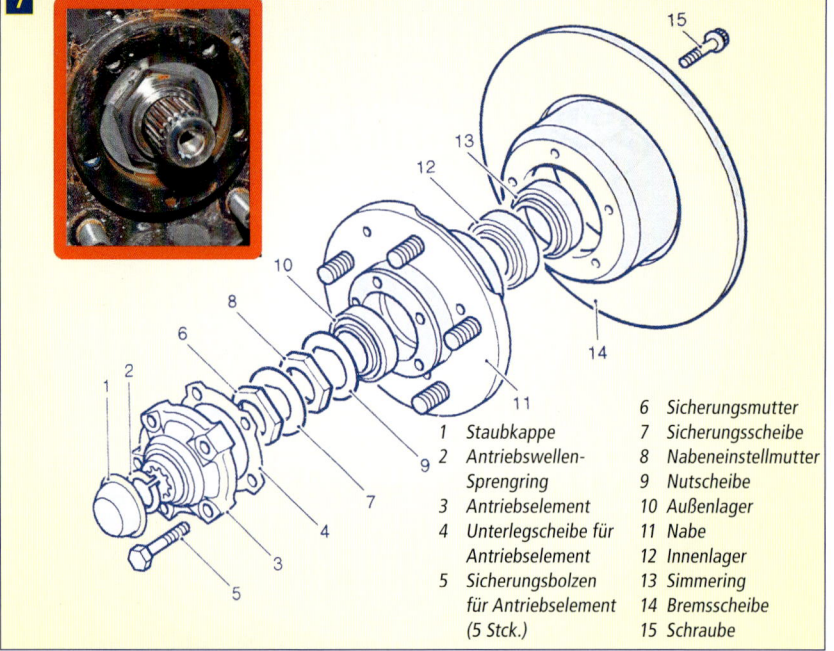

1 Staubkappe
2 Antriebswellen-Sprengring
3 Antriebselement
4 Unterlegscheibe für Antriebselement
5 Sicherungsbolzen für Antriebselement (5 Stck.)
6 Sicherungsmutter
7 Sicherungsscheibe
8 Nabeneinstellmutter
9 Nutscheibe
10 Außenlager
11 Nabe
12 Innenlager
13 Simmering
14 Bremsscheibe
15 Schraube

8 Aufgrund des Sicherungssystems, auf das wir später eingehen werden, lässt sich die große Mutter nur schwer bewegen.

9 Im Gegensatz zu den früheren Modellen verfügt dieses über ein Kegellager. Nachdem es entfernt wurde, …

10 … können die Nabe und die Bremsscheibe abgenommen werden.

11 Die Bremsscheibe wird mit fünf Schrauben an der Nabe fixiert.

12 Nachdem sichergestellt wurde, dass die Kontaktflächen absolut sauber sind, wird die neue Bremsscheibe von MM 4x4 in Position gebracht.

13 Die Sicherungsschrauben müssen entweder erneuert oder vollständig gereinigt werden, um alte Gewindesicherung restlos zu entfernen. Dann sind sie mit neuer Gewindesicherung zu versehen, umgehend einzusetzen und mit dem richtigen Drehmoment festzuziehen.

14 Beachten Sie, dass die Bremsscheiben falsch herum eingesetzt werden können. Die Schlitze auf den Scheiben müssen so ausgerichtet sein, dass sie das Wasser herausschleudern, wenn sich die Bremsscheibe bei Vorwärtsfahrt dreht.

15 Das Lager und die Unterlegscheibe werden wieder angebracht, dazu kommt noch eine neue Sicherungsmutter. Diese ist mit dem entsprechenden Drehmoment festzuziehen.

16 Hier gibt es eine flache Stelle, an welcher auf die Lippe der Sicherungsmutter gehämmert wird, um sie in Position zu halten.

17 Obwohl dieser Arbeitsschritt jetzt noch nicht fällig ist, wurde die Bremszange wieder angebracht.

18 Die alte Dichtung wurde vollständig vom Antriebselement abgenommen, der Rost von der Innenverzahnung entfernt und eine neue Dichtung eingesetzt.

19 Hier sieht man, wie man die Nabe fixiert, während die Schrauben des Antriebselements mit dem entsprechenden Drehmoment festgezogen werden.

20 Es ist unumgänglich, die Bremskolben zurückzudrücken, bevor neue Beläge eingesetzt werden können.

21 Die »richtige« Vorgehensweise sieht den Einsatz eines Spezialwerkzeugs vor, doch wenn man vorsichtig ist spricht nichts dagegen, einen Schraubendreher zu verwenden. Sollten sich die Kolben nur schwer bewegen lassen, ist bereits Korrosion im Spiel, was möglicherweise den Austausch der Bremszangen erforderlich macht.

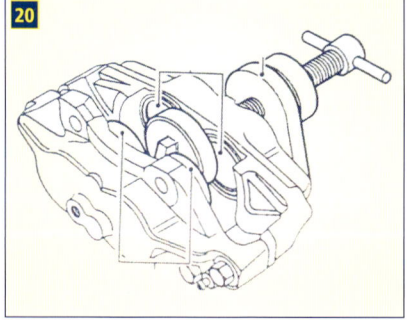

34 Fahrwerk, Lenkung und Bremsen

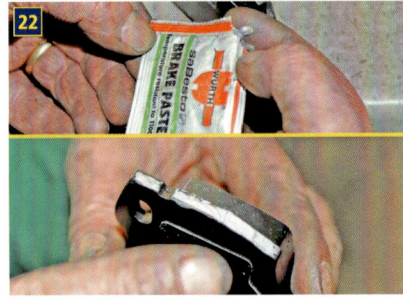

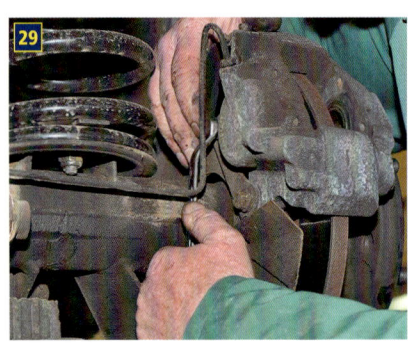

22 Ein bisschen Kupfer- oder Bremsenpaste außen auf der Metallplatte verringern das Bremsgeräusch. Beachten Sie, dass diese Beläge über »Anti-Quietsch-Platten« verfügen. Sollten Ihre Bremsbeläge so etwas nicht haben, können Sie etwas Bremsenpaste auf die Rückseite der Bremsankerplatten auftragen – natürlich nicht auf den Reibbelag.

23 Anschließend werden die neuen Beläge hineingeschoben, gefolgt von den Sicherungszapfen und Federn, dazu neue Splinte, die die Sicherungszapfen fixieren. Verwenden Sie nicht die ursprünglichen Teile.

24 Danach haben wir uns darauf vorbereitet, die rostfreien Stahlflex-Bremsleitungen einzubauen …

25 … und natürlich die Bremszange. Der Schlauchanschluss wurde vollständig gereinigt und der Schlauch entfernt, …

26 … bevor der Sicherungsclip herausgezogen wurde. Bei früheren Modellen wird der Schlauch mit einer Mutter und einer Unterlegscheibe gesichert. Die Schlauchanschlüsse auf der anderen Seite sind ähnlich, was es das Ganze zu einer einfachen Aufgabe macht. Dabei muss extrem darauf geachtet werden, dass die Schlauchverbindungen sauber bleiben.

27 Die hinteren Bremsen sind denen vorn sehr ähnlich, außer dass man hier nur einen Bremskolben vorfindet und dass auf der Rückseite eines jeden Bremsbelages jeweils eine Unterlegscheibe angebracht ist. Diese Scheiben müssen entfernt und wieder an den neuen Belägen eingesetzt werden.

28 Da die Achse hinten starr ist, sind auch die Bremsleitungen starr. Die Leitung muss nicht von der Bremszange entfernt werden, wohl aber aus ihren Achshalterungen.

29 Die Bremszange wird entfernt, was den Einsatz eines Ringschlüssels erforderte. Es gibt dort nicht genügend Platz für Steckschlüssel.

30 Die Bremszange wurde so wenig wie möglich bewegt, um die Bremsleitungen nicht zu belasten, und etwas aus dem Weg geräumt.

Bessere Bremsen 35

31 Die neue hintere Bremsscheibe von MM 4x4 ist zwar nicht innenbelüftet, doch ist sie dicker als viele ihrer Standard-Pendants. Außerdem ist sie wie die vorderen geschlitzt.

32 Die alten, gereinigten Plättchen wurden vor dem Einbau auf den Bremsbelägen montiert.

33 Das obere Ende der vorderen Flexleitung wird abgezogen. Der Halteclip wurde vor dem Trennen der Schlauchverbindung entfernt.

34 Bei Montage der Leitung schraubt man am besten die Anschlüsse an, ohne dass die Halteclips montiert sind. So ist es viel leichter, die Gewinde auszurichten und sicherzustellen, dass sie nicht verkanten.

35 Anschließend kann man entweder den Clip anbringen, bevor die beiden Leitungshälften festgezogen werden, oder zuerst die beiden Hälften vollständig festziehen und danach die Halteclips anbringen – Sie können sich frei entscheiden.

36 Das Stahlflex-Leitungskit von MM 4x4 wird mit zwei Alternativleitungen für die Hinterachse geliefert. Bauen Sie einfach die passende Leitung ein und entsorgen Sie die andere.

37 Obwohl es aufgrund von Platzmangel eine fummelige Angelegenheit ist, verläuft der Tausch der hinteren Leitungen im Prinzip genauso.

Natürlich müssen die neuen Bremsen noch vollständig entlüftet werden. Hierfür haben wir Silikonbremsflüssigkeit (DOT 5) verwendet, da sie im Gegensatz zu herkömmlicher Bremsflüssigkeit keine Korrosion im Inneren des Bremssystems verursacht. Beachten Sie, dass die neuen Bremsbeläge in den ersten paar Tagen ziemlich laut sein können, bis sie sich eingelaufen haben.

Die Bremswirkung meines Defender ist nun erheblich besser und auch das Fading ist merklich weniger geworden, wenn ich mit meinem voll beladenen 3-Tonnen-Anhänger bergab fahre.

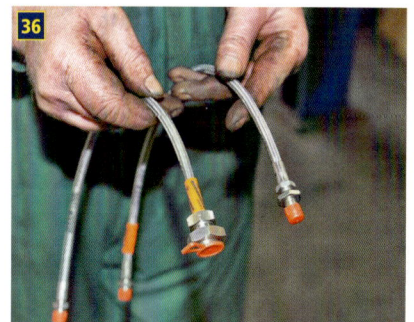

Warnung: Bremsen gehören zu den wichtigsten Sicherheitseinrichtungen eines Fahrzeugs, weshalb nur mit fachlicher Kompetenz an ihnen gearbeitet werden sollte!

Für Defender mit 18-Zoll-Felgen hat IRB Developments in Zusammenarbeit mit dem Bremsenspezialisten Alcon einen Umbausatz entwickelt. Dieser beinhaltet riesige 6-Kolben-Bremszangen, zweiteilige, innenbelüftete Bremsscheiben mit einem Durchmesser von 343 mm und Trägertopf. Dieser Umbausatz ist sowohl für Defender-Modelle mit als auch ohne ABS geeignet. Zum Zeitpunkt des Schreibens war man bei Alcon kurz davor, 4-Kolben-Bremszangen und innenbelüftete Bremsscheiben für die Hinterachse auf den Markt zu bringen.

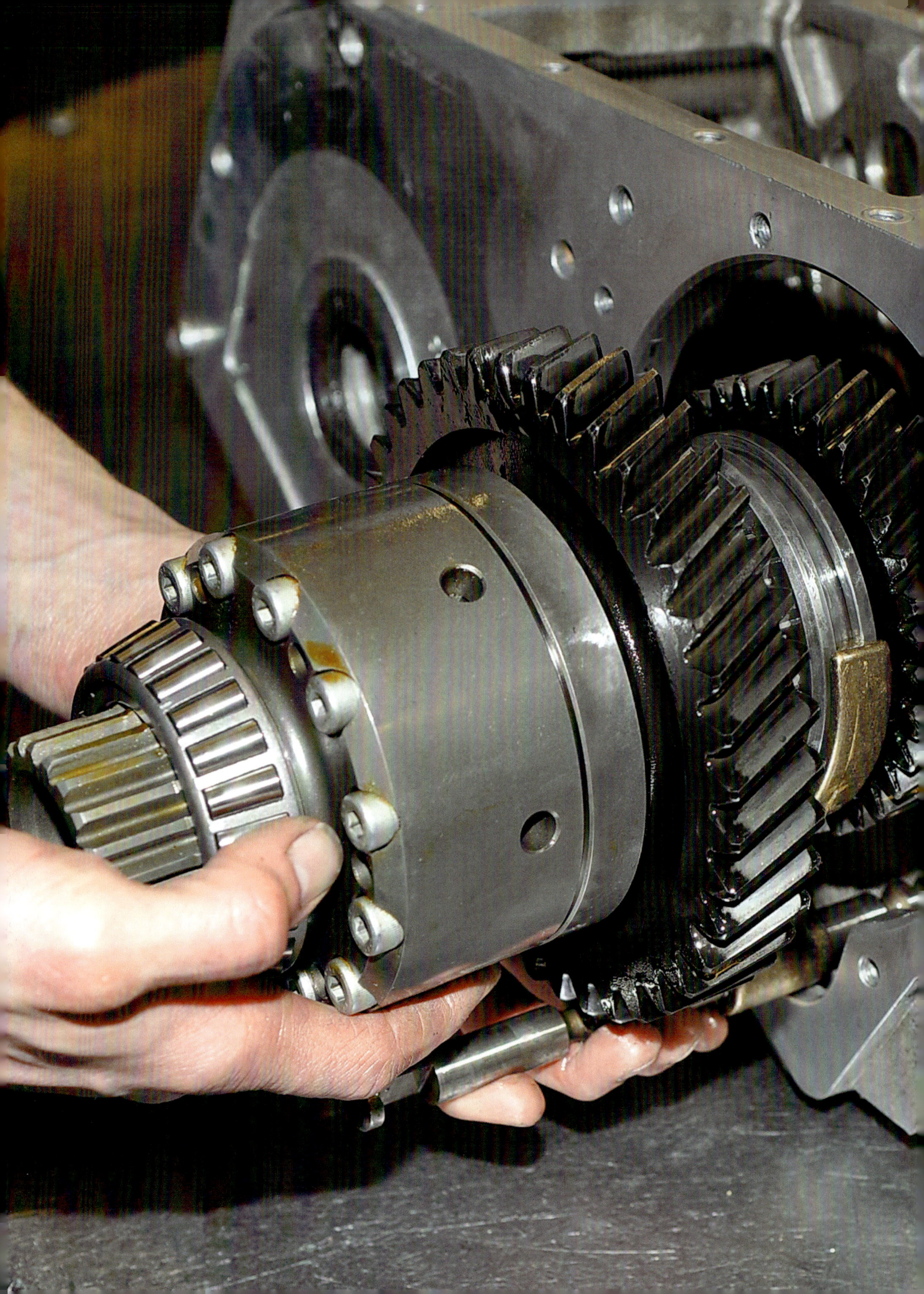

2 Kraftübertragung

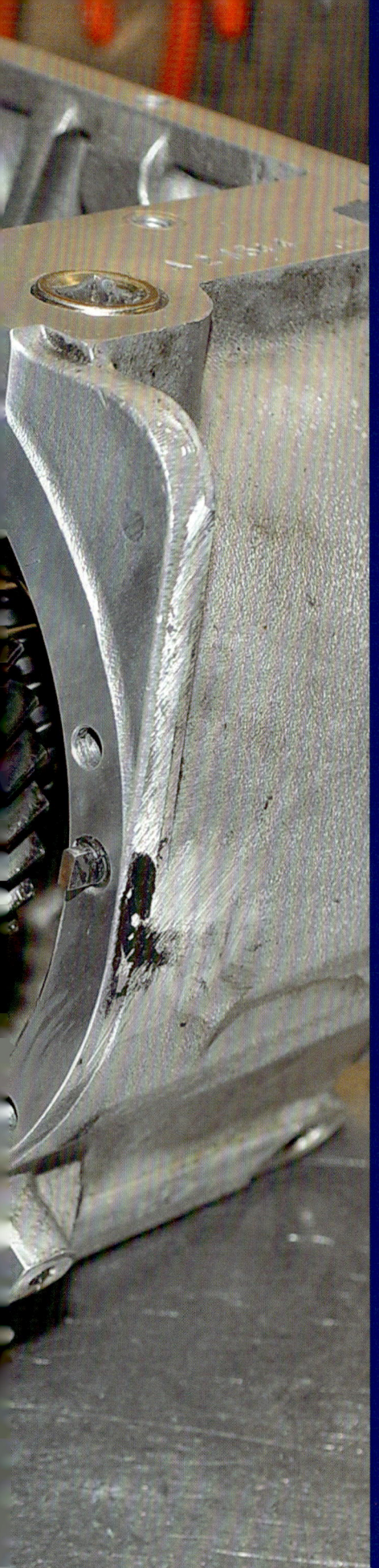

Differenzialsperren	**38**
Mitten-Sperrdifferenzial	**43**
Umbau auf Automatikgetriebe	**48**
Antriebswellen und -flansche für den Extremeinsatz	**60**

Differenzialsperren

Bei Land Rover-Modellen ohne moderne Traktionskontrolle kann Schlupf bei einzelnen Rädern auftreten. Differenzialsperren verhindern das und bieten jederzeit einen automatischen, permanenten Allradantrieb. Hier werden Differenziale von Quaife gezeigt, die bei Ashcroft Transmissions verbaut werden.

Da stand ich nun beim Versuch, eine 3-Tonnen-Ladung Holzklötze in den Garten zu verfrachten. Der Boden war leicht matschig, das Gras rutschig, und sobald ich an eine leichte Steigung kam, war es mit dem Vortrieb vorbei. Ein Rad drehte durch – besten Dank an das Standard-Differenzial. Natürlich sperrte ich das Mittendifferenzial und versuchte es erneut. Nun drehten zwei Räder durch.

So wurde mir der Unterschied zwischen einem herkömmlichen Land Rover mit »offenen« Differenzialen und einem drehmomentsensibleren Setup klar. Ich fand heraus, dass eine mechanische Lösung dieses Problems durch den Einbau von Quaife-Differenzialen erreicht werden kann.

Als direkter Ersatz für das werksseitig verbaute, »offene« Standard-Differenzial überträgt das »Quaife Automatic Torque Biasing (ATB) Helical Limited Slip Differenzial (LSD)« das Drehmoment eines durchdrehenden Rades über die Achse auf das andere Rad. Im Gegensatz zu einem herkömmlichen Sperrdifferenzial sorgen hier Zahnräder anstelle von Kupplungsscheiben für den Betrieb. Somit arbeitet es leiser und wesentlich sanfter, weil es im Gegensatz zu einem herkömmlichen Sperrdifferenzial nie hart bei einer voreingestellten Radschlupf-Vorlast an der angetriebenen Achse sperrt. Es arbeitet je nach Bedarf mit ständig variierender Stärke – und das vollautomatisch. Daher muss man nie anhalten, um die Differenzialsperre zu aktivieren.

1 Das Bild ganz oben zeigt zwei Achsdifferenziale von Quaife. Zunächst wurde DiXie, mein Defender, in die Werkstatt gebracht.

2 Der Mechaniker entfernte die vorderen Antriebswellen durch vollständige Demontage der vorderen Naben. Das ist natürlich etwas mühsam und erfordert auch das Abnehmen der Spurstangen.

3 Nach dem Abklemmen der Bremsschläuche entfernte er diese von den Bremssätteln und zog alle Vorderradnaben komplett mit Bremssattel und den an den äußeren Enden montierten Antriebswellen ab. Bei der Montage waren zur Bremsenentlüftung nur zwei Pumpstöße nötig. Eine andere Möglichkeit wäre, die Schläuche an den Bremssätteln zu belassen. Die Bremssättel werden dann nach dem Abnehmen von den Naben in den Radkästen hängen gelassen. Dabei ist darauf zu achten, die Bremsschläuche nicht zu belasten!

4 Nach dem Lösen der Kardanwelle wurden die Befestigungsmuttern gelöst und das vordere Differenzial ausgebaut, damit es vom Getriebespezialisten Ashcroft Transmissions abgeholt werden konnte.

5 Auf der Rückseite ist das Verfahren etwas einfacher. Nach dem Entfernen der Schutzkappe wird der Sicherungsring entnommen …

6 … und die Nabenschrauben herausgedreht.

7 Dadurch kann jede Hinterachswelle abgenommen werden …

8 … bevor das Hinterachsdifferenzial ausgebaut wird. Danach wurde der nächste Arbeitsschritt Ashcroft Transmissions überlassen.

9 Dort brachte der Techniker mit einem Körner entsprechende Markierungen auf den Lagerkappen an, sodass sie später wieder an derselben Stelle montiert werden konnten.

10 Anschließend trieb er die Sicherungsstifte aus den Lagereinstellern heraus, sodass diese beim späteren Einbau des Differenzials gedreht werden können. Die Stifte bleiben an ihrem Platz, sie müssen nicht vollständig entfernt werden.

11 Nach dem Lösen ihrer Schrauben werden die Lagerdeckel einfach abgehoben …

12 … und die seitlichen Lagereinstellmuttern entfernt.

13 Nun kann das Tellerrad des Differenzials einfach aus dem Gehäuse gehoben werden.

14 Nachdem es freiliegt sind die Schrauben zu entfernen, die das Differenzial am Tellerrad befestigen.

15 Nehmen Sie einen Kunststoffhammer und klopfen Sie gleichmäßig entlang des äußeren Bereichs des Tellerades, um dieses aus der Presspassung zu lösen …

16 … und heben Sie das alte, »offene« Differenzial ab. Beachten Sie, die alten Lager dort zu belassen …

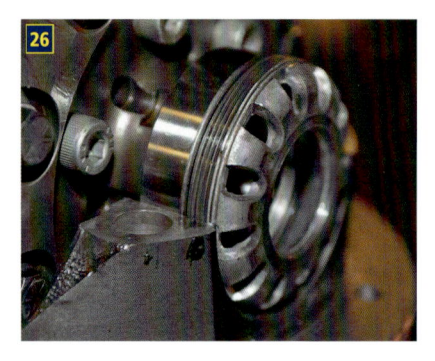

17 … da wir neue Lager im Quaife-Differenzial montieren werden. Angesichts der durchgeführten Arbeiten und der Kosten für den Einbau eines neuen Differenzials wäre es unsinnig, dies nicht zu tun.

18 Sämtliche neuen Lager werden mit einer hydraulischen Presse und nur durch Ausüben von Druck in den mittleren Teil des Differenzials eingepresst.

19 Jetzt, nachdem die beiden neuen Lager montiert sind, kann das neue Differenzial von Quaife (rechts) eingebaut werden. Differenziale ohne drehmomentsensible oder sperrende Mechanismen werden »offene« Differenziale genannt, und das Standarddifferenzial (links) ist im wahrsten Sinne des Wortes ziemlich offen: Die Getrieberäder sind sichtbar, obwohl das natürlich in diesem Zusammenhang nicht mit »offen« gemeint ist! Es bedeutet eher, dass das Differenzial ein Rad an einer Achse stillstehen lässt, wenn sich das andere frei dreht.

20 Das Tellerrad wird auf die offenen Backen des Schraubstocks aufgelegt und das Quaife-Differenzial in seine Position abgesenkt.

21 Es werden nagelneue hochfeste Schrauben verwendet, auf welche Gewindesicherung aufgebracht wird. Das ist beides sehr wichtig, denn es ist nicht ausgeschlossen, dass sich Schrauben in einem Differenzial lösen. Dann wird es teuer und eventuell sehr gefährlich, wenn das Differenzial daraufhin blockiert.

22 Bohrungen und Gewinde sind perfekt ausgerichtet und jeder der Bolzen wird von Hand und über Kreuz – wenn auch nicht vollständig – angezogen. **Lassen Sie darauf unbedingt sofort den Einsatz des Drehmomentschlüssels erfolgen!** Andernfalls zieht die Gewindesicherung an (das tut sie, sobald Luft ausgeschlossen wird) und alles, was Sie danach erreichen, ist das Aufbrechen der Verbindung, wodurch sie unwirksam wird.

23 Das endgültige Festziehen erfolgt mit einem Drehmomentschlüssel. Hierfür sind dem Werkstatthandbuch die Drehmomentwerte für das in Ihrem Land Rover eingebaute Differenzial zu entnehmen.

24 Bei diesem Differenzial wusste man bei Ashcroft, dass die Höhe zwischen der Oberseite des Zahnrades und dem Gehäuseabschluss zwischen 76,1 und 76,2 mm betragen sollte. Der gemessene Wert lag bei 76,22 mm, was als durchaus akzeptabel galt. Außerhalb der Toleranz hätte der Abstand durch Hinzufügen oder Entfernen von Shims am Zahnrad ausgeglichen werden müssen. Allerdings ist es selten, dass ein nicht stark abgenutztes Differenzial hier irgendwelcher Einstellung bedarf.

25 Das montierte Quaife-Differenzial und das Tellerrad werden richtig herum in das Gehäuse abgesenkt. Hier kann man nichts falsch machen, denn das Tellerrad entspricht der Aussparung im Gehäuse.

26 Beachten Sie, dass die Stellmuttern über Gewinde verfügen. Es ist essenziell, dass sie vollständig in den Gewinden des Gehäuses liegen …

27 … und in denen der Lagerdeckel. Stellen Sie sicher, dass jeder Deckel ordnungsgemäß aufliegt, bevor Sie alle Schrauben festziehen. Wenn Sie nicht so erfahren sind wie der Techniker von Ashcroft, empfiehlt es sich, sie mit einem Schraubenschlüssel festzuziehen. Dabei muss regelmäßig sichergestellt werden, dass sich die Mutter während des Festziehens der Schrauben frei drehen lässt – selbst wenn der Lagerdeckel vollständig festgezogen ist.

28 Der nun folgende Prozess ist zwar kritisch, aber logisch, wenn man darüber nachdenkt: Die Lagereinstellmutter gegenüber des Tellerrads wird weit herausgedreht. Anschließend wird sie auf der Seite des Tellerrads …

29 … mit dem passenden Schraubenschlüssel festgezogen, wodurch das Tellerrad **gegen** das Zahnrad gedrückt wird.

30 Das erfolgt, bis man **gerade eben** kein Spiel zwischen dem Kardanwellenflansch und dem Tellerrad mehr bemerkt, wenn man versucht, sie gegeneinander zu drehen. Anschließend wird die Lagereinstellmutter auf der anderen Seite festgezogen, was dazu führt, dass das Tellerrad vom Zahnrad **weggedrückt** wird, bis **etwas** Spiel bemerkbar wird. In diesem Fall ist es am besten, zusätzlich das Werkstatthandbuch zu Rate zu ziehen.

31 Eine weitere, eher technische Herausforderung ist es, zu ermitteln, ob sich das Tellerrad in der richtigen Stellung zum Zahnrad befindet. Die Techniker bei Ashcroft lösen dieses Problem durch Auftragen von Tuschierblau auf vier Tellerradzahnen …

32 … und durch Drehen des Tellerrades, sodass das Zahnrad den blau eingefärbten Bereich berührt. Nun wird es ein paar Mal vor- und zurückgedreht, wodurch die blaue Farbe partiell abgetragen wird. Die resultierenden, eher oval erscheinenden Flächen stellen die Kontaktflächen dar. Es bedarf auch hier eines gewissen Maßes an Erfahrung, um die Kontaktflächen mit Sicherheit zu bestimmen.

Wie arbeiten Differenziale von Quaife?

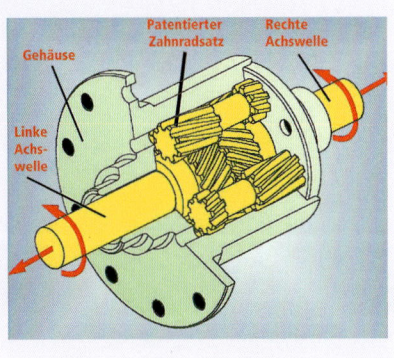

Eine Reihe schwimmender Zahnräder greifen ineinander, um die herkömmliche Differenzialwirkung zu bieten. Wenn ein Rad durchdreht, wird eine Beschleunigungsmoment durch den axialen und radialen Schub der Zahnräder in ihren Aufnahmen erzeugt. Die resultierenden Reibungskräfte ermöglichen dem Differenzial, einen größeren Anteil des Drehmomentes auf das entsprechende Rad zu übertragen. Der Effekt ist progressiv. Zu keinem Zeitpunkt ist die Differenzialsperre fest, wodurch die Lenkung nie geradeaus drängt wie bei anderen Hochleistungsdifferenzialen. Quaife sagt, diese Differenziale seien Bauteile, die man »einbaut und vergisst«. Tatsächlich gibt es eine lebenslange Garantie. Das »Quaife ATB Helical LSD« bedarf im Gegensatz zu herkömmlichen Scheiben-Sperrdifferenzialen keiner besonderen Wartung.

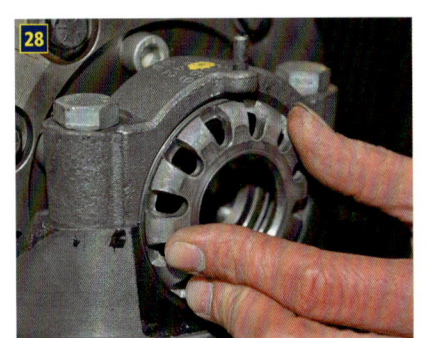

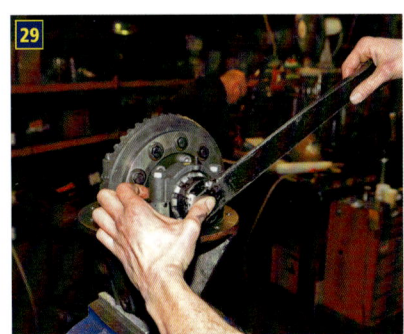

Kraftübertragung

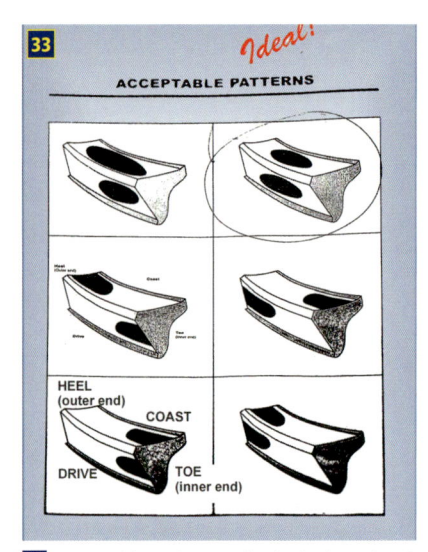

33 Dieses Bild aus dem Handbuch, das bei Ashcroft Transmissions eingesetzt wird, zeigt akzeptable Berührungsmuster auf den Zähnen des Tellerrads. Bei den unteren vier Bildern handelt es sich um typische Fehler, bei welchen das Tellerrad eingestellt werden muss.

34 Auch die Kontaktflächen auf der »Rückseite« (korrekt: Antriebsseite) der Zähne müssen überprüft werden.

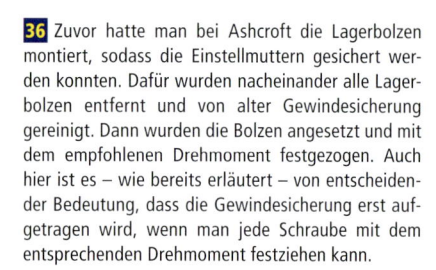

35 Nach Einstellung der richtigen Spannung sind die Sperrbolzen einzutreiben, damit sich die Einstellmuttern nicht verdrehen.

36 Zuvor hatte man bei Ashcroft die Lagerbolzen montiert, sodass die Einstellmuttern gesichert werden konnten. Dafür wurden nacheinander alle Lagerbolzen entfernt und von alter Gewindesicherung gereinigt. Dann wurden die Bolzen angesetzt und mit dem empfohlenen Drehmoment festgezogen. Auch hier ist es – wie bereits erläutert – von entscheidender Bedeutung, dass die Gewindesicherung erst aufgetragen wird, wenn man jede Schraube mit dem entsprechenden Drehmoment festziehen kann.

37 Somit war die Arbeit für Ashcroft Transmissions erledigt und die Differenziale wurden wieder in der Werkstatt abgegeben. Dort versah sie der Mechaniker mit einer Silikondichtung (in dieser Version werden keine Papierdichtungen eingesetzt), ...

38 ... brachte sie in Montageposition, ohne dabei die Flüssigdichtung zu beschädigen, ...

39 ... und setzte sie letztendlich auf die Bolzen am Achsgehäuse. Dann schraubte er die Muttern wieder an, die am vorherigen Tag entfernt wurden.

40 Die Antriebswellen verfügen über Papierdichtungen. Neue wurden eingesetzt, ...

41 ... bevor jede der Antriebswellen in Position geschoben wurde. Oft muss ein wenig gerüttelt werden, damit die Verzahnungen der Antriebswellen mit denen des Differenzials ineinandergreifen.

42 Nachdem Vorder-und Hinterachse komplett montiert wurden, besteht die letzte Aufgabe im Auffüllen mit (in diesem Fall) teilsynthetischem Differenzial-Öl. Beachten Sie, dass ältere Fahrzeuge, deren Dichtungen nicht auf den Einsatz von Synthetiköl ausgelegt sind, dieses verlieren würden!

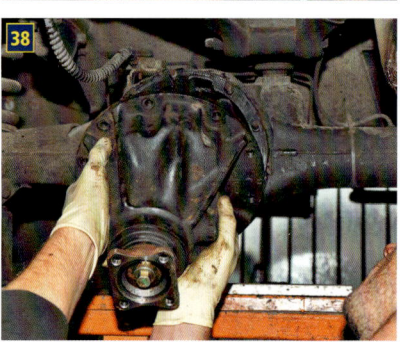

Mitten-Sperrdifferenzial

Vor dem Einbau habe ich mir ausgemalt, was wohl passiert, wenn man die Achsen mit Quaife-Differenzialen versehen hat und an einer vereisten Steigung darauf wartet, davonzuziehen. Vielleicht würde man wegen des offenen Mittendifferenzials jeglichen Vortrieb über die Vorder- oder Hinterachse verlieren. OK, man kann immer anhalten, um die Mittendifferenzialsperre zu aktivieren, das nutzt aber nicht viel, wenn ein 40-Tonner auf einen zurast! Es erscheint mir wie am falschen Ende gespart, wenn man zwar drehmomentsensible Differenziale an den Achsen montiert, nicht aber am Mittendifferenzial. Hier sieht man, was es mit dem Anbau einer »Quaife ATB Helical LSD«-Einheit an das Differenzial auf sich hat.

1 Das komplette Verteilergetriebe – die Komponente, die den Antrieb für beide Achsen liefert – wurde ausgebaut und vom Fachbetrieb Ashcroft Transmissions abgeholt.

2 An dieser Stelle ist es hilfreich, eine Ahnung davon zu haben, wie das Verteilergetriebe aufgebaut ist und wie die Bauteile heißen:

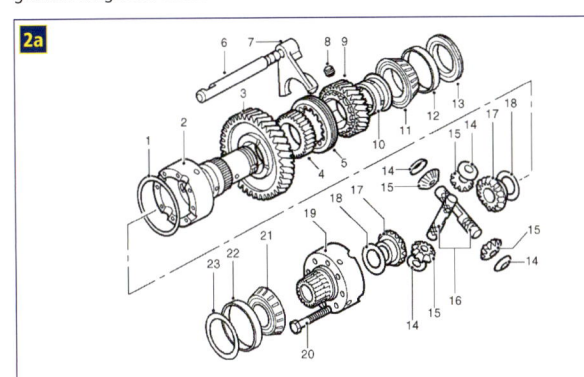

Bestandteile des Differenzials
1 Sicherungsring
2 Differenzialkorb – hintere Hälfte
3 Reduktionsstufe
4 High/Low-Nabe
5 High/Low-Schaltmuffe
6 High/Low-Schaltwelle
7 High/Low-Schaltgabel
8 Stellschraube High/Low-Schaltgabel
9 High Range-Stufe
10 High Range-Schaltwellenbuchse
11 Hinteres Differenziallager
12 Lager Außenringlaufbahn
13 Lagersicherungsmutter
14 Gewölbte Druckscheiben
15 Planetenräder
16 Kreuzwellen
17 Sonnenräder
18 Druckscheiben
19 Differenzialkorb – vordere Hälfte
20 Bolzen – Differenzialkörbe
21 Vorderes Differenziallager
22 Lager Außenringlaufbahn
23 Distanzscheibe

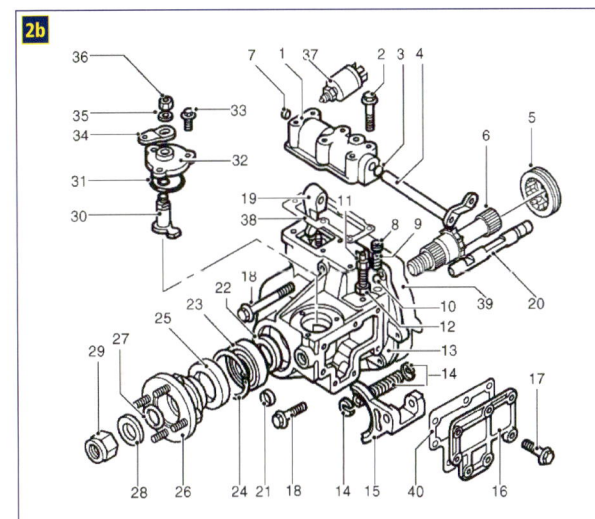

Bestandteile des vorderen Abtriebsgehäuses
1 High/Low-Querwellengehäuse
2 Bolzen – High/Low-Querwellengehäuse
3 O-Ring
4 High/Low-Querwelle und Hebel
5 Klauenkupplung
6 Vordere Abtriebswelle
7 Hohlkegel
8 Arretierzapfen – Differenzialsperre
9 Arretierfeder – Differenzialsperre
10 Arretierkugel – Differenzialsperre
11 Schalter für Differenzialsperren-Kontrollleuchte
12 Sicherungsmutter
13 Gehäuse vorderer Abtrieb
14 Feder und Klammern – Differenzialsperre
15 Schaltgabel Differenzialsperre
16 Seitenabdeckung
17 Bolzen – Seitenabdeckung
18 Bolzen – Gehäuse vorderer Abtrieb
19 Schaltfinger Differenzialsperre
20 Schaltwelle Differenzialsperre
21 Stopfen
22 Lagerdistanzstück
23 Abtriebswellenlager
24 Sprengring
25 Wellendichtring
26 Abtriebswellenflansch und Schmutzfänger
27 Filzscheibe
28 Stahlunterlegscheibe
29 Selbstsichernde Mutter
30 Differenzialsperre Schaltfinger und Welle
31 O-Ringe
32 Differenzialsperre Schaltgehäuse
33 Bolzen – Gehäuse
34 Schalthebel
35 Unterlegscheibe
36 Selbstsichernde Mutter
37 Schalter für Leerlauf-Kontrollleuchte (Range Rover Classic) – falls vorhanden
38 Dichtung – High/Low-Querwellen-Gehäuse*
39 Dichtung – Gehäuse vorderer Abtrieb*
40 Dichtung – seitliche Deckplatte*
* bis zur Seriennummer 288709E.

Kraftübertragung

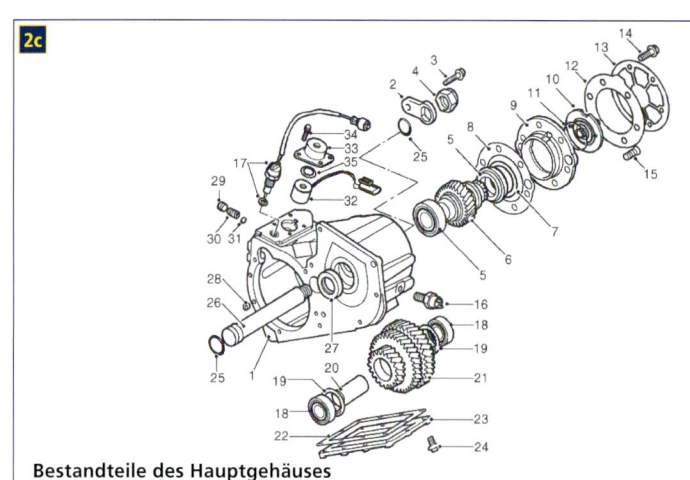

Bestandteile des Hauptgehäuses

1 Hauptgehäuse
2 Halteplatte
3 Bolzen – Halteplatte
4 Sicherungsmutter – Zwischenwelle
5 Lager und Außenringlaufbahnen – Eingang Hauptwelle
6 Getriebe Hauptwelle*
7 Distanzscheibe
8 Dichtung**
9 Lagergehäuse Getriebe Hauptwelle
10 Ölzuführungsplatte ***
11 O-Ring ***
12 Dichtung
13 Abdeckung Abtrieb*
14 Bolzen – Abdeckung
15 Senkkopfschraube – Lagergehäuse
16 Öltemperaturschalter***
17 Schalter und Unterlegscheibe für Leerlauf- Kontrollleuchte – nicht bei Range Rover Classic***
18 Lager und Außenlaufbahnen – Zwischenräder
19 Sprengringe
20 Distanzhülse
21 Zwischenräder
22 Dichtung**
23 Untere Abdeckplatte
24 Bolzen – untere Abdeckplatte
25 O-Ringe – Zwischenwelle
26 Zwischenwelle
27 Hauptwellendichtring
28 Positionierstift
29 Arretierzapfen – High/Low-Wählschalter
30 Arretierfeder – High/Low-Wählschalter
31 Arretierkugel – High/Low-Wählschalter
32 Magnetische Sperrvorrichtung***
33 Abdeckung – Magnetische Sperrvorrichtung***
34 Bolzen – Magnetische Sperrvorrichtung***
35 Tellerfeder***

* Defender-Hauptwelleneingangsgetriebe und Discovery-Abtriebsabdeckung abgebildet
** bis zur Seriennummer 288709E.
*** falls eingebaut

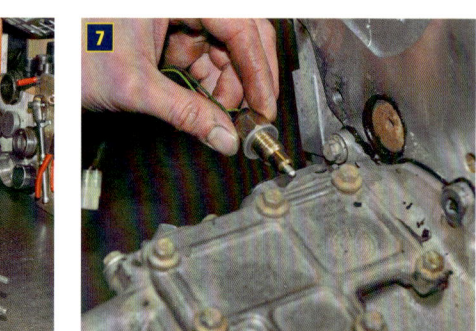

3 Beginnen Sie mit dem Entfernen des Arretierzapfens seitlich am Verteilergetriebe-Gehäuse. Vergessen Sie nicht den Zapfen, die Feder und die Kugel, die sich darunter befinden.

4 Entfernen Sie als nächstes die Bolzen, die das High/Low-Querwellengehäuse halten.

5 Klopfen sie ein paar Mal gezielt mit einem Kunststoffhammer darauf, um die Flüssigdichtung zu lösen.

6 Gehen Sie bei der Abdeckplatte der Zwischenräder genauso vor – d.h. entfernen Sie die Schrauben und hämmern Sie ein paar Mal aus verschiedenen Richtungen darauf, um sie zu lösen. Es wird dringlichst davon abgeraten, die beiden Oberflächen voneinander abzuhebeln – das kleinere Risiko ist das Verbiegen der Platte, das größere besteht jedoch darin, dass die Oberflächen beschädigt werden, was später zu Ölverlust führt.

7 Der Schalter für die Leerlauf- Kontrollleuchte und die Unterlegscheibe (nicht immer verbaut) werden von der Gehäuseseite abgeschraubt.

8 Ein Ring aus Bolzen hält das Differenzialgehäuse am Hauptgehäuse fest.

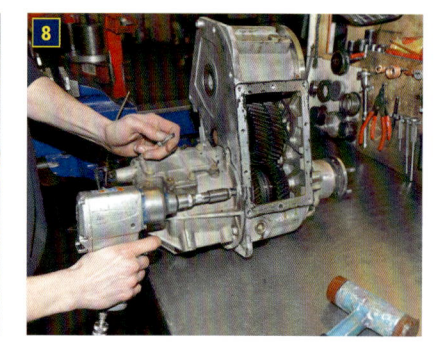

Mitten-Sperrdifferenzial 45

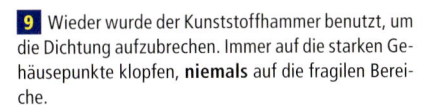

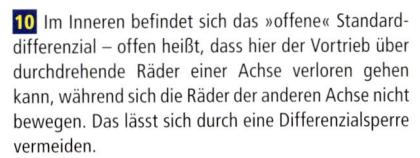

9 Wieder wurde der Kunststoffhammer benutzt, um die Dichtung aufzubrechen. Immer auf die starken Gehäusepunkte klopfen, **niemals** auf die fragilen Bereiche.

10 Im Inneren befindet sich das »offene« Standarddifferenzial – offen heißt, dass hier der Vortrieb über durchdrehende Räder einer Achse verloren gehen kann, während sich die Räder der anderen Achse nicht bewegen. Das lässt sich durch eine Differenzialsperre vermeiden.

11 Begeben Sie sich auf die andere Seite des Gehäuses und nehmen Sie den Tachometerantrieb heraus.

12 Es gibt vier verschiedene Tachometerantriebe – einen blauen (eingebaut), einen roten (jeweils hier gezeigt) sowie einen schwarzen und einen gelben. Jeder von ihnen verfügt über verschieden viele Zähne. Der Antrieb muss so gewählt werden, dass er der Radgröße und der Getriebeübersetzung entspricht, sofern diese Kenndaten verändert wurden. Mein Tachoantrieb zeigte mir eine um 18 Prozent höhere Geschwindigkeit an (Prüfung per Satellitennavigationsgerät), doch sein rotes Pendant hat alles wieder in Ordnung gebracht.

13 Die Mutter, die den Zwischenwellenzapfen fixiert, war verdammt schwer zu entfernen!

14 Nach dem Entfernen der Mutter ist der Zapfen bis zum Anschlag einzutreiben, …

15 … bevor er gänzlich durch- und auf der anderen Seite des Gehäuses herausgetrieben wird.

16 Danach werden die Zwischenräder aus dem Gehäuse entnommen.

17 Das Differenzial wird nun auf die Seite gedreht und das Gehäuse nach oben abgenommen, wodurch sich das Innenleben der Baugruppe offenbart.

18 Entfernen Sie die Schaltgabel und die Schaltwelle aus dem offenen Originaldifferenzial.

Kraftübertragung

19 Bei Ashcroft hat man einen speziellen Adapter für die Lagersicherungsmutter, doch selbst mit diesem lässt sie sich nur schwer entfernen.

20 Nach Entfernen der Mutter dient eine Hydraulikpresse dazu, das Differenzial und den Korb vom Reduktionsgetriebe, dem High-Range-Zahnrad und dem Lager abzuziehen, ...

21 ... wodurch das Differenzial von den Bauteilen getrennt wird, die später wieder eingesetzt werden. Das Lager am Originaldifferenzial bleibt an seinem Einbauort, ...

22 ... weil neue Lager im hier gezeigten Quaife-Differenzial eingebaut werden.

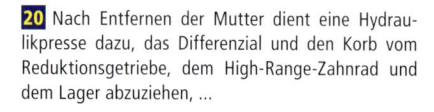

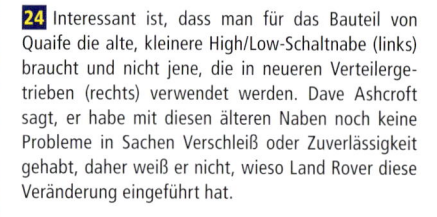

23 Nach dem Auftreiben des neuen vorderen Differenziallagers drehen Sie das neue Differenzial um und schieben das Reduktionsrad ein – natürlich richtig herum!

24 Interessant ist, dass man für das Bauteil von Quaife die alte, kleinere High/Low-Schaltnabe (links) braucht und nicht jene, die in neueren Verteilergetrieben (rechts) verwendet werden. Dave Ashcroft sagt, er habe mit diesen älteren Naben noch keine Probleme in Sachen Verschleiß oder Zuverlässigkeit gehabt, daher weiß er nicht, wieso Land Rover diese Veränderung eingeführt hat.

25 Auf die Schaltnabe folgt die High/Low-Schaltmuffe und letztendlich das High-Range-Zahnrad.

26 Legen Sie die High-Range-Getriebebuchse auf, ...

27 ... danach ein neues Lager ...

28 ... und eine neue Sicherungsmutter.

Mitten-Sperrdifferenzial 47

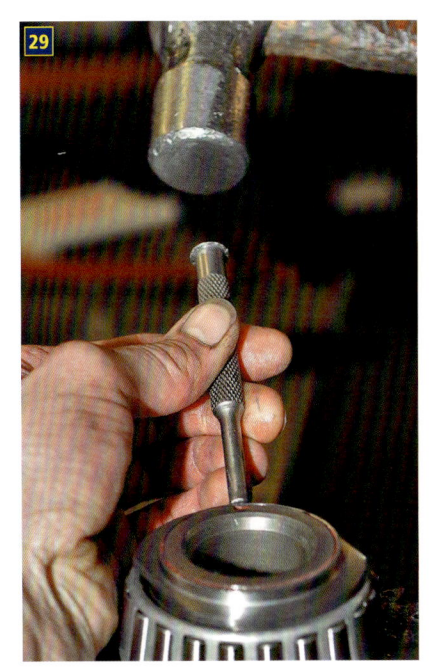

29 Schieben Sie nach dem Festziehen der Mutter den Sicherungsring darüber.

30 Schieben Sie nun das vollständig montierte Quaife-Differenzial in das Hauptgehäuse.

31 Tragen Sie am Abtriebsgehäuse eine Wulst aus dauerelastischer Dichtmasse auf, …

32 … bevor dieses wieder montiert wird. Die Arbeit am umgebauten Verteilergetriebe wird anschließend auf der Werkbank abgeschlossen.

33 Letztendlich wird das Gehäuse wieder an seinen ursprünglichen Platz montiert, alles verbunden und …

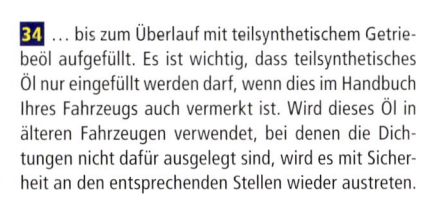

34 … bis zum Überlauf mit teilsynthetischem Getriebeöl aufgefüllt. Es ist wichtig, dass teilsynthetisches Öl nur eingefüllt werden darf, wenn dies im Handbuch Ihres Fahrzeugs auch vermerkt ist. Wird dieses Öl in älteren Fahrzeugen verwendet, bei denen die Dichtungen nicht dafür ausgelegt sind, wird es mit Sicherheit an den entsprechenden Stellen wieder austreten.

Das erste Mal, dass ich die neuen Differenziale so richtig eingesetzt habe, war, als ich 2,5 Tonnen Holzscheite mit meinem Anhänger abholte, der leer bereits eine Tonne wiegt. Somit hatte ich die maximale Anhängelast erreicht. Alle vier Räder drehten sich entgegen den riesigen Kräften, die dagegenhielten, und mein Defender zog solange seitwärts und vorwärts, bis sich der Anhänger aus dem weichen Sand befreite.

Der Einbau der drei Quaife-Differenziale hat einige Verhaltensweisen meines Land Rover komplett verändert. Sogar auf sehr rutschigen Straßen komme ich schnell vom Fleck. Jetzt weiß ich, dass alle vier Räder fast unverzüglich greifen. Beim normalen Fahren gibt es keinerlei Unterschiede, was das Handling oder die Geräuschentwicklung betrifft. Es scheint, als hätte ich in jeder Hinsicht profitiert.

Automatikgetriebe-Umbau

Der Einbau eines Automatikgetriebes im Defender ist schwierig genug, doch hat Ashcroft Transmissions die perfekten Umbausätze für alle Defender-Modelle entwickelt. Werfen wir einen Blick darauf, wie dieser Umbausatz bei meinem Defender zum Einsatz kam.

Die Umbausätze von Ashcroft Transmissions sind sowohl für den Eigenumbau als auch für die Montage durch eine Fachwerkstatt erhältlich. Die Mehrheit der Fahrzeuge, die derzeit umgebaut werden, haben überraschenderweise Puma-Motoren, obwohl dasselbe elektronische Automatikgetriebe von ZF bei allen Defender-Modellen verbaut werden kann.

Alternativ dazu können die pre-Td5-Modelle mit der nicht-elektronischen, hier gezeigten Version des Automatikgetriebes ausgestattet werden. Da beim 300 Tdi elektronische Steuerungen fehlen, kann das elektronische Getriebe hier in der Tat nur zusammen mit einer Compushift-Steuereinheit eingebaut werden, die von Ashcroft entwickelt wurde, um eine größere Anzahl an Benutzereinstellungen vornehmen zu können.

Hier wurde das manuelle Getriebe bereits so entfernt, wie es im Werkstatthandbuch beschrieben ist. Beachten Sie, dass die hier beschriebene Reihenfolge der Arbeitsschritte nicht unbedingt den Angaben im Werkstatthandbuch entspricht, da es sich eher um eine bevorzugte Vorgehensweise des Ashcroft-Mechanikers handelt. Das bedeutet nicht, dass diese unterschiedlichen Herangehensweisen jeweils schlechter oder besser sind. Es gibt fast immer viele Alternativen, eine Aufgabe zielführend zu lösen.

Hintergrund

Ursprünglich wurden Defender bei Ashcroft mit umgebauten Discovery Td5-Automatikgetrieben versehen, die anstelle einer elektronischen über eine hydraulische Steuerung verfügten. Diese ist mit dem Gaspedal verbunden, um den Kickdown-Seilzug zu ziehen. Mit Einführung der programmierbaren Compushift-Steuereinheit besteht nun die Möglichkeit, die Standard-Discovery Td5-Automatik einzubauen, ihre elektronische Steuerung zu belassen und sie über eine Compushift-Einheit zu steuern.

Beide Ansätze haben ihre Vor- und Nachteile. Betrachtet man die hydraulische Steuerung zuerst, zeigt sich der Nachteil eines festen Schaltmusters, wie es bei jeder anderen hydraulischen Steuerung gegeben ist. Die niedrigeren Kosten und die Einfachheit hingegen sind echte Vorteile.

Der Nachteil der elektronischen Option ist der, dass sie mehr kostet. Doch gibt es einige Vorteile:

- Mit der Compushift-Steuerung können Sie das Getriebe genau so schalten lassen, wie Sie es wünschen, es sperren, wann immer sie wollen und sogar Schaltpaddels oder einen Schalthebel einsetzen.
- Ist die Compushift-Steuerung korrekt eingestellt, fährt das Auto perfekt, als sei es ab Werk so geliefert worden.

■ Jetzt kann eine Discovery II Td5-Automatik verwendet werden, wodurch preisbewusste Menschen ein Automatikgetriebe, den Wandler, den Anlasserkranz, den Kühler etc. gebraucht beziehen und lediglich die Compushift-Steuerung samt Konsole bei Ashcroft kaufen können, um dieses Vorhaben durchzuführen.

Compushift

Die elektronische Steuereinheit Compushift ermöglicht den Einbau eines elektronischen Getriebes an einen 300 Tdi-, der über keinerlei elektronischen Steuerungen verfügt, aber auch an einen Td5- oder einen Puma-Motor, die beide über eine Steuereinheit verfügen. Damit lassen sich Schaltmuster, Schaltpunkte, die Wandlerüberbrückung und weitere Eigenschaften auswählen. Auch der Einsatz von Schaltpaddels ist damit möglich. Die Mittelkonsole ist für Ashcroft entwickelt, basiert auf dem ursprünglichen Land Rover-Design und sieht somit aus, als sei sie ein Originalteil.

Stufe 1-Upgrade

Gegen Aufpreis ist eine Stufe 1-Upgrade-Option für das ZF 4HP22-Getriebe erhältlich. Bei Ashcroft kann die Mittelsektion des Getriebes mit den größeren Komponenten aus dem ZF 4HP24 montiert werden. So umgeht man eine der Schwachstellen des Getriebes, nämlich die C1/C2-Kupplung – jene aus dem 4HP24-Getriebe ist viel robuster.

Ein weiteres Upgrade in der Stufe 1-Option ist das Planetengetriebe – das aus dem ZF 4HP24 ist viel stärker als das im ZF 4HP22. Nur das Innenleben wird verändert, äußerlich bleibt das Getriebe unverändert.

Stufe 2-Upgrade

Das Getriebe verfügt in der Stufe 2-Version über die beiden oben beschriebenen Komponenten. Hinzu kommt noch das Vorderteil des ZF 4HP24, welches die Robustheit einer größeren A-Kupplung bietet, um somit einer weiteren Schwachstelle des ZF 4HP22 zu umgehen.

Drehmomentwandler-Upgrades

Das ZF-Automatikgetriebe der Land Rover gibt

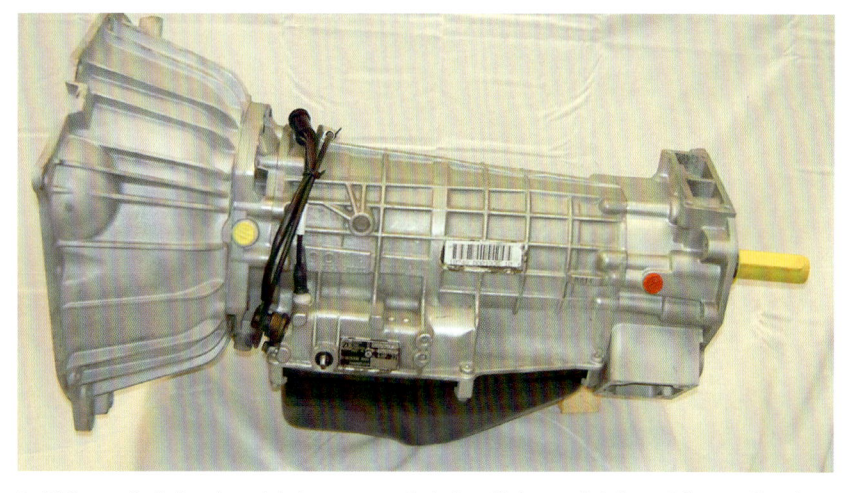

Da DiXie zum Kaufzeitpunkt praktisch neu war und wir ihn »für immer« behalten möchten, wollte ich ein nagelneues Getriebe einsetzen. Das neue »Ashcroft Stufe II«-ZF-Getriebe, das wir ausgewählt hatten, stammte von der Firma Bearmach, die uns auch die richtige Elektronikeinheit für das ZF 4HP22 gemäß den Angaben von Ashcroft Transmissions geliefert haben.

Automatikgetriebe-Umbau

es mit drei unterschiedlich großen Drehmomentwandlern: klein, mittel und groß.

Der Kleine wird im 300 Tdi, im P38-Diesel-Range Rover und im Td5 eingesetzt. Der mittlere kommt in den 3.9-, 4.0- und den späteren 4.6-P38-Modellen zum Einsatz, und der große Wandler wurde im älteren 4,6-Liter-P38-Range Rover verbaut.

Jeder dieser Wandler hat im Inneren eine Flüssigkeitskupplung. Dave Ashcroft zufolge hat die kleine Version bereits mit dem Standardmotor große Mühe, ganz zu schweigen von einem leistungsgesteigerten Aggregat. Wenn man seinen Motor getunt hat, kann man bei Ashcroft Transmissions neben der oben genannten Stufe-1- bzw. Stufe-2-Option auch den kleinen Drehmomentwandler durch einen mittlerer Größe ausgetauscht bekommen. Somit erhält man den Vorteil einer größeren Kupplung und eines V8-Drehmomentwandlers mit geringerem Haltemoment, der früher auf den Antrieb reagiert. Diese Option wird auch für aktuelle Motoren empfohlen. Doch sollte man bedenken, dass der Leistungsverlust über einen größeren Drehmomentwandler immer größer ist als über einen kleineren – ein wichtiger Punkt, den man bei einem unveränderten 300 Tdi-Motor berücksichtigen sollte, da er viel weniger Leistung hat als ein Td5-Aggregat.

Bei meinem Umbau habe ich mich für die mittlere Variante entschieden, weil ich öfter im Jahr 3,5 Tonnen ziehen muss und es hier viele Steigungen gibt. Ich wollte, dass mein Automatikgetriebe mit der Belastung klarkommt.

1 Der mittelgroße Drehmomentwandler ist für die Größe der Td5-Getriebeglocke geeignet, doch für meinen 300 Tdi-Motor musste bei Ashcroft eine entsprechend angepasste aus einem V8-Aggregat eingesetzt werden.

2 An der Ölwanne ist spezieller Adapter für die Aufnahme des Öltemperaturgebers montiert.

3 Dies ist das vordere Ende des 4HP24-Getriebes, das eine höhere Festigkeit besitzt. Die Getriebeeinheit verlängert sich somit um 15 mm gegenüber dem Standard, was weitere Einbauschritte wie die Anpassung oder Verlängerung von Getriebehalterungen bedingt.

4 Würde man eine Standard-V8-Getriebeglocke mit dieser Motor- und Getriebekombination verwenden wollen, wäre es beim Einbau des Getriebes nicht möglich, die Schrauben des Drehmomentwandlers festzuziehen. Daher wurde ein spezieller Ausschnitt angefertigt …

5 … und später eine Deckplatte angeschraubt. Die Teile wurden in der Werkstatt wunderbar genau und qualitativ hochwertig bearbeitet. Von dort hatte ich auch die Ashcroft Transmissions-Teile bezogen.

6 Es wurde ein weiterer Ausschnitt gemacht und eine Abdeckung für den Anlasser angeschweißt …

7 … sowie eine Öffnung für den Kopf einer der Schrauben gefräst, die die Adapterplatte am Motorblock fixieren.

8 Hier ist die Motoradapterplatte für das automatische Getriebe zu sehen.

9 Das ist die Motorseite des speziell bearbeiteten Schwungrades …

10 … und das die Getriebeseite.

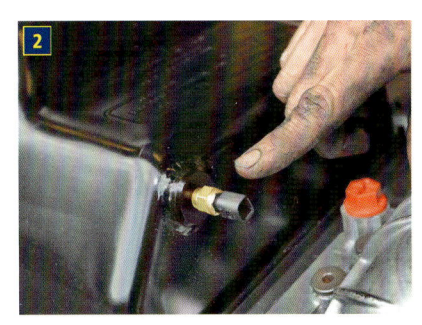

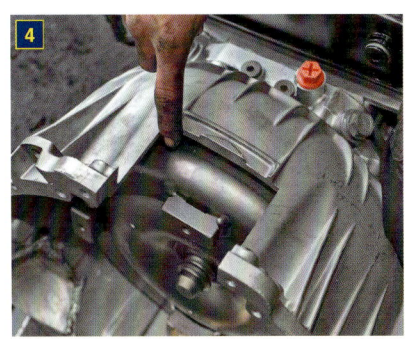

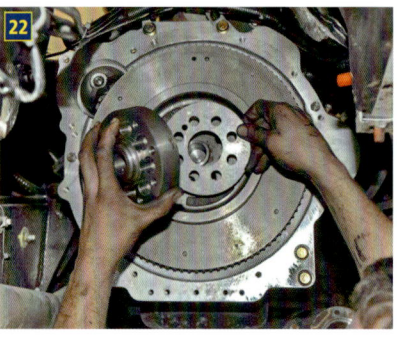

11 Die Unterlegscheibe und das Distanzstück werden nach der Montage am Motor am Schwungrad montiert, …

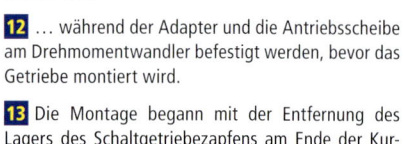

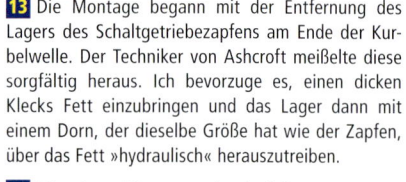

12 … während der Adapter und die Antriebsscheibe am Drehmomentwandler befestigt werden, bevor das Getriebe montiert wird.

13 Die Montage begann mit der Entfernung des Lagers des Schaltgetriebezapfens am Ende der Kurbelwelle. Der Techniker von Ashcroft meißelte diese sorgfältig heraus. Ich bevorzuge es, einen dicken Klecks Fett einzubringen und das Lager dann mit einem Dorn, der dieselbe Größe hat wie der Zapfen, über das Fett »hydraulisch« herauszutreiben.

14 Mit einer Klinge wurden jegliche Spuren von Verunreinigung von beiden Montageflächen des Schwungrades entfernt.

15 So auch an der Kurbelwellenscheibe.

16 Als nächstes wurde der Anlasser von der »alten« Motorplatte entfernt.

17 Dieses clever gebogene Füllblech aus Stahl wurde auf die Adapterplatte gelegt …

18 … und der Anlasser vorübergehend montiert, um das Füllblech abzuflachen und es an der Adapterplatte aus Aluminium in Position zu pressen.

19 Anschließend wurden die Kabel aus dem Weg geräumt und die Adapterplatte an das Ende des Motors gehalten.

20 Die Platte muss mit den beiden Stiften am Ende des Blocks fluchten, bevor sie mit einem Hammer wieder eingetrieben wird und die neuen Schrauben montiert werden.

21 Anschließend wurde das Schwungrad angelegt, …

22 … dann die 2 mm dicke Unterlegscheibe und das Distanzstück. Wie man hier sehen kann, müssen die Bohrungen genauestens ausgerichtet sein.

Automatikgetriebe-Umbau 51

23 Die acht M14 x 1,5-Schrauben wurden mit etwas Gewindesicherung versehen, bevor sie eingesetzt und von Hand über eine Knarre ...

24 ... und letztendlich mit einem Drehmoment von 135 Nm eingedreht wurden – bevor die Gewindesicherung trocknen konnte. Beachten Sie, dass das Schwungrad mit einem Hebel zu fixieren ist, damit es sich beim Festziehen der Schrauben nicht mitdreht.

25 Hier ein fabelhafter Tipp: Stellen Sie das ZF-Getriebe in aufrechter Position auf einen Reifen, damit sie am Drehmomentwandler im Inneren der Getriebeglocke arbeiten können. Wenn Sie sich noch einmal das Bild aus Schritt 5 ansehen, sehen Sie, dass der Drehmomentwandler vorübergehend mit einem Stahlband fixiert wurde.

26 Das ist die Mitnehmerscheibe, die über das Schwungrad und Ausrichter am Motor montiert wird. Diese wird hier nur zu Demonstrationszwecken in Position gehalten. Wenn das Getriebe an seinem Platz ist, wird sie am Drehmomentwandler mithilfe der vier Bolzenlöcher (Pfeile) verschraubt.

27 Die im Umbausatz enthaltenen M10-Schrauben und Unterlegscheiben wurden mit Schraubensicherung vorbehandelt.

28 Die Mitnehmerscheibe und ihr Stützring wurden an die Rückseite des Motors in Position gebracht sowie jede der Schrauben von Hand eingesetzt, mit einem Pressluftschrauber eingedreht und letztendlich mit einem Drehmomentschlüssel und 47 Nm festgeschraubt.

29 Danach gab es etwas Leerlauf, da wir auf weitere Teile warten mussten. Wir haben diese Zeit produktiv genutzt und die Befestigungen des Getriebes mit einem Ausziehwerkzeug aus den alten Beschlägen am Motor entfernt und diese an der Rückseite des Motorblocks montiert.

30 Das hier ist die Standard-Schalthebeleinheit.

31 Bei diesem Umbau muss das Differenzialsperrengestänge aus dem Discovery 200 Tdi verwendet werden.

32 Das bestehende Gestänge wird entfernt.

33 Der Ausleger (siehe Pfeil) wird in das Schalthebelgehäuse geschraubt und die Distanzscheiben wieder angebracht, ...

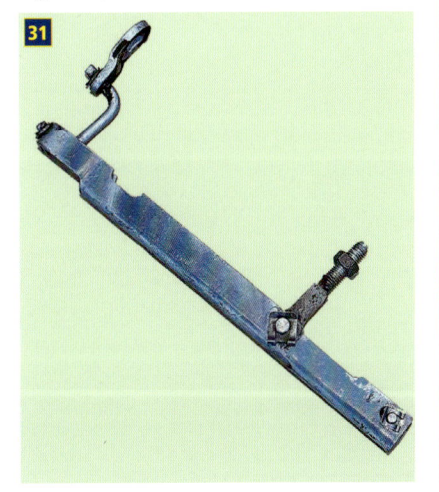

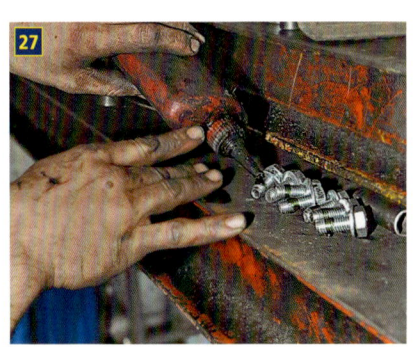

Kraftübertragung

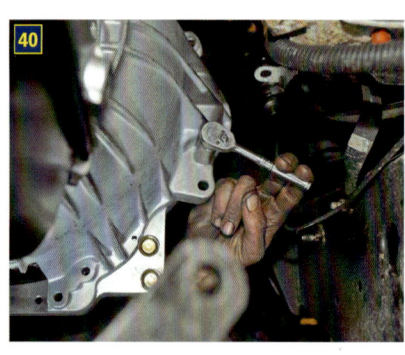

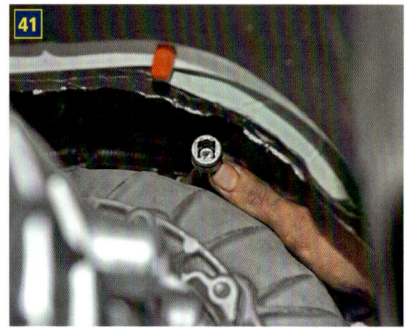

In Verbindung mit Td5- und Puma-Motoren kann die Discovery-ZF-4HP22-Automatik die elektronische Steuerung des Basisfahrzeugs nutzen. Dann allerdings können keine Schaltpaddel oder benutzerdefinierte Einstellungen verwendet werden wie beim Compushift-System.

Was haben wir verbaut?
- elektronisch gesteuertes ZF-4HP22-Automatikgetriebe vom Typ 765 mit angepasster Compushift-Ölwanne
- 3,9-Liter-V8-Drehmomentwandler
- Setrab-Ölkühler und -leitungen

34 ... gefolgt von dem Gelenkzapfen und Federsicherungsclip.

35 Eine weitere Vorbereitungsmaßnahme war, herauszufinden, wo der Ölkühler von Setrab hingehört.

36 »Was macht dieser Kupplungsnehmerzylinder hier? Den brauche ich nicht mehr!«

37 Das von Bearmach gelieferte, elektronisch gesteuerte ZF 4HP22 wurde von Ashcroft mit den verbesserten Stufe 2-Getriebeteilen ausgestattet: ein großer Drehmomentwandler und die V8-Getriebeglocke, die notwendig ist, um den großen Drehmomentwandler zu beherbergen und das Getriebe dennoch an den Tdi 300-Motor zu montieren.

38 Jetzt musste das Stahlband, das während des Getriebeaufbaus von Ashcroft montiert wurde, wieder entfernt werden.

39 Mithilfe des Getriebehebers, zweier weiterer Hände und etwas Herumhantierens zum Finden der korrekten Ausrichtung konnte das neue Getriebe am DiXie-Motor montiert werden.

40 Es ist immer besondere Vorsicht geboten, wenn Getriebe und Motor miteinander verbunden werden. An der Getriebeglocke sind an beiden Seiten Schrauben einzusetzen, jedoch dürfen diese erst festgezogen werden, wenn man sich absolut sicher ist, dass die Kontaktflächen sich einfach aneinander schrauben lassen. Die Schrauben dürfen niemals dazu verwendet werden, Bauteile aneinander zu zwingen. Wenn sich Motor und Getriebe nicht leicht verbinden lassen, muss der Grund für die erschwerte Arbeit herausgefunden und eliminiert werden.

41 Um einige der Verbindungen an der Oberseite des Motors/Getriebes zu erreichen, ist eine Steckschlüsselverlängerung erforderlich.

42 Nach erstmaligem, handfestem Anziehen ist sicherzustellen, dass sich die Getriebeglocke gleichmäßig in Position befindet. Um die Schrauben schneller einzudrehen, wurde hier ein Pressluftschrauber eingesetzt.

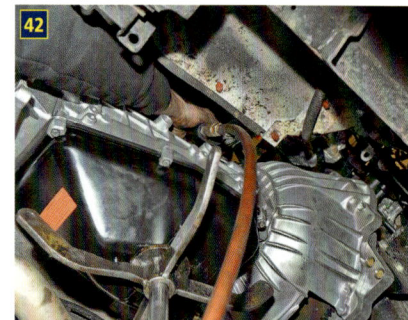

43 Die im Umbausatz enthaltenen Ölkühlerleitungen müssen entsprechend gekürzt und an Hohlschraubenstutzen montiert werden. Dort werden sie mit speziellen Zangen festgequetscht. Eine Alternative wäre, mit diesem Anliegen zu einem Agrar- oder Baumaschinentechniker zu gehen. Die Drücke, die hydraulische Maschinen aushalten müssen, sind höher als die Drücke hier in diesem System.

44 Beim Einbau der Hydraulikleitungen ist sicherzustellen, dass die richtigen Unterlegscheiben verwendet werden und dass die Kontaktflächen absolut frei von Schmutz sind. Nur wenn alle Teile sauber gehalten werden, können Lecks vermieden werden.

45 Bei Ashcroft hat man keine Mühen gescheut, die Ölkühlerleitungen so zu verlegen, dass sie im Offroad-Einsatz nicht beschädigt werden. Abhängig von montierten Motoren und anderen verbauten Zubehörteilen verläuft jeder Einbau anders und man muss sehr genau arbeiten, um den besten Verlauf für die Rohrleitungen herauszufinden. Große Kabelbinder wurden eingesetzt, um die neuen Leitungen an Ort und Stelle zu fixieren.

46 Wenn man nun denkt, das hier sei eine merkwürdige Montageposition für einen Ölkühler, liegt man damit richtig! Später möchte ich einen Kühlergrill für die Langschnauzenversion und einen Ladeluftkühler voller Breite verbauen. Dann werde ich einen neuen Einbauort für den Ölkühler bestimmen, denn ein vor dem Kühlergrill montierter Ölkühler ist ungeschützt.

47 Nachdem die Schrauben der Getriebeglocke festgezogen wurden, wurde der Drehmomentwandler auf Freigängigkeit geprüft. Zwischen den Dämpfern und der Mitnehmerscheibe sollte ein Abstand von 1 bis 3 mm bestehen. Ist der Abstand größer, muss er mithilfe gleich starker Unterlegscheiben korrigiert werden. Wäre der Abstand zu gering, müsste das Getriebe entfernt und geprüft werden, ob der Wandler richtig eingesetzt wurde.

48 Vorn an der Kurbelwelle wurde ein Schraubenschlüssel angesetzt, um das Schwungrad zu drehen …

49 … und die Bohrungen in der Mitnehmerscheibe an den Gewindebohrungen am Drehmomentwandler auszurichten und die vier Schrauben entsprechend einzusetzen.

50 Vor dem Einführen jeder Schraube ist diese mit Gewindesicherung zu behandeln. Beachten Sie hierbei auch, dass die Gewindesicherung nur in Gewinden funktioniert, die frei von Fett sind. Daher sind bereits gebrauchte Schrauben gründlichst zu entfetten.

51 Ein starker Hebel wurde eingesetzt, um zu vermeiden, dass sich das Schwungrad beim Festziehen der Schrauben bewegt.

52 Denken Sie immer daran, dass es sich hier um eine V8-Getriebeglocke handelt, die von der Werkstatt für diesen speziellen Einbau angepasst wurde. Sie hat diese Zugangsöffnung (und die Abdeckung) gefertigt, ohne die ich nicht an die Schrauben am Drehmomentwandler herangekommen wäre. Später haben wir die Abdeckung entfernt, diese lackiert und noch mit Unterbodenschutz behandelt. Anders als die Getriebeglocke ist diese aus Stahl und kann rosten.

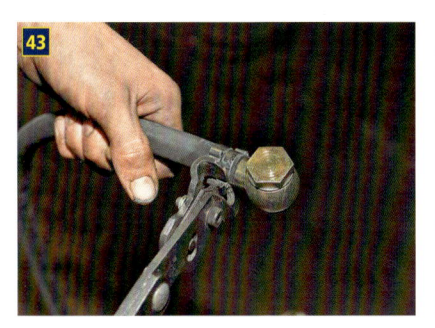

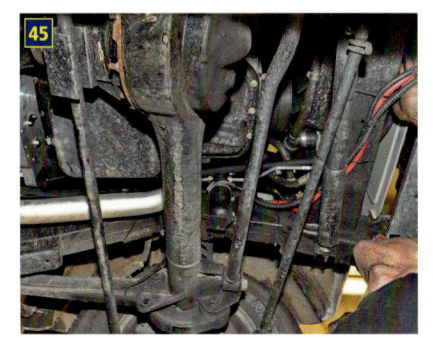

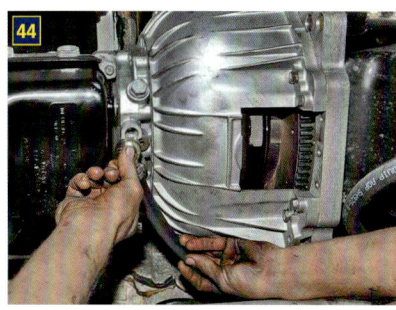

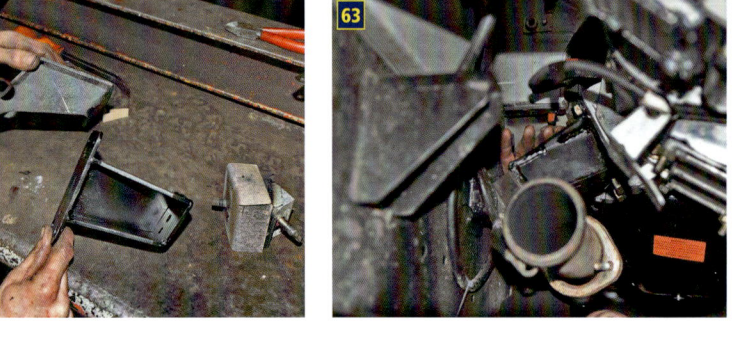

Kraftübertragung

53 An vorheriger Stelle haben wir gezeigt, wie der Differenzialsperren-Mechanismus eines Discovery 200 Tdi mit Teilen aus dem Umbausatz angepasst wurde, damit er mit diesem Getriebe und in diesem Fahrzeug verwendet werden kann.

54 Nun wird dieser Mechanismus an der Oberseite des Getriebes montiert.

55 An der Rückseite des Handschaltgetriebes wurde ein Positionierstift entfernt ...

56 ... und bündig in die entsprechende Öffnung am Automatikgetriebe getrieben. Anschließend wurde das Verteilergetriebe gemäß den Anweisungen im Werkstatthandbuch wieder angeschraubt.

57 Das ist der richtige Zeitpunkt für die Montage der Befestigungen an das Verteilergetriebe, weil dieses noch relativ frei beweglich ist und mithilfe eines Getriebehebers bewegt werden kann.

58 Nun kommt die Vorderachsgelenkwelle wieder ihren Platz und die Arbeit mit dem Anschrauben des Querträgers beginnt, ...

59 ... wobei die gesamte Getriebeeinheit mit dem Getriebeheber angehoben, der Querträger in Position gehämmert – es handelt sich hierbei um eine Presspassung – und nach korrekter Ausrichtung verschraubt wurde, bevor letztendlich der Getriebeheber unter dem Fahrzeug entfernt wurde.

60 Auf der Rückseite des Getriebes wurden zuerst die Handbremse und anschließend die hintere Gelenkwelle angebracht. Wenn Sie sich fragen, wofür dieser dicke Klumpen an der Rückseite des Getriebes gut sein soll: Das ist eine Overdrive-Einheit von GKN.

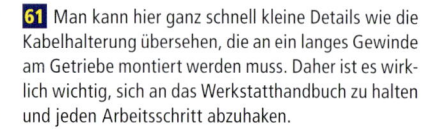

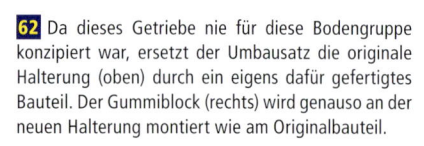

61 Man kann hier ganz schnell kleine Details wie die Kabelhalterung übersehen, die an ein langes Gewinde am Getriebe montiert werden muss. Daher ist es wirklich wichtig, sich an das Werkstatthandbuch zu halten und jeden Arbeitsschritt abzuhaken.

62 Da dieses Getriebe nie für diese Bodengruppe konzipiert war, ersetzt der Umbausatz die originale Halterung (oben) durch ein eigens dafür gefertigtes Bauteil. Der Gummiblock (rechts) wird genauso an der neuen Halterung montiert wie am Originalbauteil.

63 Der Trick ist hier, den Bolzen abzuschrauben, der den Gummiblock am Chassis fixiert, diesen Gummiblock wiederum an die neue Halterung und diese wieder locker am Getriebe anzuschrauben.

Automatikgetriebe-Umbau

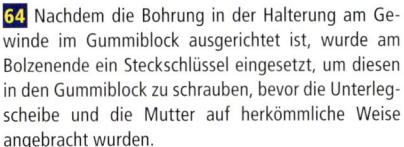

64 Nachdem die Bohrung in der Halterung am Gewinde im Gummiblock ausgerichtet ist, wurde am Bolzenende ein Steckschlüssel eingesetzt, um diesen in den Gummiblock zu schrauben, bevor die Unterlegscheibe und die Mutter auf herkömmliche Weise angebracht wurden.

65 Danach wurden die Schrauben, die die Halterung am Getriebe fixieren, festgezogen.

66 Bis jetzt verlief alles relativ glatt. Alle Adapter, Halterungen und Zubehörteile haben fast perfekt gepasst, wir mussten nichts bearbeiten oder anpassen. Also musste sich irgendwann eine kleine Herausforderung auftun. Es zeigte sich, dass die Auspuffhalterung an der Overdrive-Einheit vor sich hin faulte, was natürlich nichts mit dem Automatikgetriebe-Umbausatz von Ashcroft zu tun hatte. Nach dem wir diese etwas bearbeitet haben, ist alles wieder in Ordnung.

67 Hier sehen Sie Komponenten der Wählhebel-Verbindung. Diese müssen eigentlich in der Schlussphase der Montage des Automatikgetriebe-Umbausatzes bei Ashcroft Transmissions eingebaut werden. Der Wählhebel befindet sich links und die Seilzugöffnung wird in die Halterung auf der rechten Seite geklemmt. Doch alles, was den Hardwareeinbau angeht, war nun abgeschlossen.

68 An vorheriger Stelle wurde der Kupplungsnehmerzylinder nach Entfernen des Schaltgetriebes und vor Montage des Automatikgetriebes abmontiert. Dies hier sind die Schrauben, die das Gehäuse des Kupplungspedals tief unten an der Spritzwand und oberhalb des Kupplungspedals fixieren.

69 Unter Beachtung, dass kein Hydrauliköl in den Motorraum gelangt, wurden nun das nicht länger benötigte Kupplungspedalgehäuse und der Kupplungsgeberzylinder entfernt.

70 Das Bremspedal bei einem Fahrzeug mit Automatikgetriebe ist viel breiter als das bei Fahrzeugen mit Schaltgetriebe. Der Umbausatz enthält daher eine Bremspedal-Adapterplatte, die auf das vorhandene Pedal gelegt wird, das man mit Bohrungen für vier Senkkopfschrauben versieht.

71 Nun wurde der neue Bremspedalgummi angebracht und die Halterung für die Fußablage seitlich montiert. Der Gummi für die Fußablage wird mithilfe zweier Schrauben fixiert, die durch die Senkbohrungen im Gummi eingeschraubt werden.

72 Das Compushift-System muss immer wissen, wie weit die Drosselklappe geöffnet ist. Hier ist ein Gaspedal eines Td5 mit integriertem Gaspedal-Positionssensor (TPS) abgebildet. Dave Ashcroft hat nach einer Möglichkeit gesucht, dieses Pedal anstelle des 300 Tdi-Pedals einzubauen, doch hat man nicht genügend Platz, um mit diesem Pedal die Einspritzpumpe über alle Regelbereiche zu bedienen.

Anzugsdrehmomente

Schalthebel an Getriebe	25 Nm
Kühlerrohr-Adapter an Getriebe	42 Nm
Befestigungsschrauben Getriebeglocke	46 Nm
Befestigungsschrauben für Steuergerät	8 Nm
Getriebeöl-Ablassschraube	10 Nm
Befestigungsschrauben für Ölwanne	8 Nm
Antriebsplatte an Wandler	39 Nm*
Getriebe an Motor	42 Nm

Die Gewinde dieser Schrauben müssen vor dem Einbau mit Loctite 270 beschichtet werden.

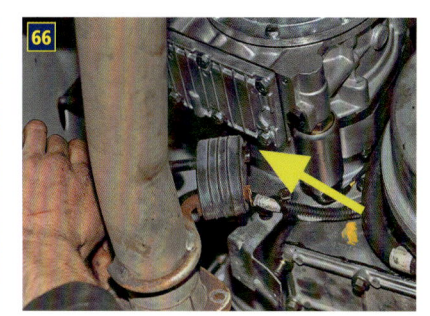

Kraftübertragung

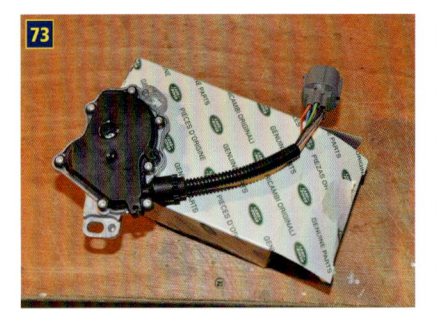

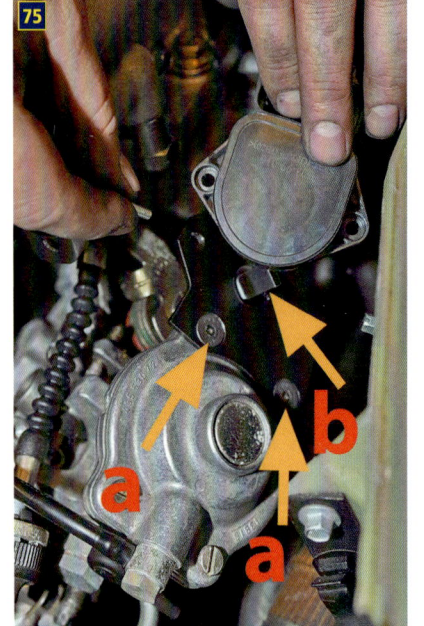

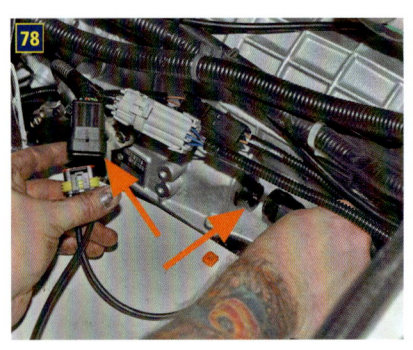

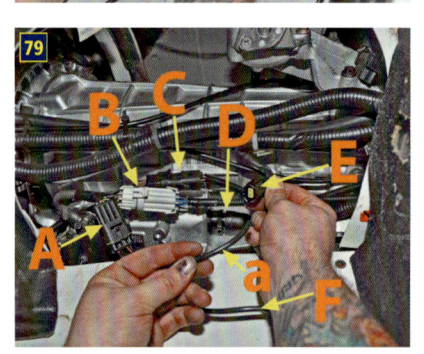

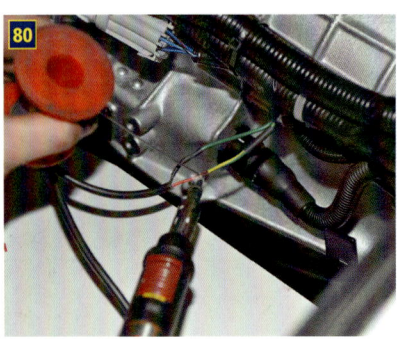

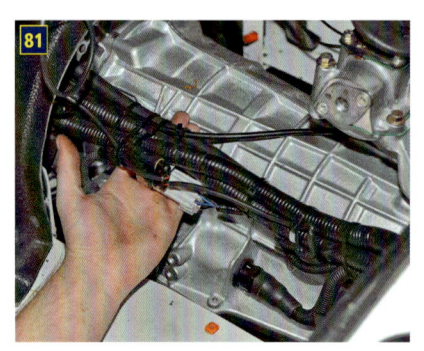

73 Der bei Ashcroft bevorzugte Lösungsansatz war die Montage eines neuen TPS wie beim Pedal des Td5, ...

74 ... der jedoch mithilfe einer selbst entwickelten Adapterplatte und einem Mitnehmerstift am Einspritzpumpengehäuse montiert ist.

75 Die Adapterplatte wurde mithilfe der vier Gewindebohrungen und den Senkkopfschrauben (a) an der Pumpe montiert. Der Mitnehmerstift (b) wurde verwendet, um den bestehenden Gewindezapfen an der Pumpe zu verlängern. Der neue TPS ist kurz davor, an der Platte angeschraubt zu werden, wobei die Oberseite des Stiftes das im TPS eingebaute Potenziometer dreht.

76 Im Fahrzeuginneren wurden die Sitzbasen, die mittlere Abdeckplatte und der Getriebetunnel entfernt, um das frisch eingebaute Automatikgetriebe zugänglich zu machen.

77 Es ist eine gute Idee, diese Bauteile des Schaltgestänges vor Durchführung der Verkabelung zu montieren, da so der Zugang um ein Vielfaches leichter ist. Der Schalthebel befindet sich auf der linken Seite, während die Schaltseil-Ummantelung rechts in die Halterung eingeklemmt wird.

78 Jetzt ging es darum, den Anweisungen genauestens Folge zu leisten, die ursprünglichen elektronischen Komponenten zu erkennen, (wo nötig) zu entfernen und den Kabelbaum der Compushift zu installieren.

79 Hier die erforderlichen oder zu erneuernden Verbindungen:
- A. Verbindung zwischen Buchse und Ganganzeige. Die Buchse der ursprünglichen Land Rover-Einheit wurde entfernt und durch einen Compushift-Kabelbaum ersetzt. Aus dem Stecker für diese Buchse gehen zwei Drähte ab.
- a) Anlöten eines Drahtes an das Kabel, nachdem Klemme E abgeschnitten wurde – hierüber wird der Rückfahrscheinwerfer aktiviert.
- B. Buchse, auch von der Ganganzeige.
- C. Vom Temperatursensor am Automatikgetriebe an Compushift.
- D. Von Compushift-Steuereinheit, die elektronische »Befehle« ausgibt, zum Getriebe.
- F. Anlasssperre, die das Starten nur erlaubt, wenn Getriebestufe P oder N gewählt ist.

80 Übrigens sind Lötverbindungen dort unumgänglich, wo eine dauerhafte Verbindung benötigt wird. Alles andere birgt das Risiko eines späteren elektrischen Defekts. Der Techniker isoliert ein Ende des Kabels ab, schiebt einen abgelängten Schrumpfschlauch darauf und lötet die fraglichen Stellen. Wenn alles abgekühlt ist (vorher würde sich der Schrumpfschlauch zu früh zusammenziehen), schiebt er den Schrumpfschlauch über die Verbindung. Der Schrumpfschlauch wird mit einer Heißluftpistole erwärmt, sodass er sich zusammenzieht und dicht um das Kabel legt.

81 Nach beendeter Verkabelung wird alles gereinigt, am Getriebegehäuse entlang verlegt und befestigt.

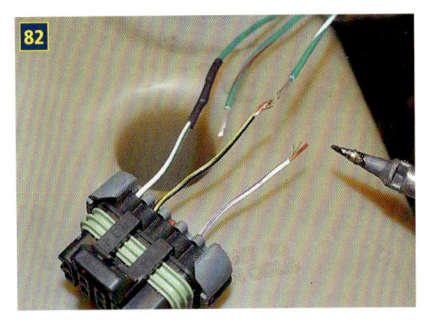

82 Im Motorraum gibt es am Compushift-Kabelbaum diese drei Drähte, die an den Land Rover-Stecker für den TPS anzulöten sind.

83 Als nächstes wurde der Wählhebel-Mechanismus montiert.

84 Das Kabel wurde durch den Sitzkasten geführt und auf der rechten Seite festgeklemmt. Das Innere passt an den Wählhebel am Getriebe (links).

85 Dann wurden Vorbereitungen getroffen, um den teilweise vorgefertigten Wählhebel, die Halterungen für das Steuergerät zu montieren und diese dann an der mittleren Deckplatte anzubringen, die sich im eingebauten Zustand unter dem mittleren Sitz befindet. Nach dem Anbringen entsprechender Bohrungen gemäß der mitgelieferten Schablone wurden mit einer Nietpistole Niete – Einschlagmuttern, die ähnlich wie Blindniete befestigt werden – in die Platte geschossen.

86 Hier sind alle Haltebügel zu sehen, die sich an ihrem angestammten Platz auf der mittleren Platte befinden. Beachten Sie, dass die Bohrung auf der linken Seite der Platte als Kabeldurchgang dient.

87 Jede der Halterungen wurde wiederum verschraubt. Wie Sie sehen können ist es möglich, herkömmliche Muttern und Schrauben zu verwenden – falls Sie keine Nietpistole haben, mit der Sie die Halterungen an der Rückseite der Platte befestigen können.

88 An dieser Stelle können Sie sehen, wie die notwendigen Elektro- und Schaltkabel durch die Grundplatte geführt wurden. Die Halterungen sind auch an ihren Montagepositionen, und der Wählmechanismus wurde in seine Halterung gelegt.

89 Hier die Dichtung für das Bohrloch, durch welches die Kabel von unten durchgeführt werden können, und die Platte, welche die Dichtung nach unten drückt.

90 Das hier ist typisch für die Gründlichkeit, die sich wie ein roter Faden durch den ganzen Umbausatz zieht. Hierdurch wird die Mittelkonsole bestens vom Fahrzeugboden abgeschottet.

91 An dieser Stelle wäre es schwierig, eine Halterung ohne die Einschlagmuttern anzubringen. Man würde es schaffen, wenn man zu diesem Zeitpunkt die mittlere Abdeckplatte nicht montierte, aber es wäre eine lästige Fummelei! Wir werden uns diese Halterung in Kürze noch einmal ansehen.

92 Für diesen Teil der Arbeit gibt es keine feste Vorgehensweise. Wir haben beschlossen, zu diesem Zeitpunkt die Ganganzeige einzubauen.

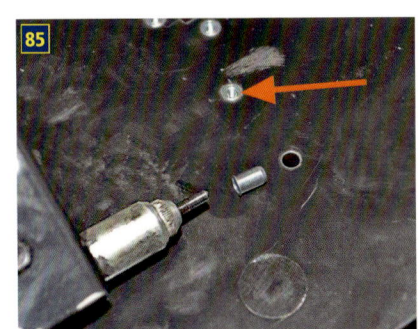

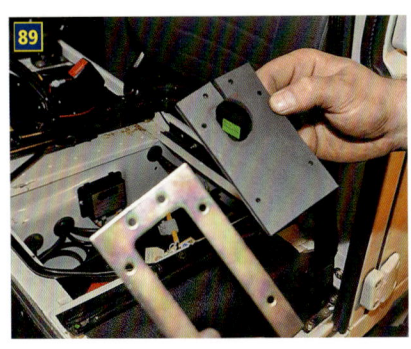

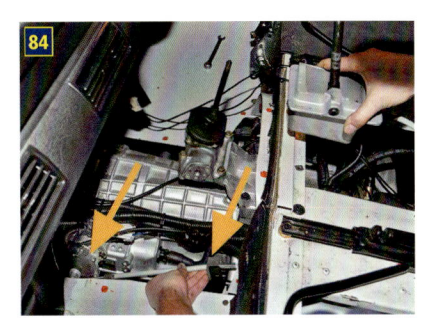

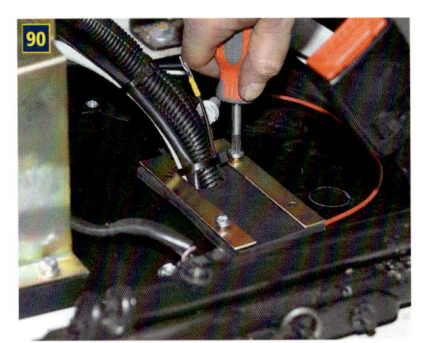

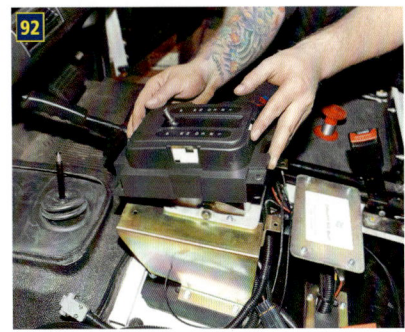

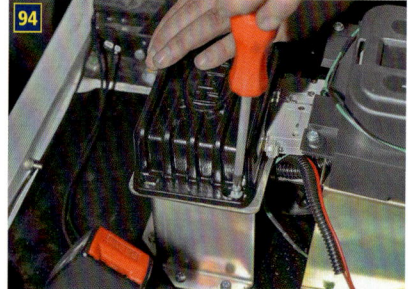

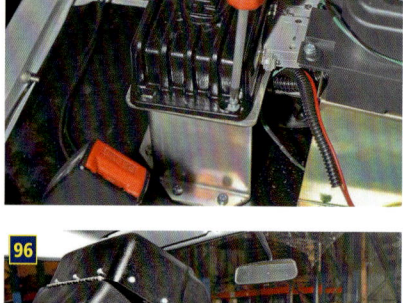

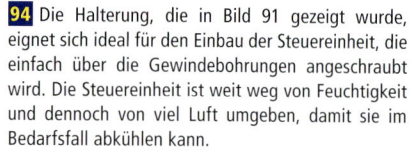

93 Hier ist der Compushift-Umbausatz zu sehen, bevor mit der Arbeit begonnen wurde. Viele dieser hier gezeigten Kabel sind zum jetzigen Zeitpunkt bereits verlegt. Nun ist die Steuereinheit an der Reihe (siehe Mitte unten).

94 Die Halterung, die in Bild 91 gezeigt wurde, eignet sich ideal für den Einbau der Steuereinheit, die einfach über die Gewindebohrungen angeschraubt wird. Die Steuereinheit ist weit weg von Feuchtigkeit und dennoch von viel Luft umgeben, damit sie im Bedarfsfall abkühlen kann.

95 Nachdem die verdeckten Bauteile aus dem Weg geräumt wurden, galt die Aufmerksamkeit der Mittelkonsole. Wird diese in Modellen vom Typ 110 verwendet, ist die Konsole etwas zu lang, was den Einsatz einer speziellen, im Umbausatz enthaltenen Halterung erfordert. Diese wird einfach an die Rückseite der Konsole geschraubt …

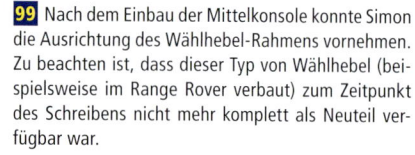

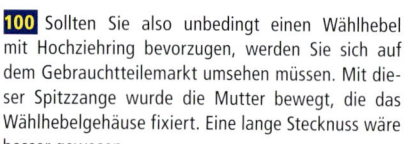

96 … und während der Montage der Konsole mit dem vorderen Ende voran ordentlich nach unten auf die Rückseite des Sitzkastens geschoben.

97 Hier kamen Holzstücke zum Einsatz um sicherzustellen, dass sich die Konsole mittig zwischen den beiden Vordersitzen befindet, …

98 … bevor durch die Halterung hindurch- und in die Sitzbasis hineingebohrt wird.

99 Nach dem Einbau der Mittelkonsole konnte Simon die Ausrichtung des Wählhebel-Rahmens vornehmen. Zu beachten ist, dass dieser Typ von Wählhebel (beispielsweise im Range Rover verbaut) zum Zeitpunkt des Schreibens nicht mehr komplett als Neuteil verfügbar war.

100 Sollten Sie also unbedingt einen Wählhebel mit Hochziehring bevorzugen, werden Sie sich auf dem Gebrauchtteilemarkt umsehen müssen. Mit dieser Spitzzange wurde die Mutter bewegt, die das Wählhebelgehäuse fixiert. Eine lange Stecknuss wäre besser gewesen.

101 Der Entriegelungsmechanismus wurde auf den Schaft aufgeschoben …

102 … und mit einer Federklammer festgehalten, wie das Bild zeigt.

103 Wenn Sie über ein Compushift-System verfügen, hängt dieser Teil der Arbeit davon ab, wo Sie gern Ihre Steuereinheit verbauen möchten. In unserem Fall wurden die Ablagefächer vor und hinter der Konsole entfernt und das Kabel der ECU eingesteckt, bevor dieses wiederum durch die Konsole …

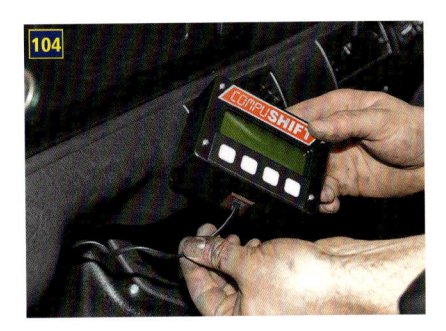

104 ... und durch die Vorderseite geführt wurde, um es schlussendlich an die Steuereinheit anzuschließen.

105 Zum Schluss hat Dave Ashcroft mithilfe der umfassenden Einstellanleitung, die dem Umbausatz beiliegt, das Compushift-System an den Motor, an das Getriebe, an die Übersetzung sowie andere mechanische Faktoren angepasst, bevor DiXie einer Probefahrt unterzogen wurde, um die Feineinstellungen durchzuführen.

106 In einigen Punkten ist das Compushift-System so konzipiert, dass einige Eigenschaften den eigenen Vorlieben entsprechend angepasst werden können. Beispielsweise konnte ich das System zu einem späteren Zeitpunkt so umprogrammieren, dass zwar langsamer, aber derart sanft geschaltet wird, dass man kaum merkt, wann das Getriebe bei leichtem Gasgeben hochschaltet. Ich kann das auch später wieder verändern, wenn ich möchte, aber genau das ist ja das Schöne am Compushift-System – das Getriebe kann sehr einfach nach eigenen Wünschen eingestellt werden.

Fazit

Der Automatikumbau von Ashcroft hat aus DiXie ein anderes Fahrzeug gemacht. Er kann es mit schwerer Arbeit aufnehmen, ganz wie vor dem Umbau, lässt sich aber viel sanfter und entspannter fahren. Beispielsweise sind das Manövrieren oder das Ziehen von schweren Anhängelasten nun viel einfacher. Außerdem war ich schon immer ein Fan von Automatikfahrzeugen, da man mit ihnen im Verkehr sofort losziehen kann und viel schneller das Fahrtempo erreicht als bei einem Land Rover mit Handschaltung. Es ist zwar ein teurer Umbau – aber einer, der das Fahrzeug von Grund auf verändert.

Sollten Sie einen Automatikumbau in einer der Tdi-, Td5- oder Puma-Versionen benötigen oder einfach nur Lust darauf haben, erhält man durch den Umbausatz von Ashcroft ein Fahrzeug, das dem mit werksseitig verbautem Automatikgetriebe in Nichts nachsteht. Stimmt, das war die Version, die nie verfügbar war ... Mit dem Einbau des Compushift-Systems hat man noch viel bessere Einstellmöglichkeiten – obwohl die Gangwechsel etwas bemerkbarer sind als bei einem älteren Discovery mit hydraulischer (nicht-elektronischer) Standard-Automatik.

Schaltwippe für Automatikgetriebe

Einige der modernen Getriebe ermöglichen neben dem vollautomatischen Modus auch einen halbautomatischen über eine sequenzielle Schaltwippe. Die Compushift-Elektronikbox, die bei Ashcroft Transmissions verbaut wurde, ermöglicht es, zusätzlich eine solche einzusetzen. Befindet sie sich in mittiger Position, so schaltet das Getriebe wie ein ganz normales Automatikgetriebe. Wir der Hebel allerdings nach oben oder nach unten bewegt (normalerweise ist Letzteres der Fall), geht das Getriebe über in den manuellen/sequenziellen Modus. Möchte der Fahrer wieder den Automatikmodus aufrufen, muss er den Schalthebel kurz aus der Stellung »Drive« in die Stellung »Neutral« bringen.

Nach dem Einbau der Schaltwippe muss das Compushift-Einstellungsprogramm aufgerufen werden, um dem System mitzuteilen, dass ein sequenzieller Schalthebel eingebaut wurde. Der Verlauf durch das Menüsystem wird im Compushift-Handbuch beschrieben, das auf der Hersteller-Webseite www.hgmelectronics.com verfügbar ist.

1 Der hierfür benötigte Schalter nennt sich Ein-/Aus-Taster. Das bedeutet, dass dieser nicht in seiner oberen oder unteren Position verbleibt und durch eine Feder in seine Mittellage zurückgeführt wird.

2 Die Compushift-Hersteller halten einen eigens für den Anschluss an den Taster entwickelten Kabelbaum bereit. Dieser besteht aus einem Stecker, der einfach in diese herumliegende Buchse gesteckt wird, die wiederum Teil des am Compushift-System angesteckten Kabelbaums ist.

3 Ashcroft Transmissions empfiehlt, einfach die Zusatzbuchse von Compushift abzutrennen und neue Kabelverbindungen herzustellen. Wir haben ein Multi-Stecksystem von Würth eingesetzt, welches, wie das ursprüngliche auch, nicht nur ein sofortiges Verbinden und Trennen ermöglicht, sondern dazu auch noch wasserdicht ist. Die Multi-Stecksysteme von Würth werden einfach mit der bestehenden Verkabelung verbunden und sind mit zwei bis sechs Klemmen verfügbar.

4 Anschließend wurden die drei Kabel an der Rückseite des Ein-/Aus-Tasters angeschlossen, wobei man sich hier an die Farbcodierung des ursprünglichen Compushift-Kabelbaums hielt:

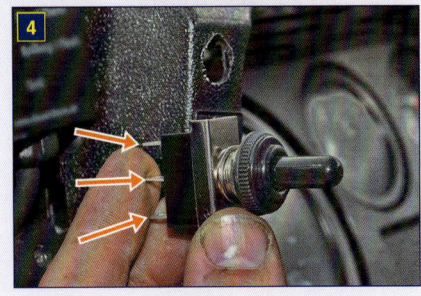

Weiß mit Schwarz   obere Klemme, zum Herunterschalten
Weiß mit Rot   untere Klemme, zum Hochschalten
Weiß   mittlere Klemme, normal

Beachten Sie, dass die Schaltpositionen an diesem speziellen Bauteil vertauscht sind. Wir haben eine Prüflampe verwendet, um herauszufinden, welche Klemme für welche Funktion zuständig ist.

Antriebswellen und Flansche für den Extremeinsatz

Verfügt Ihr Defender über einen leistungsfähigeren Motor oder viel größere Räder und Reifen, sollte man den Antriebsstrang auch darauf auslegen. Eine hervorragende Wahl ist das Angebot der weltberühmten Achskomponenten von Ashcroft Transmissions – und hier sehen Sie, wie diese montiert werden.

Seit der Zeit, als der Morris Minor die Erde regierte, gehörten gebrochene Antriebswellen dazu, wenn man einen Land Rover besaß. Antriebswellen sind an jeder Achse angebracht und übertragen die Kraft von den Differenzialen zu den Rädern. Üblicherweise versagen sie am Differenzialende und ihr Austausch kann grausam werden. Unter bestimmten Betriebsbedingungen sind gebrochene Antriebswellen ein regelmäßig auftretendes und lästiges Vorkommnis, doch gibt es hierfür eine Lösung.

Die neue Generation von Hochleistungsantriebswellen von Ashcroft wurde aus »4340«-Verbundstahl gefertigt und werden mit einer Garantie von fünf Jahren geliefert. Die Testergebnisse von Ashcroft belegen, dass eine Standard-Antriebswelle bei Verdrehen um 42° zum Brechen neigt, während die eigenen Antriebswellen erst ab unglaublichen 166° brechen.

Beachten Sie, dass Ashcroft keinerlei 10/32- oder 24/32-Keil-Antriebswellen anbietet. Durch Austausch einer 32-Keil- durch eine 23-Keil-Heavy-Duty- kann die stärkere 24/23-Welle eingesetzt werden.

1 Einer von Ashcrofts Montagepartnern begann mit dem Entfernen der Gummiabdeckung, des Sicherungsrings und der dahinterliegenden Unterlegscheibe, …

2 … wodurch es möglich war, den Antriebsflansch abzuhebeln, nachdem die Schrauben entfernt wurden.

3 Auch der Bremssattel musste entfernt und mit Vorsicht aus dem Weg geräumt werden.

4 Bei den jüngeren Defender-Modellen ist die Nabenmutter über einen Einwegverschluss befestigt, der zuerst geöffnet werden muss, bevor die Mutter entfernt und entsorgt werden kann.

5 Zumindest war das die Theorie – diese Mutter ließ sich nicht bewegen. Also musste vorsichtig mit dem Trennschleifer vorgegangen und rechtzeitig vor Erreichen des darunterliegenden Bauteils angehalten werden. Anschließend wurde die Mutter mit Hammer und Meißel entfernt. Später, nachdem die Nabe entfernt war, konnten wir Ablagerungen am Gewinde sehen, die davon herrühren, dass die alte Gewindesicherung vor dem Einbau nicht gründlich entfernt wurde.

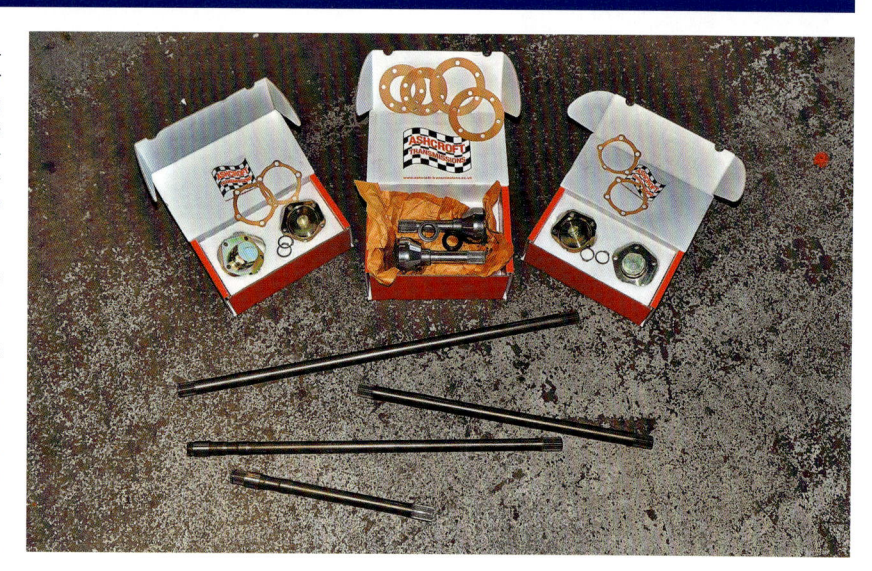

6 Die sechs Bolzen, die die Achswelle am Lenkgehäuse befestigen, wurden entfernt.

7 Die Achswelle wurde abgezogen, …

8 … und während das austretende Öl aufgefangen wurde, …

9 … die Antriebswelle und das Kreuzgelenk herausgezogen.

10 Anschließend wurde der Schmutzfänger entfernt …

11 … und die Lenkhebelverbindung gelöst.

12 Als nächstes wurde das Lenkgehäuse am Ende der Achse abgeschraubt.

13 Anstatt den alten Dichtring wiederzuverwenden, wurde er abgehebelt.

14 Ein neuer wurde aufgelegt …

15 … und gleichmäßig mit äußerster Vorsicht aufgetrieben.

16 Nachdem wir immer vor Augen hatten, was passiert, wenn die alte Gewindesicherung vom vorherigen Mechaniker nicht entfernt wird, wurde jedes Gewinde mit einem Gewindeschneider nachbehandelt.

17 Eine dünne Schicht nicht aushärtender Dichtmasse hilft, die Dichtung während des Wiedereinbaus zu fixieren.

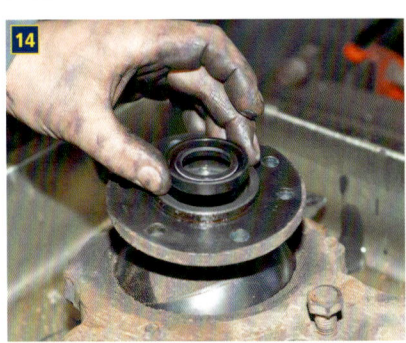

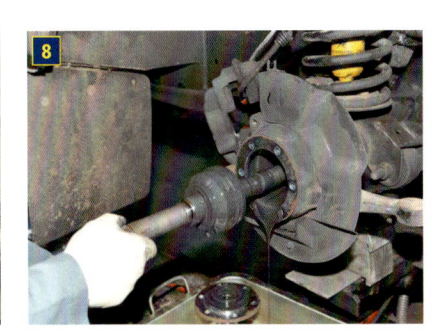

62 Kraftübertragung

18 Auf die gereinigten Gewinde wird hier frische Gewindesicherung aufgetragen.

19 Nach Auftragen von Dichtmasse oder Gewindesicherung sollten die Schrauben immer unmittelbar festgezogen werden. Es ist wichtig, dass dies vor Trocknung der Dichtmasse bzw. vor Aushärtung der Gewindesicherung im Gewinde geschieht, was der Fall ist, sobald Luft ausgeschlossen wird. Wenn man hier wartet, riskiert man, dass die Stelle undicht wird oder die ausgehärtete Gewindesicherung Probleme macht, bevor das Gewinde mit richtigem Drehmoment festgezogen werden kann.

20 Die neue Antriebswelle von Ashcroft wird bereits vorgefettet und mit montiertem Sicherungsring geliefert.

21 Das hier muss in das Ende des Ashcroft-Achszapfen eingesetzt werden.

22 Es kann eine knifflige Angelegenheit werden und erforderte in diesem Beispiel ein weiteres Paar Hände. Dazu kam mindestens ein Schraubendreher, um den Sicherungsring zu weiten, damit dieser besser auf den Achszapfen geschoben werden konnte.

23 Anschließend ist die Antriebswelle einzusetzen. Nachdem die Differenzialzähne gegriffen haben, ist die Baugruppe vollständig hineinzudrücken. Hier ist mit Vorsicht vorzugehen, um die Simmerringe der Antriebswelle nicht zu beschädigen.

24 Der Achszapfen ist mit der flachen Seite in 12-Uhr-Position aufzuschieben. Dieser hat auch eine neue Dichtung erhalten. Die Gewinde der Achsstummelbolzen sind mit Loctite 270 zu behandeln.

25 Es ist wichtig, dass der Gleichlaufgelenk-Lagerzapfen gegen den Druckring am Achszapfen gepresst wird, bevor letzterer festgezogen wird.

26 Die Nabe und die Bremsscheiben-Baugruppe wurden wieder montiert, …

27 … gefolgt von einer neuen Sicherungsmutter.

Antriebswellen und Flansche für den Extremeinsatz

28 Nach dem Festziehen mit dem richtigen Drehmoment wurde die Mutter in Position gebracht.

29 Am Ende der Antriebswelle wurde eine Schraube in die Gewindebohrung eingesetzt, damit die Position verändert werden konnte, bevor der neue Sicherungsring zum Einsatz kam.

30 Die alten hinteren Antriebswellen wurden zerlegt, entfernt und durch neue von Ashcroft ersetzt. Die Verzahnung wurde mit etwas mehr Fett vorbehandelt, …

31 … bevor der neue Heavy-Duty-Flansch komplett aufgeschoben wurde.

32 Diese versiegelbare Endkappe wird bei allen Heavy-Duty-Flanschen von Ashcroft mitgeliefert.

33 Nach dem Festziehen der Schrauben am Antriebsflansch mit einem Drehmomentschlüssel ist die Arbeit beendet.

Welche Antriebswellen wählen?

Frühere Hinterachswellen
Ashcroft bietet Wellen, die zu den früheren, dicken Hinterachsflanschen passen, die an den »Feuchtnaben« montiert waren. Es werden andere Versionen für die Montage an älteren, dicken Naben (18 mm) hergestellt, wie sie in den frühen 200 Tdi-Modellen zu finden sind. Sie benötigen ein Paar separate äußere Flansche, wenn Sie diese nicht schon haben.

Neuere Hinterachswellen
Diese werden für den Einsatz mit neueren, »dünnen« Naben (15 mm) gefertigt, wie sie beim 300 Tdi zum Einsatz kommen. Auch hier brauchen Sie wieder ein Paar äußere Flansche, sollten Sie noch keine haben. Die hinteren Antriebswellen des 90ers (bis zur Fahrgestellnummer LA930456) verfügen über separate Flansche, daher müssen die bestehenden nicht ersetzt werden – es sei denn, sie möchten die Heavy-Duty-Versionen von Ashcroft verwenden. Die Antriebswellen ab dieser Fahrgestellnummer besitzen Integralflansche, weshalb hier sowohl die Antriebswellen als auch die Flansche vom Typ 859 gekauft werden müssen.

Salisbury-Hinterachswellen
Bei Ashcroft sind die Wellen für die 90er-/110er-Salisbury-Hinterachse sowohl in der frühen Version als auch als neuere Heavy-Duty-Versionen erhältlich. Die frühe Version ist für alle 90er/110er-Modelle bis einschließlich des 200 Tdi-Defenders geeignet. Die neuere Ausführung eignet sich für die Achsen des 300 Tdi und der frühen Td5-Modelle.

Discovery II-Hinterachswellen
Da die Vorderachse des Discovery II »offene« Achsschenkel aufweist, können bei Ashcroft Achszapfen mit viel größerem Durchmesser eingesetzt werden. Somit können nicht nur dickwandigere Gelenkglocken, sondern auch größere Lagerkugeln eingesetzt werden, welche die Belastung verringern und die Antriebswelle hin zu einer 24er-Verzahnung vergrößern, die wiederum der Verzahnung am Ende des Differenzials entspricht. Bei Ashcroft werden dieselben bewährten Materialien verwendet wie für die anderen Wellen und Achszapfen: »4340« für die Welle und das Äußere des CV-Gelenks, »300M« für den Käfig und das Innere.

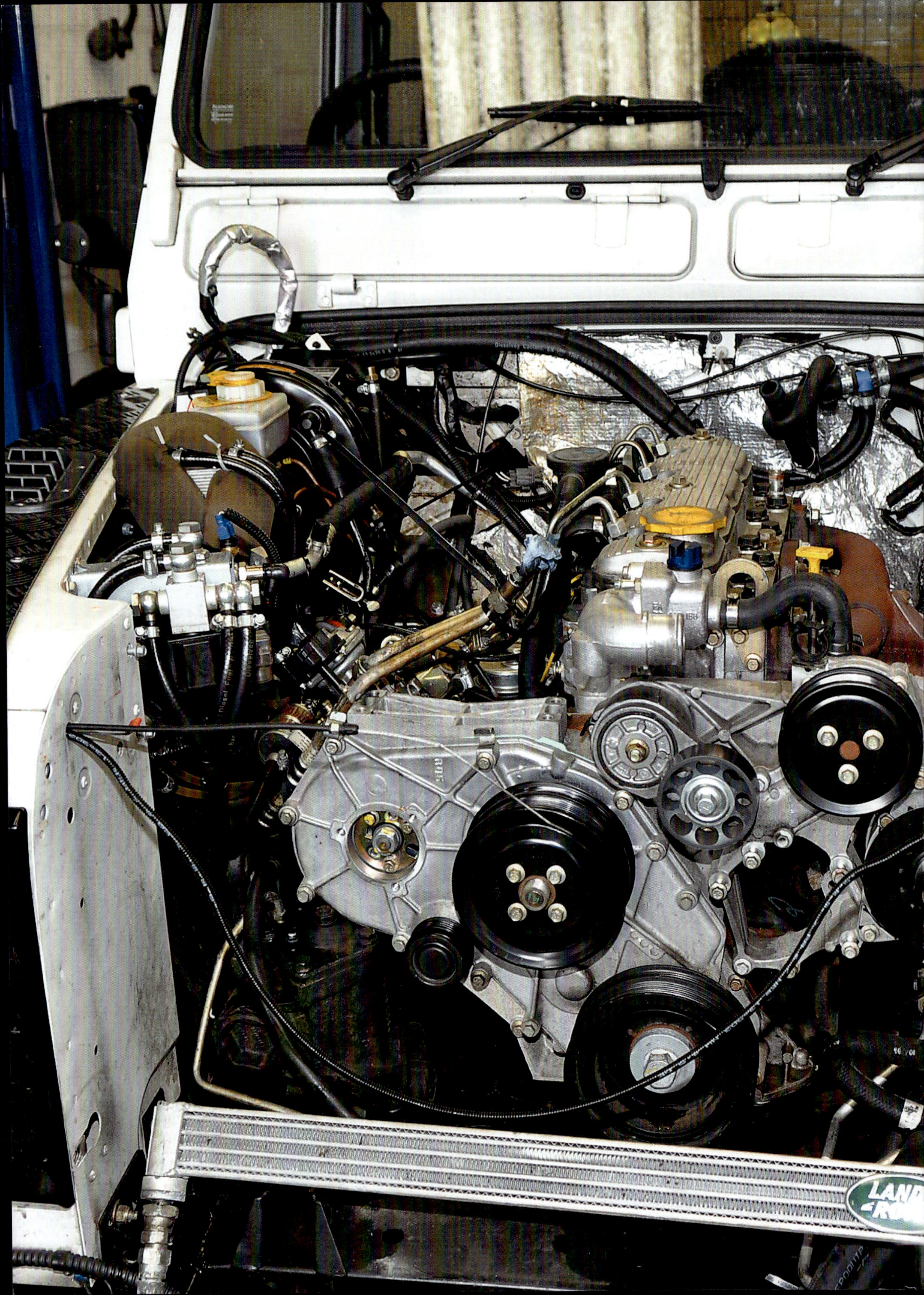

3
Motor

Einführung in das Turbo-Diesel-Tuning	66
Austausch-Ladeluftkühler aus Aluminium	67
Einbau des TGV-Motors	70
Verbesserungen am Ansaugsystem	81
Turbolader-Optionen	87
Optimierung der Diesel-Einspritzpumpe	88

Einführung in das Turbo-Diesel-Tuning

Von Allard Turbo Sport

Verglichen mit Benzinmotoren werden Dieseltriebwerke in ihrem Drehzahlbereich immer eingeschränkter sein, und obwohl diese Aggregate in ähnlicher Weise getunt werden können – beispielsweise durch Änderungen am Zylinderkopf oder durch den Austausch der Nockenwelle – sind diese Methoden aufgrund des erforderlichen Arbeitseinsatzes nicht besonders kosteneffizient. Zudem kann die renommierte Langlebigkeit von Dieselmotoren durch diese Art der Modifikation negativ beeinträchtigt werden. Deshalb konzentriert man sich bei Allard auf die Ladeluftkühlung und die Optimierung des Luft/Kraftstoff-Verhältnisses. Die Kühlung der Ladeluft ist die kostengünstigste Möglichkeit, die Leistung wesentlich zu verbessern – und das mit großem Potenzial für die Einsparung von Kraftstoff, Verringerung der thermischen Belastung des Motors sowie für geringere Abgasemissionen. Allard bietet eine Reihe umfassender Ladeluftkühler-Nachrüstsätze oder Umbau-Kits für Fahrzeuge, die bereits standardmäßig über einen Ladeluftkühler verfügen.

Aufgrund der Art, wie Turbo-Diesel-Motoren werksseitig eingestellt werden, um dem Durchschnittsfahrer und den Fahrbedingungen in den Städten zu genügen, kann bei vielen Fahrzeugen die Leistung um bis zu 25 Prozent erhöht werden. Und das bei lediglich geringem Anstieg des Kraftstoffverbrauchs und leichter Erhöhung des maximalen Ladedrucks.

Sowohl bei Puma Tdci- als auch bei Td5-Motoren, die jeweils mit einer elektronischen Kraftstoffpumpe ausgestattet sind, ist bei Verwendung eines optimierten Steuergeräts und eines veränderten Ladeluftkühlers die erwähnte Verbesserung möglich.

Bei Dieselmotoren ist die Kraftstoff-Einspritzung im Verhältnis zur Menge an Luft, die in die Zylinder strömt, der entscheidende Faktor. Zu viel Kraftstoff bei unzureichender Luftmenge führt zu einem fetten Kraftstoff/Luft-Gemisch, was wiederum zu einer erhöhten Abgasbildung führt. Es ist vorteilhaft, wenn bei niedrigen Umdrehungen ein hoher Ladedruck anliegt, damit ausreichend Luft einströmt. Der Ladedruck ist aber weniger wichtig, solange ein gut gekühlter Luftstrom anliegt.

Wird, wie in vielen Fällen, nur der maximale Ladedruck erhöht, steigt die Leistung nicht unbedingt stark an, auch wenn die Kraftstoffmenge entsprechend angepasst werden kann. Dafür kann es viele Gründe geben. Einer der Wichtigsten ist, dass moderne Turbolader mit niedrigem Druck arbeiten und über relativ kleine Schaufelräder verfügen, die sich mit sehr hoher Geschwindigkeit drehen. Eine Zunahme des Drucks führt zu einer Steigerung der Drehzahl des Turboladers, was zwar den Luftdurchsatz erhöht, jedoch einen Anstieg der Lufttemperatur mit sich führt. In diesem Fall läuft der Lader aus der Effizienzkurve zwischen Geschwindigkeit und Druck. Der Anstieg der Lufttemperatur gleicht relativ schnell die Zunahme der Luftmenge aus, was zu thermischen und mechanischen Belastungen für den Motor führt. Der Einsatz von Turboladern mit variabler Turbinengeometrie (VTG) verbessert den volumetrischen Wirkungsgrad über einen breiteren Drehzahlbereich, doch ist die Bedeutung einer wirksamen Ladeluftkühlung weiterhin entscheidend, um den Durchfluss zu erhöhen, die thermische Belastung des Motors zu minimieren, die Abgasentwicklung zu verringern und den Kraftstoffverbrauch zu verbessern.

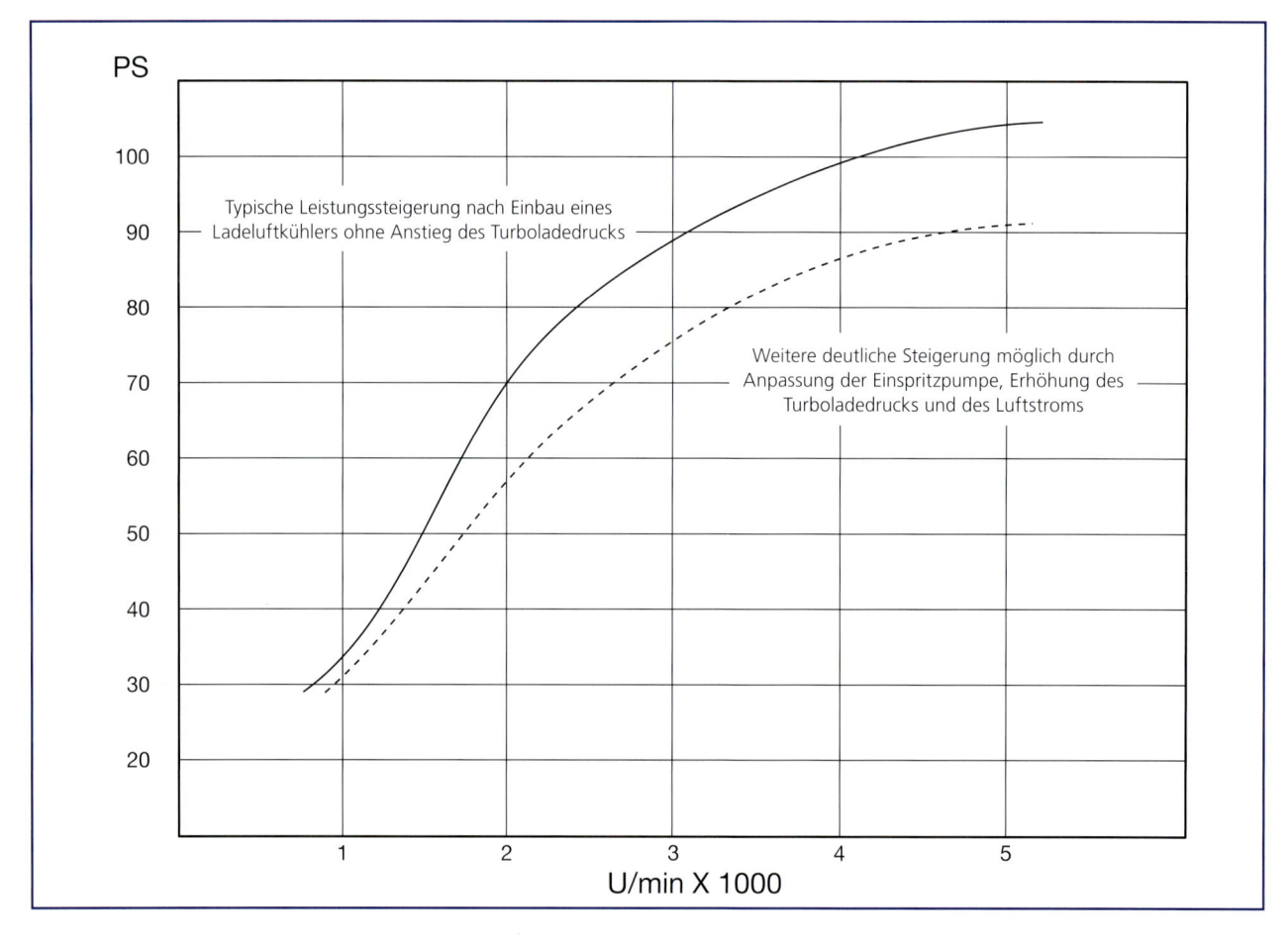

Austausch-Ladeluftkühler aus Aluminium

Ein Ladeluftkühler (Wärmetauscher) kann die Leistung steigern, den Kraftstoffverbrauch senken sowie die Abgasentwicklung und die thermische Belastung eines Motors verringern.

Ladeluftkühler von Allard sind qualitativ hochwertige und robuste Aluminiumprodukte. Die Röhren im Inneren sind so verteilt und geformt, dass ein minimaler Strömungswiderstand bei hohem Luftdurchsatz und optimaler Kühlung der komprimierten Luft gewährleistet ist. Die Verrippung sowohl zwischen als auch innerhalb der Kernrohre bietet der verdichteten Luft eine große Kühlfläche, was über den gesamten Kern zu einem signifikanten Temperaturabfall führt.

Diese Schritt-für-Schritt-Anleitung zeigt, wie Sie die Leistung Ihres Land Rover Turbo-Diesel durch Einbau eines Allisport-Ladeluftkühlers aus Aluminium innerhalb von nur einer Stunde erhöhen.

An anderer Stelle in diesem Handbuch sehen Sie, wie ein Defender 300 Tdi mit einem Automatikgetriebe ausgestattet wird. Ein Nachteil davon ist, dass die Leistung des relativ schwachen 300-Tdi-Motors durch das Automatikgetriebe etwa um weitere zehn Prozent verringert wird.

Andrew Graham, Chef von Allisport, nennt drei Hauptgründe, warum dieser Umbau hilft, den Leistungsunterschied auszugleichen:

- Wie der Original-Ladeluftkühler ist der von Allisport aus Aluminium gefertigt. Während beim Originalteil die Endtanks aber aus schwerer Gusslegierung sind, die die Eigenschaft besitzt, Wärme zu speichern, kommt bei den Allisport-Teilen leichteres Aluminium zum Einsatz. Dieses leitet die Wärme wesentlich effektiver ab.
- Bei Allisport sind die Endtanks kleiner, sodass der Kern größer ist und die Kühlleistung somit um über 50 Prozent steigt.
- Nicht alle der Rohre im Standardbauteil sind vollständig – einige von ihnen sind blindgeflanscht. Gut zu wissen wäre, was man bei Land Rover mit der auf diese Weise erreichten Leistungsdrosselung im Schilde führt.

1 Um den Ladeluftkühler zu erreichen, ist das Lüftergehäuse zu entfernen, wofür zunächst etwas Kühlwasser abgelassen und der obere Schlauch abgenommen werden muss. Um Kühlwasser zu entnehmen, wurde eine Absaugpumpe (siehe Seite 69) verwendet. So muss es nicht über die Ablassschraube abgelassen werden.

2 Dies ist ein relativ neuer Motor, weshalb wir zuversichtlich waren, dass sich die Schläuche einfach abnehmen lassen. Sollte der abgebildete Schlauch festsitzen, lösen Sie ihn nur am Kühler und falten ihn zurück. Gelingt das nicht, bleibt es leider nicht aus, den Schlauch abzutrennen und durch einen neuen zu ersetzen.

3 Während Sie sich in diesem Bereich befinden, nehmen Sie den oberen Luftschlauch des Ladeluftkühlers ab. Dieser Vorgang wird einfach vonstatten gehen, da der Schlauch dort nicht durch Hitze festbäckt.

4 Den Lüfter mit dem richtigen Schraubenschlüssel zu befreien, macht das Leben viel leichter. Meinen habe ich günstig gebraucht gekauft.

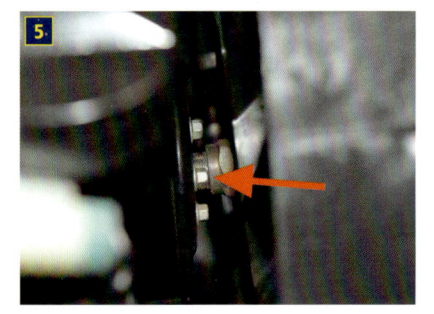

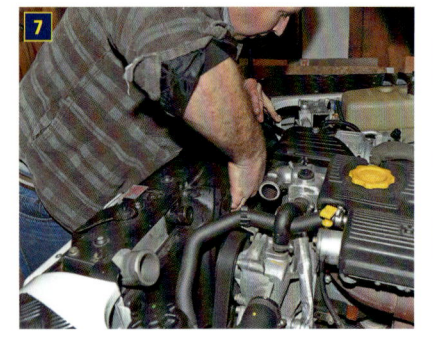

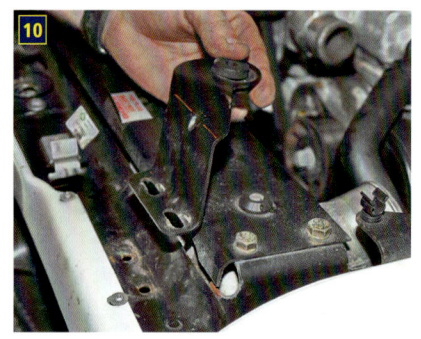

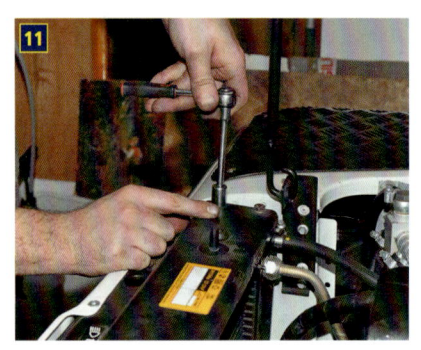

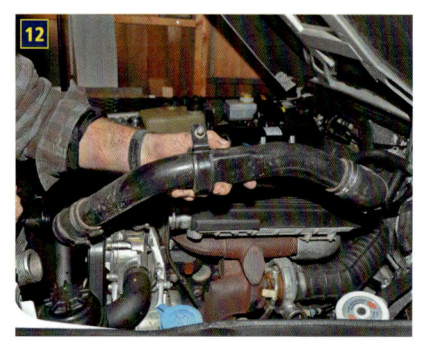

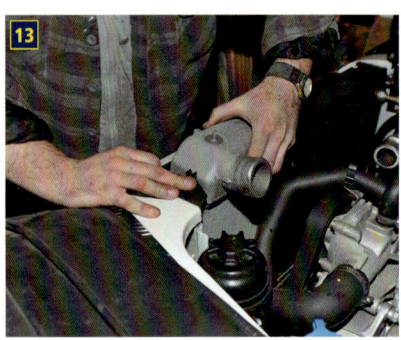

Was macht ein Ladeluftkühler?

- Wie fast alle Gegenstände dehnt sich auch Luft aus, wenn sie sich erwärmt, und zieht sich beim Abkühlen wieder zusammen.
- Kühlere und daher »konzentrierte« Luft enthält mehr Sauerstoff als warme Luft – bei gleichem Volumen.
- Ein Turbolader hat leider den unglücklichen Nebeneffekt, die Ansaugluft zu erwärmen. Daher sitzt der Ladeluftkühler zwischen dem Turbolader und dem Lufteinlass des Motors und kühlt die erwärmte Luft wieder ab.
- Ein Ladeluftkühler ist ein Wärmetauscher. Die ihn durchfließende Ansaugluft wird ähnlich abgekühlt wie das Kühlwasser des Motors: durch Umgebungsluft, die durch den Kühler strömt.
- Je besser der Ladeluftkühler arbeitet, desto kühler ist die Ansaugluft, wodurch der Dieselmotor effizienter arbeitet.

5 Die Befestigungsmutter des Lüfters (Pfeil) ist hinter der Verkleidung zu erreichen. Es ist darauf zu achten, dass sie ein Linksgewinde hat. Führen Sie den Schlüssel ein und klopfen Sie die Mutter frei, indem Sie mit einem Hammer auf den Schraubenschlüssel schlagen und die Mutter natürlich »falsch herum« drehen. Nach dem Freidrehen der Mutter wird der Lüfter in der Verkleidung belassen. Entfernen Sie nun vorsichtig die Befestigungsschrauben der Verkleidung an der Oberseite.

6 Es ist darauf zu achten, dass alle angeschlossenen Schläuche entfernt werden – auch die ganz unten.

7 Wenn Sie nur die Abdeckung herausheben, ist es wichtig, dass Sie den Lüfter festhalten und darauf achten, den Kühler nicht zu beschädigen.

8 Hier werden Abdeckung und Lüfter als komplette Einheit herausgehoben (der Pfeil zeigt auf die Haltemutter des Lüfters).

9 Es ist zwar nicht zwingend erforderlich, doch hat man einen besseren Zugang zur Unterseite des Ladeluftkühlers, wenn zuvor der Kühlergrill abgenommen wird.

10 Zunächst müssen die oberen Montageplatten des Kühlers abgebaut werden. Entfernen Sie die beiden Schrauben, die in jeder Montageplatte verschraubt sind, und nehmen Sie diese einfach ab.

11 An jeder Seite der oberen Kühlerplatte werden zwei Schlossschrauben entfernt und die Platte selbst einfach abgehoben.

12 Anschließend wird der untere Luftschlauch vom Ladeluftkühler abgenommen.

13 Nun wird der Ladeluftkühler nur noch durch seine Dichtungen in Position gehalten und muss vorsichtig nach oben bewegt werden, bis er sich herausheben lässt.

14 Der alte Ladeluftkühler (links) neben dem neuen, der zwar weniger, dafür aber längere Luftkanäle hat. Beachten Sie den Schaumstoffstreifen, der entlang der linken Kante des alten Ladeluftkühlers angeklebt ist. Ein solcher ist auch am neuen Ladeluftkühler anzubringen.

15 Der neue Ladeluftkühler von Allisport wird langsam in seine Position abgesenkt, wobei darauf zu achten ist, dass die Zapfen an der Unterseite richtig ausgerichtet sind. Auch hierfür ist das Abnehmen des Kühlergrills nützlich.

16 Jetzt wird der untere Schlauch des Ladeluftkühlers wieder befestigt. Nun wird auch die mittlere Befestigungsschraube am inneren Flügel montiert (wir haben herausgefunden, dass sie vorher ausgelassen wurde). Wie Sie sehen, müssen Sie gleichzeitig beide Seiten führen und die Schraube festhalten, während die Mutter gedreht wird. Der Einbau aller anderen Teile erfolgt nun in umgekehrter Reihenfolge.

17 Das ist die Absaugpumpe, mit der wir Kühlmittel entnommen haben, bevor wir die Schläuche entfernten. Ein Kunststoffröhrchen wurde zuvor im Loch an der Spitze der Absaugpumpe (jetzt als Ausgießer verwendet) angebracht.

18 Wegen des Klimaanlagen-Kondensators ist das alles, was vom Allisport-Ladeluftkühler zu sehen ist. Der Luftstrom ist dadurch unweigerlich eingeschränkt. Dieses Problem wird durch den Einbau eines breiten Allisport-Ladeluftkühlers umgangen.

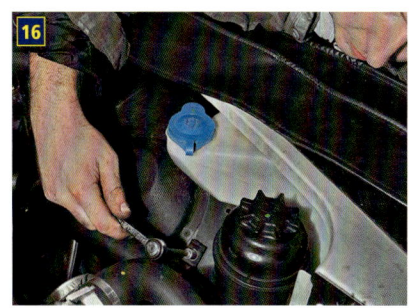

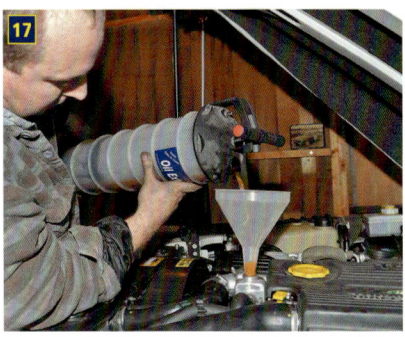

Schlussfolgerung

Die Ergebnisse sind viel besser als ich zu hoffen wagte! Als ich bei kaltem Motor und nur wenig Luft, die durch den Ladeluftkühler strömte, langsam unsere enge Gasse hinunterfuhr, erschien mir die Leistung schon etwas lebhafter als noch vor dem Einbau des Automatikgetriebes. Dann, als der Motor warm und die Geschwindigkeiten höher waren, machte sich der Extra-»Pepp« beeindruckend bemerkbar. Sicherlich sind auch ein paar Umdrehungen mehr am oberen Ende möglich, doch ist die auffälligste Verbesserung das Drehmoment im mittleren Drehzahlbereich, in welchem man sich am Häufigsten bewegt. Der Defender fühlt sich so viel lebendiger an und ist angenehmer zu fahren als vorher. Wenn Sie nach der einfachsten und unaufdringlichsten Möglichkeit suchen, die Performance Ihres Land Rover Turbo-Diesel zu verbessern, dann haben Sie diese hier gefunden. Ich kann kaum erwarten, wie sich ein Ladeluftkühler voller Breite und somit noch höherer Effizienz auswirkt.

Ladeluftkühler in voller Breite

Ein Full-Size-Ladeluftkühler von Allard ist eine weitere Modifikation, die ich nur zu gern empfehlen möchte. Dieser bietet noch viel mehr Drehmoment im unteren Drehzahlbereich, eine gleichmäßigere Leistungsentfaltung über das gesamte Drehzahlband und sogar eine höhere komfortable Reisegeschwindigkeit auf der Autobahn. Ich hatte noch keine Gelegenheit, den Kraftstoffverbrauch zu messen, bin aber davon überzeugt, dass die Leichtigkeit, mit welcher der Motor zieht, großes Potenzial für wirtschaftlicheres und entspannteres Fahren hat.

19 Von Allard können Ladeluftkühler für alle Defender-Modelle bezogen werden. Dies ist die 300 Tdi-Standardversion. Wie Sie gleich sehen werden, handelt es sich bei unserem Modell zwar auch um einen Ladeluftkühler für den 300 Tdi-Motor, doch wurde dieser so gefertigt, dass er mit den Bauteilen der Land Rover Standard-Klimaanlage harmoniert.

20 Hier hält Lloyd Allard den Ladeluftkühler in Position um herauszufinden, wo die Haltebügel zu befestigen sind. Dabei sehen Sie die Aussparung, die einen Einbau in Fahrzeugen mit einer Land Rover Standard-Klimaanlage ermöglicht.

21 Da es sich hier um eine ziemlich einmalige Installation handelt und weil ein Bördeleisen einfach zu groß zum Herumschleppen ist, mussten wir improvisieren. Mit einer Zange bearbeitete ich das Ende des Aluminiumrohres und bördelte es auf. Jetzt kann der Schlauch nicht mehr abrutschen.

22 Nach dem Einbau sieht der Ladeluftkühler voller Breite wie ein echtes Kunstwerk aus.

Motor

Einbau des TGV-Motors

Die früheren pre-TGV-Versionen des 2,8-Liter-Motors hatten nicht den Vorteil eines Turboladers mit variabler Turbinengeometrie.

Ist das ein Land Rover-Motor?

International Motors bauten den HS 2.8 TGV in Südamerika – einige in Brasilien, andere in Argentinien – für die Ford Motor Company. Als Land Rover zu Ford gehörte, gehörten auch die Rechte am Land Rover 300 Tdi-Motor dem Unternehmen Ford. International Motors (nicht zu Ford gehörend) bauten diesen für Land Rover sowie den MoD und überarbeiteten ihn, um daraus andere Aggregate wie den HS 2.8 TGV zu entwickeln, einen größeren 2,8-Liter-Turbodiesel mit Direkteinspritzung. Somit gilt er als Weiterentwicklung des Land Rover 300 Tdi-Motors. Seine Getriebehalterungen sind kompatibel und die Einbauposition des Motors ist dieselbe, auch wenn viele Details unterschiedlich sind.

Der 2.8 TGV-Motor ist nicht mehr in Serienproduktion. International Motors haben ihn durch eine elektronisch gesteuerte Dreiliter-Version mit Querstrom-Zylinderkopf ersetzt. Auch wenn man es wollte, wäre es aufgrund seiner Höhe und der vielen Elektronikkomponenten extrem schwierig, das Dreiliter-Aggregat in einem Land Rover zu verbauen. Der 2,8-Liter-Motor jedenfalls war noch erhältlich, während dieses Buch geschrieben wurde, und es wird auch nicht lange dauern, bis gebrauchte Aggregate verfügbar sein werden.

Das 2,8-Liter-Aggregat übertrifft den alten 300 Tdi sowohl in der Leistung als auch in der Langlebigkeit. Es gibt eine ganze Reihe von Verbesserungen am alten Motor, die dem HS 2.8 TGV zu solch guten Leistungen verhelfen. Hierzu gehören natürlich der höhere Hubraum und verbesserte Komponenten im Inneren, wie spezielle Kolben von Mahle sowie eine geschmiedete Kurbelwelle. Dazu wurde ein neuer, viel größerer Garrett-Turbolader mit variabler Turbinengeometrie verbaut, der das Turboloch verringert und eine bessere Leistung über den gesamten Drehzahlbereich bietet.

300 Tdi
Maximale Leistung 113 PS bei 4000 U/min
Maximales Drehmoment 285 Nm bei 1800 U/min

HS 2.8 TGV
Maximale Leistung 135 PS bei 3800 U/min
Maximales Drehmoment 375 Nm bei 1400 U/min

Einbau des TGV-Motors 71

Der glänzende neue Motor plus Auspuffkomponenten, einer Anleitung sowie einer Schachtel mit Kleinteilen. Das alles verpackt in einer beeindruckend großen Holzkiste, die nicht in den Laderaum eines Land Rover Station Wagon und auch nur knapp in meinen VW Transporter passt. Dennoch wurde er einem der besten jungen Land Rover-Techniker übergeben, den ich getroffen habe, nämlich Ian Baughan von IRB Developments.

Tag Eins

1 Denken Sie daran, immer mit dem Abklemmen der Batterie anzufangen.

2 Das Ausräumen des Motorraums erfolgt nach gesundem Menschenverstand. Wenn man sich jedoch mit Land Rover nicht so gut auskennt, empfiehlt es sich, viele Fotos zu machen, um später nachvollziehen zu können, wohin jede Schraube gehört.

3 Unterschiedliche Menschen haben unterschiedliche Vorlieben, wie sie einen Defender-Motor ausbauen, doch ist die Herangehensweise von der Vorderseite her die einfachste. So wird der Kühlergrill abgebaut …

4 … sowie seine Umgebung. Um die unteren Befestigungsschrauben entfernen zu können, müssen zunächst die Kunststoffeinsätze für die Kühlergrillschrauben herausgehebelt werden.

5 Möglicherweise muss der Gewindebolzen entfernt werden, der bei einigen Defender-Modellen verbaut ist. Um eine Beschädigung des Gewindes zu vermeiden, empfiehlt sich der Einsatz eines geeigneten Werkzeugs. Alternativ können Sie zwei Muttern auf das Außengewinde anbringen und durch Drehen der inneren Mutter den Bolzen herausschrauben.

6 Nun können Sie die vordere Auflagefläche für die Motorhaube nach oben abnehmen. Die oberen Kühlerhalterungen können an Ort und Stelle bleiben.

7 Anschließend kann die ganze Kühlerbaugruppe zusammen mit dem Ladeluftkühler herausgehoben und an einem sicheren Ort im hinteren Bereich der Werkstatt aufbewahrt werden.

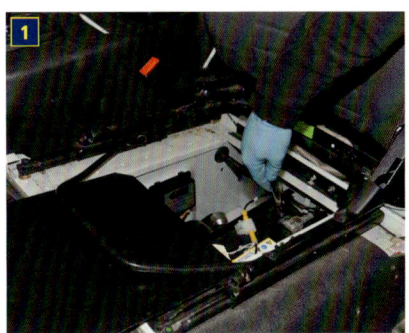

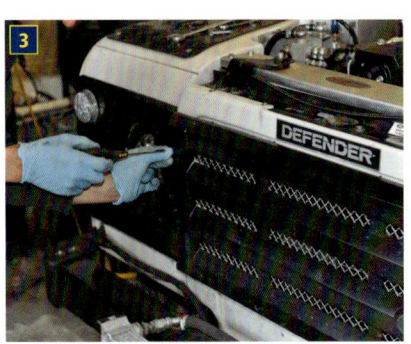

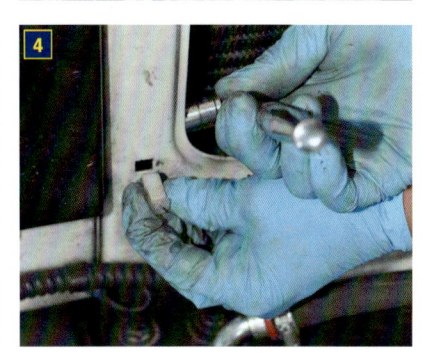

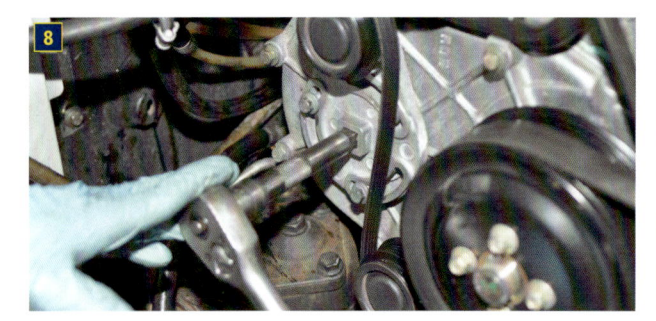

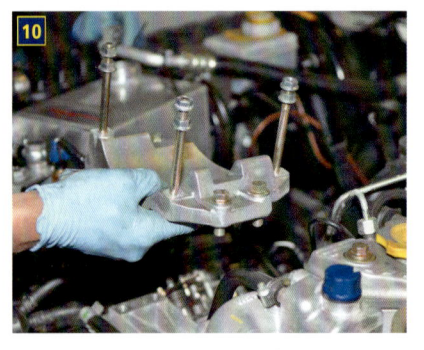

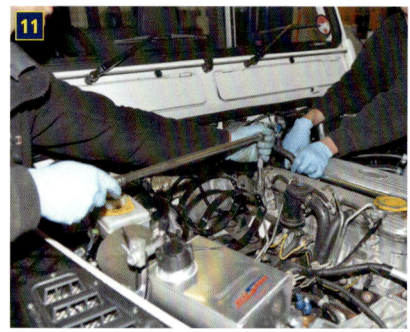

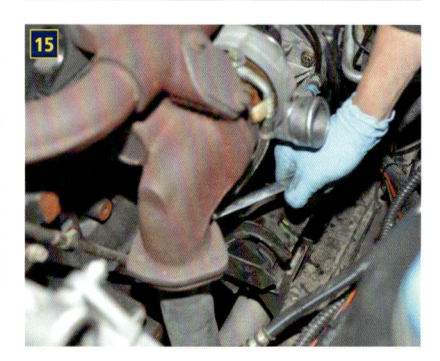

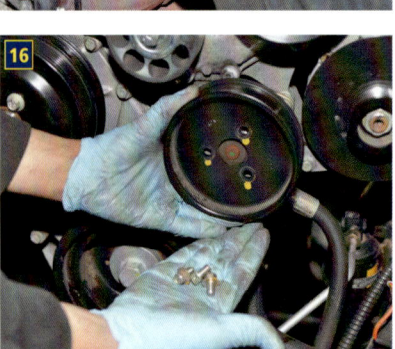

8 Ist Ihr Defender mit einer Klimaanlage ausgestattet, muss zuvor das Kältemittel von einem Fachmann abgelassen werden. Er kann es für Sie einlagern und das System später wieder damit befüllen (in meinem Fall war das Klimasystem bereits entleert, weil vorher das Automatikgetriebe eingebaut wurde). Anschließend können die Fixierschrauben der drei Riemenspanner der Klimaanlage gelockert, die Riemenspanner zur Entlastung des Riemens gedreht und letztendlich der Riemen abgenommen werden.

9 Danach kann der Klimakompressor abgeschraubt und zusammen …

10 … mit der darunterliegenden Halterung entfernt werden, die mithilfe des Umbausatzes am 2.8 TGV-Motor wieder angebracht wird.

11 Auch die Luftfilter-Baugruppe ist am neuen Motor wieder anzubringen. Daher wird sie vom Zylinderkopf abgeschraubt und von der darunterliegenden Halterung abgenommen. Hierbei sind die beiden Bolzen komplett zu entfernen.

12 Beachten Sie genau, mit welchen Motorgehäuseschrauben die Halterung befestigt wurde, damit diese auch am neuen Motor verwendet werden können.

13 Auf den ersten Blick gleicht der Ansaugkrümmer des 2.8 TGV-Motors dem des 300 Tdi, doch handelt es sich hier um zwei unterschiedliche Bauteile. Ian hatte die hervorragende Idee, den Ansaugkrümmer des 300 Tdi abzuschrauben …

14 … und diesen vom Motor abzunehmen, während sich das Aggregat immer noch im eingebauten Zustand befand.

15 Der Ansaugkrümmer muss zwar ohnehin entfernt werden, doch erhält man auf diese Weise einen besseren Zugang zu Bauteilen wie dem Abgaskrümmer und dem Abgasrohr.

16 Nachdem nun alle Riemen entfernt sind, werden die drei Fixierschrauben und somit die Riemenscheibe der Servopumpe entnommen, die später am neuen Motor wieder anzubringen ist.

17 Am Ende dieses Arbeitsabschnitts wurde die Leitung, die das Kühlmittel für die Heizung zur Rückseite des Motors führt, für den späteren Wiedergebrauch entfernt.

Der Versuch, die Arbeitsschritte zu interpretieren, die nicht so gut aus dem Niederländischen übersetzt waren, sowie das Herausfinden, was wiederverwendet wird und was nicht, haben uns bis an das Ende des ersten Arbeitstages begleitet.

Einbau des TGV-Motors **73**

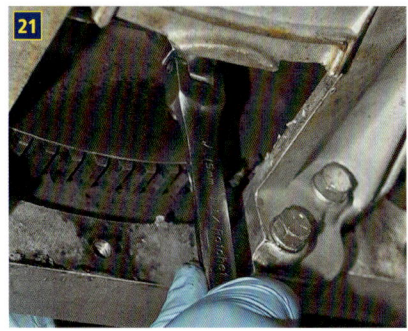

Tag Zwei

18 Mein Defender befand sich auf der Hebebühne, wo ich das Abgassystem am vorderen Rohr trennte.

19 Da es sich hier um ein automatisches Getriebe handelt, wurde anschließend die Deckplatte des Drehmomentwandlers auf der Getriebeunterseite entfernt (das sieht nur bei Defender-Umbauten von Ashcroft Transmissions so aus – bei Discoverys mit automatischem Getriebe ist es anders).

20 Hier braucht man zwei paar Hände – eine Person muss vorn am Motor sicherstellen, dass sich die Kurbelwelle nicht dreht, …

21 … während die andere die Schrauben der Mitnehmerscheibe des Drehmomentwandlers vom Schwungrad entfernt.

22 Lösen Sie die Ölablassschraube an der Ölwanne und lassen Sie das Öl ablaufen. Ian war es etwas peinlich, einen Eimer darunter zu stellen, doch sein Auffangbehälter war bereits voll.

23 Die linke Motorbefestigung ist neben dem Ölfilter zu finden, …

24 … während dies der Montageort auf der anderen Seite ist.

25 Einige Schrauben der Getriebeglocke, insbesondere die an der Unterseite, sind sehr leicht zugänglich, …

26 … während andere etwas mehr Aufwand erfordern, doch verglichen mit dem Zugang zum Motorraum der meisten Fahrzeuge ist das hier keine Herausforderung. Denken Sie daran, sowohl den Motor als auch das Getriebe dort zu stützen, wo sie miteinander verbunden sind, denn wenn alle Schrauben von der Getriebeglocke entfernt wurden, wird sie leicht absinken. Bei Defender-Modellen mit manueller Schaltung riskieren Sie eine schädliche Belastung der Getriebewelle, die auf der Rückseite der Kurbelwelle des Motors in eine Buchse mündet.

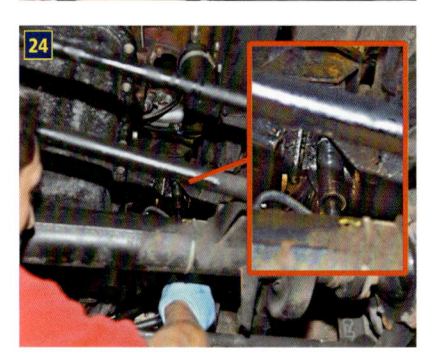

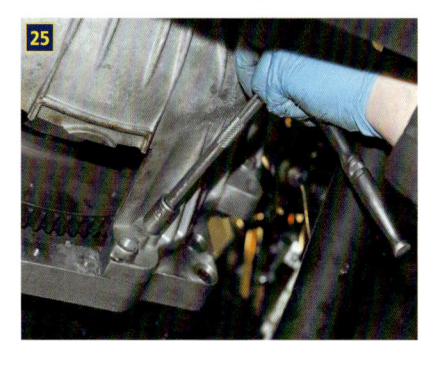

Motor

27 Der erste Arbeitsschritt ist nun abgeschlossen. Der 300 Tdi-Motor meines 2006 gebauten Export-Defender kann nun herausgehoben werden.

28 Hängen Sie den Motor an seinen Ösen ein und heben Sie ihn heraus. Kontrollieren Sie währenddessen, dass nichts eingeklemmt oder beschädigt wird – das Reservoir der Servolenkung beispielsweise ist nicht weit entfernt – sowie dass nichts mehr angeschlossen ist.

29 Nach sicherem Unterlegen eines Holzblocks unter der Vorderseite der Ölwanne des 300 Tdi-Motors wird dieser abgelegt, der Motorkran gedreht und der International HS 2.8 TGV-Motor daran befestigt.

30 Da es sich hier um ein automatisches Getriebe handelt, müssen auch die Mitnehmerscheibe und der Stützring vom Schwungrad des 300 Tdi entfernt werden. Anschließend sind in jedem Fall das Schwungrad und die Rückplatte sowie die hinteren Motorlager abzunehmen.

31 Das sind die meisten Teile, die bei diesem Umbau vom 300 Tdi-Motor zu entfernen sind:
- Im Hintergrund sehen Sie die Motorrückplatte zusammen mit den Motorlagern (bei meiner Maschine handelt es sich um eine spezielle Rückplatte, die für das Automatikgetriebe angepasst wurde; bei den meisten Motoren findet man hier die Standardausführung vor);
- ganz rechts sehen Sie den Einlasskrümmer;
- vorn links die Motorhebeöse;
- rechts daneben das Schwungrad und die Mitnehmerscheibe für das Automatikgetriebe sowie

in der Mitte die Riemenscheibe für die Klimaanlage, wobei der entsprechende Riemenspanner auch in ihrer Nähe eingebaut werden muss.

32 Obwohl der International 2.8-Motor eine Weiterentwicklung des Land Rover-Motors ist, wurde er in einer Reihe von Fahrzeugen von Ford in Amerika eingesetzt und verfügt über Motorlager, die für unsere Zwecke zu entfernen sind.

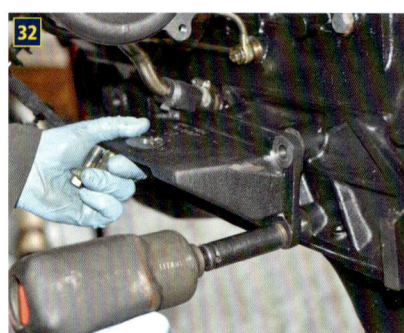

33 Hier, auf der Turbo-Seite des Motors, wird das Motorlager des 300 Tdi-Motors einfach in dieselben Befestigungsgewinde geschraubt.

34 Auf der anderen Seite ist es ein wenig komplizierter. Der 2.8 verfügt über einen eigenen integrierten Ölkühler statt des wie beim Tdi-Motor im Kühler eingebauten. Diese Baugruppe muss gelockert und weggeschoben werden …

35 … um Zugang zum dort verbauten, zu vernachlässigenden Motorlager zu erhalten.

36 Im selben Bereich musste eine Adapterplatte, die vom Motorlieferant Prins Maasdijk mitgeschickt wurde, eingebaut werden. Das liegt daran, dass der Ölfilter in seiner ursprünglichen Position Probleme mit dem Land Rover-Motorlager bereitet. Nach Entfernen des Ölfilters wird diese an der Ölfilter-Montageposition verschraubt.

37 Anschließend wird diese Adapterplatte an die beiden bereits im Motorblock vorhandenen Gewindebohrungen geschraubt. Die Bausätze sollten alle notwendigen Befestigungsschrauben enthalten.

38 Der Ölfilterflansch wird dann an die Adapterplatte geschraubt.

39 Irgendwie musste herausgefunden werden, wie die Ölleitungen zu verlaufen haben. Ian entschied, zunächst mit dem Einbau des Motors weiterzumachen. Dann würde es sich schon herausstellen.

40 Also schraubten wir das erste Winkelrohr ein und testeten, wie weit wir es hineinschrauben müssen, damit die Verschraubung dicht und das Winkelrohr in die richtige Richtung gerichtet ist.

41 Anschließend brachten wir Dichtmittel auf das Gewinde auf, bevor wir das Winkelrohr wieder einschraubten. Kurz bevor jeder Schlauch auf sein Winkelrohr montiert wurde, haben wir auf jedes Gewinde etwas Dichtmittel gegeben. Es ist wichtig, dass es sich hier um Gewindedichtmittel und nicht um eine Gewindesicherung handelt, die andere Eigenschaften aufweist.

42 Hier sieht man die richtige Ausrichtung der Winkelrohre, damit die Schläuche mehr oder weniger horizontal verlaufen und die Längsträger und Motorlager frei lassen. Nach dem Einbau des Motors werden diese Schläuche sauber in ihrer Position befestigt.

43 Der Standard-Ölfilter macht sich gut an seinem neuen Einbauort.

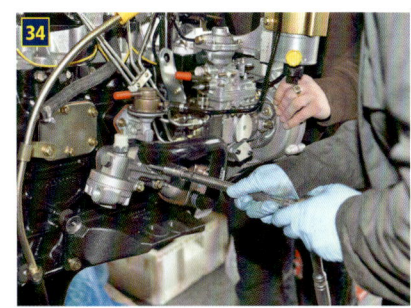

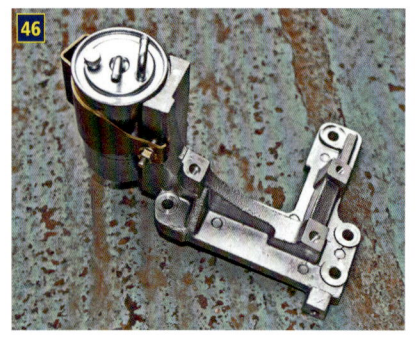

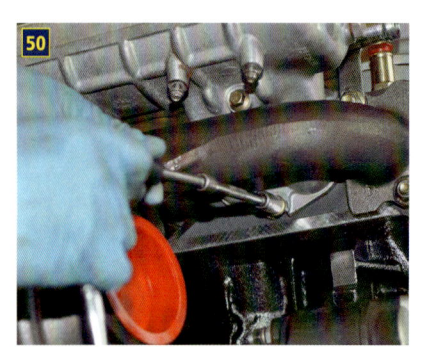

44 Die Rückplatte des Tdi-Motors wurde unter Berücksichtigung der Drehmomentangaben von Land Rover an den Motorblock des 2,8-Liter-Motors geschraubt.

45 Der Visco-Lüfter am neuen Motor ist genau der gleiche wie am 300er-Motor, aber Ian entfernt ihn immer vor dem Aus- und Einbau eines Motors, damit er nicht beschädigt wird. Sie können einen Ölfilter-Bandschlüssel verwenden, um die Riemenscheibe zu fixieren, während am Linksgewinde der Visco-Kupplung geschraubt wird.

46 Diese Halterung stützt den Ölfilter beim International-Motor. Sie kann entfernt und entsorgt werden, bevor der Motor eingebaut wird.

47 Anstelle dieser Halterung wird der originale Land Rover-Klimakompressor-Halter mit den Distanzstücken aus dem Klimaanlagen-Montagekit eingesetzt, wenn Sie die Klimaanlage übernehmen. Das ist nötig, weil die Einspritzpumpe am neuen Motor aufrecht (beim 300 Tdi abgewinkelt) montiert ist und andernfalls mit dem Klimakompressor kollidiert.

48 Die Ansaugkrümmer des 300 Tdi- (oben) und des 2,8-Liter-International-Motors (unten). Beachten Sie die unterschiedlichen Einlassstutzen.

49 Der Ansaugkrümmer des 300 Tdi muss an den Zylinderkopf des 2,8-Liter-Aggregats geschraubt werden.

50 Die Montagepositionen der Befestigungsschrauben sind bei beiden Motoren exakt gleich.

51 Auch der Hitzeschild ist kompatibel zum Auspuffkrümmer des 2,8er-Motors und kann daher übertragen werden.

52 Es ist notwendig, den geraden Kühlmittelschlauch vom Zylinderkopf des 2,8-Liter-Motors zu entfernen und durch den des 300 Tdi zu ersetzen, der so hochgezogen wird, dass die Heizleitungen frei liegen.

53 Auch der Clip und die Halterung für diesen Schlauch werden vom alten Motor am neuen angebracht.

54 Bei Versionen mit Klimaanlage müssen drei Schrauben entfernt und die Deckplatte vom Motor (siehe Pfeil) abgenommen werden, damit der Riemenspanner für die Klimaanlage eingebaut werden kann.

55 Die Klimaanlagen-Spannrolle wird in eine identisch geschnittene Gewindebuchse am neuen Motor geschraubt.

56 Rechts ist der alte Klimaanlagen-Riemen zu sehen, der am 300 Tdi-Motor über die Kurbelwelle angetrieben wird. Der neue Riemen links fällt kürzer aus, weil er über die Riemenscheibe des Lüfterrades und diese wiederum über einen extra Riemen von der Kurbelwelle angetrieben wird.

57 Die Motoren sind sich ähnlich und doch verschieden. Dies ist die hintere Kurbelwellendichtung des 2,8-Liter-Motors. Die zwei zusätzlichen Schrauben (Fingerzeig), die nicht in Tdi-Motoren verbaut sind, dienen der Vermeidung von bei Land Rover-Motoren häufig vorkommenden Ölverlusten.

58 Der Führungslagerpunkt ist beim 2,8-Liter-Motor größer. Der Umbausatz beinhaltet diese Adapterbuchse und ein neues Phosphor-Bronze-Lager, in welches die Getriebewelle beim Einbau des Motors hineingeschoben wird.

59 Bei Automatikgetrieben ist dies natürlich nicht der Fall. Das ist die Adapterplattenbaugruppe, die in das bei Automatikumbauten modifizierte Schwungrad eingebaut wird.

60 Blockieren Sie die Vorderseite der Kurbel, während Sie die Mitnehmerscheibe an das Schwungrad anbringen.

61 Und jetzt der einfache Teil: Der 2,8er-Brocken ist seinem Vorgänger äußerlich so ähnlich, dass er sich wirklich sehr einfach in den Motorraum des Defender einbauen lässt (dies gilt auch für Discoverys). Trotzdem muss man das Ganze in Position halten und darauf achten, dass nichts von dem beschädigt wird, was bereits im Motorraum eingebaut ist.

62 Nachdem man das Aggregat hinter das Reservoir der Servolenkung geschoben hat, muss man Motor und Getriebe passend ausrichten. Obwohl er immer noch »fummelig« ist, ist dieser Arbeitsschritt hier viel einfacher als bei einem Schaltgetriebe, bei dem die Getriebewelle zum Motor ausgerichtet und in dessen Rückseite geschoben werden muss.

63 Hier kann man gerade noch den Wagenheber auf dem Boden erkennen, mit dem die Getriebeglocke angehoben und gesenkt wird, um diese vor dem Befestigen am Motor auszurichten.

64 Bei einem automatischen Getriebe ist die Mitnehmerscheibe des Drehmomentwandlers an das Schwungrad des Motors anzuschrauben. Um die Schrauben festzuziehen, ist der Motor vorn an der Kurbelwelle zu fixieren.

65 Ein umständlicher Montagejob ist das Anbringen der Luftfilterhalterung an den Motor, da der Ölpeilstab im Weg ist. Aus der Einbauanleitung für diesen Bausatz ist zu entnehmen, dass der Ölpeilstab so zu verbiegen ist, dass das Filtergehäuse frei sitzt. Obwohl es sich hier um ein gewaltiges Unterfangen zu handeln scheint, ist es einfacher als erwartet!

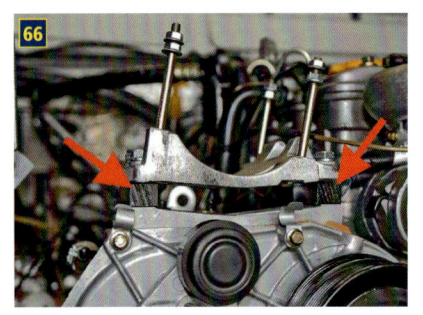

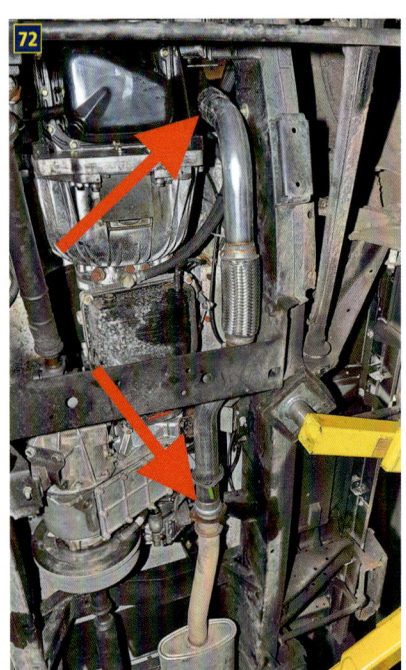

66 Diese Standardausführung des Klimakompressorhalters eines 300 Tdi-Motors würde sich nicht mit der Einspritzpumpe an der Oberseite des 2.8 TGV-Motors vertragen. Der Umbausatz von Prins Maasdijk beinhaltet aber stählerne Abstandshalter (siehe Pfeile), um die nötige Einbauhöhe zu gewährleisten.

67 Nun zu einem Problem, auf das Sie nur stoßen werden, wenn Sie einen Ashcroft-Automatikgetriebeumbau haben. Der fehlende Abstand über der Kraftstoffpumpe bei eingebauter Klimaanlage bedeutet, dass der von Ashcroft an der Kraftstoffpumpe montierte Drosselklappensensor nicht verwendet werden kann. Ian nahm daher das ursprüngliche Gaspedal vom 300 Tdi und schnitt die Kabelbefestigung ab, …

68 … bevor er diese an ein Td5-Gaspedal anbrachte, das aufgrund seiner »Fly-by-wire«-Technologie zwar keine Kabelbefestigung besitzt, aber über einen eingebauten Drosselklappensensor verfügt.

69 Bei meinem Defender waren die Befestigungsstellen für das Td5-Pedal bereits vorgesehen. Es wäre aber auch nicht weiter schwierig gewesen, neue anzubringen.

70 Montieren Sie das im Bausatz enthaltene Abgasrohr zunächst nur locker.

71 Hier sehen Sie das Flexrohr des niederländischen Motorlieferanten (oben) und wie viel kürzer es im Vergleich zum Standardrohr (darunter) ist. Die Längen rühren von den unterschiedlichen Positionen des Auslasses am Motor her.

72 Als nächstes befestigen Sie das neue Flexrohr lose am bestehenden System …

73 … und ziehen die Verbindungen erst fest, wenn alle Abstände ordnungsgemäß passen.

74 Da der Bausatz kein Turbo-Ansaugrohr beinhaltet (oder zumindest keines, das in den Defender passt), hat Ian selbst eines gebaut. Er hält das Muster in der Hand, während darunter die endgültige Version in Edelstahl zu sehen ist.

75 Wir stellten eine einfache, geknickte Schraubhalterung her …

76 … und befestigten das neue Edelstahlrohr mit Bügeln.

77 Der ursprüngliche Ansaugschlauch wird einfach an das neue Rohr montiert.

Wichtiger Hinweis: Wenn Sie diese Arbeit alleine durchführen und keinen Zugriff auf moderne Rohr-

Einbau des TGV-Motors 79

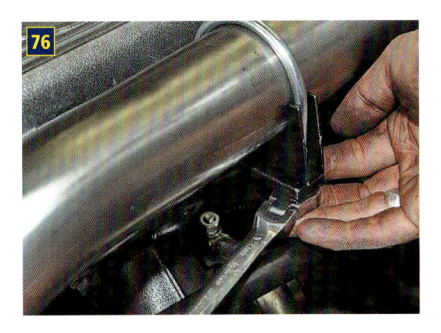

biegewerkzeuge haben, stellen Sie sicher, dass Ihr Motorlieferant Ihnen die richtigen Teile liefert – andernfalls kommen Sie hier nicht weiter!

78 Nun führt das Rohr aus rostfreiem Stahl frische Luft in den Turbolader; wir brauchen aber noch ein Rohr, das vom Turbolader zum Ladeluftkühler geht. Ian hat dafür ein neues gebaut und mit dem im Lieferumfang enthaltenen 90-Grad-Bogen aus Silikon eingesetzt.

79 Ohne weitere Details zu nennen schlug der niederländische Motorlieferant vor, das bestehende Rohr zu kürzen. Nach dem Vergleich mit dem Rohr, das Ian hergestellt hat, meinen wir: Stimmt! Ich denke, diese Lösung würde zwar nicht so elegant aussehen wie das von uns hergestellte Rohr, doch durch Kürzen um 100 mm an einem Rohrende und 80 mm am anderen erhält man bestimmt ein wartungsfreundliches Ladeluftkühlerrohr.

80 Das nächste Problem war die Montage des Ladeluftkühlerrohr-Bogens an den Turbolader. Der Stutzen am Turbolader hat eine andere Größe als der des 300 Tdi-Motors. Prins Maasdijk, der Motorlieferant, schlug vor, den Rohrbogen nach unten zu drücken und ihn mit einer Schelle zu fixieren. Wir waren aber der Meinung, dass das mit Sicherheit zu Lecks führen würde und ohnehin kein bewährtes Verfahren darstellt. Somit hat Ian eine Aluminiumhülse mit Außenflansch hergestellt, …

81 … die letztlich in zwei Teile geschnitten wurde und mit Epoxidharz am Stutzen des Turboladers befestigt wurde.

82 Die höhere Elastizität eines Silikonschlauchs ermöglicht es, diesen leichter über den Flansch zu schieben.

83 Es muss immer darauf geachtet werden, die Schlauchschellen nicht zu fest anzuziehen, da sie sonst den Silikonschlauch durchtrennen können.

84 Ein weiterer Schlauch, der nicht im Lieferumfang des Umbausatzes war (oder zumindest nicht für die Rechtslenker-Version des Defender), ist der Unterdruckschlauch, der mit dem Servolenkungssystem verbunden wird. Ian verwendete Einmal-Schlauchschellen, um den Schlauch zu befestigen …

85 … und schloss diesen an das Servogehäuse an.

86 Der Ölkühler des 2.8 TGV-Motors ist direkt am Kühlsystem angeschlossen. Das bedeutet, dass die Ölkühlerstutzen an Ihrem Kühler vernachlässigbar sind. Der Motoreinbausatz von Prins Maasdijk umfasst dafür ein paar tolle Blindstopfen (siehe Kästchen). Bitte beachten Sie, dass es sich hier um einen Austauschkühler aus Aluminium handelt, doch das Prinzip ist dasselbe.

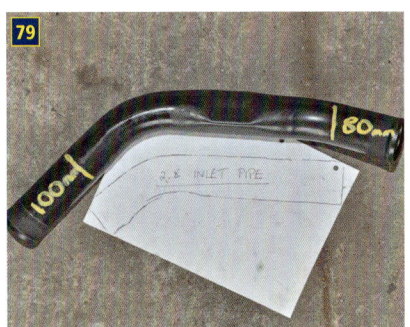

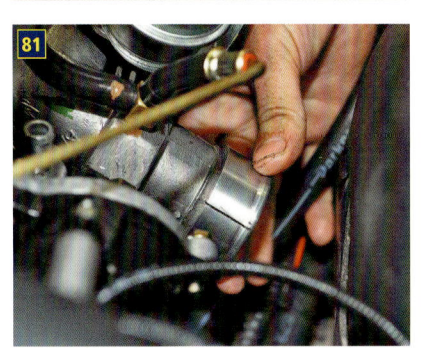

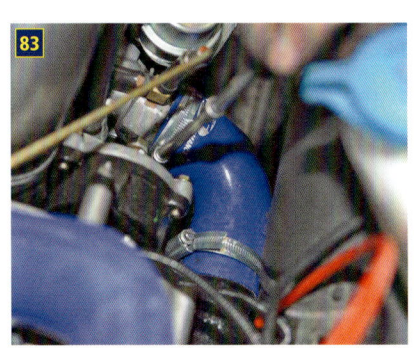

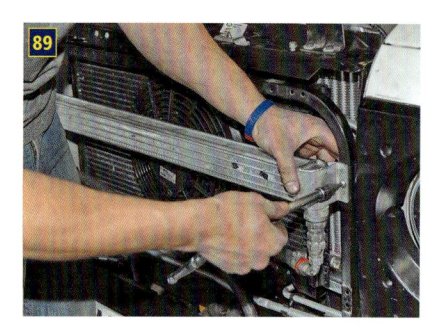

80 Motor

87 Während wir den Kühler einbauten, haben wir nach und nach die verschiedenen Schläuche angeschlossen.

88 Wir brachten auch die Halterungen für den Klimakondensator am Frontrahmen der Klimaanlage an ...

89 ... und befestigten den Ölkühler des Automatikgetriebes am gleichen Rahmen. Es muss sichergestellt werden, dass der Kühler im Luftstrom liegt und nicht von einem Teil des Kühlergrills bedeckt wird.

90 Anschließend mischten wir Frostschutzmittel im Verhältnis von 50:50 mit Wasser und öffneten den Einfüllstutzen an der Oberseite des Kühlers.

91 Es ist von entscheidender Bedeutung, dass das Kühlmittel bei Land Rover-Dieselmotoren den Angaben entsprechend aufgefüllt wird. Etwaige Lufteinschlüsse in den Kühlwasserleitungen eines Dieselmotors können nämlich zu Überhitzung führen. Sobald Kühlmittel im Ausgleichsbehälter zu sehen, ist der Einfüllstutzen am Kühler zu schließen und der am Thermostat zu öffnen, um dort weiter nachzufüllen. Die Schläuche sollten häufig zusammengedrückt werden, damit so viel Luft wie möglich aus dem System entweicht.

92 Das teilsynthetische 10W40-Motorenöl ist in großen Gebinden günstiger, kann jedoch auch in kleineren Nachfüllbehältern bezogen werden.

93 Da wir die Servolenkungs-Pumpe tauschen mussten, nutzten wir diese Gelegenheit, sie mit Automatikgetriebeöl aufzufüllen. Es dient hier auch als Servolenkungs-Flüssigkeit.

94 Nachdem der Motor auf Temperatur gebracht und auf eventuelle Undichtigkeiten oder andere Probleme überprüft wurde, war mein Defender bereit für die erste Probefahrt rund um die Ians Werkstatt umgebenden Gehöfte.

Fazit

Als ich dieses Buch schrieb, bin ich zwar lediglich ein paar hundert Meilen gefahren und nachdem ich Tausende für den Motor ausgegeben habe, behandle ich das Auto sehr sanft, doch der Unterschied macht sich stark bemerkbar. Es gibt keinen störenden Leistungsmangel mehr beim Anfahren oder an Steigungen, und ein Überholmanöver muss man nun auch nicht mehr Monate im Voraus planen.

Der Motor klingt auch anders. Er ist zwar offensichtlich ein vom Tdi abgeleiteter Brocken, klingt aber während der Fahrt tiefer, sanfter und ist um einiges Leiser.

Ich mag die Tatsachen, dass dieser Motor mit qualitativ hochwertigen Mahle-Kolben und einer geschmiedeten Kurbelwelle ausgestattet ist, dass man vom Kurbelwellen-Simmerring eine ordnungsgemäße Funktion erwarten kann, dass der Zylinderkopf nun effizienter ist und dass der Kühlmittelmantel weiterentwickelt wurde. Und natürlich kann ich mich auf eine bedeutend bessere Leistung im Vergleich zum Standardaggregat freuen.

Es war auch sehr ermutigend, dass das Teil von Ian Baughan eingebaut wurde, der so versiert und perfektionistisch ist. Seine Fähigkeiten hinsichtlich des Land Rover, die er sich selbst in seiner Werkstatt angeeignet hat, könnten besser nicht sein.

Ob man das viele Geld rechtfertigen kann, dass diese Motoren kosten, können nur Sie für sich selbst entscheiden. Mein Defender wurde trotz der Tatsache, dass er 2006 gebaut wurde, mit einem neuen 300 Tdi-Motor ausgestattet, weil er für den »Rest der Welt« konzipiert war. Er ist gerade einmal 13 000 Kilometer gelaufen, als der neue Motor eingebaut wurde, daher war das Geld in diesem Fall sinnvoll investiert.

Bedenken Sie, dass bei Sondermodifikationen immer unvorhergesehene Probleme auftauchen. Das ist auch der Fall, wenn Sie wie in diesem Beispiel Bausätze kaufen, denn es gibt bestimmt Bereiche, in denen Sie etwaige Probleme selbst lösen müssen.

Fußnote

Der niederländische Motorenlieferant Prins Maasdijk hat die Auslieferung von International Land Rover-Motoren kurz nach Einbau meines Aggregats eingestellt. Nun muss man sich für die Lieferung von Motoren und Bauteilen an den britischen Lieferanten »Motor & Diesel« wenden, dessen Einbausätze von hoher Qualität sind.

Verbesserungen am Ansaugsystem

Größenvergleich: Ian Baughan von IRB Developments hält den Ladeluftkühler eines Standard-Puma-Motors vor den Full-Size-Ladeluftkühler, der am Fahrzeug montiert ist.

Zuerst ein Hinweis dazu, wieso das Bearbeiten von Zylinderköpfen hier nicht besprochen wird: Benzinmotoren sind viel drehfreudiger als Dieselmotoren und reagieren gut auf Zylinderköpfe, die hinsichtlich eines besseren Gasdurchsatzes bearbeitet wurden. Allerdings handelt es sich hierbei um eine sehr komplexe Aufgabe, über die schon ganze Bücher geschrieben wurden. In jedem Fall sind die in diesem Handbuch erwähnten Dieselmotoren viel einfacher und kostengünstiger mit anderen Mitteln zu optimieren.

1 Auf Seite 69 wurde gezeigt, wie man einen Full-Size-Ladeluftkühler von Allard Turbo Sport einbaut. Dieser hier ist eine Version von IRB Developments. Allein schon der Austausch des Standard-Ladeluftkühlers durch eine Version aus Aluminium macht einen großen Unterschied. Der Wechsel zu einem Full-Size-Ladeluftkühler stellt sogar einen noch weiteren Sprung nach vorn dar.

Luftfilter

2 Unterschätzen Sie nicht die Tatsache, dass durch einen effizienteren Luftfilter die Ansaugluft leichter in den Motor strömen kann. Dies hier ist der Luftfilter eines Puma-Motors.

3 Ein solcher K&N-Luftfilter mit höherem Durchsatz ist im Standard-Luftfiltergehäuse meines 300 Tdi eingelegt.

Abgasrückführventil

4 Die Entfernung des Abgasrückführventils ist ein relativ einfacher und günstiger Weg, die Motorleistung des Defender zu verbessern. Hier sehen Sie einen der Bausätze, die Allard Turbo Sport anbietet.

Achtung: Durch Veränderungen an diesem System kann sich die Abgasqualität Ihres Defender verschlechtern. Das kann zu einer Einstufung in eine teurere Steuerklasse führen. Bitte erkundigen Sie sich im Vorfeld auch bei Ihrem zuständigen Finanzamt.

Hier ein sehr wichtiger Tipp von Allard, wieso man darüber nachdenken sollte, das AGR-Ventil auszutauschen:
»Alle AGR-Systeme verringern den Luftstrom und damit die Verbrennungseffizienz sowie die Motorleistung. Das AGR-System ist ein Versuch, die Stickstoffemissionen im Abgas zu reduzieren. Um das zu erreichen, wird durch das AGR-Ventil ein Teil des Abgases (nur bei Teillast und geringer Last, bei Vollgas schließt die Motorsteuerung das AGR-Ventil. Zudem ist es auch abhängig von der Kühlmitteltemperatur: ist es zu heiß oder zu kalt, bleibt das AGR-Ventil geschlossen) vom Abgaskrümmer zum Ansaugkrümmer umgelenkt, um der Ansaugluft des aufgeladenen Motors beigemischt zu werden. Das AGR-System trägt durch eine Verlangsamung der Verbrennung auch zur Verringerung des ›Nagelns‹ bei, doch bei einem Land Rover-Dieselmotor wird man den Unterschied wahrscheinlich nicht bemerken.

In einem neuen Motor funktioniert die Reduzierung der Stickoxide gut, doch allgemein wird bei älteren Motoren (ab ca. 60000 Kilometern Laufleistug) die Wirksamkeit dieses Systems durch Ablagerungen im Einlasskrümmer beeinträchtigt. Dadurch werden die Motorleistung und der Luftstrom noch weiter verringert, was wiederum die Verbrennungseffizienz negativ beeinflusst und Emissionen, hauptsächlich von CO_2 und Partikeln, erhöht. Die Ablagerungen bestehen aus Öl und Ruß, welche am Eingang des AGR-Ventils aufeinandertreffen. Dieses Öl kann am vorderen Lager des Turboladers (Ansaugseite) und hauptsächlich an der Entlüftung, die sich bei einem Tdi-Motor direkt im Ansaugschlauch zwischen Luftfilter und Turbolader befindet, austreten.

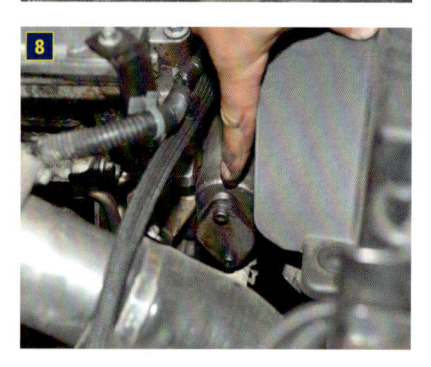

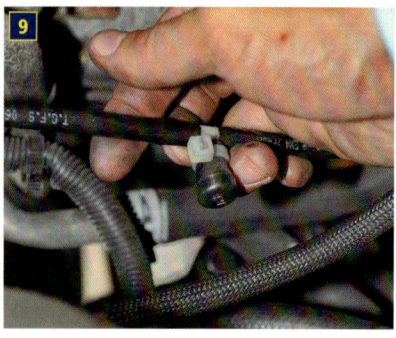

Viele Leute denken, dass das einfache Ersetzen eines AGR-Ventils das Problem lösen wird. Das ist nicht der Fall, denn die Lager des Turboladers nutzen sich weiter ab. Und wenn das Entlüftungssystem weiterhin angeschlossen bleibt, wird der Motor weiterhin Öl in den Einlass des Turboladers blasen, das sich auch im Ansaugkrümmer/AGR-Ventil ablagert.

Das AGR-Ventil selbst ist im Allgemeinen ein zuverlässiges Bauteil und kann ein Motorleben lang funktionsfähig bleiben. Der einzige Weg, das Problem der Schlammbildung zu lösen, ist letztendlich den Turbolader zu erneuern (sollte dort schon Öl austreten) und eines separates Motorentlüftungssystem zu montieren.

Zur Erzielung optimaler Leistung ist es natürlich nachteilig, heiße Abgase in das Ansaugrohr zu leiten, auch wenn dies nur unter geringer Last geschieht. Die damit verbundenen Probleme mit den Rohrleitungen tragen auch noch dazu bei. Auch bei älteren Motoren häufen sich die Ausfälle bei Leckagen aus dem AGR-Ventil. Ein solches zu ersetzen kann schlimmstenfalls mehr kosten als ein ›Abbau‹-Satz. Belässt man allerdings ein schadhaftes AGR-Ventil am Motor, erhöht sich der Motorverschleiß!

Eine bessere Alternative zum AGR-System ist der Einbau eines AGR-Ersatzventils, das bessere Werte hinsichtlich Leistung, thermischer Effizienz, Kraftstoffverbrauch und Rauchentwicklung liefert.

Das sind die daraus resultierenden Vorteile:
- keine Probleme in Verbindung mit fehlerhaften oder undichten AGR-Systemen,
- Beseitigung von Teer- und Sedimentablagerungen im Ansaugkrümmer,
- Verbesserung der thermischen Effizienz durch Verringerung des Hitzestaus im Ansaugkrümmer.

All diese Vorteile zusammen ergeben eine Verbesserung des Kraftstoffverbrauchs und der Leistung bei gleichzeitiger Verringerung der Rauchentwicklung.«

5 Hier sind das Standard-AGR-Ventil eines Td5 (A), das eines 300 Tdi (B) und zwei Ersatzventile zu sehen (C). IRB Developments bieten diese zwei Optionen für den Td5. Eine davon ist mit Standard-Einlassstutzen, die andere hingegen verfügt über eine dickere Basis und bietet somit die Möglichkeit, einen Ladedruckmesser einzubauen.

6 Auf der linken Seite sieht man eine eher schlechte Verbindung für den Turbo-Schlauch, während die Version von IRB Developments rechts so verarbeitet ist, dass der Schlauch, sobald die Schelle festgezogen ist, auch unter Druck nicht abrutschen kann.

7 Hier wurde die AGR eines Td5 entfernt, sodass der Anschluss aus der vorherigen Aufnahme an seinem Einbauort gezeigt werden kann.

8 Dieser Deckel wird am Wärmetauscher (EU3 Td5-Motor) montiert.

9 Hier nun die Verschlusskappe von IRB Developments, wo eine Unterdruckleitung mit dem oberen Teil des AGR-Ventils verbunden war.

AGR-Systeme beim Td5
Bei den Td5-Motoren wurden zwei Typen von AGR-Systemen verbaut. Hier die Einbauprozeduren:

Alle Versionen
- Entfernen Sie die drei Bolzen, die die Akustikabdeckung des Motors fixieren.
- Drehen Sie die vier Schrauben heraus und nehmen Sie die Abdeckung des Kühlerlüfters ab.
- Nehmen Sie den Unterdruckschlauch vom AGR-Ventil ab und verschließen Sie diesen. Idealerweise umfasst der Umbausatz einen Blindstopfen.

Späterer Typ, bekannt als EU3 (2001–2006)
- Es gibt zwei Unterdruckschläuche, die vom AGR-Ventil abführen bzw. zu diesem hinführen.
- Befestigen Sie die redundanten Unterdruckschläuche sauber, nachdem Sie die Arbeit beendet haben – wenn mit einem passenden Bausatz gearbeitet wird, werden die Schläuche entfernt.
- Entfernen Sie die vier 6-mm-Bolzen, die das AGR-Ventil am Ansaugkrümmer fixieren.
- Nehmen Sie die Schelle vom Ansaugschlauch des Motors ab, der den Luftansaugschlauch fixiert, und entfernen Sie diesen vom AGR-Ventil.

Früher Typ, bekannt als EU2 (1998–2001)
- Lösen Sie an der Vorderseite des Zylinderkopfes die beiden 8-mm-Befestigungsschrauben der Abgasrückführleitung und entfernen Sie die zwei 5-mm-Inbusschrauben, die zur Befestigung am Auspuffkrümmer dienen.

Wichtiger Hinweis: Vor allem bei älteren Motoren besteht ein großes Risiko, dass mindestens eine der beiden 5-mm-Inbusschrauben beim Versuch, sie herauszudrehen, abreißt. Verringern Sie das Risiko wie folgt:
- Arbeiten Sie nur, wenn der Motor (und somit der Abgaskrümmer) kalt ist.
- Tragen Sie reichlich Schraubenlöser auf und lassen Sie diesen vorzugsweise einen ganzen Tag lang einwirken, bevor Sie versuchen, die Schrauben zu lösen.
- Wenn die Schrauben sich nicht bewegen lassen und abreißen könnten, empfiehlt es sich, den Bereich lokal mit einer Heißluftpistole zu erhitzen, um die Schraubensicherung aufzubrechen.

EU3-Motoren (2001–2006)
Die Abgasrückführleitung ist hier möglicherweise mit einem Wärmetauscher verbunden. Wenn ja:
- Entfernen Sie die Leitungen, aber lassen Sie den Wärmetauscher an Ort und Stelle. Ihr Lieferant sollte Ihnen zusätzliche Blindscheiben anbieten, um die Öffnungen abzudichten.
- Eine weitere Unterdruckleitung wird mit einem zusätzlichen Aktuator seitlich am AGR-Ventilkörper verbunden sein. Wie bei den anderen oben beschriebenen Unterdruckleitungen muss auch diese verschlossen werden.

Nur bei späteren EU2- und EU3-Motoren
- Die beiden elektronischen Modulatoren müssen von ihren schwarzen und grünen Steckern

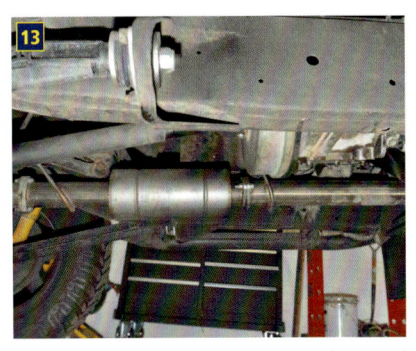

Verbesserungen am Ansaugsystem

getrennt werden. Die Motorsteuerung wird diese dann nicht mehr erkennen.
- Alternativ dazu kann die elektronische AGR-Modulatorbaugruppe vollständig entfernt werden. In diesem Fall muss eine neue Leitung ohne T-Stück eingebaut werden. Diese sind bei Land Rover-Händlern unter der Teilenummer ANR6916 (Rechtslenker) oder SQB103360 (Linkslenker) erhältlich. Eine andere Möglichkeit ist, den AGR-Demontagesatz von IRB Developments zu verwenden, der eine speziell für diesen Zweck geformte Verschlusskappe umfasst (Foto 9 auf voriger Seite). Der Umbausatz von IRB beinhaltet auch eine Verschlusskappe für den Luftfilterkasten (beim Td5-Motor gibt es auch eine Leitung, die von dort zum Magnetventil führt).

Auspuff

Es gibt zwei Hauptgründe für den Einsatz einer veränderten Auspuffanlage: eine Leistungssteigerung oder die Erhöhung der Haltbarkeit durch Montage einer Edelstahlanlage anstelle der Ausführung in weichem Stahl. Obwohl eine Edelstahl-Auspuffanlage viel länger hält als ihr Pendant aus Normalstahl, werden einige billigere Edelstahl-Systeme aus weniger teuren Materialien hergestellt und somit dennoch rosten. Die Größe des Auspuffrohrs ist auch relevant, denn die Erhöhung des Gasdurchsatzes im Motor ist nachteilig, wenn die Verbrennungsgase nicht leicht abgeführt werden können:

10 Diese beiden Mittelabschnitte des Auspuffs sehen außen nahezu identisch aus …

11 … doch werden hier die unterschiedlichen Durchmesser erkennbar.

12 Eine weitere Möglichkeit besteht darin, den großen Mittelschalldämpfer durch einen viel kleineren zu ersetzen.

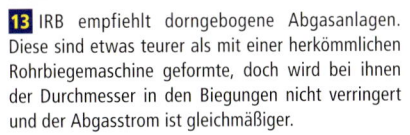

13 IRB empfiehlt dorngebogene Abgasanlagen. Diese sind etwas teurer als mit einer herkömmlichen Rohrbiegemaschine geformte, doch wird bei ihnen der Durchmesser in den Biegungen nicht verringert und der Abgasstrom ist gleichmäßiger.

Einbau eines Ansaugschnorchels

14 Das sind die Bauteile, die dem Bearmach-Schnorchel beilagen, den wir an meinen Defender angebaut haben. Der Nachrüstsatz ist für die rechtsseitige Montage ausgelegt und umfasst: obere Halterung, Lufteinlass, Dichtung für Halterung, Schraube (M6), Bolzen (M8), drei Muttern (M8), drei Unterlegscheiben (M8), vier Blechschrauben, Schaumstoffdichtung, Schnorchelkörper, Schablone, Dichtung und Schlauchschelle für Lufteinlass.

15 Die linksseitige Position am Fahrzeug, seine Konzeptionierung für den Anbau an Modelle vor dem 300 Tdi und auch die Montage sind beim Britpart-Schnorchel anders. Britpart und Bearmach haben für beide Defender-Versionen Nachrüstsätze für den links- und rechtsseitigen Anbau von Schnorcheln im Lieferprogramm.

16 Es gibt keine sichtbaren Schraubenköpfe am Bauteil, da die Befestigungselemente auf der Innenseite des Kotflügels zugänglich sind. Zuerst also die Nieten durchstoßen, um die Radlaufschale zu entfernen.

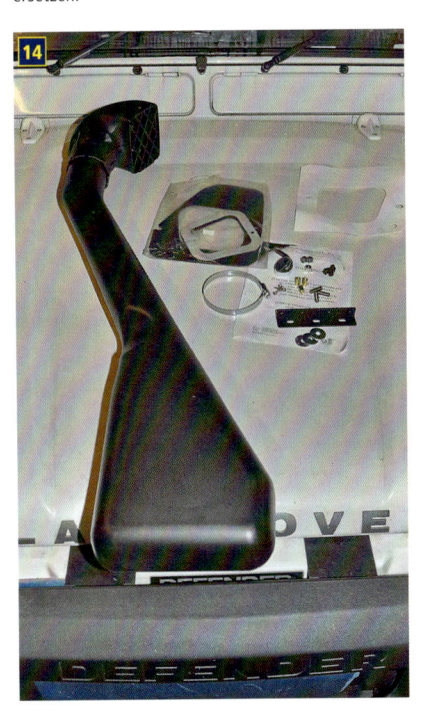

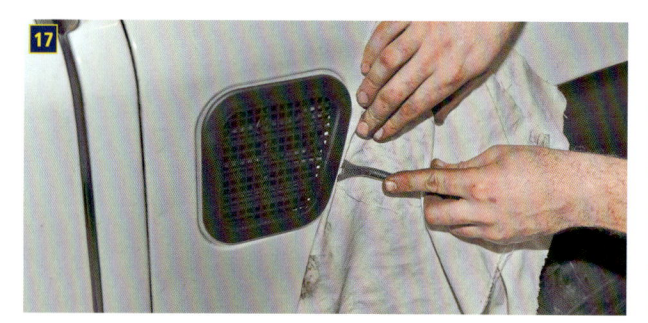

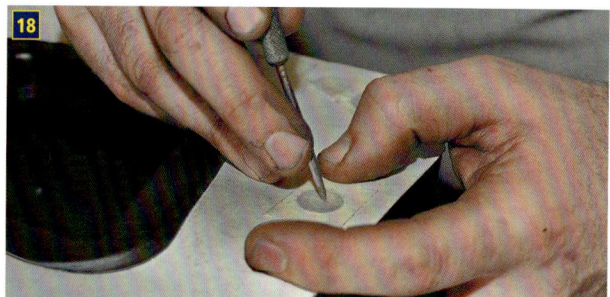

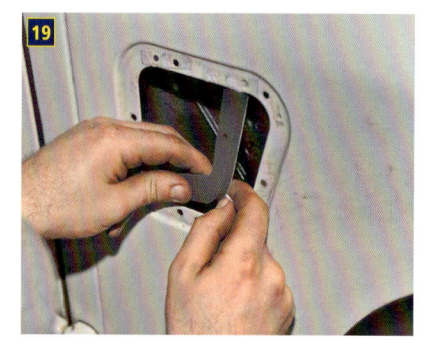

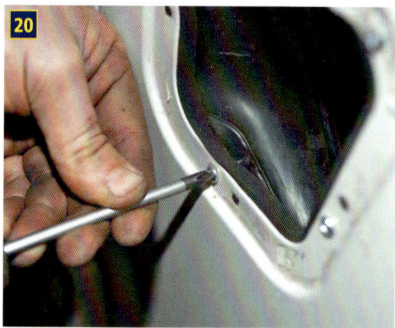

17 Dann ist die Abdeckung des Lufteinlasses abzuhebeln. Seien Sie dabei vorsichtig, um den Lack nicht zu beschädigen.

18 An der Schablone, die mit dem Bearmach-Kit mitgeliefert wurde, müssen die Gewindelöcher des Schnorchels überprüft werden. Wir haben jedes vorgestanzte Loch in der Schablone mit Klebeband abgeklebt und anschließend die neuen Lochmittelpunkte markiert.

19 Nach dem Entfernen der Schrauben zum Lösen des Ansaugrohres von der Innenseite des Kotflügels ist die Schaumstoffdichtung aus dem Bearmach-Kit zwischen dem Kotflügel und dem Ansaugrohr einzupassen.

20 Die Rundkopfschrauben, die das Ansaugrohr in Position halten, müssen anschließend durch Senkkopfschrauben ersetzt werden, weil der Schnorchel bündig mit der Aussparung in der Karosserie abschließt.

21 Verwenden Sie die Schablone, um die Vorbohrungen für die vier Bolzen anzufertigen.

22 Kleben Sie vor dem Einbau des 200-Tdi-Schnorchels Abdeckband um die Öffnung und legen Sie den Schnorchel an. Verwenden Sie die Bohrungen am Schnorchel als Markierhilfen …

23 … bevor Sie dort leicht ankörnen …

24 …und anschließend die Löcher mit richtigem Durchmesser für …

25 … die im Lieferumfang enthaltenen Nietmuttern bohren. Natürlich können Sie auch herkömmliche Muttern nehmen, wie sie hier bei der Montage des Bearmach-Schnorchels gezeigt werden.

26 Das Anlegen des Bearmach-Schnorchels nach dem vorübergehenden Einschrauben der Gewindebolzen zeigt, dass der Schnorchel hier nicht passt!

27 Die Löcher müssen solange ausgefeilt werden, bis der Schnorchelkörper am Kotflügel aufliegt.

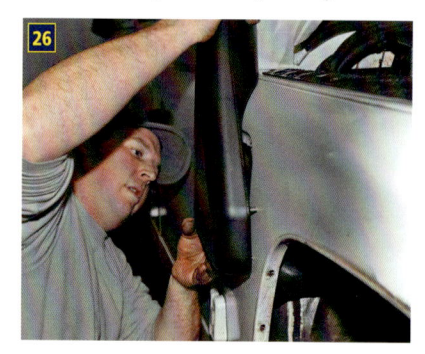

Verbesserungen am Ansaugsystem 85

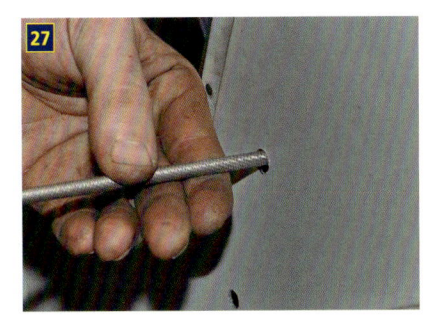

28 Ich hatte noch schnelltrocknende Sprüh-Grundierung auf dem Regal. Davon habe ich in die Kappe der Sprühdose gespritzt und mit dem Pinsel auf die scharfen Kanten aufgetragen, um Korrosion vorzubeugen.

29 Beim Britpart-Bausatz muss zwischen dem Ansaugrohr und der Karosserie Dichtmasse aufgetragen werden.

30 Auf der äußeren ist sogar noch mehr davon aufzutragen, …

31 … und zwar beidseitig, …

32 … bevor der Schnorchel angelegt und die Befestigungsschrauben in die Nietmuttern geschraubt werden.

33 So wird der Bearmach-Schnorchel montiert.

34 Auf die vier Bolzen sind je zwei Muttern aufzudrehen. Dann etwas Gewindesicherung auftragen …

35 … und unmittelbar danach die beiden Muttern zum Eindrehen der Bolzen in den Schnorchelkörper verwenden. Danach die beiden Muttern wieder entfernen.

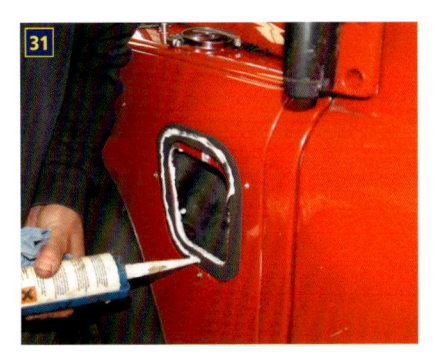

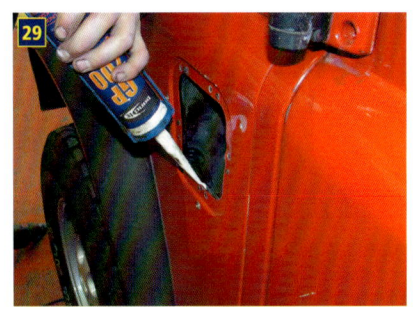

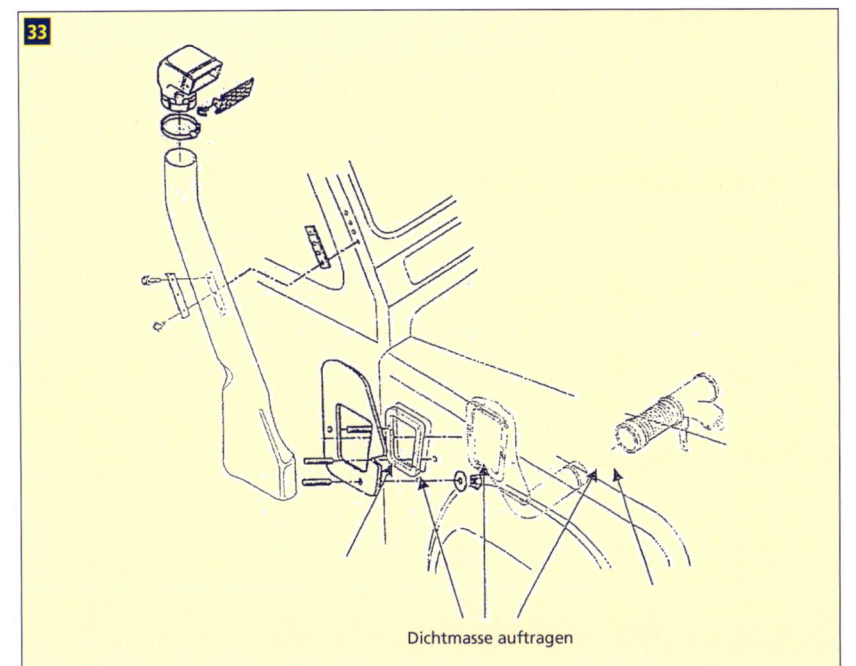

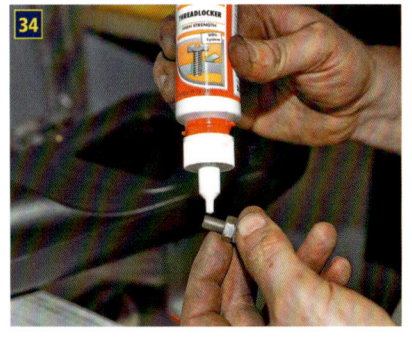

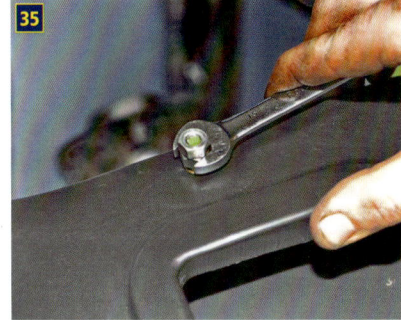

Dichtmasse auftragen

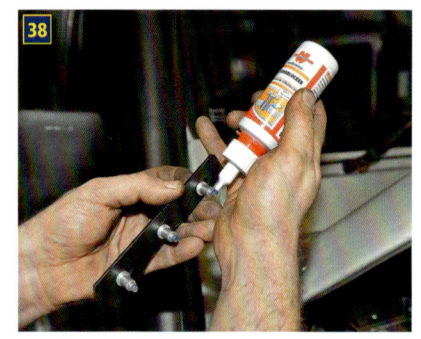

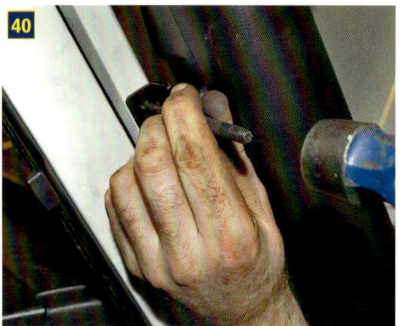

36 Die verdeckten Bolzen werden durch die Löcher in der Karosserie geschoben. Es ist etwas »fummelig«, die mitgelieferten Unterlegscheiben und Kontermuttern an der Innenseite des Kotflügels anzubringen.
37 Beide Schnorchel werden mit einem Montagewinkel geliefert, der am Schnorchelrohr anzubringen ist.
38 Dieses Mal haben wir für den Fall, dass die Schrauben einmal entfernt werden müssen, nur eine mittelstarke Gewindesicherung eingesetzt.
39 Ohne die Position des Schnorchelkörpers auf dem Kotflügel zu verändern, verlief das Schnorchelrohr bei der Montage am Windschutzscheibenrahmen nicht in einer Flucht mit dem Montagewinkel. Wir setzten Abstandshalter ein, um die Unterschiede auszugleichen.
40 Die Positionen für die Bohrlöcher werden angekörnt, ...
41 ... bevor Löcher in Gewindegröße gebohrt und die selbstschneidenden Edelstahlschrauben aus dem Lieferumfang eingeschraubt werden. Ich habe mir vorher Schraubenkappen besorgt, die ich dann auf die Bolzenköpfe steckte.
42 Die Effizienz des Schnorchels hängt von der Dichtung auf der Innen- und Außenseite ab. Wir machten die äußere Dichtung noch effizienter, indem wir etwas Karosseriedichtmasse um die Verbindungsstelle auftrugen.
43 Der Lufteinlass wird mit einer Schelle an der Oberseite des Schnorchelrohres befestigt. Ist der Einlass nach vorn gerichtet, kann es durchaus dazu kommen, dass Luft hineingedrückt wird. Allerdings könnte auch Regenwasser in den Einlass dringen oder dieser bei Schneestürmen verstopfen.
44 Das Endergebnis ist ein Ansaugschnorchel, dessen Erscheinungsbild Sie entweder lieben oder hassen. Eine Testfahrt hat gezeigt, dass der Schnorchel einen kleinen, aber spürbaren Leistungsschub bei Geschwindigkeiten von über 50 km/h erzeugt – wahrscheinlich, weil mit zunehmendem Tempo immer mehr Luft hineingedrückt wird.

Turbolader-Optionen

Ein Turbolader ist im Wesentlichen eine Pumpe. Er besteht aus einer Turbine, die durch die Abgase angetrieben wird, und die über eine Welle wiederum ein Verdichterrad antreibt. Dieses zwingt größere Luftmassen in einen Motor als das normale Ansaugen.

Ein Turbolader muss richtig auf einen Motor abgestimmt sein. Ist der Turbolader zu groß, zeigt sich ein beschleunigungshemmendes »Turboloch«, das durch die Verzögerung entsteht, bis sich das Turbinenrad schnell genug dreht, um einen brauchbaren Ladedruck aufzubauen. Wird das Turboloch durch den Einsatz eines zu kleinen Turboladers überkompensiert, wird bei höheren Drehzahlen keine ausreichende Menge an Luft gefördert. Dann besteht die Gefahr des Überdrehens und damit der Beschädigung des Turboladers.

Mit einfachen Worten ausgedrückt, ist ein Turbolader mit festen Turbinenschaufeln ein Kompromiss mit einem etwas zu großen Turboloch und nicht ganz so viel Ladedruck. Übrigens werden die Schaufeln eines Turboladers manchmal als »Flügel« bezeichnet, während ihre Stellung »Geometrie« genannt wird. Die Geometrie der Schaufeln am Turbolader wird manchmal »Seitenverhältnis« genannt.

Ein Turbolader mit variablen Flügeln (oder »variablen Schaufeln« bzw. »variabler Geometrie«) macht genau das, wonach er benannt ist: Er ist in der Lage, sich selbst so anzupassen, dass er den Effekt eines kleineren oder größeren Turboladers je nach Anforderung nachahmen kann. Dies geschieht, weil sich das optimale Seitenverhältnis bei niedrigen Drehzahlen von dem bei hohen Drehzahlen stark unterscheidet. Ist das Seitenverhältnis zu groß, ist der Turbolader nicht in der Lage, bei geringen Drehzahlen einen Ladedruck aufzubauen. Ist es hingegen zu klein, erstickt der Turbolader den Motor bei hohen Drehzahlen, was zu einem hohen Druck im Abgaskrümmer, hohen Pumpverlusten und letztendlich zu einer geringeren Leitungsabgabe führt.

Durch die drehzahlabhängige Veränderung der Geometrie der Turbinenschaufeln kann das Seitenverhältnis des Turboladers stets in der Nähe seines Optimums gehalten werden. Aus diesem Grund weisen Turbolader mit variabler Geometrie lediglich ein minimales Turboloch und eine geringe Ladedruckschwelle auf und sind zudem bei hohen Motordrehzahlen sehr effizient.

Außerdem benötigen Turbolader mit variablen Schaufeln kein Wastegate mehr. Sie eignen sich besonders gut für Dieselmotoren, da deren geringere Abgastemperaturen Schäden vorbeugen.

Ein Turbolader mit variablen Schaufeln kann die Leistung Ihres Defenders erhöhen. Anstelle der üblichen Verzögerung vom Treten des Gaspedals bis zur einsetzenden Beschleunigung tritt ein sofortiges Ansprechen, das den Fahrspaß enorm erhöht.

1 Zum Zeitpunkt des Schreibens ist IRB Developments das einzige Unternehmen, welches die gesamte Palette von Turbolader-Nachrüstsätzen für den Land Rover Defender anbietet. Diese sind: (A) Turbolader mit variablen Schaufeln für den 200 Tdi – mündet in einen separaten Auspuffkrümmer; (B) Turbolader mit variablen Schaufeln für den 300 Tdi – das Turbolader-Gehäuse ist der Auspuffkrümmer; (C) Td5-Dreistufen-Turbolader nach »Rennspezifikation« für alle, die mit entsprechendem Mapping und geändertem Ladeluftkühler mehr als 200 PS benötigen und ein etwas größeres Turboloch akzeptieren (das Turboladergehäuse ist hier größer); (D) Td5-Zweistufen-Turbolader mit sanftem und verbessertem Ansprechen sowie spürbarem Leistungsgewinn (es gibt auch eine einstufige Version mit noch sanfterem Ansprechen, aber ohne wirkliche Leistungssteigerung); und (E) ein verbesserter Tdci-Turbolader (Puma), der elektronisch gesteuert wird und dessen Abgas- und Verdichterräder größer sind als in der Standausführung, wodurch bei gleichem Ladedruck ein höherer Luftstrom erreicht wird.

2 Der Turbolader des 200 Tdi-Motors kann auch in ältere Turbodieselmotoren eingebaut werden, doch ist Ian Baughan der Meinung, dass in diesem Fall ein Motorschaden sehr wahrscheinlich ist.

3 Nahaufnahme eines Standard-Tdci-Turboladers (links) und der verbesserten IRB-Version (rechts).

4 Verdichterrad und Auslass der Standardversion.

5 Bei der modifizierten Version fällt der Auslass ganz klar größer aus.

88 Motor

6 An diesem Td5-Motor ist ein IRB-Turbolader verbaut. Der ursprüngliche Standard-Turbolader wird hier darübergehalten. Wie man sehen kann, ist der eine ein direkter Ersatz für den anderen. Ein Turbolader mit variablen Schaufeln kann aber nur dann sein Bestes geben, wenn auch die Luftzufuhr und die Kraftstoffeinspritzung entsprechend angepasst werden.

Optimierung der Diesel-Einspritzpumpe

1 Ich war begeistert, als Alan Allard persönlich in meiner Werkstatt auftauchte, um die Optimierung der Einspritzpumpen-Einstellung abzuschließen. Wäre es erforderlich gewesen, hätte Alan auch den Ladedruck am Turbolader entsprechend einstellen können. Doch im Hinblick auf die Haltbarkeit und weil der Motor fast nagelneu war, haben wir beschlossen, den Ladedruck bei den Standardwerten zu belassen.

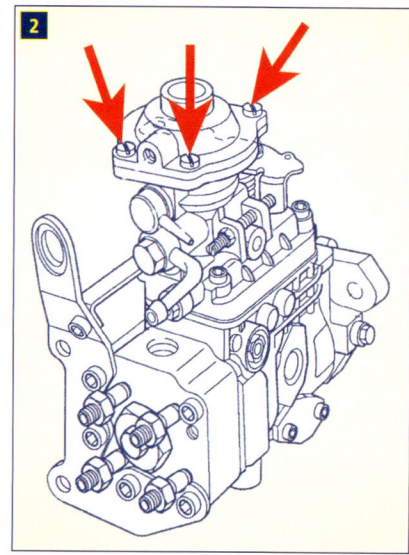

2 Alan war sich ganz sicher, dass der Motor zu wenig Kraftstoff erhält. Der leichte Druck-Effekt aus dem Schnorchel, der erhöhte Durchsatz des K&N-Luftfilters, das besonders durchgängige Auspuffrohr und vor allem der größere Ladeluftkühler wiesen darauf hin, dass der Motor zwar zusätzlichen Sauerstoff, aber keinen zusätzlichen Kraftstoff erhält. Also entfernte er diese Schrauben an der Oberseite der Kraftstoffpumpe, welche der Standardpumpe des 300 sehr ähnlich ist.

Optimierung der Diesel-Einspritzpumpe

3 Nach dem Abnehmen der Kappe kamen eine Platte und eine Membran zum Vorschein, ...

4 ... darunter ein Kolben mit einer Verjüngung am unteren Ende, ein Abstandhalter aus Kunststoff und eine Feder. Wenn der Motor im Leerlauf ist, hält die Feder den Kolben ganz oben und die Verdickung (siehe Pfeil) drückt gegen den Stift eines Kraftstoffventils in der Pumpe, das dann fast vollständig geschlossen ist. Dreht der Motor hoch, wird der Kolben gegen die Kraft der Feder nach unten gezogen. Nun bedient der verjüngte Teil das Kraftstoffventil, wodurch mehr Kraftstoff fließen kann.

5 Hier sieht man, dass der Kegel exzentrisch zum Schaft steht. Man kann also durch Verdrehen die geförderte Kraftstoffmenge regulieren. Für Alan ist das Einstellen natürlich ein Kinderspiel – sichern auch Sie sich lieber die Hilfe eines Fachmanns. Übrigens scheinen sich hier Rückstände gebildet zu haben, wie man an den Spuren am Kegel sieht.

Wenn Probieren über Studieren geht, dann bin ich froh, dass wir viel probiert haben. Jetzt steht viel mehr Drehmoment bei niedrigen Drehzahlen zur Verfügung und die Leistungsentfaltung ist im gesamten Drehzahlbereich homogener. Außerdem erzielt man nun eine höhere Reisegeschwindigkeit auf der Autobahn. Ich hatte zwar noch keine Gelegenheit, den Verbrauch zu überprüfen, bin aber davon überzeugt, dass mit der Leichtigkeit, mit der der Motor zieht, großes Potenzial zur Verbrauchsverbesserung besteht.

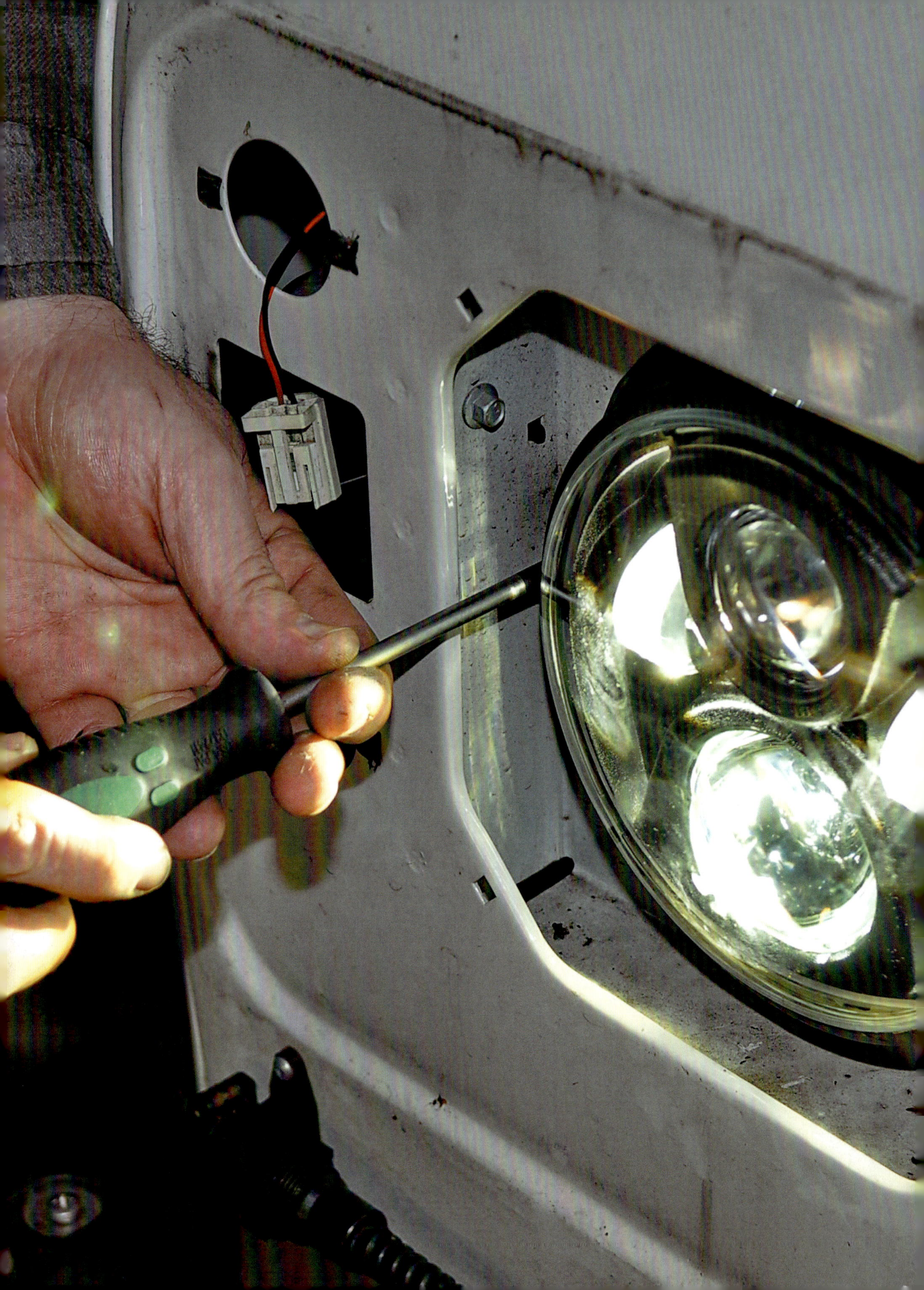

4
Karosserie und Karosserieelektrik

»Supaglass« Scheibenschutz- und Tönungsfolie	92
Seitenfenster	94
Innere Fenstergitter	97
Windabweiser	100
Verbesserungen an den Spiegeln	102
Überroll-Käfige	107
Kotflügelprotektoren	108
Breitere Radläufe	110
Hintere Trittstufe und Anhängekupplung	110
Anhängekupplungen	114
Ersatzradträger: frühere Aluminiumtüren	117
Ersatzradträger: spätere Stahltüren	120
LED-Frontscheinwerfer	124
LED-Tagfahrlicht, -Standlichter, -Bremsleuchten und -Blinkleuchten	127
Zentralverriegelung	133
Elektrische Fensterheber für die vorderen Seitenscheiben	137

Karosserie und Karosserieelektrik

»Supaglass« Scheibenschutz- und Tönungsfolie

Wenn Leute mit bösen Absichten aufgrund von getönten Scheiben nicht sehen können, was Sie in Ihrem Land Rover transportieren, werden sie ihn wahrscheinlich nicht aufbrechen. Werden Sie nun auch noch physisch daran gehindert, ihre Scheiben einzuschlagen, ist das ein weiterer, hilfreicher Schutzschirm. Hier sehen Sie, wie eine Schutz- und eine Tönungsfolie von Supaglass angebracht werden.

Warnung: Nicht in jedem europäischen Land kann man jede Folie mit beliebigem Tönungsgrad anbringen. Erkundigen Sie sich vor dem Anbringen von Scheibentönungen, was in Ihrem Land erlaubt ist und was nicht!

1 Hier wird eines der hinteren Seitenfenster herausgenommen, …

2 … bevor etwas Flüssigkeit auf das Stück Tönungsfolie, das wir verwenden werden, aufgesprüht wird.

3 Anschließend wird eine Schablone aufgelegt, auf welche die Folie präzise zugeschnitten wird.

4 Das übrige Material wird entfernt und das Stück Tönungsfolie entsprechend markiert, damit wir wissen, zu welcher Scheibe es gehört.

5 Als nächstes wird die Schablone von der Folie gelöst, damit mit dem gegenüberliegenden Seitenfenster fortgefahren werden kann.

6 Ein spezielles Reinigungsmittel ist beim Anbringen der Tönungsfolie auf die Scheibe hilfreich. Es wird aufgesprüht und gleichmäßig verteilt, bis man eine gleichmäßige Beschichtung erhält. Dieses Folienstück kann nun aufgebracht werden.

Die Schutzfolie

7 Bevor wir uns um das andere hintere Seitenfenster kümmern, sehen wir uns einmal an, wie Supaglass-Schutzfolie angebracht wird. In diesem Beispiel ist ein Stück Seitenscheibe in einem Spezialrahmen befestigt.

8 Über das verwendete Reinigungsmittel gibt es nicht besonderes zu sagen, wohl aber über die Zeit, die man braucht, um die gesamte Scheibenoberfläche mit einem Schleifmittel (welches aber das Glas nicht zerkratzt) und letztendlich mit einem weichen Schwamm zu behandeln, bis auch die letzte noch so kleine Fehlstelle verschwunden ist.

9 Ein letztes Spülen entfernt Schmutz- und Schleifmittelspuren. Es ist wichtig, dass das Glas absolut frei von Verschmutzungen ist – andernfalls bilden sich Blasen unter der Folie.

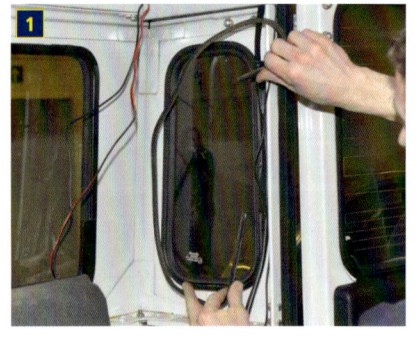

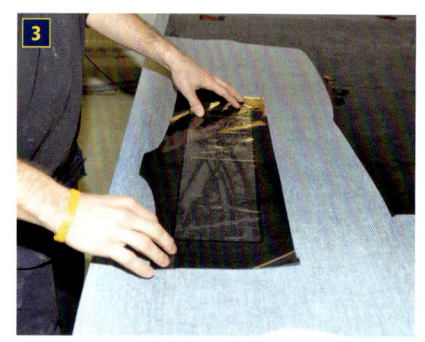

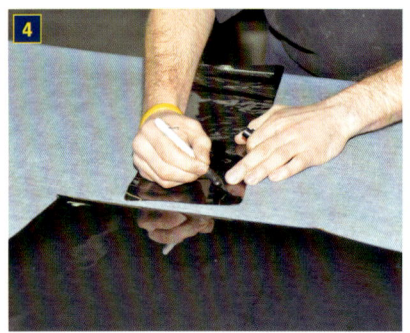

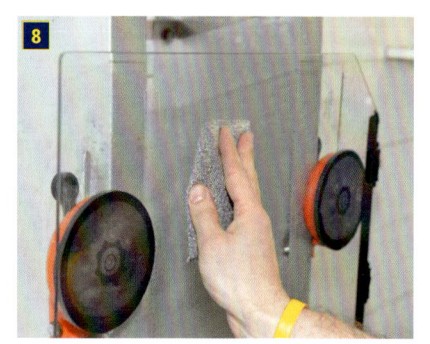

10 Die Rückseite des zugeschnittenen Stücks Supaglass-Folie wird abgezogen, was wiederum die Klebeseite freilegt.

11 Die nächste aufzusprühende Flüssigkeit ist eine Speziallösung, die den Haftprozess unterstützt.

12 Anschließend wird eine Gleitlösung aufgetragen, damit der Kleber nicht verklebt, bevor die Folie aufgetragen wird.

13 Die Folie wird ausgerichtet, bevor die Überstände entfernt werden.

14 Jedes noch so kleine bisschen Luft wurde herausgedrückt, ein Spezialkleber an den Kanten der Folie aufgetragen (somit wird umgangen, dass die Folie sich anhebt oder später verrutscht) und letztendlich eine Heißluftpistole verwendet, um die vorher aufgetragene Lösung zu trocknen und somit die Folie anzukleben. Anschließend wurde die Scheibe aus der Halterung genommen. Nach dem Einbau dürfen die Scheiben drei ganze Tage lang weder geöffnet noch geschlossen werden, damit sich die Folie nicht wieder abzieht. Um diesen Vorgang zu unterstützen, werden mit Supaglass- und Tönungsfolien versehene Scheiben vor dem Einbau in der Werkstatt erwärmt und getrocknet.

Die Tönungsfolie

15 Nun kehren wir zur hinteren Seitenscheibe zurück, auf welche vorher die Schutzfolie angebracht wurde. Diese wurde nun in den Halterahmen eingesetzt und mit einem Spezialklebemittel besprüht.

16 Das Stück Tönungsfolie, welches vorhin abgeschnitten wurde, war mit einer Gleitlösung besprüht worden, als der hintere Schutzfilm entfernt …

17 … und die Folie gekonnt auf die Scheibe gelegt wurde.

18 Auch hier wurde wieder ein Rakel verwendet, um die überschüssige Lösung sowie etwaige Luftblasen herauszudrücken …

19 … und die Tönungsfolie letztendlich präzise in die Form der Scheibe zu bringen.

20 Nachdem die Scheibe eine gewisse Zeit erwärmt wurde, war sie bereit für den Wiedereinbau. Hier wird die fertige hintere Seitenscheibe in ihre Führungen eingeschoben.

Zum Tönen der Scheiben müssen diese nicht unbedingt ausgebaut werden. Einige Alternativen zur Schutzfolie werden ebenfalls angebracht, während die Scheiben noch montiert sind. In diesem Fall aber kann ein Dieb die Scheibe in der Nähe der Außenkanten einwerfen und somit die Schutzfolie zerstören. Wenn man diese Arbeit richtig ausführen möchte, führt kein Weg daran vorbei, die Scheibe auszubauen und Supaglass bis über die Kanten hinaus anzubringen.

Karosserie und Karosserieelektrik

Seitenfenster

Die meisten Kastenwagen-artigen Land Rover wurden aus steuerlichen Gründen so umgebaut. Wilfred, unser 200 Tdi-Projekt-Defender, war vor unserem Kauf ein Arbeitstier mit nur einem Vorbesitzer. Einen Kastenwagen zu fahren kann richtig schrecklich sein – vor allem an verwinkelten Kreuzungen oder beim rückwärts Einparken. Mit Seitenscheiben ist das Ganze viel benutzerfreundlicher.

1 Die Seitenbleche von Wilfred waren in bestem Zustand. Sie müssen sicherstellen, dass die Seitenbleche an Ihrem Defender keine Krümmungen oder Beschädigungen aufweisen, andernfalls werden die neuen Seitenscheiben undicht. Bei früheren Land Rover-Modellen verläuft auf den Seitenblechen eine senkrechte Vernietung, bei späteren Modellen ist die Aussteifungsstrebe, wie man hier sieht, lediglich unten und oben befestigt. Durchbohren Sie hier alle Nietköpfe.

2 Die Aussteifungsstrebe ist am Seitenteil angeklebt. Im Winter empfiehlt es sich, den Kleber mit einer Heißluftpistole oder einem Haartrockner weich zu machen. Hebeln Sie die Aussteifungsstrebe an der Unterseite an und drücken Sie sie nach außen. Gehen Sie dabei vorsichtig und ohne Gewalt vor. Sie werden bestimmt einen Winkelschleifer oder eine elektrische Feile benötigen, um die Nietreste zu entfernen. Fügen Sie neue Niete und Dichtmittel in die oberseitigen Löcher ein.

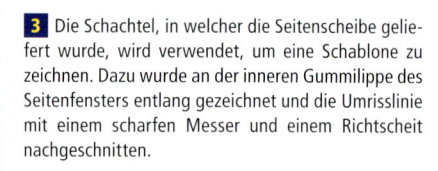

3 Die Schachtel, in welcher die Seitenscheibe geliefert wurde, wird verwendet, um eine Schablone zu zeichnen. Dazu wurde an der inneren Gummilippe des Seitenfensters entlang gezeichnet und die Umrisslinie mit einem scharfen Messer und einem Richtscheit nachgeschnitten.

4 Im Inneren des Fahrzeugs muss geprüft werden, dass die Seitenscheibe die Sicherheitsgurtbefestigung nicht trifft. In unserem Beispiel war eine Einbauposition von 26 cm ab dem Türrahmen gut gewählt.

5 Nachdem ein Klebebandstreifen außen an der Karosserie angebracht wurde, wurde der zuvor gemessene Abstand auf die Außenseite übertragen.

6 Auch die horizontale Position wurde auf einem Klebebandstreifen markiert, …

7 … wodurch die Schablone vorübergehend festgeklebt und mit einem Stift entsprechend nachgefahren werden konnte. Wie Sie später erfahren werden, werden die endgültigen Schnittmarken auch auf dem Klebeband markiert.

8 Bei den Rundungen der Ecken waren wir uns nicht sicher. Daher haben wir eine neue Schablone aus Papier erstellt, um sicherzugehen, dass wir den richtigen Radius für die Ecken hatten.

9 Somit wurden auch die Schnittmarken am Fahrzeug entsprechend aktualisiert.

Wichtiger Hinweis: Verlassen Sie sich nicht nur auf die Schablone! Es empfiehlt sich, die Fensterbaugruppe an die am Fahrzeug angebrachten Markierungen zu halten, um zu überprüfen, ob alles passt, bevor man in das Metall schneidet!

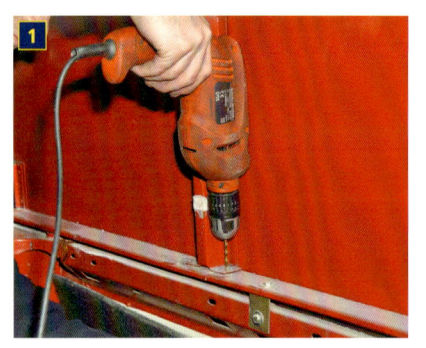

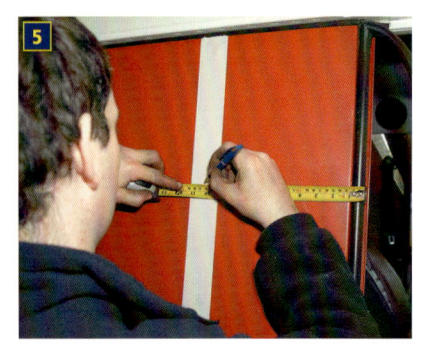

Seitenfenster 95

10 Jetzt wird auf der Innenseite der Schnittlinie ein Loch gebohrt. Der gewählte Bohrer ist groß genug, damit das Sägeblatt durchpasst.

11 Die Umgebung der Markierung haben wir mit Abdeckband abgeklebt, genauso wie den Fuß der Stichsäge. Tut man dies nicht, wird die Stichsäge auf ihrem Weg durch das Metall den Lack beschädigen.

12 Mit einem Sägeblatt in Standardbreite kann man langsame Kurven schneiden, obwohl man ab und an zurücksetzen und den Kurvenradius leicht ausweiten muss. Man könnte auch schmalere Sägeblätter besorgen, doch sind diese weniger haltbar. Wir haben in dem vorhin gebohrten Loch die Säge angesetzt und in einer engeren Kurve in Richtung der gezeichneten Linie gesägt.

13 Der Schnitt wurde an der unteren Line hälftig entlanggeführt, erst in eine Richtung, dann in die andere. Die Menge an Spänen, die dabei herumfliegt, erfordert das Tragen einer Schutzbrille.

14 An den Seiten wird nach oben gesägt. Anschließend wird jeweils vom oberen Punkt des seitlichen Schnitts ausgehend zum Mittelpunkt hin gesägt. Sägen Sie nicht zuerst entlang der oberen Linie, andernfalls wird das Blech aufklaffen und das Sägeblatt sich darin verhaken.

15 Insgesamt sollte jemand mithelfen und während des letzten Sägeschrittes das Seitenblech halten. Hier empfiehlt es sich, Handschuhe zu tragen, auch wenn Aluminium nicht ganz so scharf ist wie geschnittener Stahl.

16 Das Fenster wird probehalber eingesetzt, ohne das Klebeband zu entfernen.

17 Wie erwartet, war die Öffnung etwas zu klein (besser als zu groß!) und wurde mit einer Handfeile entsprechend geweitet. Es wird davon abgeraten, einen Winkelschleifer auf Aluminiumblech zu verwenden, da er sich dort hineingraben und mehr Material abtragen könnte als vorgesehen.

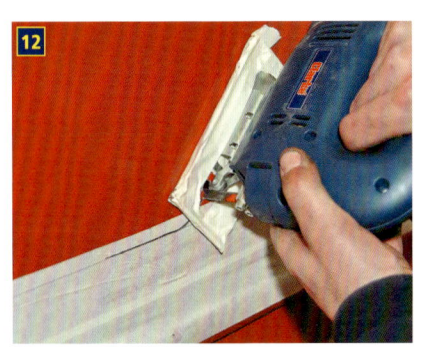

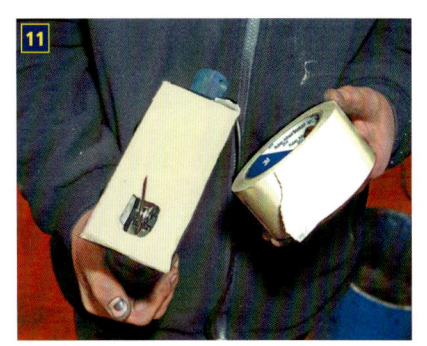

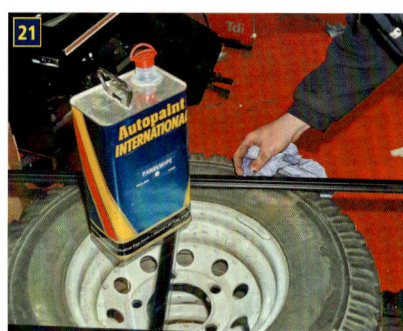

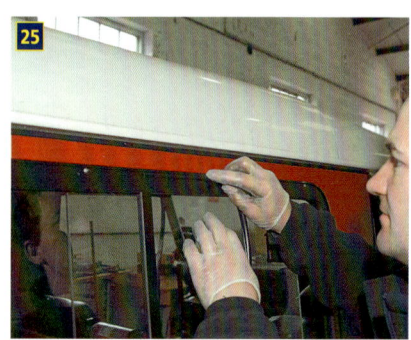

18 Das Fenster sollte sich leicht und ohne Gewalt einsetzen lassen.

19 Wenn Sie das Fenster einbauen, stellen Sie sicher, dass sich die Ablauföffnungen unten und der zu öffnende Teil vorn befinden. Es ist nicht ungewöhnlich, dass diese Fenster die Markierungen »near-side« und »off-side« fehlerhaft aufweisen!

20 Jetzt müssen Sie das Fenster vorübergehend fixieren, am besten mit Klebeband, bevor sie vier Löcher bohren – eines in jede Ecke – und in jedes einen Blindniet einführen. Ziehen Sie diese aber nicht fest. Alternativ können auch kleine Schrauben und Muttern mit denselben Abmessungen wie die der Blindniete verwendet werden. Anschließend sind alle übrigen Löcher in das Seitenblech zu bohren, wobei das Fenster als Führung dient.

21 Nun können Sie das Fenster und die Klebebandstreifen vom Seitenblech abnehmen. Mit Entfetter haben wir sichergestellt, dass die Kontaktflächen des Fensters und des Seitenblechs vollkommen sauber und fettfrei sind.

22 Um das Fenster im Dachbereich abzudichten, befolgt man am besten die aktuelle Vorgehensweise bei Land Rover und verwendet Butylband. Dieses ist beim Bau von Wohnwagen und Kofferaufbauten weit verbreitet und obwohl es nicht besonders gut haftet, kann man damit Lecks vorbeugen, da es nicht aushärtet.

23 Nachdem das Fenster nun wieder eingesetzt wurde, ist jeder Niet durch das Butylband hindurch und vollständig einzuführen. Nun wird auch klar, wieso es wichtig war, die Löcher vorher zu bohren. Hätte man das nicht getan, würden nun die Späne am Klebeband festsitzen, wodurch die Dichtigkeit nicht mehr gewährleistet wäre. Stellen Sie sicher, dass das Fenster vollständig aufliegt und gegen das Butylband gedrückt wird.

24 Nun werden der Fensterrahmen fest aufgedrückt und die Blindniete angezogen.

25 Der letzte Schritt sah vor, der Gummiabdeckung in den dafür vorgesehenen, das Fenster umlaufenden Kanal zu helfen. Wie beim Butylband auch, sollten sich die Verbindungsstellen an der Unterseite des Fensters befindet, damit das Wasser eher ab- anstatt hineinlaufen kann.

26 Es war erstaunlich, wie die Seitenscheiben das Erscheinungsbild des Fahrzeugs aufwerteten. Dank der verbesserten Rundumsicht, die durch diesen relativ günstigen Umbau erreicht wurde, wird das Fahren mit Wilfred noch sicherer.

Innere Fenstergitter

Bei älteren Defendern wurden die Station Wagon-Schiebefenster lediglich vernietet. Das macht sie zu Schwachstellen, weil man hier nur die Zierleiste abnehmen und die Niete ausbohren musste, um in das Fahrzeug zu gelangen. Spätere Versionen verfügen über eingeklebte Seitenscheiben, die natürlich sicherer sind – ein Schlag mit dem Hammer relativiert aber auch das.

Bei allen Versionen können alle Scheiben seitlich der Heckklappe und die Heckscheibe selbst einfach und schnell mit einem Teppichmesser entfernt werden. Ein drittes Problem, vor allem für Hundebesitzer, ist, dass Schiebefenster zwar Luft hinein-, aber auch den Hund hinauslassen können. Was Sie dagegen tun können, sehen Sie hier.

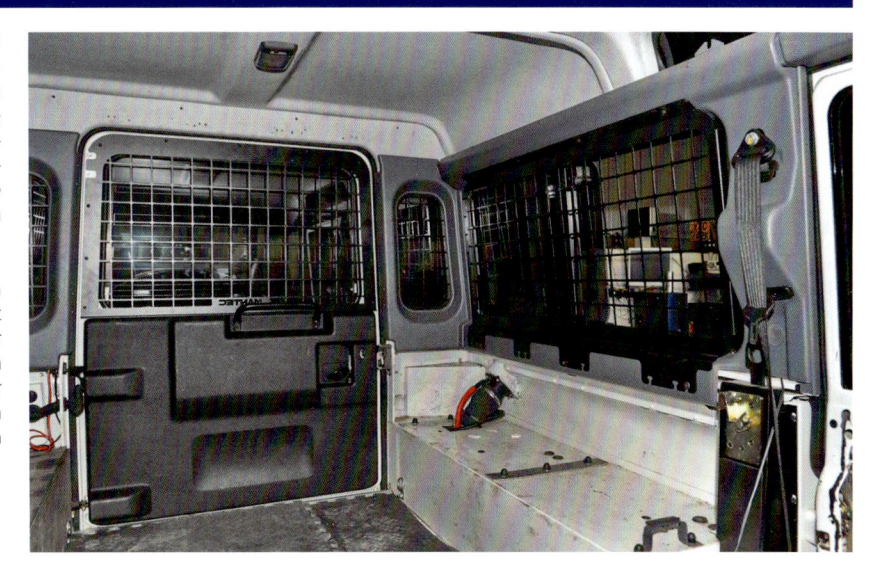

1 Hier ist ein »Mantec«-Innengitterset zu sehen. Innengitter sind noch sicherer als ihre außen angebrachten Pendants. Außerdem kann Ihr Defender damit leichter saubergehalten werden.

2 Bei Extreme 4x4 sind Außengitter aus rostfreiem Stahl erhältlich, so wie diese schwarzen hier. Damit lassen sich zwar die Scheiben gut vor Steinschlag schützen, doch muss hier durch die Karosserie gebohrt werden.

3 Das Außengitter von Extreme 4x4 für die hintersten Scheiben ist auch in unlackiertem, rostfreiem Stahl erhältlich.

Seitliche Fenstergitter

4 Wenn Sie an einem Station Wagon arbeiten, müssen Sie zunächst die inneren Zierleisten und die Seitenverkleidung entfernen. Dort sind Stopfen eingesetzt, die man am besten mit passendem Werkzeug entfernt.

5 Auch die oberen Sicherheitsgurt-Halterungen müssen entfernt werden.

6 Verfügt das Fahrzeug über Rücksitze, sind auch diese herauszunehmen. Sie müssen den Sicherheitsgurt nicht ganz abnehmen – es genügt, die Verkleidung in Sicherheit zu bringen.

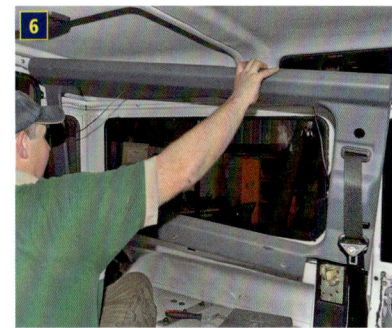

Karosserie und Karosserieelektrik

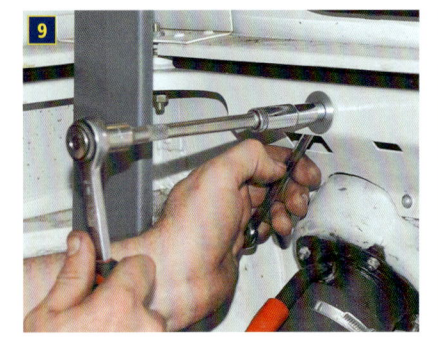

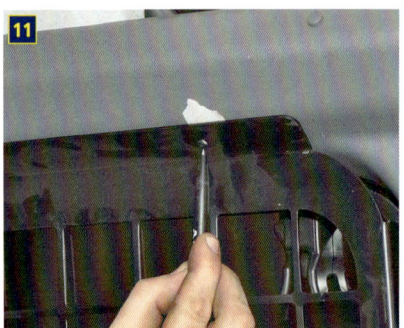

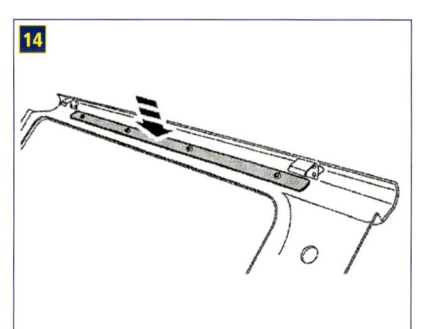

7 Hier sehen Sie eine Nietmutter, die mit einer Schraube und einer Unterlegscheibe befestigt werden kann, …

8 … nachdem ein Loch geeigneten Durchmessers in das Seitenblech gebohrt wurde.

9 Ungewöhnlich: Diese Nietmuttern verfügen über einen Sechskantkörper. Ungewöhnlich ist auch, dass man gut an die Rückseite des Seitenblechs gelangt, wodurch die Nietmuttern mit einem Schraubenschlüssel festgehalten und die Schrauben festgezogen werden können, anstatt mit einer Nietpistole Blindniete einzuschießen.

10 Nachdem die unteren Nietmuttern angebracht wurden, wird die seitliche Zierleiste vorübergehend angebracht und das Fenstergitter mithilfe der unteren Schrauben locker angeschraubt.

11 Die Positionen der Löcher werden auf einem Stück Abdeckband über der Plastikleiste markiert.

12 Anschließend wurde in die Verkleidung vorgebohrt und ein Durchgangsloch für die Schraube gebohrt.

13 Der Gedanke dabei ist der, dass hinter der Verkleidung dieses Gewinde-Flacheisen eingesetzt wird, an welche die Oberseite des Scheibengitters angeschraubt werden kann.

14 Der Hersteller schlägt vor, dieses Eisen mit doppelseitigem Klebeband an die Rückseite der Verkleidung zu befestigen, damit es nicht herunterfällt, wenn man die Abdeckung zu Reparatur- oder Reinigungszwecken ausbaut.

15 Vermutlich löst sich das doppelseitige Klebeband mit der Zeit, vor allem, wenn dieses an Plastik haften soll. Daher haben wir neben der Verwendung von doppelseitigem Klebeband auch noch ein paar Stellen ausgemessen und dort Löcher für selbstschneidende Schrauben gebohrt, die das Eisen an der Verkleidung fixieren sollen.

16 Anschließend konnten wir das Scheibengitter in Position heben, die Schrauben locker in das Eisen eindrehen, das nun hinter der Abdeckung fixiert war, …

17 … und die unteren Schrauben einsetzen, bevor wir letztendlich alle Schrauben festzogen.

Innere Fenstergitter

Hintere Scheibengitter

18 Die hinteren Scheibengitter lassen sich etwas einfacher montieren. Hierfür müssen lediglich die beiden Dachschrauben entfernt werden, …

19 … bevor man das Scheibengitter vorübergehend montiert. Anschließend können die Positionen für die unteren Schrauben markiert werden, …

20 … bevor man diese ankörnt, vorbohrt und selbstschneidende Schrauben einsetzt.

21 Jetzt sind nur noch die oberen Schrauben zu fixieren und die hintere Abdeckung anzubringen.

Heckklappengitter

22 Beim Einbau des Heckklappengitters muss man besonders Acht geben, dass es nicht schief montiert wird. Zuerst klebt man auf den Türrahmen an den ungefähren Montagestellen der Befestigungsschrauben Abdeckbandstreifen auf. Anschließend sind die Bohrungen auf dem Abdeckband zu markieren, während jemand anderes das Gitter festhält.

23 Nehmen Sie nun das Gitter ab und körnen Sie vorsichtig die beiden fast diagonal gegenüberliegenden Bohrungspositionen an. Das Ankörnen auf sehr dünnem Stahl ist eine sehr knifflige Angelegenheit. Obwohl man tief genug körnen muss, damit der Bohrer nicht abrutscht, ist es wichtig, keine Delle in den Stahl zu hämmern.

24 Nachdem die beiden Löcher vorgebohrt wurden, wird das Gitter montiert und mit zwei selbstschneidenden Schrauben fixiert.

25 Nun dient das Gitter selbst als Schablone, um sicherzustellen, dass die übrigen Bohrungen auf dieselbe Art durchgeführt werden, …

26 … bevor alle im Umbausatz enthaltenen Befestigungsschrauben montiert werden.

Reinigen der Scheiben
- Mit dem Akkuschrauber lassen sich die Gewindestifte, die die Gitter fixieren, in Sekundenschnelle herausdrehen, was die Angelegenheit zu einem Kinderspiel macht.
- Bei Station Wagons können die hintersten Gitter nur ausgebaut werden, nachdem die Verkleidungen entfernt wurden. Selbstschneidende Schrauben sind aber nicht dafür geeignet, sie öfter hinein- und herauszudrehen – ihre Köpfe neigen dazu, abgedreht zu werden und ihre Gewinde können reißen. Die beste Lösung ist, Nietmuttern einzusetzen.
- Das Gitter für die hintere Türscheibe ist leichter zugänglich, doch entsteht hier dasselbe Problem mit den selbstschneidenden Schrauben. In diesem Fall wäre es am besten, kleinere, herkömmliche Nietmuttern am Fensterrahmen zu montieren.
- In all diesen Fällen lassen sich Inbus- oder Torx-Schrauben am schnellsten und einfachsten nutzen.

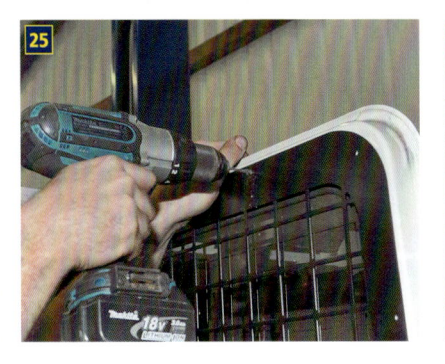

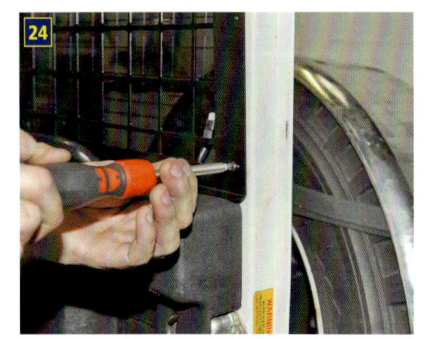

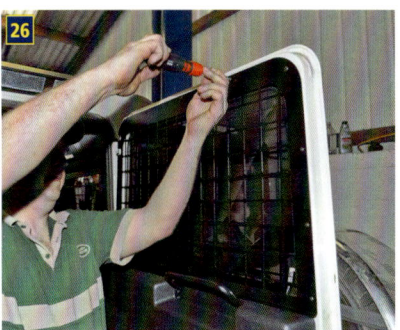

Karosserie und Karosserieelektrik

Windabweiser

Windabweiser lassen frische Luft einströmen und halten dabei Regen, Schnee und Wind vom Fahrzeuginneren fern. Sie ermöglichen es auch, das Fahrzeug ohne starke Windgeräusche zu durchzulüften. Ein weiterer Vorteil gerade für Hundebesitzer ist der, dass man den Hund im Auto und die Scheibe doch etwas weiter geöffnet lassen kann. Mithilfe der Windabweiser kann auch die Einsatzdauer der Klimaanlage (sofern verbaut) und dadurch der Kraftstoffverbrauch verringert werden.

Diese Windabweiser der Firma ClimAir sind die besten auf dem Markt und werden bei einigen Herstellern als Originalzubehör montiert. Sie sind alle fahrzeugspezifisch hergestellt. Aus Sicherheitsgründen verfügen Sie über gefalzte Kanten, beschädigen die Fensterdichtungen nicht, behindern nicht den Einklemmschutz von elektrischen Fensterhebern und können bei geschlossenem Fenster unmöglich entfernt werden. Lassen Sie sich nicht von Billigausführungen verführen, die lediglich an die Außenseite des Fahrzeugs geklebt werden, da diese nicht besonders lange dort haften.

1 Bei montiertem Windabweiser wären diese Etiketten nur teilweise bedeckt – entfernen Sie sie.

2 Das Fenster muss vollständig heruntergefahren und die Position des Gummis sowie der Führung beachtet werden.

3 Zuerst habe ich versucht, den Windabweiser mit der horizontalen Gummidichtung außen anzubringen. Das war jedoch ein Fehler, denn so ist nicht genügend Platz, dass die Scheibe in der Führung laufen kann. Die Gummidichtung muss vom Windabweiser eingedrückt werden.

4 An der vorderen Kante eines jeden Windabweisers war ein Stück Klebeband angebracht. Das war bestimmt nicht ohne Grund da, doch hat es den Raum eingeschränkt, den die Scheibe benötigt, um sich zu bewegen. Daher habe ich es entfernt.

5 Führen Sie die vordere Unterkante des Windabweisers ein und drücken Sie ihn bis zum Anschlag hinein. Beim Defender muss die vordere Unterkante nach unten auf die Gummidichtung drücken, sodass die Dichtlippe im Windabweiser liegt.

6 An der vorderen Oberkante ist der Windabweiser entsprechend zu biegen und in die Führung einzusetzen.

7 Die Hinterseite des Windabweisers nun in die Oberseite der Führung drücken zu müssen, ist bei einigen Fahrzeugen eine fummelige Arbeit. Glücklicherweise ist der ClimAir-Windabweiser äußerst flexibel.

8 Man kann die Hinterseite die Fensterführung entlang nach oben schieben. Der Hersteller empfiehlt, jetzt den Sitz zu prüfen, indem man etwas am Windabweiser wackelt. Richtig montiert, verändert er seine Position während des Wackelns nicht, da er durch seine eigene Spannung festgehalten wird.

9 Bringen Sie die Scheibe langsam nach oben und prüfen Sie, ob sie gut zwischen den Kanten des Windabweisers eindringt.

Windabweiser 101

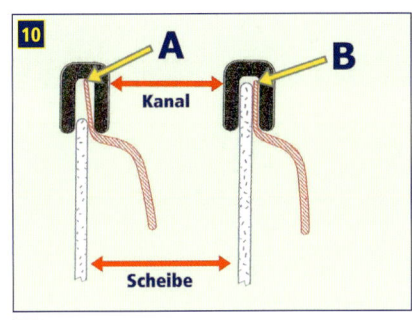

10 Ein häufiges Problem ist, dass der Windabweiser nicht eng am Führungskanal anliegt (A). Ist dies der Fall, ist der Montagevorgang erneut durchzuführen und sicherzustellen, dass genügend Platz für die Scheibe vorhanden ist, damit sie von innen gegen den Windabweiser drücken kann (B).

Elektrische Fensterheber
Schließen Sie das Fenster in mehreren kleinen Schritten und öffnen Sie es erneut. Wiederholen Sie diesen Vorgang mindestens fünf Mal.
- Während Sie das Fenster schließen, bitten Sie eine andere Person darum, das Fenster durch Druck von der Innen- und Außenseite zu unterstützen. Dabei muss die Scheibe mit beiden Händen gehalten werden.
- Ziehen Sie während dieses Vorgangs den Windabweiser nach außen, damit die Scheibe genug Platz hat, um in die Führung hineinzurutschen.
- Sie müssen das Fenster dann 24 Stunden lang geschlossen halten, damit der Windabweiser durch den stetigen Druck des geschlossenen Fensters in den Gummi gedrückt werden kann. Danach sollte sich das Fenster problemlos mit dem Fensterheber öffnen und schließen lassen.

11 Die Windabweiser für die hinteren Scheiben sind noch viel einfacher einzubauen. Hier gibt es nämlich keine geneigten Führungen wie bei den vorderen Seitenscheiben. Diese Windabweiser verfügen über ein Selbstklebeband, dessen Rückseite entfernt werden muss.

12 Auch hier mussten die Herstelleretiketten entfernt werden. Leider gingen nicht alle Klebereste so leicht ab, daher habe ich sie mit Silikonentferner behandelt – genau wie die Kanten des Führungskanals, an welchen das Selbstklebeband halten soll. Hierfür kann man auch Brennspiritus verwenden, doch benutzen Sie wegen der Beschädigungsgefahr keine Verdünner. Auch von Reinigungsbenzin wird abgeraten.

13 Fassen Sie nicht auf den Selbstklebestreifen – anderenfalls verliert er seine Haftfähigkeit. Wenn Sie nun die vordere Kante des Windabweisers einführen, drücken Sie ihn von sich weg, damit der Klebestreifen die Oberfläche noch nicht berührt, …

14 … an welcher er später haften soll.

15 Schieben Sie den Windabweiser zur Oberseite der Führung. Halten Sie ihn währenddessen immer noch von der Vorderkante weggedrückt …

16 … und ziehen Sie ihn komplett zu sich heran, sobald er vollständig an der Oberkante anliegt.

17 Gehen Sie am ganzen Windabweiser so vor, damit der Selbstklebestreifen nur an der Außenkante der Führung haftet. Öffnen Sie anschließend die Tür und prüfen Sie, ob der untere Teil des ClimAir-Windabweisers an der Führung anliegt.

18 Hier sieht man, wie weit die Scheibe bei montierten Windabweisern gefahrlos heruntergelassen werden kann.

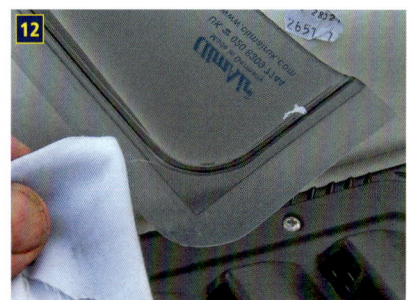

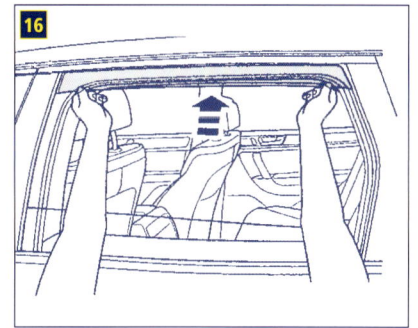

Top Tip
- Die Scheiben können sich beim Öffnen und Schließen schwertun, nachdem die Windabweiser eingebaut wurden. Letztere müssen sich erst 24 Stunden lang bei geschlossenem Fenster gegen die Gummis pressen. Danach sollte alles wieder normal arbeiten.
- Die Scheibe bewegt sich besser hinein, wenn man etwas Spülmittel oder Silikon auf die innere Kante des Windabweisers aufträgt.

102 Karosserie und Karosserieelektrik

Verbesserungen an den Spiegeln

Wollten Sie schonmal abbiegen, konnten aber nichts sehen, weil der Außenspiegel Ihres Defender beschlagen oder gar zugefroren war? Ich schon. Haben Sie jemals zu nah an einer Mauer geparkt oder einen Ast gestreift und den Spiegel zerstört? Ich auch.

Also habe ich mir zwei bruchsichere Außenspiegel von Bearmach mit Linsen aus Polykarbonat und Gehäusen aus Polypropylen gekauft; dazu noch zwei beheizte Spiegelelemente. Obwohl diese für den Einbau in Standardgehäuse konzipiert sind, passen sie genauso gut in die bruchsicheren von Bearmach.

Einbau eines bruchsicheren Spiegelkopfes

1 Der ursprüngliche Spiegelkopf wurde durch Lösen der Halteschraube (Bild im Bild), Entfernen der Klammer und durch Abnehmen von der Kugel am Ende des Spiegelarms entfernt.

2 Der neue Spiegelkopf wird vorbereitet. Hierfür sind die beiden Edelstahlschrauben zu entfernen, welche die Abdeckung fixieren.

3 Der Umbausatz enthält auch die passende Adapterplatte, die in die Halterung auf der Rückseite des Spiegelkopfes mit den Henkeln nach unten montiert wird. Beachten Sie, dass die mitgelieferte Adapterplatte eine gelbe, passivierte Schutzbeschichtung hat. Wie Sie später sehen werden, befindet sich an der Oberseite des Montagebügels ein großes Loch, und die gelbe Halterung ragt etwas heraus! Deshalb wurde Sprühgrundierung aufgetragen, um die passivierte Oberfläche tragfähig zu machen, bevor diese mit seidenmattem, schwarzem Sprühlack überlackiert wurde. Erstaunlich, was das für einen optischen Unterschied ausmacht.

4 Setzen Sie den Spiegelkopf samt Adapter auf die Kugel, schieben Sie anschließend die Abdeckung darauf und fixieren Sie wieder die beiden Schrauben. Man kann den Spiegelkopf an der Halterung ein wenig justieren, doch reicht es für Anhängerbetrieb nicht aus, wenn man den Spiegelarm ausklappt. Stattdessen stellt man den Druck zwischen Halterung und Kugel mithilfe der beiden langen Schrauben ein, wodurch der Spiegel genauso ausgerichtet werden kann wie der ursprüngliche.

5 Diese Spiegel sind zwar nicht schön, erfüllen ihren Zweck aber außerordentlich gut. Sie bieten eine größere Fläche als die Standardspiegel des Defender, optisch sehr gute Linsen aus Polykarbonat, eine Hartlack-Linsenbeschichtung, die Kondensationsbildung und Wasseransammlung auf der Oberfläche vermeidet sowie ein robustes und flexibles Gehäuse.

Verbesserungen an den Spiegeln **103**

Einbau der Spiegelheizung

6 Entfernen Sie bei geschlossener Fahrzeugtür das obere Scharnier und den Spiegelarm durch Lösen der vier Befestigungsschrauben des Scharniers. Beachten Sie, dass diese Schrauben über Muttern auf der Türinnenseite verfügen, weshalb Sie zumindest die obere Ecke der Türverkleidung lösen müssen, um die Muttern zu erreichen.

7 Hebeln Sie die Plastikkappe an der Unterseite des Spiegelarmgelenks ab …

8 … und verwenden Sie beispielsweise einen Schraubendreher, um die obere Kappe von unten abzuheben. Wenn Sie versuchen, diese Kappe abzuhebeln, werden Sie sie höchstwahrscheinlich beschädigen.

9 Mithilfe eines Körners markiert man auf dem Aluminium direkt die Mittenstellung, …

10 … bevor dort vorgebohrt und mit einem 7-mm-Bohrer gebohrt wird. Die Stege an der Unterseite des Arms wurden mit Klebeband abgeklebt, damit das Bohrfutter sie nicht beschädigt. Wir fanden es absolut ausreichend, unter einem leichten Winkel zu bohren – wenn man exakt senkrecht bohren möchte, braucht man einen Bohrer mit einer Mindestlänge von 145 mm.

11 Auch in die Seite des Arms nahe der Kugel muss gebohrt werden, und zwar bis in den hohlen Bereich hinein. Stellen Sie sicher, dass Sie jeweils auf der **nach hinten** gerichteten Seite des Arms bohren.

12 Führen Sie ein Kabel passender Länge in das Loch am inneren Ende des Arms (siehe Pfeil) und schieben Sie es über die Zugangsöffnung, die wir durch Abnehmen der oberen Kappe erhalten haben, in die Röhre des Drehgelenks nach unten. Das Ende des Kabels, das später seinen Weg in den Spiegelkopf finden wird, wird durch die Seitenbohrung am Arm geführt.

13 Nachdem ein Loch in die untere Kappe gebohrt und das Kabel dort durchgeführt wurde, wird diese einfach wieder aufgedrückt.

> Obwohl es sich hierbei um eine sehr fummelige Arbeit handelt, möchte man heutzutage bestimmt nicht mehr auf beheizte Außenspiegel verzichten.

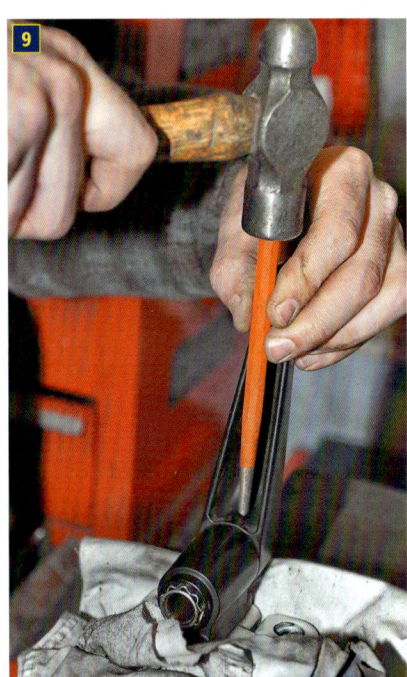

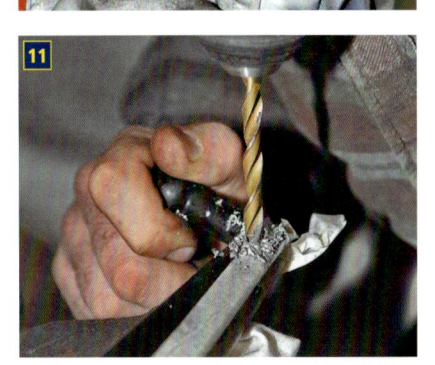

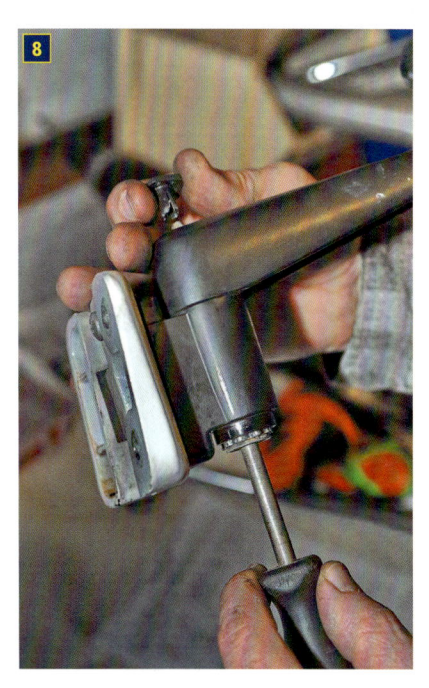

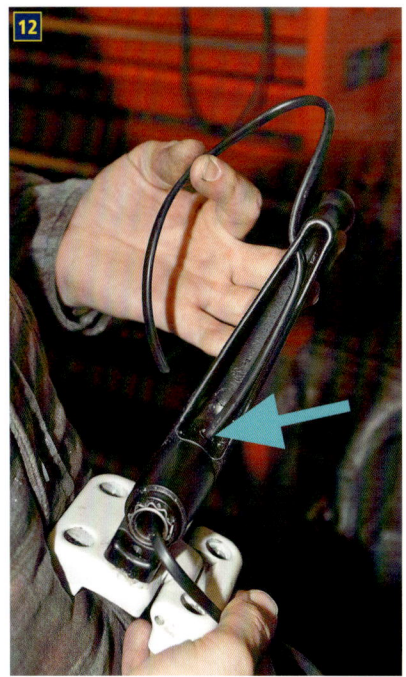

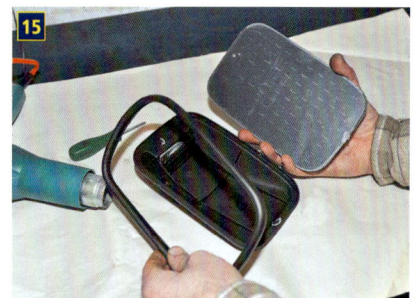

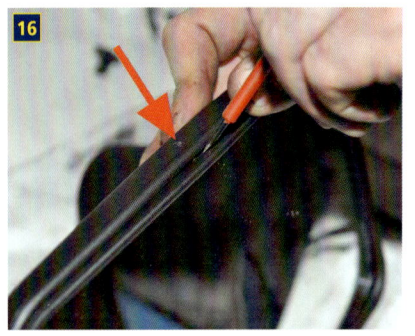

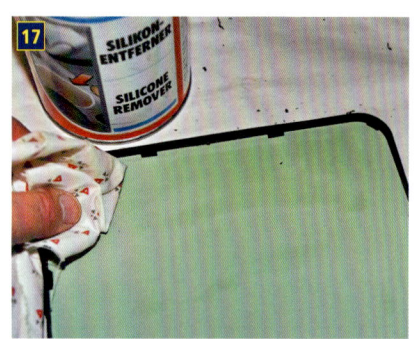

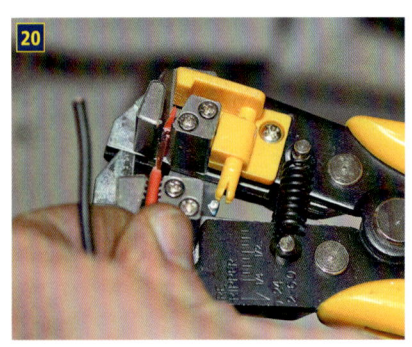

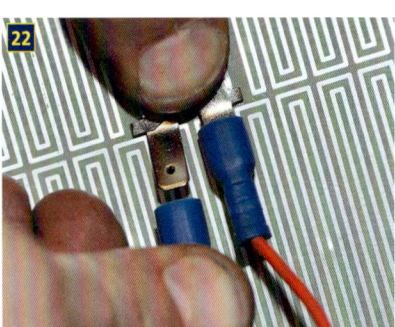

14 Um sicherzugehen, dass sich das Kabel nicht im Scharnier verfängt, entfernen Sie eine der Schrauben, mit der das Scharnier am Spiegel fixiert wird und setzen Sie eine Kabelklammer ein, die zusammen mit der Befestigungsschraube angebracht wird. Überprüfen Sie, ob bei montiertem Scharnier genügend Freiraum zwischen Kabel, Klammer, Schraubenkopf und Karosserie besteht.

15 Als nächstes ist das Glas vom Spiegelgehäuse zu entfernen. Beim originalen Land Rover-Spiegel empfiehlt es sich, die Dichtung zuvor mit Wärme flexibel zu machen, um das Spiegelglas als getrenntes Bauteil zu haben. Das Glas kann auf der Rückseite verklebt sein. In diesem Fall müssen Sie es später vorsichtig reinigen.

16 Entfernen Sie zunächst die Schrauben (siehe Pfeil) auf jeder Seite des Spiegelgehäuses und verwenden Sie einen kleinen Schraubendreher, um das Glas rundherum vorsichtig herauszuhebeln.

17 Entfernen Sie jegliche Aufkleber und entfetten Sie die Oberfläche auf der Rückseite des Spiegelglases, beispielsweise mit Silikonentferner. Berühren Sie die Oberfläche nach dem Entfetten nicht mit den Fingern.

18 Entfernen Sie das Trägerpapier von der Rückseite eines der Heizelemente. Stellen Sie sicher, dass Sie die selbstklebende Oberfläche nicht mit Ihren Fingern berühren. Biegen Sie das Element leicht, sodass es mit der Unterkante zuerst die Rückseite des Spiegels berührt. Drücken Sie es von der Mitte her nach außen an, um alle Luftblasen herauszudrücken.

Wenn nicht alle Lufteinschlüsse vermieden werden konnten, können diese auch – natürlich zwischen den Leitern des Heizelements, andernfalls würde man den Stromkreis unterbrechen – mit einer Nadel aufgestochen und ausgedrückt werden. Fehlender Kontakt zwischen Heizelement und Glas macht die Beheizung weniger wirksam. Außerdem könnte das Heizelement an diesen Stellen durchbrennen.

Beachten Sie auch die elektrischen Angaben auf der Rückseite eines jeden Heizelements. Nur wegen ihrer geringen Last können diese Elemente ohne Relais angeschlossen werden. Aus demselben Grund können sie, falls notwendig, auch in den Stromkreis für die beheizte Windschutzscheibe (falls vorhanden) oder für den Heckscheibendefroster integriert werden.

19 Bohren Sie ein Loch mit 6,5 mm Durchmesser in der Nähe des Gehäusesockels.

20 Schieben Sie ein Kabelende durch die Bohrung und entfernen Sie an jedem Kabelende einige Millimeter der Isolierung.

21 Mit einem Krimpwerkzeug sind anschließend die weiblichen Kontakte aus dem Bausatz auf die Kabelenden aufzuklemmen.

22 Die männlichen Anschlüsse am Heizelement sehen ziemlich verletzlich aus, deshalb habe ich jeden von ihnen leicht nach oben gebogen. Halten Sie sie fest, während Sie die weiblichen Anschlüsse aufschieben.

23 Die Schrauben, die ursprünglich das Spiegelglas fixierten, wurden komplett entsorgt und durch kleine Edelstahlschrauben ersetzt – ich habe immer eine Schachtel mit selbstschneidenden Schrauben griffbereit.

Verbesserungen an den Spiegeln

24 Als nächstes geht es darum, einen Zugang durch die Innenausstattung zu finden. Bei meinem Fahrzeug hat die Doppelwand, auf welcher die Türdichtung liegt, ungefähr dort, wo der Bohrer anliegt, eine kleine Aussparung. Diese Stelle war ideal für ein 7,5-mm-Bohrloch. Ein Stück Stahl wurde verwendet, um das Armaturenbrett beim Durchbrechen des Bohrers zu schützen.

25 Nach Vorbehandlung des blanken Metalls mit Grundierung führen Sie das Kabel durch die Bohrung, verwenden (wie bei allen anderen Löchern auch) etwas PU-Dichtmasse und bringen die Scharnier/Spiegel-Baugruppe in Position. Sprühen Sie Karosseriewachs auf die Bohrung und auf die Montagestelle des Scharniers, bevor Sie alles befestigen.

26 Die Verkabelung ist bei dieser Installation ziemlich einfach. Sollte bei Ihnen keine beheizte Heckscheibe montiert sein, könnten Sie den dafür vorgesehen Anschluss als Speisung nutzen. Sie können die Stromversorgung auch frisch vom Sicherungskasten abzweigen. Alternativ dazu und vor allem bei den neueren Fahrzeugen können Sie eine redundante Stromversorgung wie jene für die beheizte Windschutzscheibe einsetzen.

27 Zwischen den Defender-Modellen gibt es Unterschiede, doch brauchen Sie im Wesentlichen Zugang zum Armaturenbrett, wenn dort der Schalter eingebaut werden soll. Um die Abdeckung auf rechts zu entfernen, sind die kleinen Schrauben, welche die Heizungsbetätigungsklappen fixieren, zu lösen und letztere abzunehmen.

28 Anschließend müssen Sie Unmengen an Schrauben lösen, welche die Abdeckung fixieren, und diese vom Armaturenbrett entfernen.

29 Links wird der Abschluss mit dem Haltegriff auch gelöst und nach Anheben der Oberseite des Armaturenbretts entfernt.

30 Wir haben einen langen dünnen Plastikstab zum Durchführen des Kabels verwendet. Zu diesem Zeitpunkt war dar Stab an der linken Seite bereits durchgeführt – man sieht ihn durch die Schalteröffnung am Armaturenbrett herausragen.

31 Um das Kabel sauber verlegt zu befestigen, haben wir mit den vorhandenen Armaturenbrettschrauben Kabelhalter befestigt, bevor wir das Kabel entlang der Rückseite des Armaturenbretts verlegten.

32 Ich habe einen Bearmach-Schalter für die beheizte Heckscheibe verwendet. Das hat den Nachteil, die Anschlüsse auf der Rückseite des Schalters und ihre Belegung gemäß dem Schaltdiagramm des Land Rover-Handbuchs finden zu müssen. Aber das ist nicht schwer. Jede Kabelzuordnung auf dem Schaltplan endet mit einer Nummer, die der Kontaktnummer (Bild im Bild) im Inneren des Kontaktgehäuses entspricht.

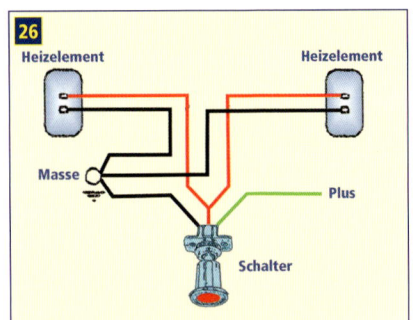

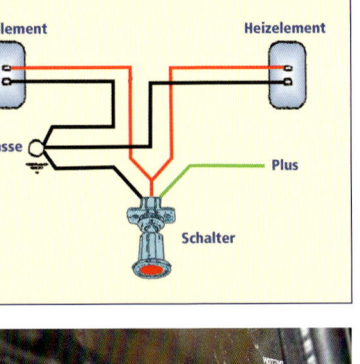

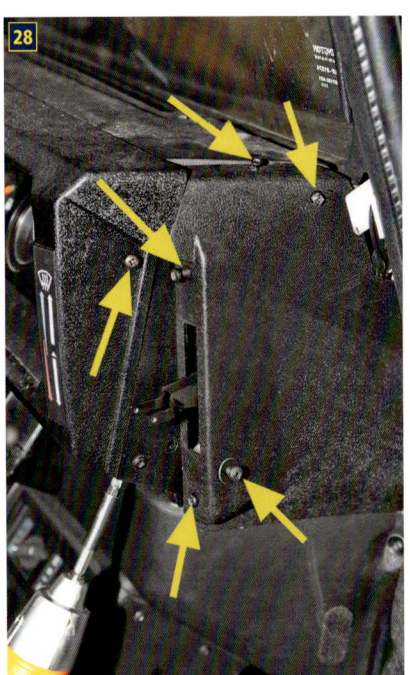

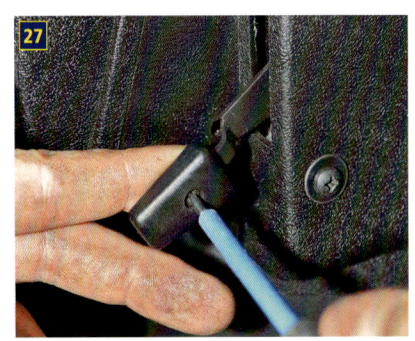

106 Karosserie und Karosserieelektrik

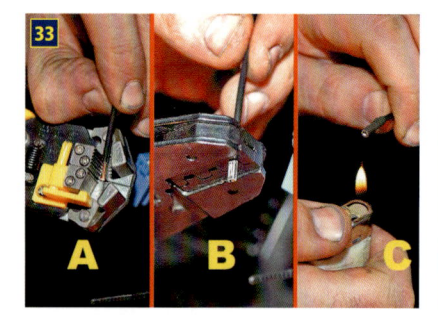

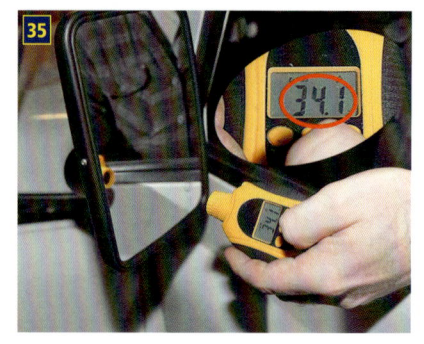

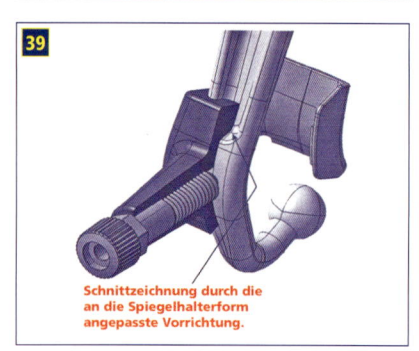

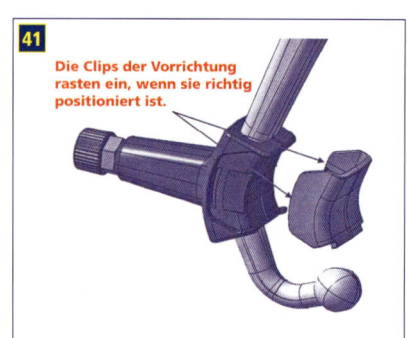

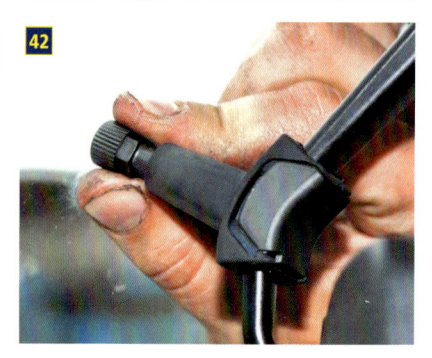

33 Wir haben die Kabelenden abisoliert (A), elektrische Kontakte aufgekrimpt (B) und diese mit Schrumpfschläuchen isoliert (C).

34 Mein ursprünglicher Plan sah vor, einen Schalter für eine beheizte Windschutzscheibe einzusetzen – dieser sieht etwas anders aus als der für eine beheizte Heckscheibe. Er rastet aber leider nicht ein: Nachdem man ihn gedrückt hat, wird ein Timer im Stromkreis aktiviert. Daher kann dieser Schalter nicht als herkömmlicher Ein-/Aus-Schalter verwendet werden. Aber auch ein umgedreht eingebauter Schalter für die Heckscheibe sieht etwas anders aus als sein normal eingebauter Nachbar. Zudem verfügt er über eine Kontrollleuchte und die Hintergrundbeleuchtung – die, die mit dem Standlicht angeht – bezieht ihre Stromzufuhr aus demselben Kreis wie die übrigen Schalter.
Die Öffnung neben der Lenksäule gibt es bei Diesel-Modellen noch immer, selbst wenn sie ursprünglich für den manuellen Choke der Benzinausführung konzipiert war. Auch sie eignet sich als Position für den Schalter.

35 Wenn Sie sich nun darüber wundern, warum man ein Heizelement auf eine Scheibe aus Polykarbonat bringt, kann ich Sie beruhigen – ich habe mich auch gewundert! Also testeten wir mit einem Infrarotthermometer die Oberfläche und stellten fest, dass die Temperatur dort nie höher als 35 °C steigt. Das reicht nicht aus, um Plastik weich werden zu lassen, wohl aber, um den Spiegel in Sekunden zu entfrosten und beschlagfrei zu halten.

Vibrationsfreie Innenspiegelbefestigung

Die Standard-Innenspiegelbefestigung verfügt über einen langen Schaft und eine gefederte Halterung, was zu Vibrationen führt. Doch Ian Baughan von IRB Developments hat dafür eine käufliche Lösung: diesen einfach aussehenden Bausatz.

36 Es ist nicht notwendig, den Spiegel zu entfernen. Wenn Sie das trotzdem möchten, drehen Sie ihn nach links und ziehen ihn ab. Üblicherweise ist der Wiedereinbau viel komplizierter!

37 Hier ist er: der Spiegel-Anti-Vibrations-Bausatz, erhältlich bei IRB.

38 Stellen Sie sicher, dass Sie ihn mit der richtigen Seite nach oben halten und schieben Sie den Körper der Anti-Vibrations-Einheit auf den Schaft des Spiegels. Wichtig ist dabei, dass die Kanten an diesem Bauteil die Ihnen zugewandten Seiten des Spiegelschafts umschließen ...

39 ... und dass die Gummiformleiste am Spiegelschaft nach unten geschoben wird, bis sie sich in der Position im hier gezeigten Ausschnitt befindet.

40 Nehmen Sie nun den Clip und drücken Sie ihn in den ausgesparten Bereich an der Vorderseite, ...

41 ... bis er richtig sitzt. Das sieht man daran, dass der Clip in seiner Position bleibt, weil das Gummi fest am Spiegelschaft anliegt.

42 Hier wurde der Clip nicht richtig eingesetzt. Wenn dieser ordnungsgemäß sitzt, muss man lediglich den Kolben herausdrehen, bis er zwischen Windschutzscheibe und Spiegelschaft genug Spannung aufbaut. Dadurch werden Vibrationen verhindert.

Schnittzeichnung durch die an die Spiegelhalterform angepasste Vorrichtung.

Die Clips der Vorrichtung rasten ein, wenn sie richtig positioniert ist.

Überroll-Käfige

Hier geht es um viel mehr als Coolness! Der vermutlich bekannteste Lieferant für Überrollbügel, »Safety Devices«, stellt Überroll-Käfige für jedes Defender-Modell her. Ordnungsgemäß gefertigte und eingebaute Überroll-Käfige haben eine äußerst wichtige Sicherheitsfunktion zum Schutz ihres Fahrzeugs im Falle eines Überschlags. Daher ist der einzig zuverlässige Überroll-Käfig genau jener, der von Leuten konstruiert und gefertigt wird, die wissen, was sie tun.

1 Die Materialien im Einbausatz von Safety Devices haben die richtige Härte. Die Befestigungspunkte sind speziell berechnet worden, damit die Originalkarosserie mehr Steifigkeit erhält, und der Käfig ist so konstruiert, dass er vernünftig angebaut werden kann. Es ist kein einfaches Unterfangen und geht mit viel Arbeit einher, also sollte alles von Beginn an passen.

2 Normalerweise ist die mitgelieferte Anleitung klar zu verstehen. Deshalb – und wegen der Tatsache, dass es so viele verschiedene Defender-Modelle gibt – zeigen wir nur einen kurzen Überblick darüber, was zu tun ist. Damit der Käfig an strukturellen Bauteilen befestigt werden kann, müssen Löcher in die Karosserie gebohrt werden.

3 Jeder Einbausatz enthält Schablonen und genaue Anweisungen über die Positionen und Maße der jeweiligen Bohrungen, beispielsweise: »Karosserieteile abkleben, wo Platten vorgesehen sind. Plattenpositionen markieren. Platte an Karosserieflanke anlegen und die vier 13-mm-Löcher markieren. Dort 12-mm-Bohrungen setzen und Blech entsprechend der Skizze herausschneiden.«

4 In diesem Beispiel wird eine Versteifungsplatte sowohl innen als auch außen am Fahrzeug angeschraubt und ...

5 ... eine Versteifungsstrebe im Inneren des vorderen Kotflügels angebracht.

6 Diese spezielle Befestigung macht sich den Kraftstoff-Einfüllstutzen zu Nutze. Die Anweisungen lauten: »Die ursprünglichen Löcher der Einfüllstutzen-Halterung müssen neu gebohrt werden, sodass die Halterung am Chassis wie folgt nach oben versetzt werden kann:

- Tankdeckel abnehmen.
- Einfüllstutzen von Karosserie entfernen.
- Rückplatte von Karosserie entfernen.
- Rückplatte gemäß Zeichnung neu bohren.
- Mitgelieferte Nietmutternplatte mit den mitgelieferten 3-mm-Popnieten an den Montagebohrungen des Einfüllstutzen auf die Rückplatte nieten
- Rückplatte mit mithilfe der mitgelieferten M 8 x 20 mm Schrauben und Unterlegscheiben in höhere Position montieren.
- Einfüllstutzenverschluss anbringen.«

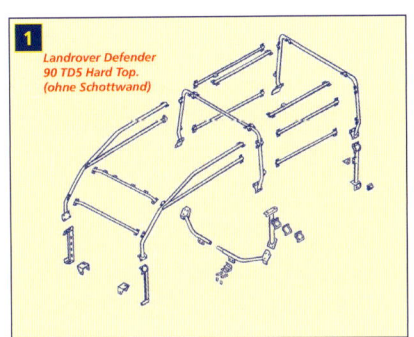

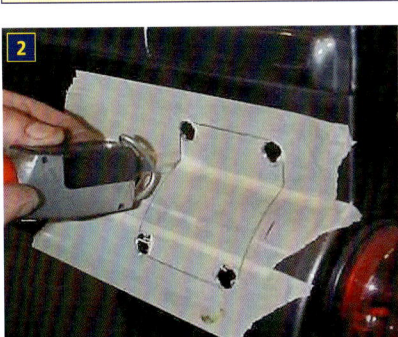

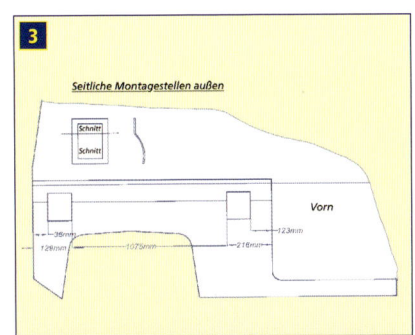

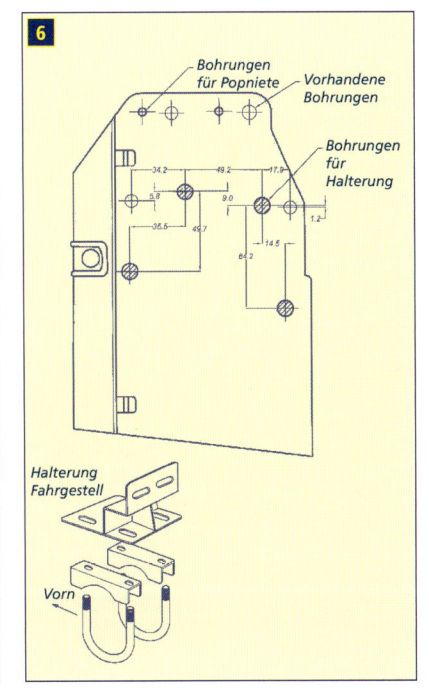

108 Karosserie und Karosserieelektrik

Kotflügelprotektoren

Wie jeder weiß, wirkt eine offene Land Rover-Motorhaube wie ein Magnet, der die Menschen von überall her anzieht. Und was machen diese Menschen, wenn sie dort ankommen? Sie lehnen sich auf die Kotflügel um zu sehen, was sich in den düsteren Tiefen abspielt und legen ihr gesamtes Gewicht auf ihre Ellbogenspitzen. Dabei hinterlassen sie dort hübsche kleine Krater. Wenn man nun die Menschen hinzuzählt, die mit ihrem Landy arbeiten und sich auf die Kotflügel stellen müssen, hat man gute Gründe, Kotflügelprotektoren aus Riffelblech anzubringen.

Der Großteil der in diesem Abschnitt behandelten Arbeit wurde bei Nene Overland erledigt, wo gleichzeitig weitere Hauptarbeiten an meinem Defender durchgeführt wurden. Deshalb werden Sie manchmal montierte und abgebaute Teile sehen, die Sie normalerweise nicht zu sehen bekommen, wenn Sie diese Arbeit durchführen.

1 Der Mechaniker hat damit angefangen, an jedem Kotflügel den Lufteinlass und die Abdeckplatte zu entfernen.

2 Die Kotflügelprotektoren werden zusammen mit dünnen Lagen aus geschlossenzelligem Schaumstoff geliefert, die als Dichtung zwischen dem Riffelblech und dem Kotflügel dienen. In diesen Schaumstoff kann kein Wasser eindringen und er schützt den Lack.

3 Nachdem die Unterseite des Riffelblechs von Schmutz und Fett befreit war, wurde vorn am Schaumstoff Schutzpapier abgezogen. Das Anbringen beginnt vorn am Protektor.

4 Der Schaumstoff wird am Protektor entlang angedrückt um sicherzugehen, dass keine Luftblasen eingeschlossen sind und dass die vorgestanzten Öffnungen mit denen am Riffelblech übereinstimmen.

5 Da die Unterseite nicht klebt, kann man das Riffelblech nun auf dem Kotflügel ausrichten. Es ist wichtig, dass die Außenkante des Riffelblechs exakt an der Außenkante des Kotflügels und am Lufteinlass ausgerichtet ist.

6 Manchmal ist es einfacher, die Ausrichtung anhand der Innenkante zu prüfen, da diese viel besser definiert ist.

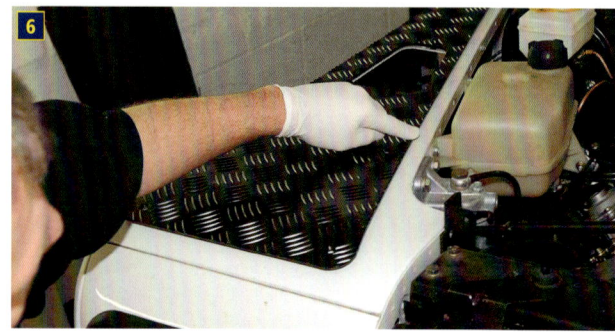

Kotflügelprotektoren 109

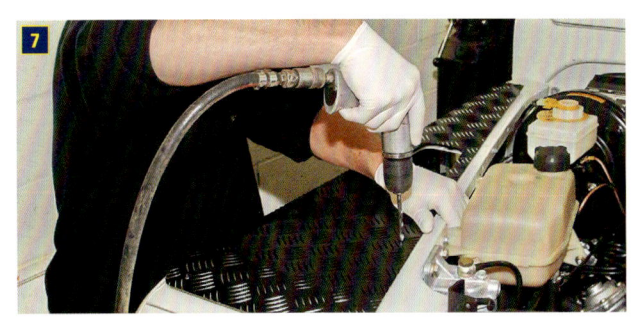

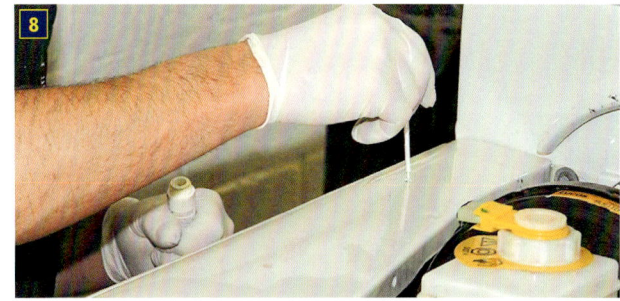

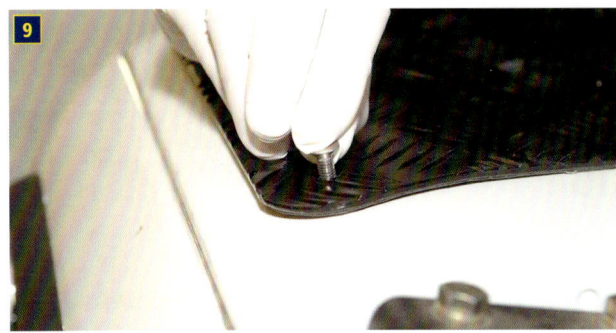

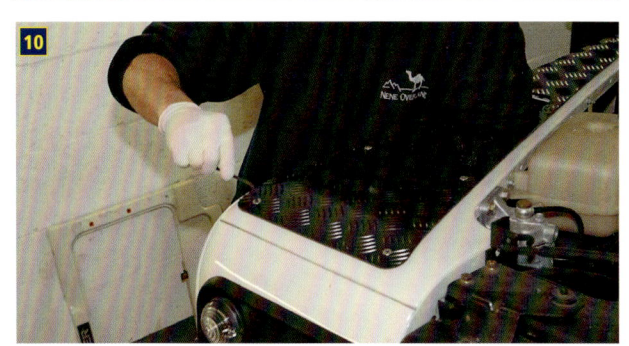

7 Nachdem der Protektor genau in Position gebracht wurde, wird anhand einer seiner Bohrungen das erste Loch in die Karosserie gebohrt. Bevor man das zweite Loch bohrt, ist es sinnvoll, das Riffelblech mit einer Schraube zu fixieren.

8 Es ist wichtig, alle Kanten zu lackieren, um sie vor Korrosion zu schützen.

9 Auch der Kontakt mit Stahl verursacht bei Aluminium Korrosion. Das Problem kann durch Einsetzen von Edelstahlschrauben umgangen werden.

10 Die Öffnung an der Oberseite des Kotflügels eignet sich hervorragend dazu, mithilfe eines Ringschlüssels die Muttern zu fixieren, während man oben die Schrauben festzieht.

11 Der andere Kotflügel war bereits abgebaut, wodurch die Montage des Protektors viel einfacher durchgeführt werden konnte.

12 Wenn Sie die Lüftungsrohre entfernt haben, um das Riffelblech zu montieren, wäre das der richtige Zeitpunkt, um neue einzubauen.

13 Das Anbringen der Lüftungsrohre kann eine ziemlich fummelige Angelegenheit sein – womöglich müssen Sie durch die seitliche Kotflügelöffnung arbeiten, nachdem Sie dort die Abdeckung entfernt haben.

14 Eventuell müssen Sie ein Loch in das Riffelblech bohren, um die Antenne montieren zu können. Da wir keine Standardantenne montierten (oben), wurde ein kleineres Loch in das Blech gebohrt, um die flexible Antenne anbringen zu können (unten).

15 Wenn das Riffelblech ordnungsgemäß montiert wurde, hat man genügend Platz, um das Lüftungsgitter zu montieren.

16 Später habe ich zwei Hi-Force-Lufteinlässe von »KBX Upgrades« montiert. Auch hier wurden Edelstahlschrauben verwendet, um Korrosion zu vermeiden.

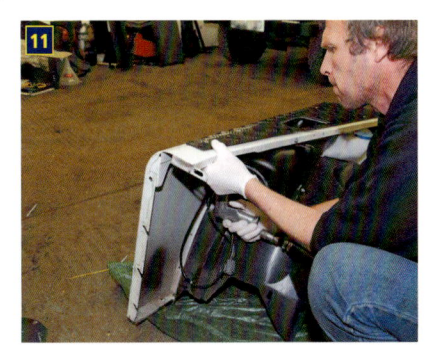

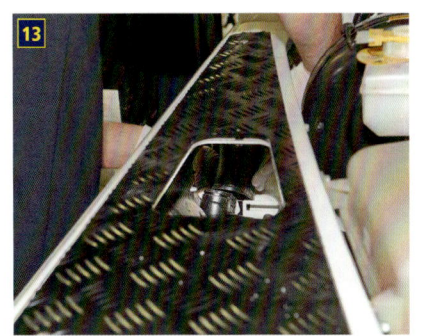

Karosserie und Karosserieelektrik

Breitere Radläufe

Meist ist es nicht erlaubt, dass die Räder über die Außenkanten der Radkästen hinausragen. Montiert man also Spurverbreiterungen oder Breitreifen, müssen auch die Radläufe entsprechend angepasst werden. Glücklicherweise sind Radlaufverbreiterungen in verschiedenen Größen und aus verschiedenen Materialien leicht verfügbar. Radläufe aus Fiberglas sind am günstigsten, verzeihen aber etwaige Rempler nicht so gern. Fiberglas bricht und kann den Schaden auch auf den Kotflügel übertragen. Am besten nimmt man flexible Kunststoffradläufe.

1 Die breiteren Radläufe von »Britpart« wurden als direkter Ersatz für die Originale entwickelt.

2 Nach Entfernen der originalen Radläufe werden die neuen Bauteile an den ursprünglichen Montagebohrungen und …

3 … mithilfe der neuen, im Bausatz enthaltenen Niete fixiert.

4 Diese breiteren Radläufe von »Extreme 4x4« wurden dazu entwickelt, direkt von außen an den Kotflügel geschraubt oder genietet zu werden.

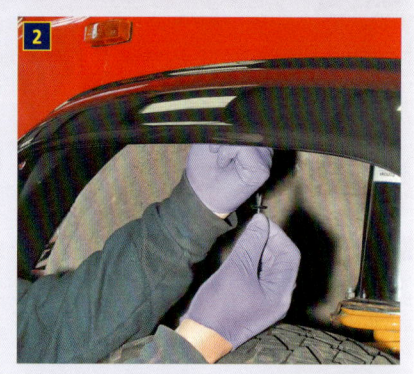

Hintere Trittstufe und Anhängekupplung

Die Heck-Trittstufe mit Anhängekupplung gemäß der Defender-North American Specification (NAS) sieht toll aus und erscheint im Zubehörsortiment von Land Rover.

Ian Baughan von IRB zufolge ist die hier gezeigte »Extreme 4x4«-NAS-Trittstufe nicht von einem Originalteil zu unterscheiden – auch, was die Passform angeht!

Bevor damit begonnen wird, die neue Trittstufe zu montieren, muss bei Land Rover-Modellen mit montierter Anhängekupplung diese Baugruppe entfernt und die Stecker, zumindest vorübergehend, getrennt werden.

Hintere Trittstufe und Anhängekupplung 111

1 Der von Extreme gelieferte Bausatz ist umfassend und von bester Qualität. Es empfiehlt sich, vor dem Beginn der Arbeiten sämtliche Bauteile auszulegen und diese mit der Stückliste in der Montageanleitung zu vergleichen.

2 Es gibt viele feine Unterschiede zwischen den verschiedenen Modelljahren des Defender. Auf jeden Fall müssen diese Schrauben hier entfernt werden.

3 Außerdem befinden sich auf der Innenseite des Querträgers noch Muttern und Unterlegscheiben.

4 Um Korrosion zu vermeiden, wurde im hinteren Querträger Hohlraumwachs eingesetzt, wo die neue Trittstufe montiert wird.

5 Bei den 110er-Modellen werden die Schrauben, die die Zugösen am Fahrgestell fixieren, entfernt und, wie die Anleitung zeigt, entsorgt, um durch die längeren Schrauben und Muttern aus dem Bausatz ersetzt zu werden.

6 Sollten Sie die äußeren Befestigungsschrauben durch den hohlen Querträger festziehen wollen, sei gesagt, dass sich der Querträger nach innen biegen wird und somit die Schrauben nicht fest sitzen. Einige Querträger verfügen bereits über abgesetzte Montagestellen im Inneren, doch ohne diese – und das ist die Mehrheit von ihnen – müssen röhrenförmige Distanzstücke eingesetzt werden. Wir haben herausgefunden, dass es am einfachsten ist, sie auf diese Weise einzusetzen.

7 Die neue Trittstufe wird in Position gebracht und auf Passgenauigkeit geprüft. Führen Sie die NAS-Trittstufe in die Öffnungen auf der Rückseite des Querträgers ein. Die Trittstufe wurde vorübergehend mit zwei M16x30-mm-Schlossschrauben in mittiger Position fixiert.

8 Von unterhalb des Fahrzeugs nach hinten blickend sieht man diesen Stahlstreifen, der zwischen der Unterseite des Querträgers und der Befestigungsplatte an der Trittstufe sitzt. Führen Sie ihn hinten an der Unterseite der NAS-Trittstufe ein, indem Sie ihn zwischen die Fahrzeugunterseite und das rechtwinklige Blech an der NAS-Trittstufe schieben.

9 Jede Schraube wurde mit Kupferpaste behandelt. Wir bereits vorher erwähnt, wurden diese beiden zentralen Befestigungsschrauben lose per Hand angeschraubt.

10 Es ist unwahrscheinlich, dass die Halterungen an den äußeren Enden der Trittstufe plan am Querträger anliegen, deswegen liegen dem Montagesatz auch Unterlegscheiben bei.

11 In unserem Fall haben wir beschlossen, die ursprünglichen Befestigungsschrauben an den Enden des Querträgers einzusetzen, …

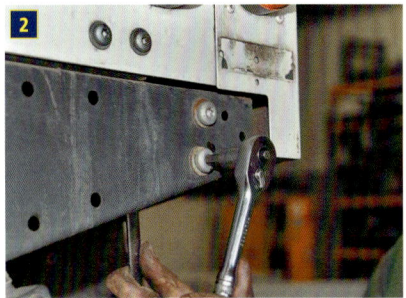

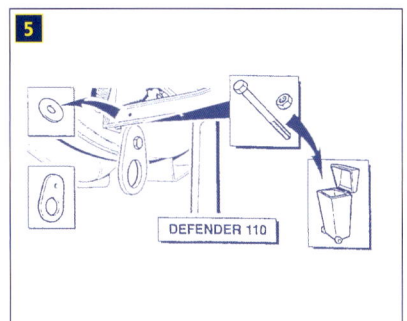

112 Karosserie und Karosserieelektrik

12 … als wir aber versuchten, diese festzuziehen, gab es ein Problem: Sie saßen nicht richtig. Also musste der Tritt wieder abgenommen werden und jede der Befestigungsstellen leicht per Hammerschlag angepasst werden. Nur so lag die NAS-Trittstufe bündig an.

13 Vor dem endgültigen Einbau wurden die eingesetzten Schrauben und Befestigungen gemäß den Anleitungen überprüft. Diese Art der Vorbereitung spart viel Zeit und Mühe, wenn man etwas zusammenbaut.

14 Jedes Gewinde erhielt seine Kupferpastenbehandlung – auch die selbstzentrierenden Unterlegscheiben, die an den Befestigungspunkten unter jeder Seite der Türscharniere eingesetzt wurden. Diese beiden Schrauben werden auf der Innenseite des Querträgers festgezogen, …

15 … wie man hier unter dem Fahrzeug sehen kann.

16 Wir hatten den Abstandhalter von vorhin nicht vergessen. Er wurde mit drei Schrauben in die Unterseite des Querträgers eingesetzt. Zu diesem Zeitpunkt muss keine Schraube vollständig angezogen werden.

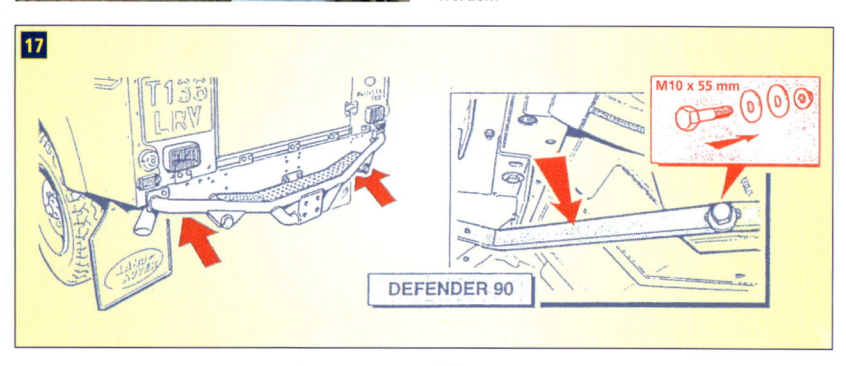

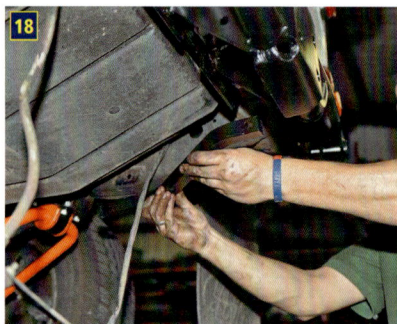

17 Bei den Defender 90-Modellen werden diese beiden Stützarme eingebaut.

18 Beim 110 ist einem ein großer, schmutziger Kraftstofftank im Weg, daher sind die Stützarme schwerer ausgelegt und besitzen eine andere Form.

19 Die hinteren Enden der Stützarme werden lose an der Trittstufe angeschraubt.

20 Die Bohrungen am Fahrgestell, die wir in einem früheren Bild gesehen haben, dienen zum Anschrauben der vorderen Enden der Stützarme. Nachdem die

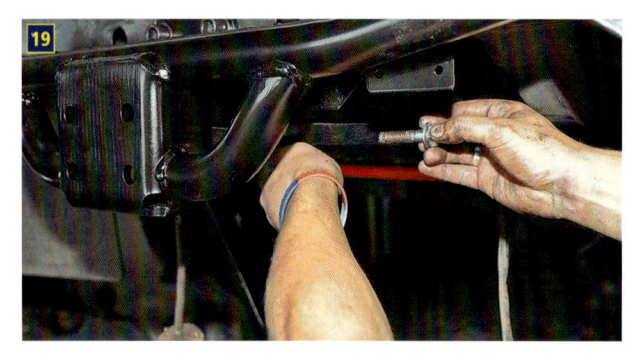

Hintere Trittstufe und Anhängekupplung

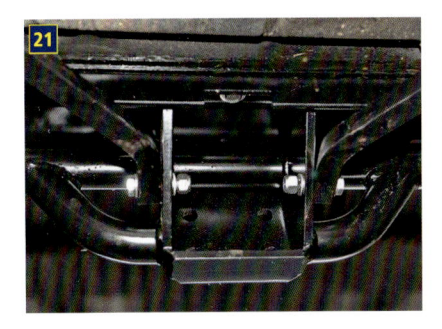

schöne neue NAS-Trittstufe und die Anhängekupplung montiert waren, sahen wir keine Notwendigkeit, wieder Zugösen anzubringen. Beim 110 haben die neuen Schrauben im Fahrgestell die Maße M10 x 120 mm, während sie beim 90er eine Größe von M10 x 55 mm aufweisen.

21 Hier können Sie die lose an der Unterseite der NAS-Trittstufe montierten hinteren Enden der Stützarme sehen.

22 Der Einbauanleitung zufolge sind zuerst die inneren Schrauben mit einem Drehmoment von 240 Nm festzuziehen.

23 Dann gibt es noch die unteren Schrauben mit den selbstzentrierenden Unterlegscheiben, die unter diesem Stecker (Pfeil) zu finden sind, falls er – wie in diesem Fall – bereits montiert wurde. Diese Schrauben werden mit 58 Nm festgezogen. Nachdem sie festgezogen wurden, können Sie die Anzahl der benötigten Unterlegscheiben noch einmal überprüfen, bevor die seitlichen Schrauben mit 45 Nm festgezogen werden. Verwenden Sie so viele Distanzbleche wie nötig, um eine korrekte Ausrichtung zu gewährleisten. Diese werden an jeder Verbindungsstelle der NAS-Trittstufe zum Fahrzeug eingesetzt.

24 Kümmern wir uns nun um die Unterseite, wo die drei Schrauben, die nach oben in den Querträger gehen, mit 45 Nm festzuziehen sind.

25 Das ist auch mit den Schrauben an den vorderen Enden der Stützarme durchzuführen, die bei den 90er- und 110er-Modellen durch das Fahrgestell gehen.

26 Die Stützarmschrauben unter der Trittstufe werden auch mit 45 Nm festgezogen.

27 Die Stufe verfügt über eine Vollgummi-Trittfläche, die mit Schrauben und Muttern befestigt ist. Da hier Wasser zwischen Gummi und Stahl eindringen kann, wurde der Zwischenraum großzügig mit Hohlraumversiegelung behandelt.

28 Als wir die Gummi-Trittfläche anbrachten, empfanden wir die Lücke zwischen ihr und den beiden zentralen Schrauben als zu gering. Das erklärte, wieso hier keine herkömmlichen Sechskantschrauben mit ihren größeren Köpfen zum Einsatz kamen.

29 Die einfachste Lösung war, einige Knubbel vom Gummi abzuschneiden, wodurch sich die Auflage unter die Schraubenköpfe schieben ließ. Gummi zu schneiden kann sehr schwierig sein, wenn man ohne Seife und Wasser (oder nur mit Wasser) arbeitet und die Klinge sich nur sehr schwer durch das Material arbeitet.

30 Jede Schraube ist mit einer Plastikunterlegscheibe versehen und wird mit einer Mutter an der Unterseite festgezogen.

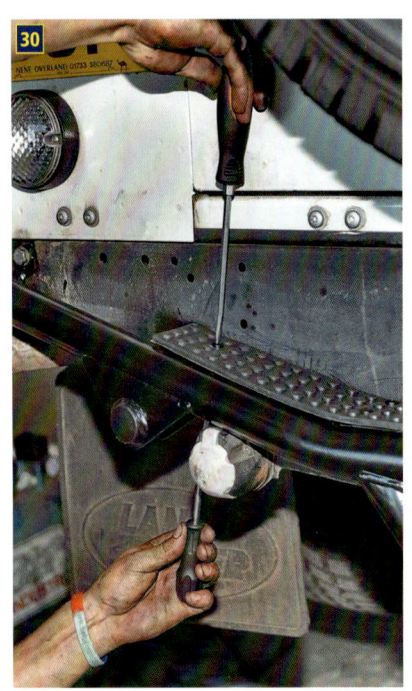

Karosserie und Karosserieelektrik

Anhängekupplungen

Das Schöne an einer Anhängekupplung von Witter ist die Höheneinstellung über zwei Zapfen. Da ich Vieles mit meinem Defender ziehe, muss ich in der Lage sein, die richtige Zughöhe einstellen zu können.
Die hier gezeigte Reihenfolge entspricht nicht exakt dem, wie in Wirklichkeit vorgegangen wurde. Aufgrund der damaligen Verfügbarkeit der Bauteile wurde zunächst die elektrische Verkabelung realisiert und danach erst die Anhängekupplung montiert. Normalerweise ist zuerst die Metallarbeit durchzuführen und anschließend die Verkabelung.

1 Alle Bauteile von Witter sind mit einer Schutzschicht aus Kunststoff versehen. Das erste zu montierende Teil ist das Winkelstück, das unter den Querträger geschraubt wird. Alle benötigten Befestigungsschrauben sind im Lieferumfang enthalten. Denken Sie daran, sämtliche Gewinde mit Kupferpaste zu behandeln, um Rosten und Festsetzen zu vermeiden.

2 Als nächstes wird die Hauptbefestigungsplatte montiert. Zu diesem Zeitpunkt müssen die Schrauben nicht festgezogen werden, darunter auch jene nicht, die vorher an der Unterseite des Querträgers eingesetzt wurden.

3 Die oberen Schrauben werden in die Gewinde am Querträger eingeschraubt, während die beiden unteren Schrauben durch die gerade angebrachte Winkelplatte verlaufen.

4 Danach ist jede der seitlich angebrachten herabhängenden Ösen zu lösen …

5 … und samt ihren Befestigungen zu entfernen, wodurch diese Lageröffnung (Pfeil) im Fahrgestell zum Vorschein kommt.

6 Ich weiß zwar, das alles mit Kunststoff überzogen ist, doch vor Montage der Versteifungsstreben habe ich jedes Ende mit Karosserieschutzwachs beschichtet – auch das Fahrgestell an den entsprechenden Befestigungspunkten.

7 Die ursprünglichen Schrauben waren lang genug, um wiederverwendet zu werden, während (zu diesem Zeitpunkt) jede Versteifungsstrebe lose an das Fahrgestell montiert wurde.

8 Danach war die Befestigung der Streben an der Hauptmontageplatte für die Anhängekupplung an der Reihe.

9 Nur nach Montage aller Schrauben sind diese entsprechend den Drehmomentangaben in der Montageanleitung festzuziehen. Auch die richtige Reihenfolge des Festziehens ist zu beachten. Die Winkelplatte muss

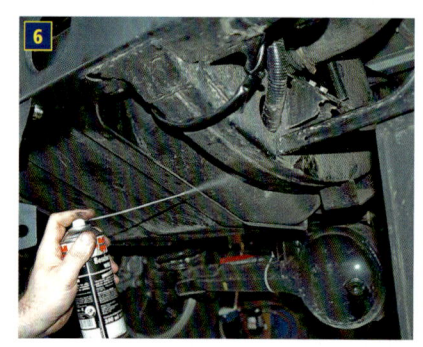

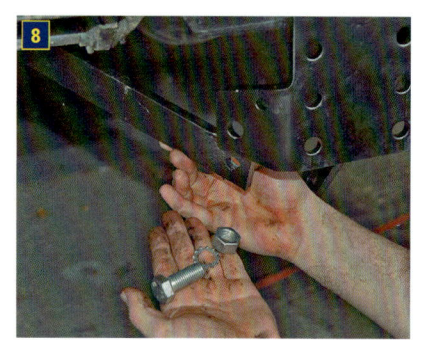

Anhängekupplungen

an den Querträger geschraubt werden, bevor man die vier Schrauben festzieht, die die Hauptplatte fixieren. Werden diese vier Schrauben zuerst festgezogen, kann die Winkelplatte anschließend nicht ordnungsgemäß montiert werden.

10 Es gibt verschiedene Arten von Kupplungskugeln, wobei ich die von AL-KO empfehlen kann, da hier der Abstand zwischen der Kugel und ihrer Befestigung größer ist als bei herkömmlichen Varianten und somit auch Wohnwagen und Anhänger mit der weitverbreiteten AL-KO Anti-Schlinger-Kupplung gezogen werden können. Natürlich können auch herkömmliche Anhängekupplungen eingesetzt werden, sollte Ihr Wohnwagen nicht über eine solche verfügen.

11 Nun kommen wir zur Verkabelung, welche aufgrund der stetig wachsenden Anzahl von elektronischen Steuerungen am Fahrzeug zwar nicht so einfach ist wie früher, sich jedoch leichter einbauen lässt.

12 Man kann nicht einfach bestehende Kabel abzweigen, wie es früher oft der Fall war, denn das würde bei moderneren Fahrzeugen zu Warnmeldungen führen und die Steuerelektronik nachteilig beeinflussen. Stattdessen kann man den »Ryder«-Kabelsatz einbauen. Er erkennt die Signale der Positionslampen, Bremslichter und Blinkleuchten und bietet eine separate Stromquelle für den Anhänger.

13 Beim Defender wird die rechte Rückleuchtenabdeckung entfernt und ein Zugangsloch gebohrt.

14 Die Verkabelung wurde von unten durch das Loch nach oben geschoben, welches mit einer Kabeldurchführung versehen wurde.

15 Als nächstes wurde dieser kleine Leistungssensor in dieser Position eingebaut …

16 … und die dazugehörige Steckverbindung unterhalb des Fahrzeugs hergestellt.

17 Diese separate Stromversorgung wurde direkt von der Batterie abgegriffen …

18 … und am Pluspol angeschlossen. Ja, man kann die Verbindung an dieser Stelle herstellen, denn wie Sie sehen können, befindet sich keine Sicherung im Sicherungskasten.

19 Danach wurde die Stromversorgung in das System eingebunden.

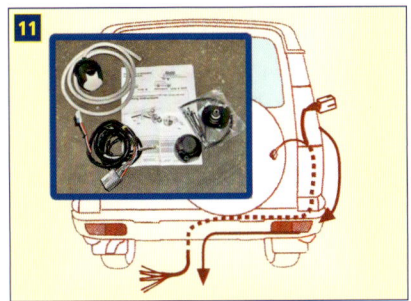

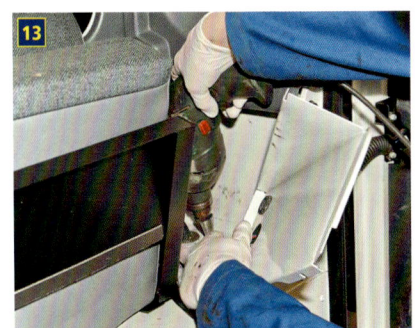

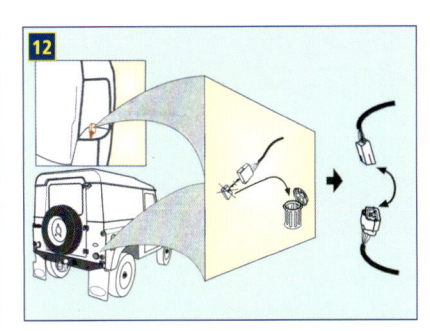

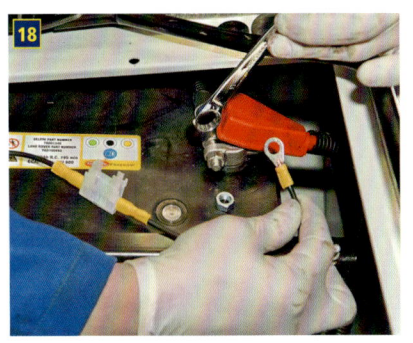

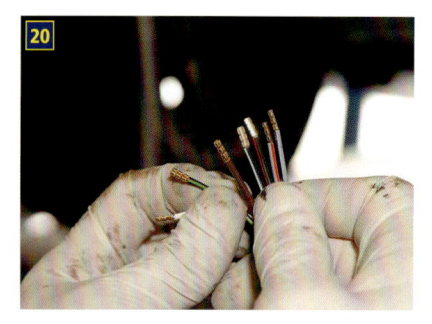

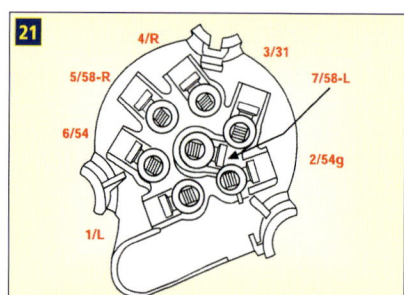

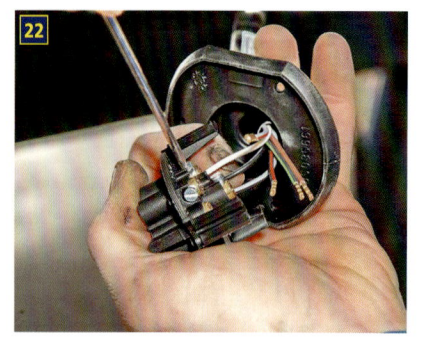

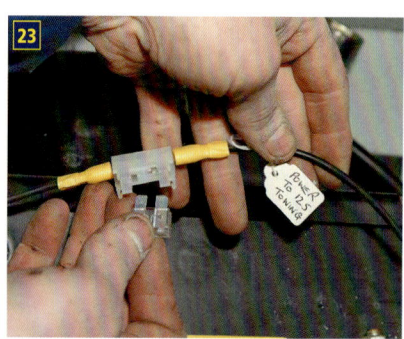

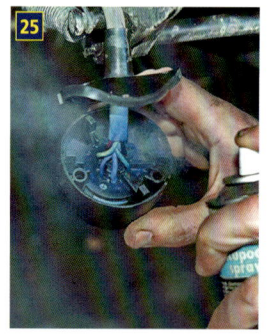

24 Mit einem Messgerät kann jeder Stecker auf korrekte Verkabelung überprüft werden. Ohne brauchen Sie entweder die Beleuchtungsplanke des Anhängers oder gleich den ganzen Anhänger, um diesen Test durchzuführen.

25 Und nun ein paar nützliche Tipps: Ich sprühe immer Polfett in das Innere der Anschlussdose. Wenn sich Feuchtigkeit im Inneren sammelt, können elektrische Verbindungen unterbrochen werden. Das kann mit Polfett vermieden werden.

26 Bei einer vorverkabelten Dose kann es ewig dauern, bis man das Kabel abbekommt, damit es durch die Montagehalterung geschoben werden kann. Einige Halterungen verfügen über Aussparungen. Bei anderen genügt die Blechschere und danach etwas Lack, um Zeit zu sparen!

27 Bis die Kabeldosen brechen oder sich dort Feuchtigkeit sammelt, können die Befestigungsschienen und Muttern aus weichem Stahl festrosten. 6-mm-Edelstahlschrauben und -muttern kosten so viel wie Pommes Frites und ermöglichen es jederzeit, Kabeldosen an- und abzumontieren. Im Übrigen tut man sich leichter, die Kabeldose zuerst an die Halterung und diese letztendlich an das Fahrzeug zu montieren.

28 Später wurde die Höheneinstellplatte von Witter an der Zugkonsole angebracht.

29 Zum Zeitpunkt des Schreibens war diese Zugkonsole bereits seit ein paar Monaten montiert und wurde zum Ziehen von Anhängern bis 3,5 Tonnen und mit einer Abschleppstange eingesetzt.

20 Der Einbausatz beinhaltet Kabel, deren Enden bereits abisoliert und mit Lötzinn versehen wurden.

21 Die Verbindung mit der siebenpoligen Dose (ein Adapter für 13-polige Stecker muss separat erworben werden) erfolgt mittels Universalanschlüssen.

22 Manchmal kommen Messingschrauben zum Einsatz, weshalb es wichtig ist, einen Schraubendreher mit einer frischen und rechtwinkligen Spitze einzusetzen, um die Schraubenköpfe nicht zu beschädigen.

23 Im Batteriefach haben wir ein Identifikationsetikett am Kabel angebracht.

Ersatzradträger: frühere Aluminiumtüren

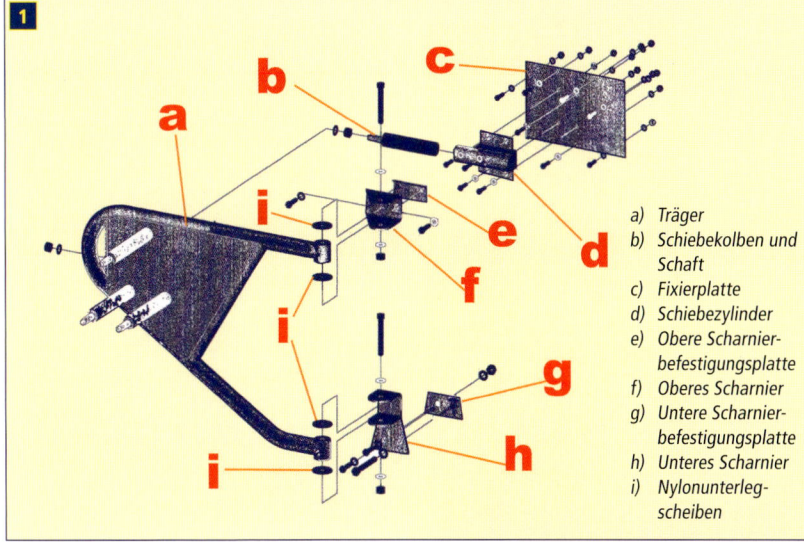

1

a) Träger
b) Schiebekolben und Schaft
c) Fixierplatte
d) Schiebezylinder
e) Obere Scharnierbefestigungsplatte
f) Oberes Scharnier
g) Untere Scharnierbefestigungsplatte
h) Unteres Scharnier
i) Nylonunterlegscheiben

Der größte Vorteil eines Ersatzradträgers ist der, dass dieser das Gewicht des Ersatzrades vom Türrahmen und den Scharnieren wegleitet. Die neuesten Defender (ab Modelljahr 2006 aufwärts) verfügen über steifere Hecktüren, die dafür ausgelegt wurden, das Gewicht des Ersatzrades aufzunehmen (diese können an den abgerundeten Scheibenöffnungen erkannt werden). Die Defender mit rechteckigen Hecktürenfenstern leiden oft unter hohem Verschleiß an den Scharnieren und zeigen senkrechte Belastungsrisse nahe der Mitte des Querträgers unter dem Heckfenster auf. Wenn man an das Gewicht eines Ersatzrades denkt, ist das nicht überraschend – vermutlich ist es schwerer als die Hecktür selbst.

Die Lösung ist der Einbau eines Ersatzradträgers – aber nicht irgendeines Ersatzradträgers. Einige von ihnen schwenken einfach aus, unabhängig von der Hecktür. Zum einen darf man nach dem Schließen der Hecktür nicht vergessen, Ersatzradträger durch Einrasten separat zu arretieren. Zum anderen muss darauf geachtet werden, dass der Träger beim Ausschwenken nicht zur Gefahr für andere Verkehrsteilnehmer oder für das geparkte Auto nebenan wird.

Der hier montierte Träger von Britpart wird so an der Hecktür angebracht, dass er sich mit der Tür öffnet und schließt, wodurch kein extra Schloss benötigt wird. Zudem kann er nicht weiter ausschwenken, wenn sich die Tür öffnet und am Anschlag stehen bleibt.

1 Dies ist die Zeichnung, anhand welcher wir arbeiten mussten. Das ist besser als nichts und in der Tat eine ausgezeichnete Anleitung für den Einbau der Unterlegscheiben und Abstandshalter.

2 Oft werden an Defender-Hecktüren innen und außen Versteifungsplatten montiert. Hier wurden die Platten entfernt und man kann drei größere Bohrungen sehen, in denen die stählernen Haltestreben montiert waren.

3 Auf der Außenseite musste eine neue Platte mithilfe der sieben Muttern, Schrauben und großen flachen Unterlegscheiben aus dem Lieferumfang montiert werden:
- Messen Sie die Montageposition für die Platte aus, falls ihre Dimensionen angegeben sind.
- Ist dies nicht der Fall, ist zunächst der Träger vorübergehend zu montieren, der Schieber vorübergehend einzubauen und anhand dessen herauszufinden, wo die Versteifungsplatte an der Tür zu befestigen ist.
- Markieren Sie mit einer Reißnadel die Position eines der Löcher, entfernen Sie die Platte, körnen Sie die Bohrposition leicht an und bohren Sie das erste Loch.
- Schrauben Sie die Platte mit einer Schraube an und prüfen Sie die Position.
- Körnen und bohren Sie nun ein weiteres Loch, setzen Sie eine Schraube ein und ziehen Sie diese fest.
- Nachdem die Platte nun in korrekter Position gehalten wird, können die anderen Löcher in der Platte als Führung für die übrigen fünf Bohrlöcher verwendet werden.
- Entfernen Sie die Platte ein letztes Mal, tragen Sie genügend Dichtmittel am Bereich der Umrisskanten auf und schrauben Sie sie wieder an.

4 Dieses Bauteil ermöglicht es, den Träger an der Hecktür zu fixieren, obwohl sich die Türscharniere und die Scharniere des Trägers auf verschiedenen Ebenen befinden. Im waagerechten Zylinder befindet sich ein Kolben. Das äußere Ende des Kolbens ist an den beweglichen Trägerrahmen geschraubt und wird hinein- und herausgeschoben, sobald die Tür geöffnet und geschlossen wird.

Karosserie und Karosserieelektrik

5 Anschließend wird der Schieber an die Türplatte geschraubt, aber nicht vollständig festgezogen, damit eine Feineinstellung über die Befestigungsschrauben noch möglich ist. Mithilfe der senkrechten Schlitze im Schieber und der waagerechten Schlitze in der Türplatte konnte die Endposiiton des Schiebers zum Großteil eingestellt werden. Natürlich müssen die Öffnungen in der Türbeplankung geweitet werden, damit diese den Schlitzen in der Türplatte entsprechen.

6 Der Aufsatz wird direkt über dem mittleren Türscharnier mittels zweier Blindniete befestigt, deren Köpfe ausgebohrt werden.

7 Als nächstes wird das Scharnier wie folgt montiert:
- Durch eines der Blindnietlöcher wird ein Loch gebohrt, um nur **eine** der Schrauben einzusetzen, die das obere Schwenkscharnier befestigen.
- Die Scharnierplatte wird montiert und anschließend ein zweites Loch gebohrt. Die Blindniete sollten sich an derselben Stelle befinden wie die Bohrungen in der Scharnierplatte. Ist das nicht der Fall, können Sie hier sicherstellen, dass ihre gebohrten Löcher ordnungsgemäß sitzen.
- Schrauben Sie nun das Scharnier an.

8 Diese Versteifungsplatte dient zum Einbau im Karosserieinneren. Sie wird über die beiden Befestigungsschrauben geschoben, bevor die Muttern angebracht werden. Ich empfehle den Einsatz von selbstsichernden Muttern oder Unterleg- und Federscheiben.

9 Das untere Scharnier wird komplett mit einer Befestigungsplatte geliefert, die an den hinteren Querträger geschraubt wird. Zwei der Schrauben gehen in eine Gewindeplatte, die am Inneren des Querträgers montiert wird, indem die Schrauben in Position gerückt und festgezogen werden.

10 Wir haben festgestellt, dass die bereits im Querträger vorhandenen Löcher (bei allen Defender-Modellen, sie dienen der Montage des rechten Haltegriffs) nicht groß genug waren.

11 Wir hielten die Platte durch die Zugangsöffnung an der Rückseite des Querträgers fest, setzten die Schrauben ein und zogen sie fest, nachdem beide montiert waren.

12 Die dritte Schraube geht durch eine Art doppelwandige Sektion am Querträger. Dieses Rohr wird an der dritten Schraube angebracht und natürlich hinter der Rückplatte des Querträgers eingesetzt. Die »flache Stelle« ist einfach nur da, damit das Rohr einfacher in Position gebracht werden kann.

13 Nachdem die an der Innenseite der Schraube angebrachte Mutter festgezogen wurde, wird die innere Platte am Querträger gegen das Rohr gesichert. Obwohl die Schrauben fest genug angezogen wurden und sich nicht frei bewegen ließen, waren sie noch nicht vollständig festgezogen. Später mussten wir in der Lage sein, die Scharniere zu bewegen und alles korrekt auszurichten.

14 Anschließend wurde der Rahmen an die Scharniere gehalten. Die Unterseite rutschte in ihre Aufnahme und der Schwenkbolzen wurde in Position gesenkt, …

15 ... gefolgt vom Schwenkbolzen im oberen Scharnier.

16 Jedes Scharnier wird mit »rutschigen« Nylon-Unterlegscheiben versehen (im Lieferumfang enthalten), die sowohl oberhalb als auch unterhalb des Schwenkrohres einzusetzen sind.

17 An dieser Stelle wurde ein grober Schnitzer festgestellt: Der Zeichnung konnte das nicht entnommen werden, aber das obere Scharnier muss so eingebaut werden, dass die abgeschrägten Kanten zum Fahrzeugäußeren hin zeigen. Die Scharnierbohrung liegt nicht mittig und muss so gedreht werden, dass sie mit dem unteren Scharnier übereinstimmt.

18 Als nächstes »falteten« wir den Träger nach innen, ...

19 ... sodass der Schieber an der Bohrung auf der Trägerrückseite befestigt werden konnte.

20 Idealerweise hat man sehr lange Finger, um das Gewinde durch das geschlitzte Loch zu führen und sowohl die Unterlegscheibe als auch die Mutter anzubringen. Die Mutter wurde auf das Gewinde geschraubt, bevor dieses am Träger positioniert wurde.

21 Ein Scharniernippel! Ist das nicht ein toller Blick auf etwas, das lange halten soll? Wir haben die Scharnierschrauben so festgezogen, dass kein Spiel mehr vorhanden war, aber nicht so fest, dass der Träger zu steif wurde.

22 Sie sind zwar nicht im Lieferumfang des Trägers enthalten, doch müssen Sie Ersatz-Radschrauben einsetzen, damit die Felge etwas hat, wogegen sie in eingebautem Zustand aufliegen kann.

23 Anschließend wurde das Ersatzrad montiert und mit dem Gewicht am Träger die letzten Prüfungen hinsichtlich der Ausrichtung durchgeführt. Je nach Bedarf wurden Scharnier- und Schieber-Befestigungsschrauben gelöst, ausgerichtet und wieder festgezogen.

24 Nun ging es darum, die Hecktür zu öffnen und zu schließen, um sicherzustellen, dass über den gesamten Schwenkbereich alles richtig ausgerichtet wurde. Jetzt werden Sie eventuell bemerken, dass ihr Schieber etwas justiert werden muss. Entweder können Sie jetzt die Tür nicht komplett öffnen oder sie springt auf, was in beiden Fällen ein erneutes Montieren zur Folge hat. Verwenden Sie die Schlitze in der Anbauplatte, um die Position der Halterung zu justieren.

25 Der montierte Ersatzradträger sieht dezent aus, arbeitet gut und ist besonders gut konstruiert. Vielleicht wären bei einer teuren Aluminiumfelge abschließbare Radmuttern angebracht.

120 Karosserie und Karosserieelektrik

Ersatzradträger: spätere Stahltüren

Der Träger von Extreme 4x4 öffnet und schließt zusammen mit der Hecktür und ist für viele Räder geeignet. Er ist (sagt man) extrem gut konstruiert und verfügt über Schmiernippel an jedem Scharnierpunkt.

Es ist gut, dass dieser spezielle Träger die starken Karosseriemontagebügel des Defender nutzt und sich daher für den Einbau zusammen mit einer NAS-Trittstufe eignet. Er ist auch mit einer Hubstütze erhältlich.

Der hier gezeigte Ersatzradträger ist für die Montage an einem Station Wagon konzipiert. Es gibt Versionen für fast jedes Defender-Modell und das Anbauprinzip ist überall nahezu dasselbe.

1 Hier sehen Sie die Bestandteile des schwenkbaren Extreme 4x4-Ersatzradträgers.

2 Um den Träger anzubauen, muss die Innenverkleidung entfernt werden. Dafür gibt es ein entsprechendes Werkzeug, damit die Innenverkleidung nicht beschädigt wird. Richten Sie die Gabel so aus, dass sich der Clip in der Mitte befindet und passen Sie auf, dass er nicht abbricht.

3 Bei den Modellen mit Hecktüren aus Stahl sind auf der Innenseite sechs Muttern, Schrauben und Unterlegscheiben zu entfernen, …

4 … um den ursprünglichen, an der Hecktür befestigten Träger abnehmen zu können.

5 Auch der Reflektor an der hinteren Außenseite muss entfernt und in einer höheren Position wieder angebaut werden. In unserem Fall würde er oberhalb des Blinkers und in senkrechter Position angeschraubt werden.

6 Zuerst wird die in der Montageanleitung mit einer 1 markierte Halterung angebracht. Die beiden Schrauben, welche die hinteren Karosserieteile am Fahrgestell fixieren, werden abgeschraubt.

Fahrzeuge in Deutschland und in anderen Ländern

Um europäischen (und somit auch deutschen) Richtlinien zu entsprechen, sind die oberen und unteren Karosseriehalterungen versetzt anzubauen (daher die markierten Bohrungen in der Montageanleitung von Extreme 4x4), wodurch der Träger um etwa 9,7 cm zur Beifahrerseite hin verschoben wird.

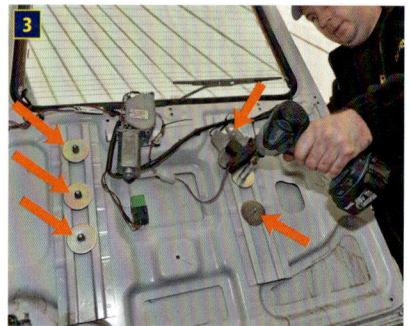

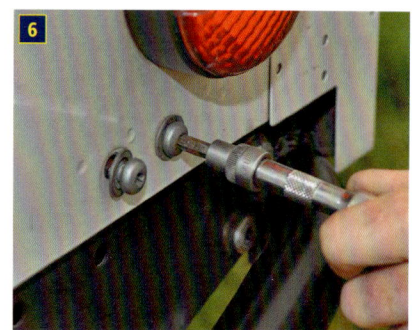

Ersatzradträger: spätere Stahltüren

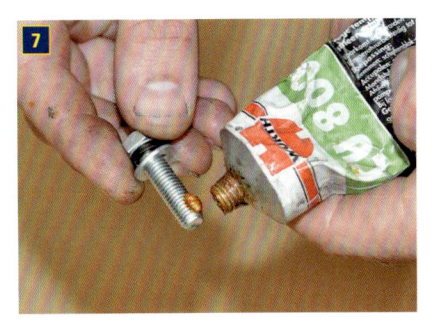

7 Auf die im Montagesatz enthaltenen Schrauben und Unterlegscheiben wurde großzügig Kupferpaste aufgetragen, woraufhin …

8 … die Halterung über die beiden innenliegenden Löcher montiert wurde. Beachten Sie, dass es an den Außenseiten dieser Halterung noch zwei weitere Löcher gibt – um die werden wir uns später kümmern.

9 Der Anleitung zufolge wird die obere Karosseriehalterung ungefähr 47,7 cm oberhalb des unteren Scharniers montiert, wo sie den hinteren Kotflügel und die Karosserie überdeckt. Es wird eine Platte mitgeliefert, die auf der Innenseite hinter der oberen Karosseriehalterung montiert wird und die Karosserie versteift. Sollte ein dauerhafter Offroad-Einsatz avisiert sein, empfiehlt es sich, diese auf der Karosserieinnenseite hinten anzunieten. Die Rückplatte verfügt über Löcher, die es ermöglichen, diese Halterung je nach Bedarf zu bewegen und zu verstärken. Beachten Sie, dass wir bei unserem Defender eine etwas andere Herangehensweise gewählt haben, da er neueren Baujahrs ist.

Frühere Defender-Modelle ohne den oben gezeigen Tür-Ersatzradträger

Einbau der oberen Karosseriehalterung:
1. Auf der rechten Seite an der Kotflügeloberseite gibt es drei Niete. Die mittlere Niet sollte ungefähr der Bohrung in der Mitte der Halterung entsprechen.
2. Bohren Sie die Niet mit einem 9-mm-Bohrer aus. Falls notwendig, weiten Sie diese Bohrung auf.
3. Schrauben Sie die obere Halterung locker an, indem Sie diese nur über das eine Loch fixieren.
4. Schrauben Sie mithilfe der mitgelieferten Nylon-Unterlegscheiben und Schrauben den Hauptkörper des Trägers an.
5. Justieren Sie die Halterung solange, bis die Oberseite des Trägers horizontal an der Karosserierückseite ausgerichtet ist.
6. Anschließend können die zwei weiteren Löcher in die obere Halterung gebohrt und mit Schrauben versehen werden.

Montage der Türhalterung:
1. Lösen und entfernen Sie den Gummianschlag vom Türwinkel.
2. Bringen Sie bei geschlossener Hecktür den Träger in Position, bis die obere Leiste einen gleichmäßigen Abstand dazu (ungefähr 3 cm) aufweist. Hierfür benötigt man etwas Druck, da der Träger an der unteren Halterung gegen den Anschlaggummi drückt (um das zu vereinfachen kann es notwendig sein, den Anschlaggummi zu entfernen).
3. Bringen Sie die Türhalterung so in Position, dass sich der Trägerarm zwischen ihren Flügeln befindet. Markieren Sie die Tür durch die Bohrungen. Schwenken Sie nun den Träger weg und bohren Sie die beiden Löcher mithilfe eines 9-mm-Bohrers.
4. Bevor die Anschlaggummis getauscht werden ist der Träger an der Türhalterung zu montieren. Wenn Sie beim Schließen der Tür zuviel Widerstand begegnen, ist die Türhalterung entsprechend zu justieren. Wenn der Träger nun ordnungsgemäß schließt und Sie damit zufrieden sind, ist der Hauptkörper vom Fahrzeug abzunehmen, um die Anschlaggummis wieder zu montieren.

Spätere Defender-Modelle

10 Da die Halterung an der Tür und die bereits im unteren Karosseriebereich montierte Halterung eine feste Position hatten, beschlossen wir, den Träger an diese bereits bestehenden Teile anzubringen, um die Anbauhöhe der oberen, an der Karosserie montierten Halterung zu bestimmen. So wurde die Türhalterung mithilfe der beiden oberen Beschläge des ursprünglichen Ersatzradträgers an die Tür montiert.

11 Der Träger wurde vorübergehend an der unteren Halterung angeschraubt, wobei die richtige Höhe über Nylon-Unterlegscheiben gefunden wurde.

12 Der Verbindungsarm wurde an die Türhalterung …

13 … und das innere Ende der Hauptträgersektion montiert.

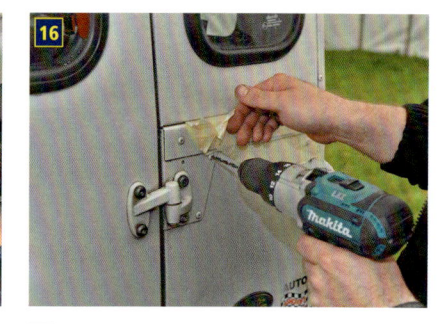

Karosserie und Karosserieelektrik

14 Die obere Karosseriehalterung wurde am äußeren Ende angebracht.

15 Die Sicherungsmuttern mussten nicht festgezogen werden, denn allein die Schrauben haben für die richtige Montagehöhe der oberen Karosseriehalterung gesorgt.

16 Es wurde Klebeband aufgebracht – sowohl um die Markierungen leichter auftragen zu können als auch um den Lack zu schonen. Wir haben den Umriss der Karosseriehalterung nachgezeichnet, um ihre Position bestimmen zu können. Nun war klar, welche Nietköpfe zu entfernen waren.

17 Wir verwendeten einen Akkuschrauber, um die Nietköpfe zu durchbohren, …

18 … bevor die Überreste vorsichtig mit einem Stemmeisen entfernt wurden.

19 Die Bohrpositionen wurden sorgfältig markiert und gekörnt, …

20 … ehe die 9-mm-Löcher gebohrt wurden.

21 Wenn man in Stahl bohrt, wird Bohrmilch benötigt, damit der Bohrer nicht überhitzt. Auch wenn in Aluminium gebohrt werden soll, empfiehlt sich der Einsatz eines Schmiermittels, da der Bohrer sich andernfalls mit der Schneidkante im Material festfressen kann. Überschüssige Hitze entweicht in Form von verdampfendem Schmiermittel. Die Bohrungen wurden lackiert, um Korrosion zu vermeiden.

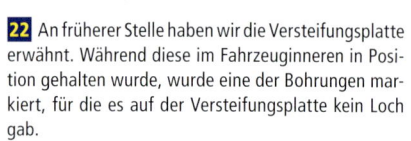

22 An früherer Stelle haben wir die Versteifungsplatte erwähnt. Während diese im Fahrzeuginneren in Position gehalten wurde, wurde eine der Bohrungen markiert, für die es auf der Versteifungsplatte kein Loch gab.

23 Die Bohrposition wurde angekörnt und die Bohrung durchgeführt.

24 Die Schrauben wurden von der Außenseite eingesetzt …

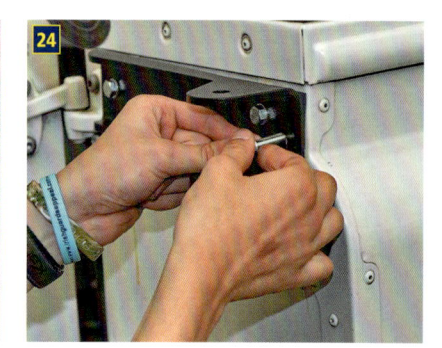

Ersatzradträger: spätere Stahltüren

25 … und die Muttern von innen angezogen, damit der Träger endgültig montiert werden konnte.

26 Es wurde eine großzügige Menge Kupferpaste aufgetragen und die Nylon-Unterlegscheiben ausgerichtet, damit die Schraube einfach durchgeschoben werden konnte.

27 Auf die Schraube und die Unterlegscheiben, die das äußere Ende des Verbindungsarmes fixieren, wurde noch mehr Kupferpaste aufgetragen.

28 Das innere Ende ließ sich etwas schwer ausrichten. Da es sich hier um den letzten Drehpunkt handelte, wurde mit leichten Hammerschlägen gearbeitet.

29 Wenn sich die Schraube nicht wirklich einführen lässt, sind die Verbindungen an der Karosserie zu lockern, bis alles an seinem Platz ist. Erst dann wird endgültig festgezogen – eine Arbeit für zwei Personen dort, wo gegenhalten notwendig ist.

30 Schließen Sie die Hecktür **langsam**, um die richtige Position des Trägers zu prüfen. Ungefähr 10 cm bevor die Tür einrastet, sollte man auf Widerstand seitens der Anschlaggummis stoßen. So wird erzielt, dass der Träger fest schließt und übermäßige Vibrationen ausgemerzt werden. Wenn der Träger sich nicht frei zusammen mit der Tür öffnen lässt, prüfen Sie, ob die obere Leiste horizontal zum Träger verläuft und richten Sie diese entsprechend aus. Beim Trägerverschluss handelt es sich um eine Presspassung, wenn sich aber eine übermäßige Biegung an der Oberseite des Kotflügels zeigt, sitzt der Träger zu fest. In diesem Fall muss die Türhalterung gelockert und zur Seite bewegt werden, um den Druck zu verringern. Danach kann die Innenverkleidung wieder an die Hecktür montiert werden.

31 An diesem Punkt beschlossen wir, die beiden Zusatz-Befestigungspunkte an der unteren Halterung zu nutzen. In jedem Fall gibt es genügend Platz, um auf die Karosserierückseite zu gelangen und die notwendigen Unterlegscheiben und Muttern anzubringen. Beachten Sie, dass der Drehpunkt des Trägers abgenommen werden muss, um die äußere Schraube zu montieren.

32 Die Gewindebolzen, an die das Ersatzrad montiert wird, sind lang genug, um auch viel breitere Räder als meine Standardbereifung zu befestigen.

124 Karosserie und Karosserieelektrik

LED-Frontscheinwerfer

Frontscheinwerfer in LED-Technik sind zwar auf den ersten Blick teuer, halten aber ewig und sind meiner Meinung nach anderen Scheinwerfern weit überlegen.

Vorteil LED

LED-Scheinwerfer haben einen großen Vorteil: Eine herkömmliche H4-Halogenglühlampe entwickelt eine Leuchtstärke von ungefähr 1500 Lumen. Diese Glühbirne wird in den Scheinwerfer eingesetzt und ihr Licht von einem dahinterliegenden Spiegel reflektiert, was zu einem Verlust eines Großteils des Lichts führt. Das verbleibende Licht dringt anschließend durch die Linse an der Vorderseite des Scheinwerfers. Doch da die Linse so konzipiert ist, dass sie das vom Spiegel reflektierte Licht sammelt, geht vieles davon verloren. Diese indirekte Methode hat einen Wirkungsgrad von nur ca. 35 Prozent! Ein LED-Scheinwerfer hingegen erzeugt einen scharfen Lichtstrahl, der direkt durch eine einfache Optik eng fokussiert auf die Straße gerichtet wird, wodurch sich ein Wirkungsgrad von etwa 60 Prozent erzielen lässt, was einem minimalen Lichtverlust entspricht. Als Ergebnis hat man viel mehr Licht auf der Straße und ein viel helleres und schärferes Scheinwerferlicht, als mit einer Halogenlampe je erreicht werden kann.

1 Bevor die alten Halogenscheinwerfer entfernt wurden, haben wir vor das Fahrzeug einen Karton aufgestellt. Es wurde sichergestellt, dass seine Position parallel zu den beiden Scheinwerfern verläuft. Am Boden war etwas Klebeband, mit dem diese Position später exakt wiederhergestellt werden konnte.

2 Um an einen Scheinwerfer des Defender zu gelangen, müssen zunächst das Standlicht und der Blinker ausgebaut werden ...

3 ... und dann die Verkleidung. Das gilt sowohl für die Standardverkleidung als auch für die Verkleidungen von »KBX Upgrades«, die an meinem Fahrzeug verbaut sind.

4 Entfernen Sie die Schrauben (hier wird eine gezeigt), die den Scheinwerfer am Fahrzeug fixieren, nicht jedoch den Schweinwerferring, den wir uns später ansehen werden.

5 Die Halogeneinheit wird samt ihrer Glühlampe vom Kabel abgezogen.

6 Als nächstes gibt es drei Schrauben in drei Clips, ...

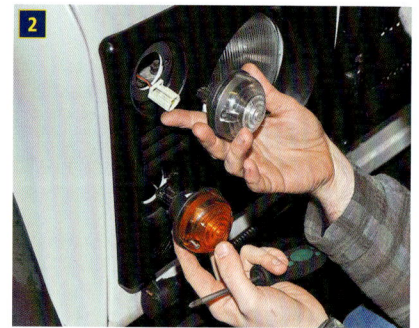

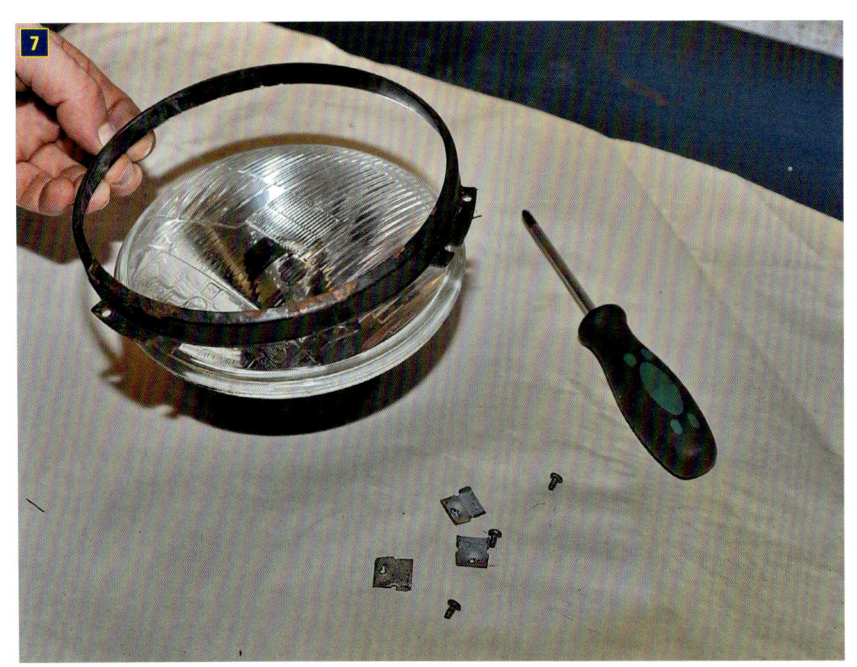

7 ... die die Scheinwerferringe an den Glaskörpern fixieren. Entfernen Sie alle drei Schrauben und Clips und bewahren Sie sie an einem sicheren Ort auf. Die Scheinwerferringe des Defender sind für ihre Rostanfälligkeit bekannt, daher empfiehlt es sich, sie zu reinigen, zu entrosten oder im Bedarfsfall durch neue zu ersetzen. Etwas Kupferpaste auf der Innenfläche aufzutragen ist nicht verkehrt.

8 Die Scheinwerferringe werden über eine Presspassung an den LED-Scheinwerfern gehalten, weshalb sichergestellt werden muss, dass die Innenfläche des Rings weder Rost noch Unebenheiten aufweist. Möglicherweise muss der Ring auch durch Hitzeeinwirkung mithilfe einer Heißluftpistole oder eines Föns geweitet werden, ...

9 ... damit er über die Vorderseite des LED-Scheinwerfers aufgeschoben werden kann.

10 Es muss sichergestellt werden, dass der Ring überall vollständig bündig anliegt.

11 Die vorhin erwähnten Clips werden an die Rückseite der LED-Scheinwerferumfassung gehalten und die Sicherungsschrauben wieder eingeschraubt.

12 Hier muss nicht gegrübelt werden, was wohin gehört: Der vorhandene Scheinwerferstecker wird einfach auf die drei Kontakte geschoben und an die Rückseite der neuen Scheinwerfereinheit geschraubt.

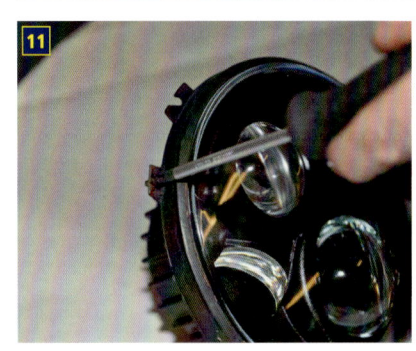

Diese LED-Scheinwerfer sind robust und belastbar:

- Sie sind für den militärischen Einsatz freigegeben, und das nicht nur wegen des geringen Energieverbrauchs und der hohen Leistung, sondern auch weil sie extrem robust sind.

- Jede der im Gehäuse eingefassten Leuchten ist separat abgedichtet, dazu bietet das gewölbte Deckglas einen extra Schutz.

126 Karosserie und Karosserieelektrik

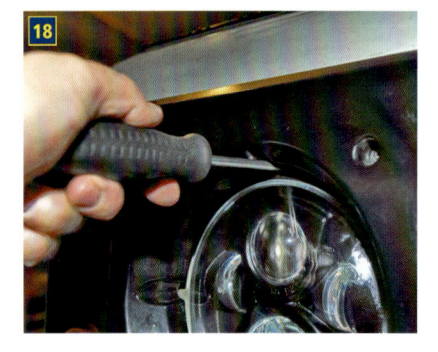

13 Die neuen Scheinwerfer werden genau so wieder angebracht, wie die alten herauskamen.

14 Bevor die Verkleidung wieder montiert wird, muss geprüft werden, ob der Scheinwerfer auch ordnungsgemäß funktioniert. Sie werden sofort die extreme Helligkeit bemerken und sehen, dass das Licht nicht blendet, wenn man nicht direkt in den Strahl blickt. Das liegt daran, dass ein LED-Lichtstrahl extrem scharf und direkt ist – bei Scheinwerfern sehr wünschenswert.

15 Letztendlich müssen nur noch die Verkleidung, das Standlicht und der Blinker wieder eingesetzt werden.

16 Im Hauptbild ist das Abblendlicht gezeigt. Die beiden D-förmigen Leuchten an jeder Seite sind dazu da, die Ausbreitung des Lichtkegels zu steuern. In Bild B ist das Fernlicht eingeschaltet und Bild A zeigt das ursprüngliche, gelblicher erscheinende Halogenlicht.

17 Falls das vorherige Bild keine absolute Klarheit schaffen konnte, sehen Sie hier ein unbearbeitetes Foto, auf dem der Halogenscheinwerfer auf der linken Seite und der LED-Scheinwerfer auf der rechten Seite gleichzeitig leuchten. Das Foto spricht für sich.

18 Nun war es einfach, die Scheinwerferpositionen anhand der vorher auf dem Karton erstellten Filzstift-Markierungen zu überprüfen.

19 Die Höheneinstellschraube befindet sich nicht in der Aussparung an der Unterseite, sondern an der Oberseite, wie dem vorherigen Foto zu entnehmen ist. Hier ist die Seiteneinstellschraube zu sehen.

Zusammenfassend kann gesagt werden, dass diese Scheinwerfer eine sensationelle Verbesserung zu allem, was vorher existiert hat, darstellen. Sie halten wesentlich länger als das Fahrzeug, ohne getauscht werden zu müssen. Sie wurden für raueste Einsatzgebiete entwickelt und die Lichtqualität ist, wie man es auch ausdrücken kann, Lichtjahre von dem entfernt, was ich bisher an einem Land Rover Defender oder einem anderen Fahrzeug kennengelernt habe. Und kein entgegenkommender Fahrer hat sich jemals über blendende Scheinwerfer beklagt.

LED-Tagfahrlicht, -Standlichter, -Bremsleuchten und -Blinkleuchten

Hier sehen Sie, wie Sie durch den Einbau (fast) ewig haltbarer, wenig Strom verbrauchender LED-Standlichter Ihren Defender heller machen und für andere Verkehrsteilnehmer sichtbarer werden.

Die LED-Technologie hat die Fahrzeugbeleuchtung stark verändert. Sie kann die Lebensdauer des Fahrzeugs übertreffen, ohne dass man sie je tauschen muss (den günstigsten Bauteilen würde ich allerdings nicht trauen). Sie ist zudem gegen Wassereinbruch abgedichtet, was Korrosion im Inneren der Beleuchtungseinheit ausschließt. Wie bereits im vorherigen Abschnitt erklärt, ist die Lichtleistung höher, das Licht ist heller, direkter und fokussierter als das der alten Glühlampen.

In diesem Abschnitt sehen wir uns den Umbau der Standlichter, Bremsleuchten und Blinkleuchten zu LED-Leuchten von »MobileCentre« an. Zudem bauen wir die Standlichter so um, dass sie Tagfahrleuchten (TFL) von MobileCentre aufnehmen können.

Seit 2011 müssen alle Fahrzeuge, die innerhalb der EU verkauft werden, mit fest verbauten Tagfahrleuchten ausgestattet sein (seit 2012 auch Lastwagen). Diese können auch an älteren Fahrzeugen nachgerüstet werden. Natürlich sollten TFL so montiert sein, dass sie die entgegenkommenden Fahrer nicht blenden. Deshalb sind sie entsprechend abgewinkelt zu montieren.

1 Ian Baughan, der Mann hinter IRB Developments, zeigt den kompletten LED-Leuchtensatz. Dieser erlaubt es, die am Land Rover bestehende Verkabelung direkt und ohne Modifikation zu nutzen.

2 Dieses Bild zeigt einfach, wie gut diese LED-Leuchten sind, wenn man sie mit den Originalteilen vergleicht. Selbst wenn man die andere Form nicht bemerkt haben sollte, können sie leicht unterschieden werden!

3 Es gibt auch günstigere Lösungen, doch zum Einen könnten diese illegal sein (prüfen Sie das Vorhandensein des E-Zeichens) und zum Anderen halten sie bestimmt nicht so lange. Ich habe bereits billige Versionen aus China gekauft, die nach ein paar Tagen entweder explodiert sind, den Geist aufgegeben haben oder nach nur wenigen Wochen schwächer wurden. Sie waren wohl günstiger, aber letztendlich ein kostspieliger Fehler.

4 Hier sehen Sie einen etwas weniger teuren Umbausatz mit nicht konfektionierten Kabeln, die erst mit Land Rover-kompatiblen Steckern versehen werden müssen. Die teureren Produkte sind bereits steckfertig.

5 Alle Umbausätze enthalten Befestigungsschrauben und Dichtungen. Diese Dichtung hält jeglichen von den Reifen hochgewirbelten Straßenschmutz fern und ermöglicht die Montage auch auf nicht perfekt ebenen Flächen, ohne diese zu beschädigen.

Karosserie und Karosserieelektrik

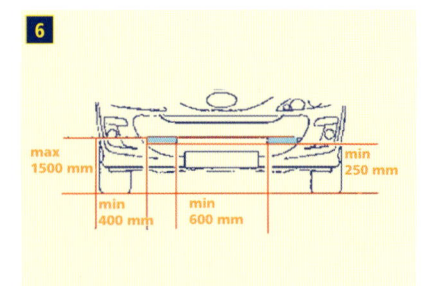

Möge das Verkabeln beginnen

6 Nun zurück zu den TFL (und nicht zu den Seitenleuchten – oder Positionsleuchten, wie sie korrekt bezeichnet werden). Die TFL müssen innerhalb bestimmter Maße eingebaut werden, die in der Praxis vor allem in der Einbauhöhe recht großzügig gewählt wurden.

7 Ian hat die um den Scheinwerfer befindlichen Teile entfernt und die »Plastikmuttern« herausgedrückt, in die die alten Lampen eingeschraubt wurden.

8 Auch die Befestigungen der Radhausschalen wurden entfernt (das kann ein Kampf werden!), damit deren vordere Enden frei herunterhängen können und man somit einen guten Zugang zur Rückseite der Scheinwerfer bekommt.

9 Hier sehen Sie das mit dem kompletten Einbausatz gelieferte Adapterkabel.

10 Ein Ende des Adapters wird einfach auf den Stecker am Kabelende angebracht – damit ist das Kabel gemeint, das in die Rückseite der Beleuchtungseinheit gehört.

TFL-Verkabelung
- Damit Tagfahrleuchten legal sind, müssen sie auf bestimmte Weise verkabelt werden.
- Sie müssen leuchten, sobald man die Zündung einschaltet oder wenn der Motor läuft und ausgehen, wenn die Zündung wieder ausgeschaltet wird.
- Sie müssen ausgehen, sobald das Abblendlicht eingeschaltet wird. Das bedeutet, dass die TFL und die Rückleuchten nicht gleichzeitig leuchten können.

11 Der Umbausatz enthält eine automatische elektronische Steuerung. Hier wird ein Kabel von der Steuereinheit mit einem der neuen Adapterkabel verbunden. Durch dieses Kabel kann die Steuereinheit die TFL ausschalten, sobald das Abblendlicht eingeschaltet wird. Dieses Kabel ist bei Lieferung noch nicht montiert. Daher müsse alle zu bohrenden Zugangsöffnungen groß genug sein, …

12 … um die kleinere Buchse, die bereits am Kabelende montiert ist, durchführen zu können. Beachten Sie den leeren Steckplatz in der Buchse.

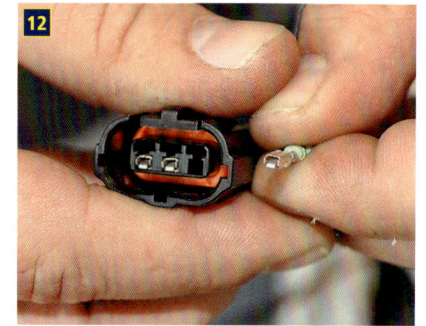

LED-Tagfahrlicht, -Standlichter, -Bremsleuchten und -Blinkleuchten

13 Der Kontakt wird hinten in die Buchse hineingeschoben, bis er sich auf gleicher Höhe mit den beiden bereits montierten Kontakten befindet. Wenn Sie normale LED-Abblendlichter ohne TFL montieren, sind weder dieses Kabel noch die Steuereinheit notwendig.

14 Wenn Sie den Basisumbausatz ohne Kabeladapter kaufen, werden Sie wohl ihre eigenen Stecker verwenden. Es empfiehlt sich, genauso viel Isolierband um die Kabel zu wickeln wie bei den vorherigen Leuchten entfernt wurde.

15 Mit einer Abisolierzange wurden die Kabelenden abisoliert …

16 … und geeignete Adapter aufgekrimpt. Die abgeschirmten Stecker **müssen** zur Stromversorgung hin gesteckt werden, die nicht abgeschirmten Stecker gehen zu den Leuchten.

17 Nachdem die Stecker montiert wurden, ziehen sie daran. So finden Sie heraus, ob und welche Verbindung locker ist.

Insider-Informationen

Tim Consolante von MobileCentre stellt immer sicher, dass die von ihm gelieferten Leuchten absolut legal sind. Die Teile von MobileCentre werden unter folgenden Gesichtspunkten konsequent hergestellt:

- Die vorderen Blinkleuchten müssen heller sein als die hinteren. Legale Versionen sind vorn mit »2a« markiert, während die hinteren Blinkleuchten die Markierung »2« aufweisen.
- Die zulässige Blinkfrequenz liegt zwischen 70 und 120 pro Minute. Um das sicherzustellen, benötigt man ein neues Relais, das auf den Widerstand der LED-Leuchten ausgelegt ist.

18 Hier sieht man, wie Dichtungen, Befestigungsschrauben und Unterlegscheiben an der Rückseite der Beleuchtungseinheiten montiert werden.

19 Denken Sie daran, die Dichtung aufzuschieben, bevor die Beleuchtungseinheit an den Adapter angeschlossen wird.

20 Hier wird das Positionslicht eingesetzt, während ein Helfer die Schraube im Kotflügel festhält. Hierbei handelt es sich um ein Positionslicht von MobileCentre mit integrierter Tagfahrleuchte. Bei ausgeschalteter Zündung sieht das Positionslicht aus wie die normale Ausführung ohne TFL.

21 Hier wird die Leuchte auf der anderen Seite an ihren Platz gebracht, während von der Kotflügelinnenseite aus die Schrauben angebracht werden.

22 Hier sieht man, wie vom Kotflügelinneren aus gesehen die Rückseite der Leuchte in montiertem Zustand aussieht.

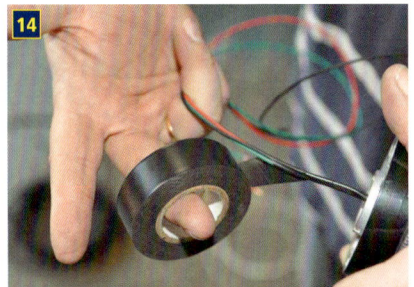

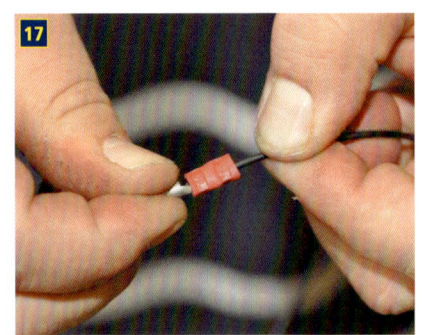

Defender-Rückleuchten

23 Zunächst müssen die Schutzplatten über den Rückleuchten entfernt werden. Man beginnt mit dem Lösen dieser einen Schraube auf jeder Seite …

24 … und macht mit den Schrauben seitlich der Hecktür weiter. Ignorieren Sie das graue Kästchen – das gehört zu meinen Rückfahrsensoren.

25 Wie man hier sehen kann (Bild im Bild), ist der Stromverbrauch mit LED-Leuchten erstaunlich gering, obwohl diese viel heller sind. Die Rückleuchten werden zwar einfach angesteckt, …

26 … müssen aber vom Fahrzeuginneren her festgeschraubt werden. Auf der Seite des Türscharniers benötigt man hierfür zwei Personen – eine, die außen die LED-Leuchteinheit festhält und eine, die sie von innen anschraubt.

27 Bei Station Wagons ist der Einbau der hinteren Blinkleuchten komplizierter als der vorderen, aber nur, weil die Streben für die Sicherheitsgurte berücksichtigt werden müssen.

28 LED-Blinker verbrauchen so wenig Strom, dass herkömmliche Blinkgeber nicht funktionieren. Also haben wir die Schrauben gelöst …

29 … und die Instrumententafel weggehoben, um den darunterliegenden Blinkgeber (spätere Modelle) zugänglich zu machen.

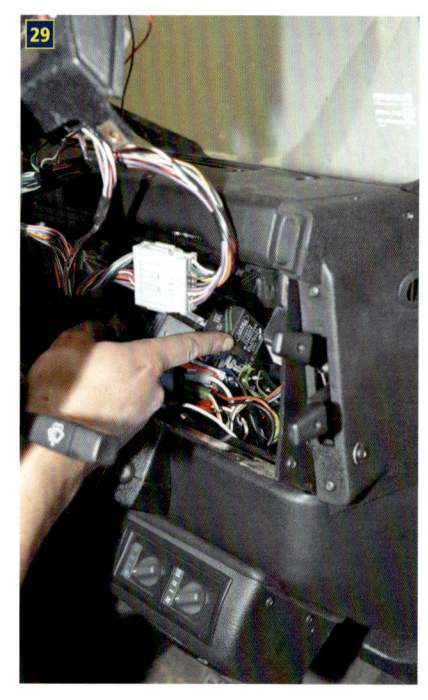

LED-Tagfahrlicht, -Standlichter, -Bremsleuchten und -Blinkleuchten

30 Das Bauteil von MobileCentre kann einfach in die Buchse eingesetzt werden, wo der frühere Blinkgeber saß.

31 Bei älteren Modellen müssen zuvor die Batterie abgeklemmt, der Sicherungskastendeckel entfernt und die darunterliegende Trägerplatte abgeschraubt werden.

32 Der Blinkgeber befindet sich dahinter.

33 Wenn man Tagfahrleuchten verbaut benötigt man irgendetwas, das der Steuereinheit sagt, dass der Motor läuft. Man könnte ein Kabel zur Batterie verlegen, doch da sich diese unter dem Beifahrersitz befindet, sieht die Vorgehensweise von MobileCentre vor, eine Verbindung herzustellen zum positiven 12-V-Anschluss (der größte auf der Rückseite der Tdi-Lichtmaschine), der zur Batterie führt. In anderen Worten: nicht der für die Ladeleuchte und auch nicht die Klemme »W« an der Rückseite der Lichtmaschine. Schlagen Sie in ihrem Handbuch nach, damit Sie den richtigen Anschluss finden. Bei Nicht-Tdi-Modellen wird das anderes sein. Hier wurde die Abdeckung entfernt ...

34 ... und danach das Kabel.

35 Der Ringkabelschuh am Kabel für die Steuereinheit wurde an der Lichtmaschine befestigt, als das vorher entfernte Kabel wieder angebracht wurde.

36 Hier ist die Steuereinheit von MobileCentre zu sehen. Das Bauteil ist von schwerer Ausführung, aus Aluminium und dicht, was ideal ist bei Fahrzeugen, die sich oft im Nassen befinden.

37 Die hinteren LED-Leuchten sind viel heller und klarer als die alten Glühbirnen und sollten auch keine Schwierigkeiten machen.

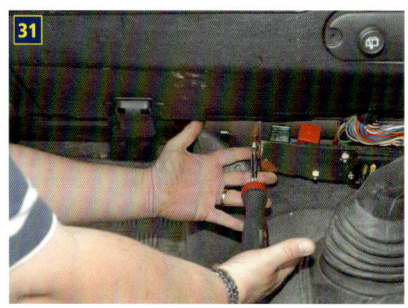

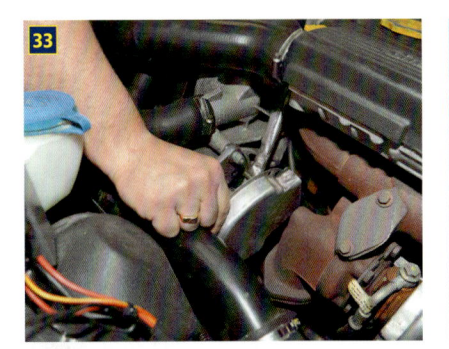

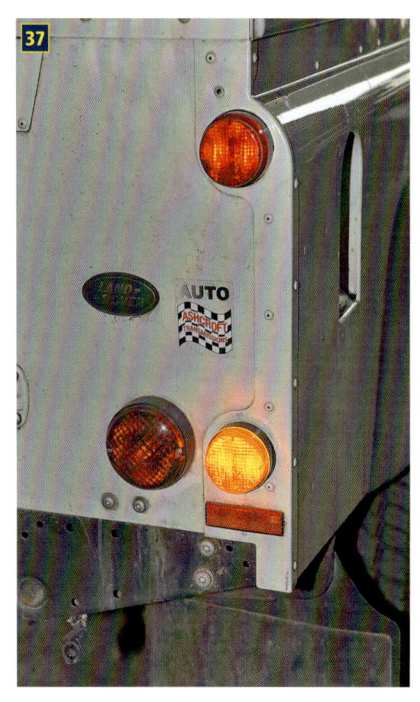

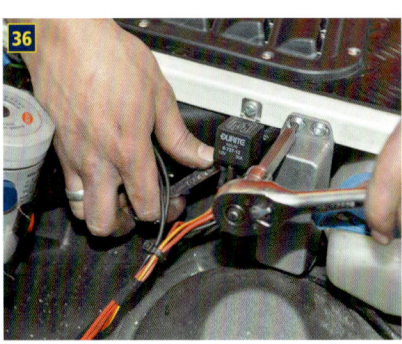

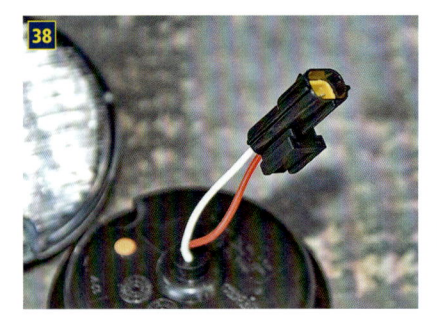

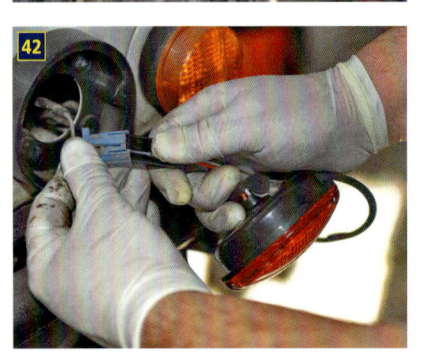

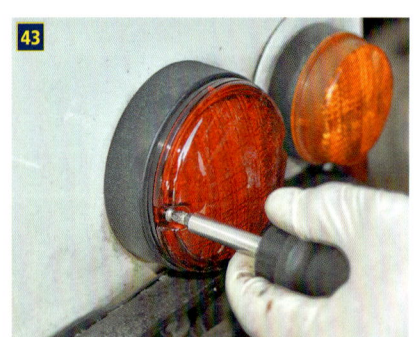

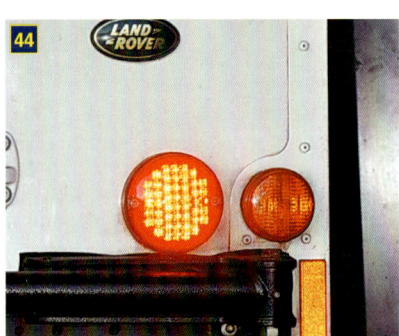

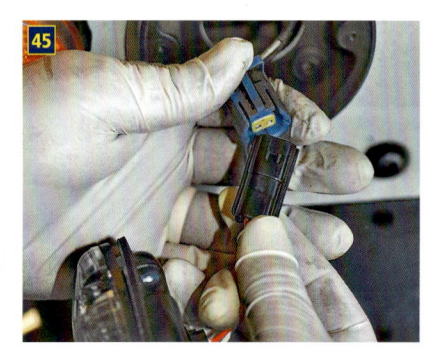

Nebel- und Rückfahrleuchte

Hier verpassen wir DiXie neue, überlegenere Nebel- und eine Rückfahrleuchten, die MCL vom Land Rover-eigenen Beleuchtungslieferanten bezieht.

38 Eine der tollen Eigenschaften von Nebel- und Rückfahrleuchten von MCL ist die, dass sie bereits mit Standardsteckern für den Land Rover geliefert werden, wodurch sie einfach in die bestehende Verkabelung gesteckt werden können.

39 Nach dem Lösen und Entfernen der bestehenden Nebelleuchte wurden die Kabelstecker entsperrt und abgezogen.

40 Die MCL-Leuchten werden mit neuen Dichtringen geliefert und die erste Aufgabe ist es, das überschüssige Material aus dem Inneren des Ringes zu entfernen. Danach empfiehlt es sich, mit Alkohol oder Entfettungsmittel die Kante der Halterung zu reinigen, an welche die Leuchte montiert wird.

41 Entfernen Sie nun das Trägerpapier, führen Sie die Kabel durch den Dichtring und befestigen Sie ihn mithilfe der selbstklebenden Oberfläche.

42 Vorausgesetzt, dass keine Reparaturen an der bestehenden Verkabelung oder Buchse (die mit der Zeit kaputtgehen kann) erforderlich sind, kann die neue Leuchte einfach angesteckt …

43 … und mit den ursprünglichen Befestigungsschrauben fixiert werden.

44 Die Leuchte ist etwas direkter als eine herkömmliche Glühbirne, aber das geht in Ordnung, denn eine Nebelleuchte dient der Warnung des nachfolgenden Verkehrs. In diesem bei Tageslicht aufgenommenem Bild können Sie sehen, dass die LED-Leuchte um ein Vielfaches heller ist als eine konventionelle. Wenn man jetzt noch berücksichtigt, dass sie keine Lampen mehr wechseln müssen und dass diese Leuchten gegen Witterungseinflüsse wie auch gegen die Korrosion von innen geschützt sind, braucht man eigentlich nicht lange zu überlegen.

45 Der Vorgang für den Einbau der Rückfahrleuchte ist exakt derselbe.

46 Hierbei sind die Vorteile sogar noch größer, …

47 … denn sie werden über ein völlig legales, viel helleres Rückfahrlicht verfügen, das viel länger hält als die Standardausführung. Übrigens erklärt das die höheren Kosten verglichen mit den altmodischen Glühbirnen.

Ich freue mich sehr über meine LED-Begrenzungsleuchten. Auch die Tagfahrleuchten sind meiner Meinung nach ein großartiges Extra. Die neuen Leuchten sind nicht nur heller und viel langlebiger, sie verbrauchen auch weniger Energie. Außerdem sind sie auch vollkommen wasserdicht, viel stabiler und sehen ziemlich cool aus, selbst in ausgeschaltetem Zustand. Was gibt es daran auszusetzen?

Zentralverriegelung

Eines Tages hatte ich keine Lust mehr darauf, mit dem Schlüssel in der Hand um meinen Station Wagon zu laufen und beschloss, eine Zentralverriegelung einzubauen. Hier sehen sieht man, wie eine günstige Lösung von »Maplin« verbaut wird.

1 Das Zentralverriegelungssystem von Maplin wird vollständig geliefert und enthält folgende Komponenten:
1. genügend Kabel;
2. Stecker, Isolierung und Schrauben;
3. Steuereinheit;
4. Stellmotoren mit zwei Kabeln für die hinteren Türen;
5. Stellmotoren mit zwei Kabeln für die vorderen Türen;
6. Betätigungsstangen und
7. Montageleisten.

2 Mithilfe der mitgelieferten Schablone haben wir den Montageort für den Stellmotor der Vordertür ausfindig gemacht. Später erfahren Sie, was es mit einer richtigen Positionierung der Stellmotoren auf sich hat.

3 Jeder Stellmotor verfügt über zwei Befestigungsbohrungen.

4 In diesem Fall konnten wir den Stellmotor am eigentlichen Türrahmen befestigen. Er muss an einem Ort eingebaut werden, wo der Motor stabil fixiert ist.

5 Nach dem Bohren der Befestigungspunkte wurde einer besseren Zugänglichkeit wegen zunächst die Betätigungsstange eingehakt und dann der Stellmotor in Position gebracht.

6 Der Stellmotor wird im Zwischenraum hinter der Türverkleidung positioniert. Anschließend werden die Schrauben direkt ins Plastikgehäuse geschraubt.

7 Hier sehen Sie zwar eine der hinteren Türen, doch veranschaulicht dies, wo der Stellmotor positioniert werden muss. Vom Türverriegelungsknopf ausgehend verlief ursprünglich ein Gestänge in den Schließmechanismus.

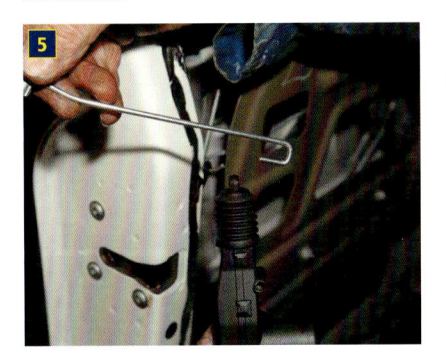

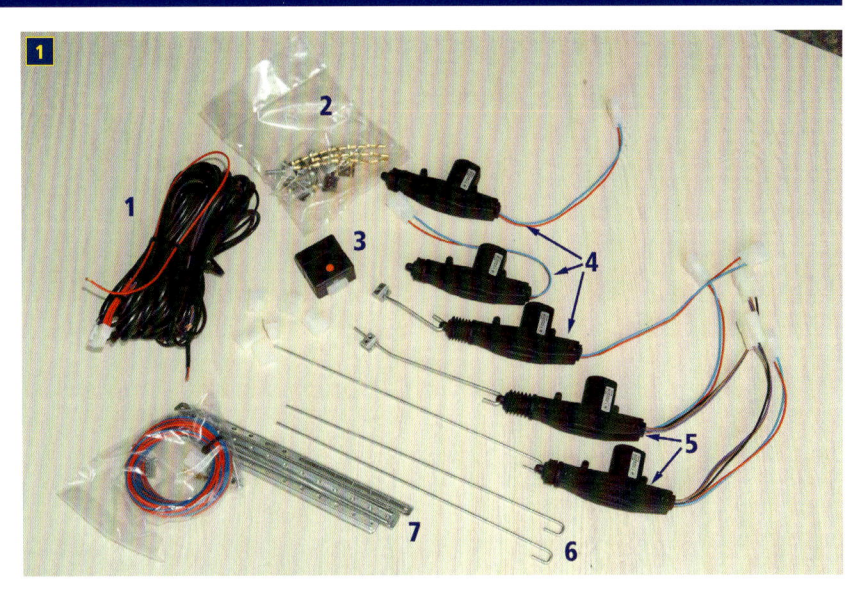

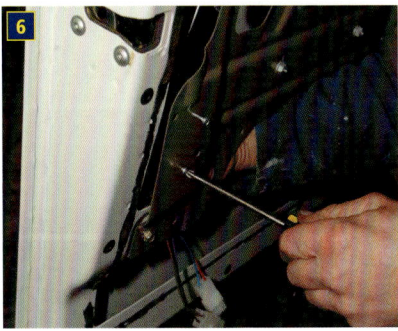

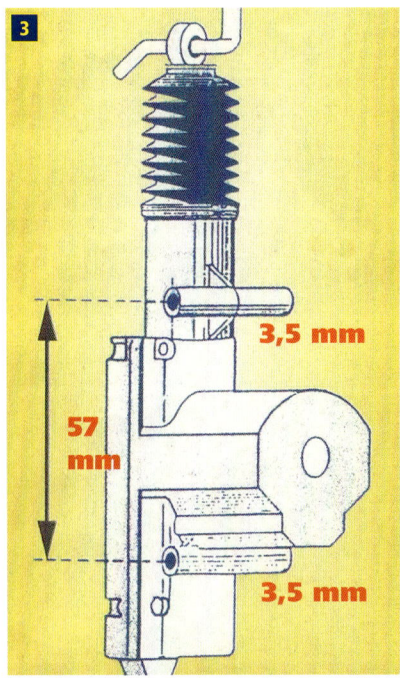

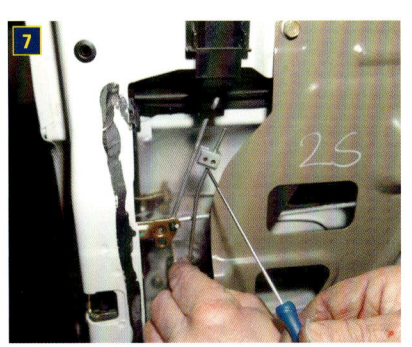

134 Karosserie und Karosserieelektrik

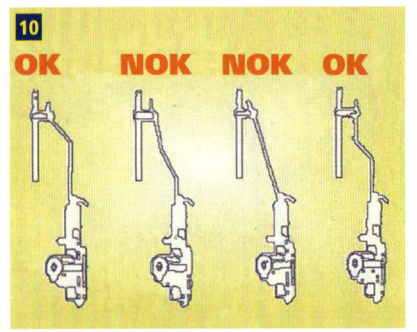

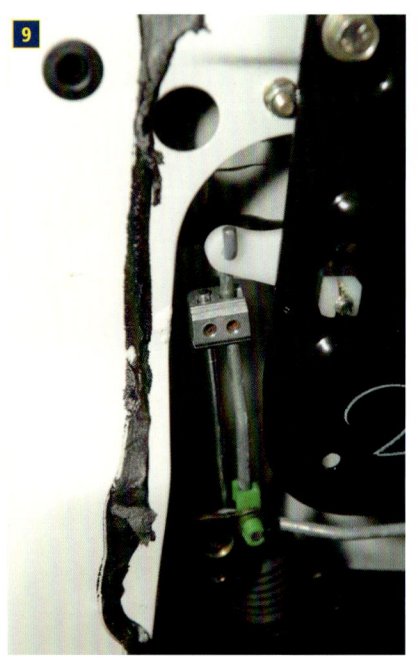

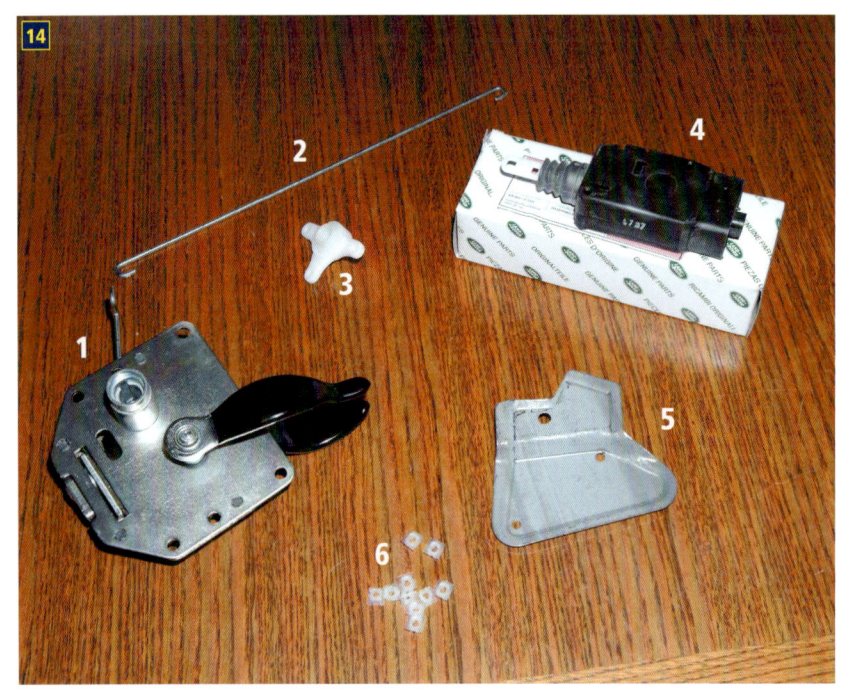

8 Dieser Bausatz zieht lediglich an diesem Stahlstab, …

9 … weshalb dieser auf die entsprechende Länge gekürzt werden muss und mit der mitgelieferten Klammer huckepack am ursprünglichen Gestänge fixiert wird.

10 Dieses Diagramm zeigt die empfohlenen Zugwinkel. Das Gestänge vom Stellmotor muss ab dem Verbindungspunkt parallel zur ursprünglichen Betätigungsstange verlaufen.

11 Die Klemmen verfügen über eine glatte Öffnung für die Aufnahme der Betätigungsstange der Zentralverriegelung und über einen Schlitz, der über das ursprüngliche Gestänge geschoben wird.

12 Dieser Abschnitt gilt nicht für Land Rover-Modelle mit herkömmlichen Türschlössern an den hinteren Türen, doch verhält es sich bei älteren Defendern ganz anders! Zuerst haben wir die Niete am ursprünglichen Schloss herausgebohrt …

13 … und dieses geöffnet, um zu sehen, ob wir an diesem Mechanismus eine Betätigungsstange anbringen konnten. Das ist zwar möglich, doch nur sehr schwer auszuführen und außerdem war ich mir nicht sicher, ob das wirklich hält. So haben wir das Schloss wieder mit Senkkopfschrauben zusammengebaut und jemand anderem gegeben.

14 Stattdessen entschied ich mich für einen neuen Aktionsplan. Nach einem Blick in den Ersatzteilkatalog erhielten wir von Bearmach diese neuen Land Rover-Artikel für Defender mit Zentralverriegelung:
1. Hinteres Türschloss mit Betätigungsstange (es ragt über die Oberseite der Baugruppe);
2. Betätigungsstange;
3. Mitnehmer;
4. Stellmotor;
5. Montageplatte und
6. Kunststoff-Gewindeeinsätze.

Zentralverriegelung

15 Zunächst galt es, den Schließzylinder vom alten Türschloss zu entfernen. Dazu mussten wir den Schlüssel hineinstecken und ein Stück Draht in eine Öffnung am Schlosskörper, wodurch sich der Schließzylinder herausziehen lässt.

16 Um den Schließzylinder in ein neues Schloss einzubauen, muss er lediglich mit steckendem Schlüssel hineingeschoben werden. Natürlich haben wir ihn erst mit wasserabweisendem Fett geschmiert.

17 Bevor die Baugruppe nun an die Tür montiert wird, gilt es, die Dichtung aufzulegen.

18 Ich gebe zu, die Verkabelung des Stellmotors hat uns viel Kopfzerbrechen bereitet, da wir nicht den richtigen Stecker für den Anschluss hatten. Stattdessen haben wir den fünften Stellmotor an die Halterung des Land Rover montiert.

19 An meiner Tür hatte ich keinen Platz, um das Ding anzubringen, somit nutzten wir bereits bestehende Schrauben im Türrahmen.

20 Der neue Schließmechanismus wurde auf normale Weise eingebaut …

21 … und am Plastik-Mitnehmer mit integrierter Betätigungsstange eingehakt.

22 In der Mitte des Plastik-Mitnehmers müssen eine Schraube und eine Unterlegscheibe eingefügt werden, …

23 … damit dieser nach Einführen eines der Gewindeeinsätze in die Öffnung am Türrahmen angeschraubt werden kann.

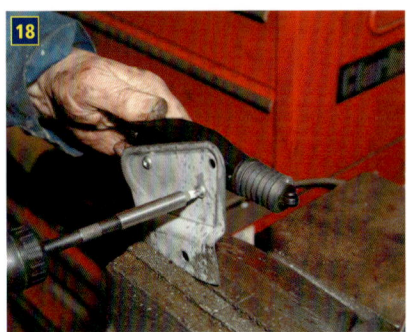

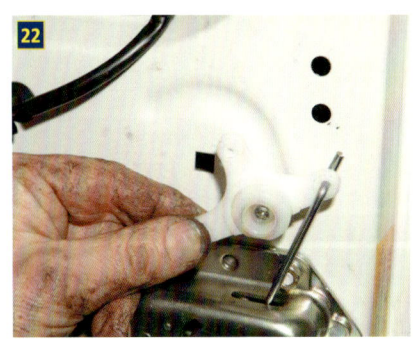

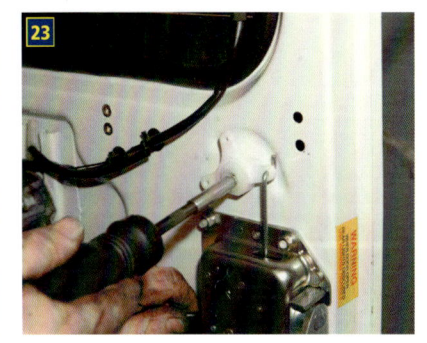

136 Karosserie und Karosserieelektrik

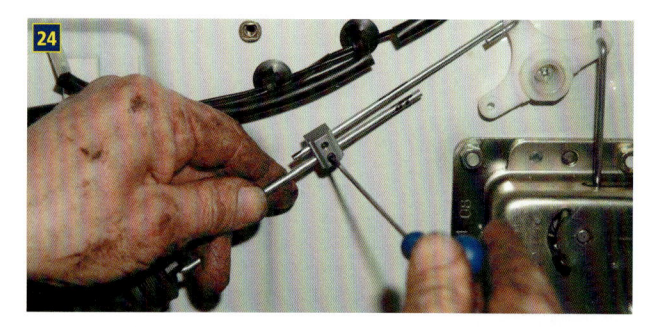

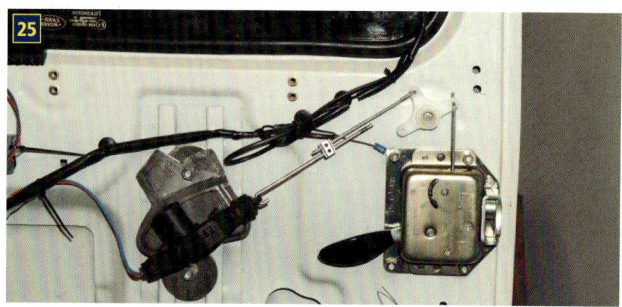

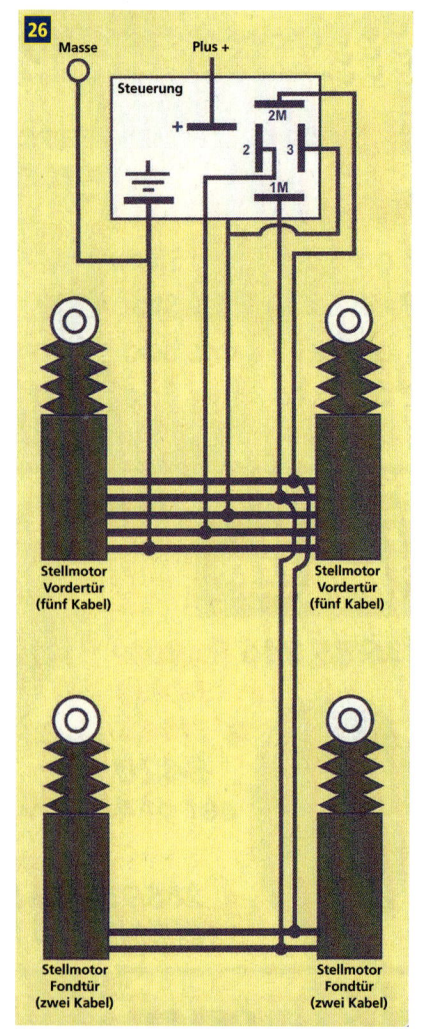

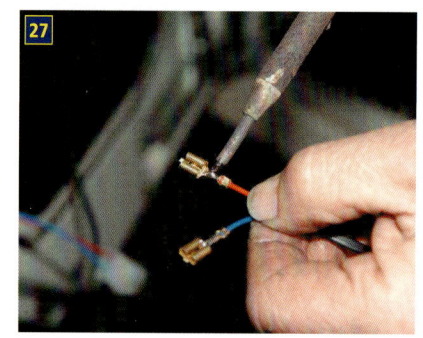

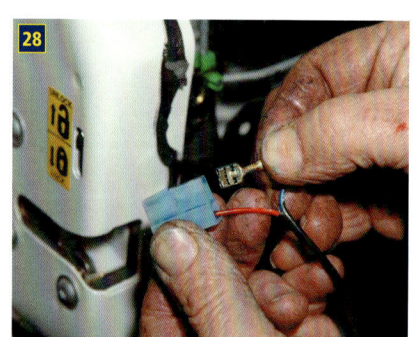

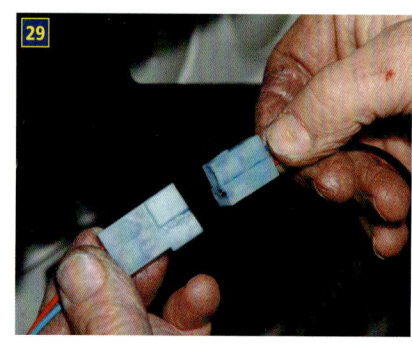

26 Masse — Plus+ — Steuerung — 2M — 1M — Stellmotor Vordertür (fünf Kabel) — Stellmotor Vordertür (fünf Kabel) — Stellmotor Fondtür (zwei Kabel) — Stellmotor Fondtür (zwei Kabel)

24 Ein wenig Fummelei und Erfahrung sind notwendig, um die richtigen Gestängelängen auszumachen. Es gilt zudem herauszufinden, ob das Schloss nun geschlossen oder geöffnet ist. Danach können die Gewindestifte an der Klemme festgeschraubt werden.

25 Es ist auch in Ordnung, die Gestänge jeweils etwas länger zu lassen, damit man noch genügend Spielraum für eine spätere Feineinstellung hat.

26 Die Kabel werden gemäß der Farbkodierung im mitgelieferten Schaltplan mit den Stellmotoren verbunden. Um Kurzschlüsse zu vermeiden, empfiehlt es sich, das Pluskabel erst zum Schluss anzuschließen.

27 Der einzig sichere Weg, Flachstecker anzuschließen, sieht vor, diese an der Kunststoffisolierung festzukrimpen und anschließend am Kabel festzulöten.

28 Nun werden die Flachstecker in das mitgelieferte Gehäuse gedrückt …

29 … und somit männliche und weibliche Anschlüsse miteinander verbunden.

30 Da es im Türinneren oftmals feucht sein kann, wurden die Stecker großzügig mit Batteriepolspray behandelt.

31 Die Pluskabel am Ende anzuschließen war einfach, denn die Steuereinheit war das letzte Bauteil, das an den Sicherungskasten angeschlossen werden musste. Die Steuerung der Zentralverriegelungseinheit ist klein genug, um im Sicherungskasten bleiben zu können.

Die Zentralverriegelung von Maplin passt gut zu einer über den Schlüsselsender aktivierbaren Alarmanlage. Mein Defender Station Wagon hat nun eine vom Schlüsselsender aus steuerbare Zentralverriegelung. Sollten Sie kein derartiges System besitzen, verriegeln sich die Türen entweder über eines der beiden vorderen Türschlösser oder über die Türverriegelungsknöpfe im Fahrzeuginneren.

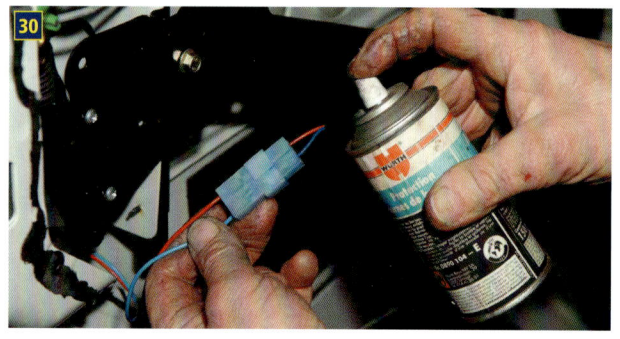

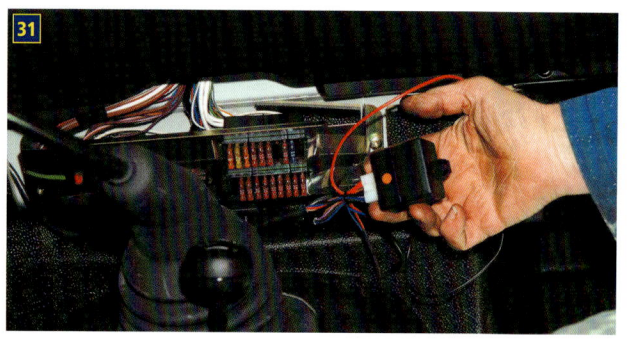

Elektrische Fensterheber für die vorderen Seitenscheiben

Beim Defender haben sich die Ausführungen der Fensterhebemechanismen mit der Einführung von stählernen Fahrzeugtüren Mitte der Nullerjahre verändert. Mit ihnen kam nämlich eine neue Art der elektrischen Fensterheber auf den Markt. Beide werden an ein geschraubtes Untergestell montiert, doch während beim späteren Typ das Untergestell sowohl für den elektrischen als auch den manuellen Fensterheber zum Einsatz kommt, ist das beim älteren Fabrikat nicht der Fall. Wenn Sie also einen Umbau eines älteren Modells in Erwägung ziehen, sind die Untergestelle auch zu tauschen. Mir wurde allerdings gesagt, dass man es bei diesen frühen Fahrzeugen mit ein bisschen Schneide- und Erfindungsarbeit möglicherweise auch schafft, doch habe ich das weder versucht noch irgendwo anders gesehen.

Welchen Typ Sie auch einbauen, Sie benötigen in jedem Fall zwei Fensterheberschalter. Für den Fall, dass Ihr Armaturenbrett den Einbau derartiger Komponenten vorsieht, können Sie Originalschalter von Land Rover einsetzen. Dazu benötigen Sie noch den Kabelbaum oder müssen selbst die passenden Kabel vorbereiten. Außerdem sind auch die richtigen Kabeldurchführungen zwischen Tür und A-Säule notwendig, um die Kabel ordnungsgemäß durchführen zu können.

Der beste Weg um herauszufinden, was Sie für Ihren Landy benötigen, ist, bei ihrem Land Rover Händler oder einem Spezialisten vorbeizuschauen, damit man dort in einem Land Rover Teilekatalog und einem offiziellen Werkstatthandbuch nachschlagen kann.

1 Während wir die Türverkleidung entfernten, achteten wir darauf, die Halteclips nicht zu zerstören. Der Einsatz eines geeigneten Werkzeugs zum Entfernen von Türverkleidungen ist sehr hilfreich, vor allem dort, wo ein Schraubendreher höchstwahrscheinlich einen Schaden anrichten würde.

2 Zuerst wurden die Fensterheberkurbel, der Türöffnergriff und die Einfassungen der Türverriegelungsknöpfe entfernt. Es ist immer eine sehr heikle Angelegenheit, die Türverkleidung zu entfernen – vor allem, wenn die Verkleidungshaken stecken bleiben.

3 Die Dichtmatte dient dazu, die Feuchtigkeit in der Tür gefangen zu halten, wo sie (theoretisch) sicher abfließen kann, doch kann sie nur schwer schadlos entfernt werden.

4 An der Oberseite der Tür haben wir einen Kartonstreifen zum Schutz der Lackierung angebracht und anschließend bei geschlossenem Fenster Klebeband aufgeklebt, um die Scheibe zu fixieren.

5 Die Befestigungsschrauben für die Türklinke wurden entfernt, …

6 … so auch die Schrauben, die den Hebemechanismus am Türrahmen fixieren.

138 Karosserie und Karosserieelektrik

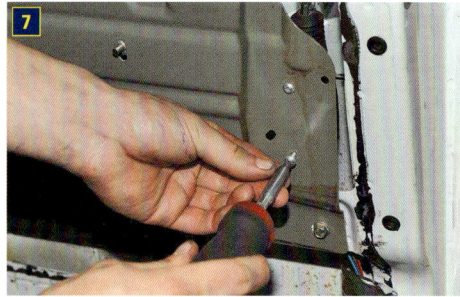

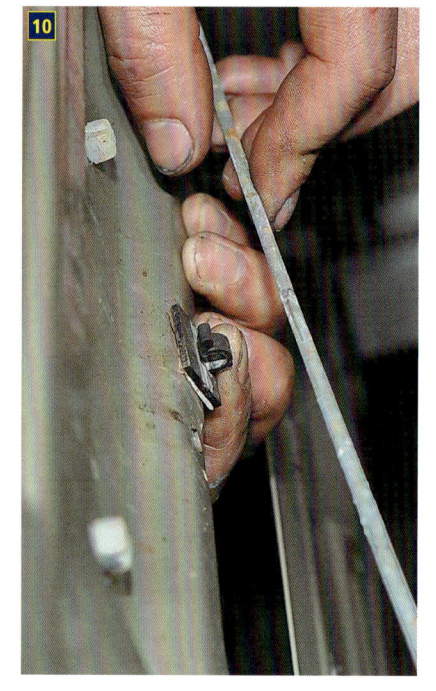

7 Bei meinen Türen stammten die Stellmotoren aus dem Zubehör und wurden ähnlich wie die werksseitig verbauten montiert. Dies wurde vom Türrahmen abgeschraubt, ...

8 ... bevor wir uns daran machten, die Rahmenbefestigungsschrauben überall zu lösen.

9 Anschließend wurde der Rahmen nach vorn gekippt, um den Zugang zur ...

10 ... Betätigungsstange des Türgriffs zu ermöglichen, welche in einem Clip auf der Rahmeninnenseite sitzt.

11 Nachdem wir den Türöffnergriff freigefummelt hatten, ...

12 ... wurde er durch die Öffnung im Rahmen geschoben, wodurch sich dieser abnehmen ließ, während die Betätigungsstange und der Türöffnergriff noch an der Tür hingen.

13 Als nächstes lockerten wir die Schrauben, die den Hebemechanismus an der Schiene auf der Unterseite der Scheibe befestigen. Deshalb haben wir vorher die geschlossene Scheibe mit Klebeband fixiert.

14 Und hier sehen Sie, wieso die Schrauben lediglich gelockert und nicht entfernt werden müssen: Mithilfe der Schlüssellöcher kann der Mechanismus von der Schiene entfernt werden.

15 Der elektrische Fensterhebermechanismus, den ich vorher gekauft hatte, wurde nun in seine Einbauposition gebracht ...

16 ... und auf die neuen Schrauben an der Scheibenschiene aufgesteckt, die anschließend festgezogen wurden.

17 So wie der elektrische Antrieb geliefert ist, wird er sicherlich falsch ausgerichtet sein. Der einzige Weg, ihn zu bewegen ist, den Motor mit Strom zu versorgen.

Elektrische Fensterheber für die vorderen Seitenscheiben 139

18 Wir haben ein Messgerät an die Batterie angeschlossen, …

19 … um den Fensterhebermechanismus so zu bewegen, dass er an das Untergestell montiert werden konnte. Es ist ziemlich einfach, das Untergestell in Position zu bringen, und wenn es beim ersten Mal nicht klappt, muss man nur den Motor mit Strom versorgen, um die Lage des Mechanismus zu justieren.

20 Nach zusammenschrauben des Untergestells und des Fensterhebermechanismus lässt sich einfach erkennen, dass sich das neuere Untergestell für beide Betriebsarten des Fensterhebers eignet. Wir schraubten den Mechanismus an das Untergestell, nachdem wir letzteres leicht an ein paar Schrauben fixiert dort hängen ließen.

21 Dann brachten wir die übrigen Schrauben an, ohne diese festzuziehen.

22 Das liegt an diesem kleinen Zapfen, der mit einer Mutter und einer Unterlegscheibe befestigt, aber noch nicht festgezogen wird, da es sich hierbei nicht nur um eine Befestigungsstelle handelt. Es ist ein Scheibenwinkel-Einsteller, …

23 … den man nach unten oder nach oben schiebt, um den Winkel der Scheibe so zu verstellen, dass die Oberseite der Scheibe parallel zur Oberseite der Tür verläuft. Danach wird die Mutter des Winkelstellers festgezogen, gefolgt von sämtlichen Befestigungsschrauben des Mechanismus.

24 Währenddessen arbeitete Tim Consolante von MCL an der Schalterverkabelung. Aus seinem Sammelsurium an elektrischen Goodies hat er Schalter und Anschlussblöcke von Carling ausgesucht, bei welchen die Verkabelung einfach eingesteckt wird.

25 Die Fensterheberschalter von Carling wurden mithilfe einer »Raptor Dash«-Schaltermontageplatte, die an die jeweiligen Bedürfnisse angepasst erhältlich ist, zusammen mit den anderen Schaltern in meiner Mittelkonsole verbaut.

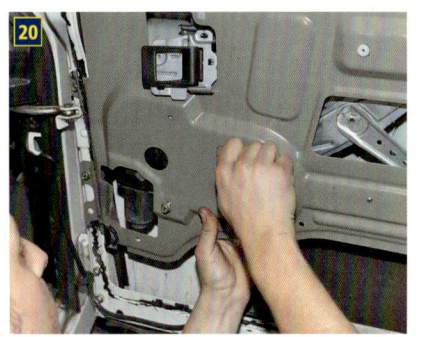

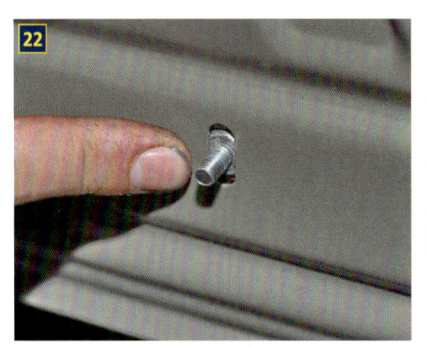

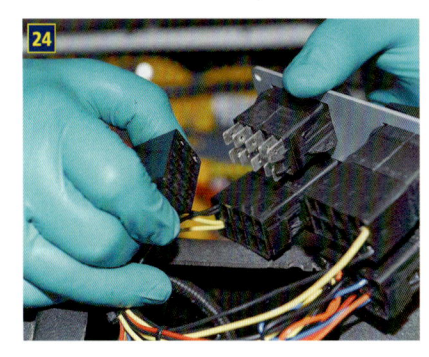

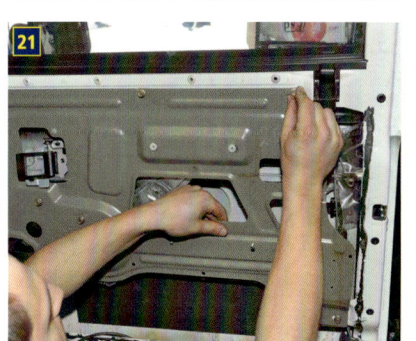

140 Karosserie und Karosserieelektrik

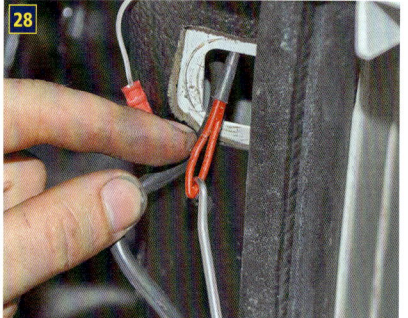

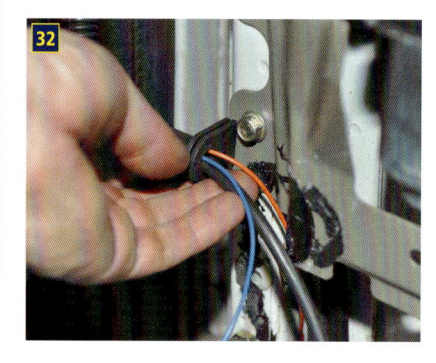

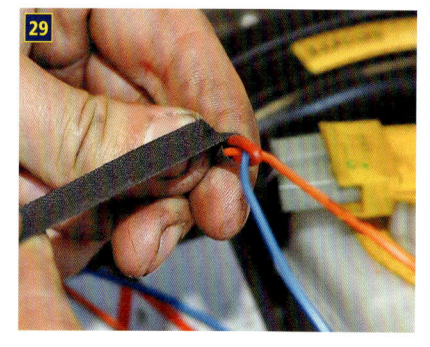

26 Um von der A-Säule aus die Mittelkonsole zu erreichen, stellte sich heraus, dass wir das Kabel besser durch den Motorraum verlegen sollten. Also haben wir einen starren Angelstab seitlich durch die Trennwand geführt, an welchen wir das Stromkabel einhaken, um es durch das Gewirr im Motorraum zu lotsen.

27 Im Inneren der Türsäule wurden die Innenbeleuchtungsschalter entfernt, um einen besseren Zugang zu erhalten.

28 Das Ende des Angeldrahtes wurde durch die bereits in der A-Säule befindliche, speziell angefertigte Öffnung gezogen.

29 Im Motorraum wurden dann die Stromkabel mit Klebeband am anderen Ende des Angeldrahtes fixiert …

30 … und hindurchgezogen, bis sie durch die Zugangsöffnung herausragten.

31 Anschließend wurden die Kabel durch die Kabelführungen am Defender durchgeführt.

32 Auf der anderen Seite ist die Kabeldurchführung so konzipiert, dass sie einfach in das Untergestell der Fahrzeugtür eingesteckt wird. Im Falle von werksseitig verbauten elektrischen Fensterhebern sind an den Türen entsprechende Türverkleidungen angebracht, die wir allerdings nicht hatten. Wir sehen uns später an, was zu tun ist.

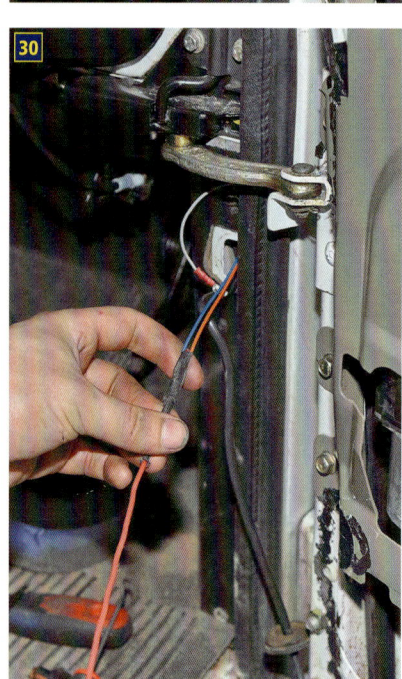

Elektrische Fensterheber für die vorderen Seitenscheiben | 141

33 Nachdem die Kabel in Position gebracht waren, wurden sie auf die richtige Länge gekürzt und mit geeigneten Steckern versehen, um mit dem Fensterhebermotor verbunden zu werden.

34 So sieht es aus, wenn die Verkabelung und die Kabeldurchführung eingesetzt sind. Die Stromkabel sind ordnungsgemäß geschützt und mit einem Kabelbinder befestigt, damit sie in dieser Position verlegt bleiben.

35 Die standardmäßig verbaute Türverkleidung unterscheidet sich von der Version für elektrische Fensterheber in gerade mal zwei Punkten. Zum einen haben wir das Loch in der Standardversion, durch welches die Fensterkurbel durchgesteckt wird. Ich habe ein paar perfekt passende Durchführungsdichtungen gefunden, mit welchen ich die Öffnungen verschlossen habe. Zum anderen gibt es eine Aussparung für die Verkabelung, die durch die Verkleidung verläuft. Es ist nicht schwer, eine runde Öffnung zu feilen, die nicht nach einer Modifikation aussieht.

Umbausätze aus dem Zubehörprogramm und hintere Seitenscheiben

Nachdem nun gezeigt wurde, wie man »echte« Land Rover Komponenten für den Umbau zu elektrischen Fensterhebern montiert, sollte auch darauf hingewiesen werden, dass zum Zeitpunkt des Schreibens auch entsprechende Umrüstkits im Zubehör erhältlich waren. Diese scheinen zwar von guter Qualität zu sein, doch im Hinblick auf die reine Langlebigkeit empfehlen sich Originalbauteile von Land Rover.

36 Wenn Sie auch die hinteren Seitenscheiben mit elektrischen Fensterhebern versehen möchten, haben Sie keine andere Wahl als einen Umrüstsatz von »SPAL« einzubauen, wie in diesem Beispiel zu sehen. Dieser enthält Motoren und seilzuggetriebene Hebemechanismen, …

37 … die mit den bestehenden Fensterhebemechanismen arbeiten, wobei die entsprechenden Kunststoffadapter aus dem Umrüstsatz um Einsatz kommen.

38 Glücklicherweise gibt es hinter der Verkleidung der hinteren Land Rover-Türen ausreichend Platz, um das System einzubauen, doch muss auch hier akkurat geplant werden.

Von Land Rover gibt es auch entsprechende Kabeltüllen für die hinteren Türen, die dem Verlegen der Verkabelung hin zur B-Säule dienen. Ursprünglich waren diese für die Kabel der Zentralverriegelung gedacht. Außerdem stimmen sie mit denen der vorderen Türen überein.

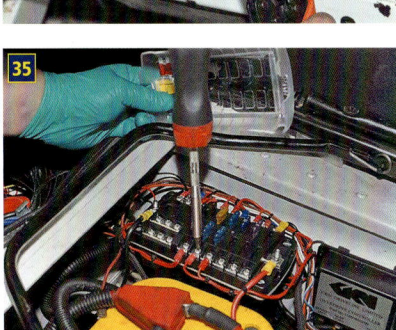

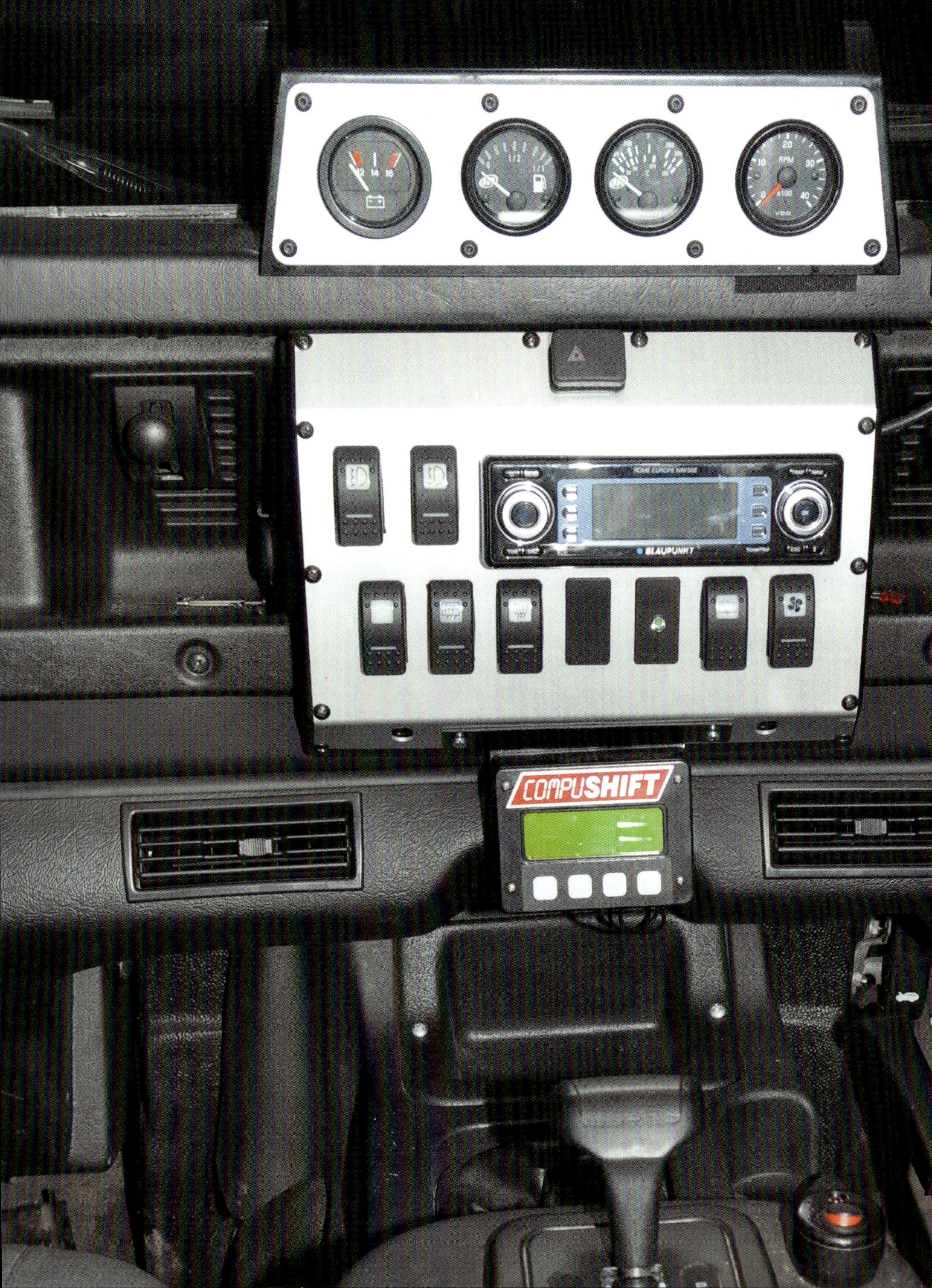
COMPUSHIFT
BLAUPUNKT
RPM
x100
VDO

5

Interieur

Schalter von »Carling« und Instrumentenkonsole	**144**
Zusatzinstrumente	**148**
Dachhimmel	**152**
Sitzheizung und elektrische Lordosenstütze	**159**
Rücksitze	**163**
Schalldämmmatten	**166**
Aufbewahrungsboxen	**169**

Interieur

Schalter von »Carling« und Instrumentenkonsole

Wenn Sie damit anfangen, Zubehör an ihren Defender zu bauen, werden Sie schnell feststellen, wie ungeeignet die Standardkonsole dafür ist. Hier sehen Sie, wie mein ziemlich modifizierter Land Rover die Konsole erhielt, die er verdient.

Alles fing damit an, dass ich erkannt hatte, dass die Standardinstrumententafel von DiXie keinen ausreichenden Platz für die vielen bis dato verbauten und die zukünftigen Zubehörteile bot. Seinerzeit war für den Td5-Defender keine Austauschinstrumententafel erhältlich, bis ich auf die Produktpalette von »Raptor« aufmerksam geworden bin.

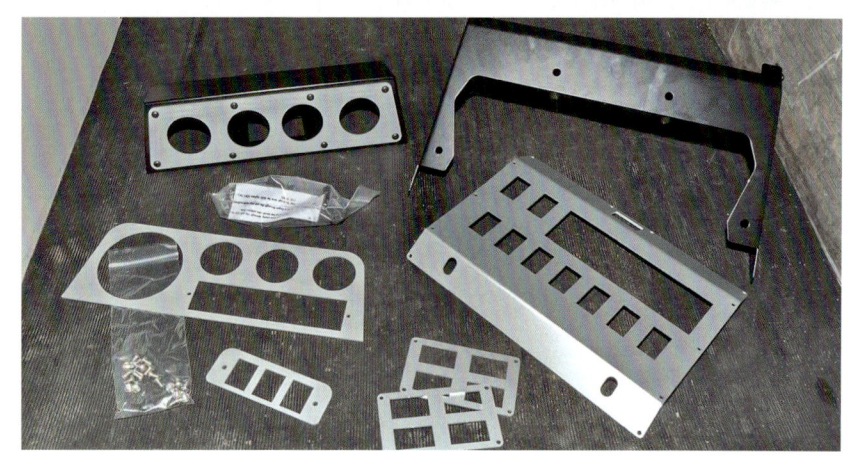

Dies sind die Armaturenbrett- und Instrumentenkonsolenteile von Raptor. Gegenüber den originalen Plastikteilen sind sie aus pulverbeschichtetem Stahl.

Tag Eins

1 Die Arbeit an meiner Instrumententafel nahm viel mehr Zeit in Anspruch als normalerweise nötig, was daran lag, dass viele der Arbeiten eher entdeckerischer Natur waren. Alles begann mit dem Entfernen der Befestigungsschrauben der Instrumententafel.

2 Auf der anderen Seite der Instrumententafel sind zwei Schrauben zu entfernen, woraufhin die Instrumententafel hochgehoben und die Kabel abgesteckt werden können.

3 Als nächstes musste die rechte Endplatte abgenommen werden, aber ohne die Bedienelemente für die Heizung abzuklemmen.

4 Anschließend wurden die Lüftungsöffnungen entfernt, …

5 … die Schrauben der oberen Blende gelöst …

6 … und letztere abgenommen.

7 All dies verlief so, dass nun die zentrale Instrumententafel abgeschraubt und entfernt werden konnte. Ärgerlich: Die oberen drei Schrauben werden durch die obere Blende verdeckt, daher ist ihr Ausbau nötig.

8 Anschließend entfernten wir das Radio komplett. Glücklicherweise ist es fast unmöglich, die Schalterkontakte beim Land Rover zu vertauschen, da sich alle Schalter voneinander unterscheiden.

9 Nachdem die Bedientafel der Mittelkonsole entfernt war, wurde das neue Bauteil von Raptor aufgelegt, um die entsprechenden Ausschnittmarkierungen anzubringen.

10 Natürlich hätten wir auch eine Handsäge verwenden können, doch haben wir beschlossen, ein Druckluft-Schneidewerkzeug einzusetzen. Dieses ist nicht so schnell wie ein elektrischer Winkelschleifer und schneidet daher den Kunststoff, ohne ihn zum Schmelzen zu bringen.

11 Als nächster Schritt wurde die Instrumententafel von Raptor in Position gebracht und ein Führungsloch gebohrt, …

12 … in das eine Schraube gesetzt wurde. Anschließend wurde auf der gegenüberliegenden Seite eine zweite Schraube eingesetzt, bevor die übrigen Führungslöcher gebohrt wurden.

13 Anstatt der im Umbausatz enthaltenen Edelstahlschrauben beschlossen wir, selbstschneidende Schrauben mit schwarzem Kopf einzusetzen. Das ist aber reine Geschmackssache.

Verkabelungstricks

14 Die Schalter von Carling gehören zu den Besten, die man bekommen kann. Tim beschaffte sich die richtigen Anschlusslegenden für die Vorder- und Rückseiten der Anschlussblöcke.

15 Anhand des Land Rover-Stromlaufplans und des Verkabelungsdiagramms, das auf der Website von Carling zum Download verfügbar ist, gilt es nun herauszufinden, welches Kabel wohin gehört. Abisolierzangen ermöglichen ein schnelleres und präziseres Arbeiten, ohne Gefahr zu laufen, beim Abisolieren den Leiter mit abzuschneiden.

16 Anschließend wurde jeder Flachstecker auf sein Kabel gekrimpt …

17 … und somit jeder Stecker in die entsprechende Buchse am Anschlussblock gesteckt. Die Flachstecker rasten in ihrer Position ein.

18 Jetzt wird der Anschlussblock auf den entsprechenden Schalter aufgeschoben (auf der Rückseite der Instrumententafel). Hier empfiehlt es sich, die Anschlussblöcke zu kennzeichnen, denn anders als die werksseitig verbauten Module sehen diese hier alle gleich aus.

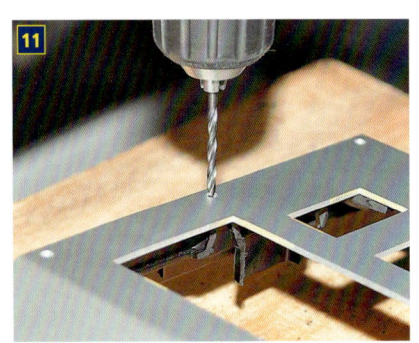

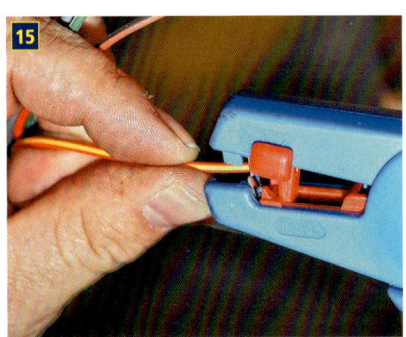

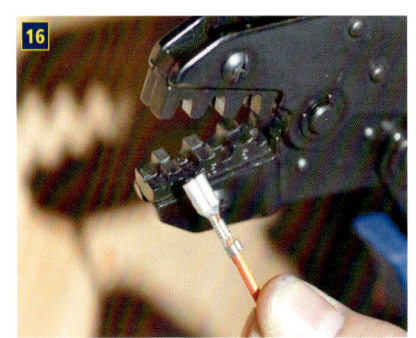

146 Interieur

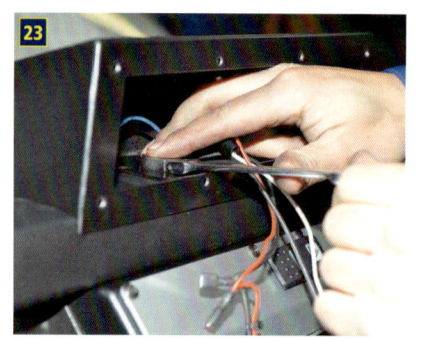

19 Nachdem das Radio und die Schalter eingebaut waren, wurde die Instrumententafel in Position gehalten, wodurch klar wurde, dass wir ein wenig mehr abtrennen mussten.

20 Ich hatte zu einem früheren Zeitpunkt einen Instrumentenhalter eingebaut – keiner kam mir so robust vor wie die Teile aus Stahl und Aluminium aus dem Raptor-Angebot. Hier sehen Sie die Platte und die Schrauben, die den Träger von Raptor an der Oberseite des Armaturenbretts in Position halten.

21 Nach Einbau der Instrumente in die Aluaufnahme wird letztere an das Gehäuse geschraubt (hier nur testweise). Die Instrumententafel wird nicht angeschraubt, solange das Gehäuse nicht an der Oberseite des Armaturenbretts angebracht worden ist.

22 Die Gewindestange aus Bild 20 wird unterhalb der Aschenbecheröffnung eingeführt. Wenn Sie nun in das Innere des Gehäuses mit abgenommener Frontplatte blicken, können Sie die beiden Schrauben sehen, die zur Montage an die Gewindestange dienen.

23 Nachdem das Gehäuse in Position gebracht wurde, gilt es nun, diese beiden Schrauben festzuziehen.

24 Nachdem wir die Instrumente eingesetzt und das Paneel von Raptor probeweise angebaut haben, haben wir überprüft, dass das Radio nicht an den Warnblinkschalter an der Oberseite des Paneels stößt. Diese Anordnung war meine Idee, doch hatte Phil von Raptor Bedenken, dass die beiden Komponenten einander behindern könnten. Hier hat alles gepasst, doch wird einem klar, dass man sich darüber Gedanken machen muss, welche Bauteile einzusetzen sind – vor allem, wenn man sein eigenes Layout umsetzen möchte.

Tag Zwei

25 Während unserer ersten Session hatten wir keine Zeit, den Instrumentenhalter von Raptor anzubringen, daher haben wir die entsprechenden Teile des Armaturenbretts demontiert und den Instrumententräger aus Kunststoff entfernt.

26 Das Paneel von Raptor ist viel robuster als das Original aus Plastik, doch gab es ein paar scharfe Kanten, an welchen noch zu feilen war.

27 Bei Montage einer der Spitzmuttern an diesem stählernen Vorsprung sieht man, wie dünn diese Montagestelle eigentlich ist – lediglich ein Kunststoffreiter.

28 Das stählerne Paneel von Raptor hat eine viel beruhigendere Wirkung, wenn es darum geht, die Komponenten des Armaturenbretts wieder zusammenzubauen.

Schalter von »Carling« und Instrumentenkonsole **147**

29 Für die Instrumententafel ist auch diese Frontplatte erhältlich. Diese hier hat nicht zu meinem Fahrzeug gepasst, da sie Bohrungen für die zwei Befestigungsschrauben der älteren Modelle aufwies. Ich habe mich ohne hin dazu entschlossen, keine dieser Frontplatten zu montieren.

30 Anschließend galt es, den Schalter von Carling für den Lüftungsventilator einzubauen, um den klobigen Schiebeschalter des Defender auszutauschen, der für jene mit nicht ordnungsgemäß funktionierenden Händen und Armen nur schwierig zu betätigen ist und sich ohnehin nur kompliziert einstellen lässt. Später haben wir noch mehr von diesen Anschlussblöcken von Carling eingesetzt, doch zunächst verwendeten wir normale Flachstecker.

31 Zudem haben wir den Warnblinkschalter von Carling wieder herausgenommen, weil mir nicht gefiel, wie er in horizontaler Position in meiner Konsole aussah. Wir griffen auf den Standardschalter von Land Rover zurück, was bedeutete, dass wir die Öffnung etwas weiten und den Schalter einkleben mussten, da seine Halteclips für das dünnere Aluminium der Konsolenplatte nicht geeignet waren.

32 Ein weiteres Stück musste aus dem Träger geschnitten werden, …

33 … damit das Konsolenpaneel von Raptor mitsamt Warnblinkschalter-Verkabelung in Position gedrückt werden konnte.

Tag Drei

34 Unsere letzte Session erforderte einen ganzen weiteren Arbeitstag, obwohl es nur wenige Fotos davon gibt. Tim verwendete mit dem »ECT 2000« ein exzellentes Testgerät, welches eine Fülle an Testfähigkeiten aufweist und sich bei der Zuordnung der Kabelfunktionen als unentbehrlich darstellte.

35 Bevor ich mein neues Voltmeter anschloss, prüfte Tim die Stromversorgung, um sicherzustellen, dass der Spannungsabfall am gewählten Kabel minimal war, bevor er es zur Speisung des Voltmeters einsetzte. Auch ein Beispiel dafür, das sich der ECT 2000 bezahlt macht. Der ECT 2000 ist eigentlich ein von »Power Probe« in den USA hergestelltes Instrument für Professionelle.

36 Während unserer zweiten Etappe hatten wir Öffnungen für die Mitteltunnelkonsole des Automatikgetriebes hergestellt, um dort die Raptor-Paneele für die Schalter der Sitzheizung, der Lordosenstütze und der Fensterheber einbauen zu können, die allerdings noch montiert werden mussten. In senkrechter Anordnung lagen die Schalter zu dicht beieinander, daher setzten wir später zwei Paneele ein.

37 Nach unserer dritten Session sah unsere Instrumententafel hervorragend aus! Die Kontrollleuchte für die Alarmanlage wurde in eine der Schalterblenden von Carling montiert, während eine weitere Schalterblende darauf wartet, bestückt zu werden.

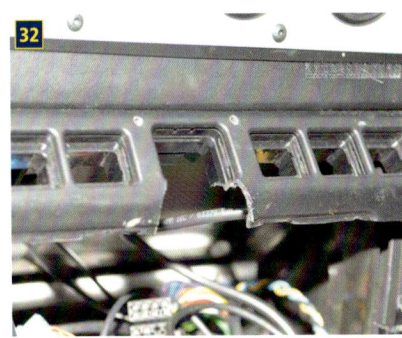

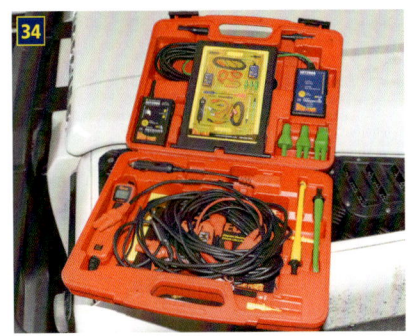

Zusatzinstrumente

Wenn Sie mehr Instrumente in ihrem Defender verbauen wollen, brauchen Sie weitere Informationen darüber, wie diese zu montieren sind. Hier sehen Sie, wie wir drei zusätzliche Anzeigen eingebaut haben.

Ich habe viel Zeit damit verbracht, alle Kleinteile zusammenzutragen, die hier verbaut werden. Ich wollte ein Instrumentengehäuse mit einer flachen Oberseite, doch viele der aktuell verfügbaren Artikel sind kleinere Ausführungen des Opernhauses von Sydney, was sie zu einem Staubfänger macht. Der Adapter für die Anzeige der Getriebeöltemperatur hat sich als ein relativ durchdachtes und tolles Teil herausgestellt.

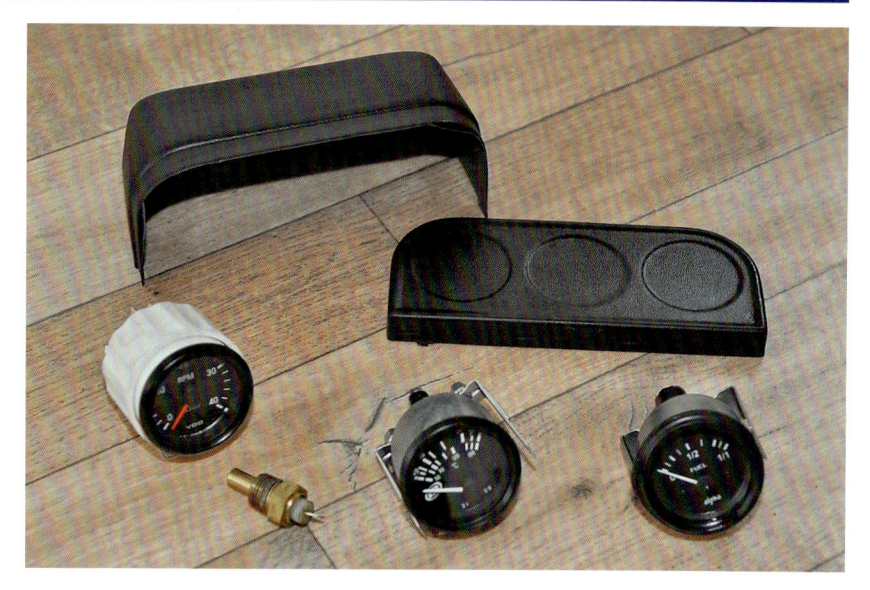

1 Wie bei den meisten Aufbauinstrumenten-Haltern ist die Frontblende nicht ausgestanzt und erfordert ein sorgfältiges Markieren. Ich hatte überall mit seltsamen Millimeterangaben zu kämpfen, bis ich auf den Trichter kam, dass es sich hierbei wohl um amerikanische Maßangaben handeln müsse. So ging ich auf Zoll über, und plötzlich ergab alles Sinn.

2 Wir spannten ein großes Stück in den Schraubstock und bohrten jeweils mittig ein Führungsloch für jedes der drei Instrumente. Den Durchmesser dieser Führungslöcher wählten wir natürlich wesentlich kleiner …

3 … als den des Führungsbohrers der Lochsäge.

4 Das sieht zwar gefährlich aus, doch war es das nicht wirklich. Der Führungsbohrer hinderte die Lochsäge daran, sich seitwärts zu bewegen. Außerdem muss man beim Einsatz einer Lochsäge mit sehr geringer Umdrehungsgeschwindigkeit arbeiten, andernfalls wäre die Geschwindigkeit dieses zu einem Kreis geformten Sägeblatts zu hoch.

5 So werden die meisten Instrumente an Armaturenbrettern und Instrumentenpaneelen montiert.

6 Auf der einen Seite schieben Sie das Anzeigeinstrument durch die Blende und bringen auf der Rückseite den Haltebügel an.

Zusatzinstrumente 149

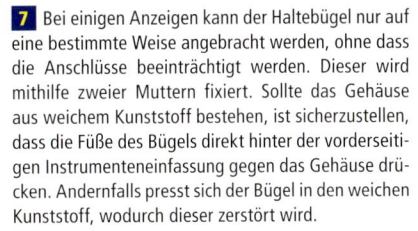

7 Bei einigen Anzeigen kann der Haltebügel nur auf eine bestimmte Weise angebracht werden, ohne dass die Anschlüsse beeinträchtigt werden. Dieser wird mithilfe zweier Muttern fixiert. Sollte das Gehäuse aus weichem Kunststoff bestehen, ist sicherzustellen, dass die Füße des Bügels direkt hinter der vorderseitigen Instrumenteneinfassung gegen das Gehäuse drücken. Andernfalls presst sich der Bügel in den weichen Kunststoff, wodurch dieser zerstört wird.

8 Der VDO-Drehzahlmesser mit seinem Plastikgehäuse ließ sich schwerer einführen als die anderen Anzeigen. Er wurde auch von vorn in den Instrumentenhalter gedrückt ...

9 ... und mithilfe seines breiten Plastikrings fixiert. Oftmals ist es schwierig, Kunststoffgewinde richtig anzuziehen, ohne dass sie überdrehen. Der Trick hierbei ist, anzuhalten, sobald man einen Widerstand spürt, zurückzudrehen und wieder weiter zu drehen. Ein Tröpfchen (nicht mehr) Mehrzwecköl oder Silikon-Gleitfluid vereinfacht das Ganze erheblich.

10 Dieses Problem wurde durch die zusätzliche Wandstärke des Gehäuses des Drehzahlmessers noch verstärkt. Unsere Anzeigen lagen sehr dicht beieinander und die Füße der Bügel mussten nach innen gebogen werden, damit sie nicht einander behindern.

11 Nachdem alles korrekt zusammengebaut war, wurden die Muttern für die mit Stahlgehäusen versehenen Anzeigen aufgeschraubt (aber nicht übermäßig festgezogen).

12 Wir machten uns daran, einen kleinen Kabelbaum für Beleuchtungsanschlüsse und Stromversorgung auf der Rückseite der Instrumente zu bauen. Das könnte problematisch werden, wenn wir etwas zu einem späteren Zeitpunkt ändern wollten, aber das werden wir ja dann sehen.

13 Jeder der weiblichen Flachstecker müsste mit einer geeigneten Ummantelung versehen sein, doch hatte ich diese nicht. Stattdessen haben wir Schrumpfschlauchstücke entsprechend abgelängt, ...

14 ... schoben sie über die Anschlüsse und schrumpften sie mithilfe einer Flamme vor allem an die Kabel und weniger an die Stecker selbst, ...

15 ... bevor letztere an den entsprechenden Stellen auf der Rückseite der Instrumente angeschlossen wurden.

16 Letztendlich wurde das Kabelwirrwarr beseitigt, indem die Kabel mithilfe von dünnen Kabelbindern zusammengefasst wurden.

17 In der Zwischenzeit machte ich mich daran, eine unauffällige Halterung für die Oberseite des Armaturenbretts zu konzipieren. Ich war entschlossen, den Aschenbecher zu opfern und begann, ein 22-mm-Loch in seine Grundplatte zu bohren.

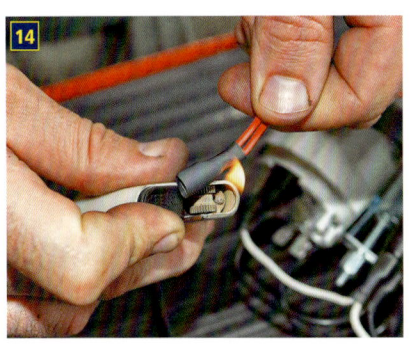

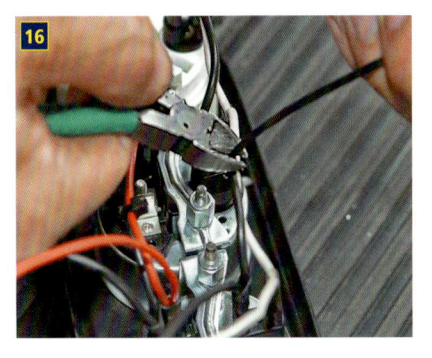

18 Ich habe ein Stück flaches Aluminium mit einem etwas größeren Loch in der Mitte zurechtgeschnitten und entsprechend gebogen, sodass durch diese beiden Öffnungen die Verkabelung verlaufen kann. Die Gehäuseschale wird auf die Platte gesetzt und seitlich an den beiden gebogenen Aluflanschen festgeschraubt.

19 Hier wurde die Grundplatte aus Aluminium schwarz lackiert und mit jeweils zwei Schrauben am Instrumententräger befestigt (siehe Pfeile). Allerdings sind keine Befestigungsmöglichkeiten für die Montage des Instrumententrägers an die Frontblende ersichtlich, weshalb angenommen wird, dass man einfach das eine Plastikteil mit dem anderen verschraubt. Das gefiel mir jedoch nicht, also brachte ich die Frontblende am Instrumentenhalter an, befestigte diese mit Klebeband, bohrte Führungslöcher und setzte Spitzmuttern ein. Die Spitzmuttern mussten noch etwas nachgeschliffen werden, damit sie unsichtbar sind. An beiden Punkten musste ich etwas Kunststoff abnehmen, sodass die Spitzmuttern mit den bereits gebohrten Führungslöchern übereinstimmten (idealerweise hätte ich die Spitzmuttern verwenden sollen, um sicherzustellen, dass die Führungslöcher in der exakten Position gebohrt wurden).

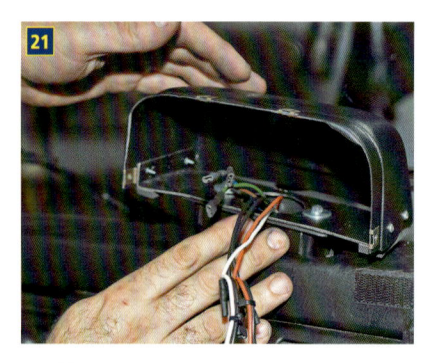

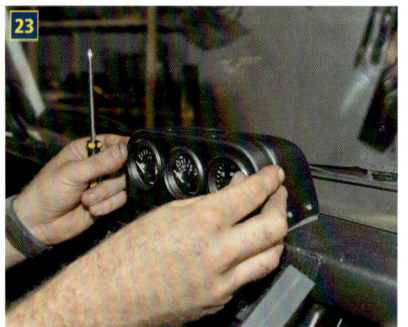

Ursprünglich hatte ich vor, die Grundplatte aus Aluminium an die Flansche am Aschenbecher zu montieren, doch habe ich erkannt, dass der Aschenbecher durch Muttern oder Schraubenköpfe daran gehindert wird, nach unten in seine Öffnung zu klappen. So habe ich stattdessen längere Schrauben verwendet, die von oben ein- (grüner Pfeil) und durch das Aschenbechergehäuse hindurch geführt wurden (orangefarbener Pfeil), wo ich sie mit Unterlegscheiben und Muttern fixierte. Schraubenüberstände wurden entfernt, um das Kurzschlussrisiko im Inneren des Armaturenbretts zu vermeiden.

21 Ich habe das Aluminiumblech so gebogen, dass die Enden der Grundplatte auf der Oberseite des Armaturenbretts aufliegen, was dazu führt, dass der Instrumententräger halbstarr in Position ist, sobald der Aschenbecher eingeschoben wird.

22 Nun wurden die Instrumente mit den Kabeln verbunden, die wir durch das Armaturenbrett gezogen hatten.

23 Nachdem wir den Instrumententräger wieder an seinen Platz gebracht hatten, …

24 … schraubten wir ihn durch die Spitzmuttern an der Lippe des Instrumententrägergehäuses fest.

Temperaturanzeige für Automatikgetriebeöl

25 Ich wollte sicher gehen, dass der Getriebeölkühler seinen Job gut macht, wenn das Fahrzeug hart arbeitet und seine maximal zulässige Anhängelast zieht, ohne dass ich mich durch die Untermenüs der Compushift-Steuereinheit kämpfen muss. Daher legte mir Dave Ashcroft ans Herz, mich an »Think Automotive« zu wenden, der britische Hersteller von »Mocal«-Ölkühlern. Und das kam dabei heraus:

26 Ich musste die Details über den Temperaturfühler an Think Automotive schicken, daher legte ich diesen gleich auf den Scanner, wodurch das Resultat leider ein bisschen undeutlich war. Daraufhin erhielt ich von ihnen einen Geberadapter (Öltemperaturanzeigeadapter, Teilenummer TGA2A). Dieser verfügt über ein 1/2-Zoll-Endstück für den 12-mm-Getriebeölschlauch und ein 5/8-Zoll-Außengewinde für die Gebereinheit.

Ich wollte den Adapter der Gebereinheit möglichst nahe an die Auslassseite am Getriebe montieren. Was das angeht ist der Adapter von Think Automotive ziemlich raffiniert. Während sich die Gebereinheit ständig im Ölstrom befindet, verfügt der Adapter über einen breites Gehäuse, sodass der Ölstrom in keinster Weise behindert wird. Dazu verfügt er auch über spezielle Anschlüsse an den Endstücken, die für die dort herrschenden Drücke ausgelegt sind.

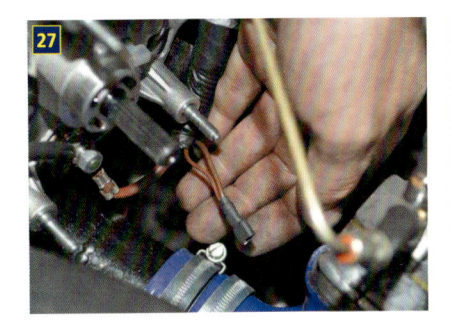

Drehzahlmesser

27 Wir nahmen die von der VDO-Website heruntergeladene Anleitung zur Hand um herauszufinden, wie der Anschluss an den Generator erfolgt. Wir löteten ein Kabel für den Drehzahlmesser an das dortige (und wie wir dachten) in der VDO-Anleitung gemeinte Kabel, …

28 … schlossen es an – doch nichts passierte. Es stellte sich heraus, dass das Kabel an die Klemme »W« gehört (siehe Pfeil).

29 Nebenbei bemerkt, verfügen nicht alle Generatoren über eine Klemme »W«. Normalerweise handelt es sich um einen großen Flachstecker, neben welchem ein »W« steht.

30 VDO empfiehlt auch die Kalibrierung des Drehzahlmessers mithilfe eines Referenz-Drehzahlmessers.

31 Diese Schraube dient der Justierung der Anzeige, bis der Wert dem Referenzwert entspricht.

32 Ich freue mich sehr über die beendete Arbeit. Nun habe ich eine Anzeige für mein Pflanzenöl, eine Anzeige um sicherzustellen, dass das Automatikgetriebeöl kühl genug ist, und einen Drehzahlmesser, der mich bei Laune hält.

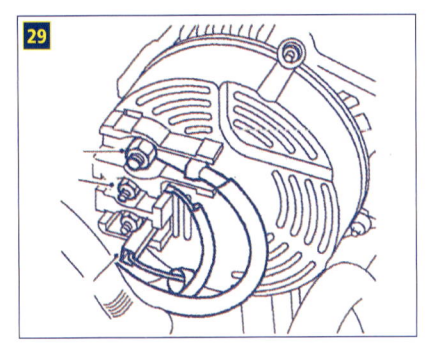

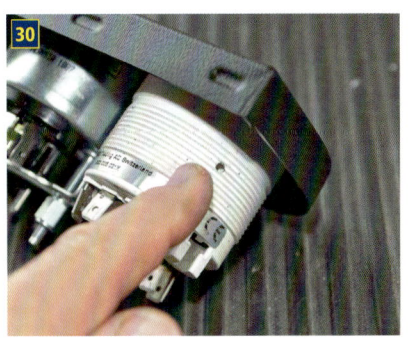

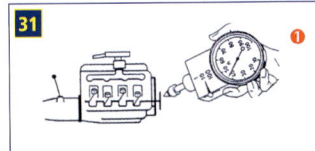

❶ Vergleichen Sie die VDO Drehzahlanzeige mit der des Referenzinstruments.

❷ Stellen Sie das Potenziometer seitlich am Anzeigeinstrument ein.

❸ Je nach Justierungsrichtung bewegt sich der Zeiger im Uhrzeiger- oder Gegenuhrzeigersinn. Sobald der angezeigte Drehzahlwert dem des Referenzdrehzahlmessers entspricht, sind die Einstellarbeiten abgeschlossen.

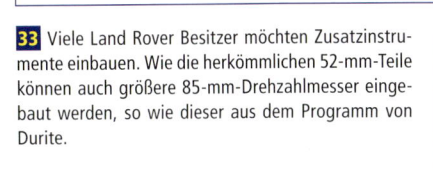

33 Viele Land Rover Besitzer möchten Zusatzinstrumente einbauen. Wie die herkömmlichen 52-mm-Teile können auch größere 85-mm-Drehzahlmesser eingebaut werden, so wie dieser aus dem Programm von Durite.

34 Nicht alle Instrumententräger können derart große Anzeigen aufnehmen, doch nachdem am Standardträger von Raptor etwas Material an der Oberseite abgenommen wurde, war genug Platz dafür (versteckt durch den Instrumententräger). Doch sollte man diesen Weg nicht wählen, wenn man sich seiner Fertigkeiten nicht sicher ist.

152 Interieur

Dachhimmel

»Pack deinen Hintern in Fiberglas«, sagten Amerikaner über ihre frühe Corvette. Jetzt können Land Rover-Besitzer sogar ihre Köpfe in Fiberglas packen!

Ich schätze, die spanische Firma »Santana« hatte den richtigen Riecher, als ihre Version des Land Rover mit einem GRP-Hardtop versehen wurde. Unter anderem bot dieses eine bessere Wärmeisolierung – sogar eine viel bessere Isolierung – sowie einen nur schwer zu beschädigen Dachhimmel. Hier sehen Sie, wie wir einen »La Salle«-Fiberglas-Dachhimmel in DiXie einbauten.

1 Es gibt so viele Variationen unter den Defender-Modellen, dass die Innenverkleidungen von LaSalle dank ihres reichhaltigen Angebots nur zu empfehlen sind. Hier und im Hauptbild sehen Sie, dass es sich um einen Dachhimmel für ein 110er handelt, jedoch mit Lautsprechern und Oberlichteinsätzen.

2 Man braucht nicht viele Werkzeuge, doch würde ich mich nicht an die Empfehlung von La Salle halten und eine elektrische Stichsäge verwenden, um Ausschnitte im Fiberglas anzufertigen. Es gibt hierfür einen sehr wichtigen Grund: Fiberglasstaub kann sehr gefährlich werden, wenn dieser eingeatmet wird. Daher ist es ratsam, **immer** eine wirksame Feinstaubmaske zu tragen, wenn man in Fiberglas bohrt oder sägt. Fiberglas enthält Glasfäden, die bei maschineller Bearbeitung zu Siliziumdioxidflocken zerkleinert werden und irreparable Lungenschäden hervorrufen. Zusätzlich zur Feinstaubmaske setze ich auch einen Staubsauger ein, um den gefährlichen Staub einzufangen, bevor er in die Luft gelangt.

3 Ein Werkzeug, das wirklich unabdingbar ist, ist ein speziell angefertigtes Werkzeug zum Entfernen der Innenverkleidung,

4 Die Innenverkleidung an der B-Säule wird auch durch die obere Sicherheitsgurt-Befestigung fixiert.

5 Dieses lange, horizontale Stück Verkleidung kann nicht entfernt werden, ohne die Verkleidung an der B-Säule zumindest zu lockern, während man für das Entfernen des Griffs zunächst die Abdeckungen nach oben klappen …

6 … und an beiden Seiten die zwei Schrauben lösen muss.

7 So kann das waagerechte Innenverkleidungsteil herausgehoben werden.

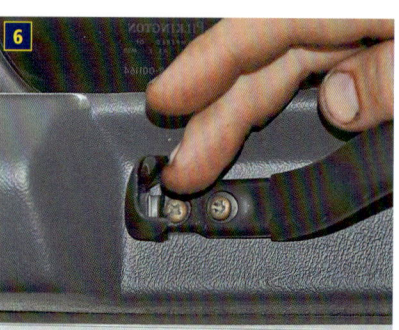

Dachhimmel 153

8 Auch über der hinteren Tür kommt das Spezialwerkzeug zum Einsatz, ...

9 ... um die Clips zu entfernen, die die Verkleidung fixieren. Beachten Sie, dass auch das Innenlicht (siehe Pfeil) und die dahinterliegende Befestigungsplatte entfernt werden müssen.

10 Um den alten Dachhimmel zu entfernen, müssen noch viele weitere Clips gelöst werden. Man muss mit dem Werkzeug sorgsam vorgehen, wenn der Dachhimmel unversehrt ausgebaut werden soll.

11 Bei diesem Defender-Modell muss der mittlere Bereich zuerst entfernt werden, da er den vorderen und hinteren Bereich überlappt.

12 Wir haben dieses Stück Dachhimmel auf den Rücksitzen abgelegt und anschließend durch die hintere Tür herausgenommen. Es ist zwar leicht, aber ziemlich sperrig.

13 Wenn man Zugang zu Befestigungen und Einbauten benötigt, kann ein Standarddachhimmel ziemlich weit gebogen werden, ohne dass er Schaden nimmt. Dieser Abschnitt wurde teilweise gefaltet, sodass er ...

14 ...sich absenken und durch die Tür herausnehmen ließ. Beachten Sie, dass die Innenleuchte an den Kabeln angeschlossen hängen bleibt. Wenn man später die Innenleuchte in ihrer ursprünglichen Position einbauen möchte, muss eine geeignete Öffnung in den La Salle-Dachhimmel geschnitten werden – aber dazu kommen wir später.

15 Das Innenlicht an der Vorderseite wurde ebenfalls entfernt, wie auch die entsprechende Trägerplatte aus Metall. Stellen Sie sicher, dass Sie die Batterie abklemmen, bevor Sie an diesen Punkt gelangen und dass die elektrischen Kontakte nach dem Abklemmen isoliert werden, damit es nicht zu einem Kurzschluss kommt.

16 Der Defender-Rückspiegel wird entfernt, indem man ihn gegen den Uhrzeigersinn dreht. Die dahinterliegende Befestigungsplatte muss ebenfalls abgenommen werden, ...

17 ... wie auch die Sonnenblenden, die mit je zwei Schrauben oberhalb der Windschutzscheibe befestigt sind.

18 Nachdem einige Clips an jeder Seite des Dachhimmels herausgenommen wurden, ...

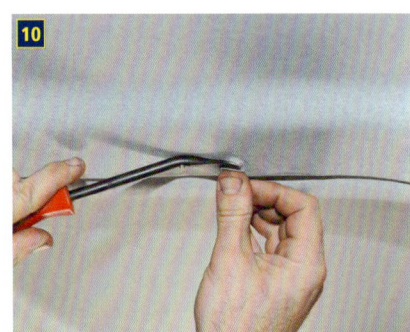

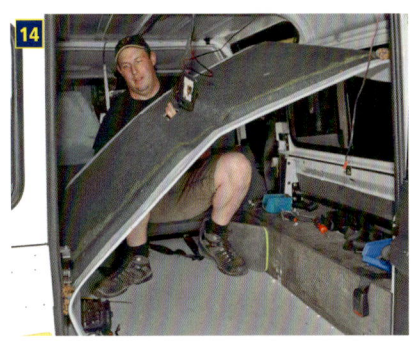

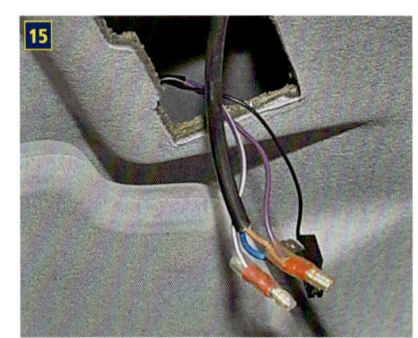

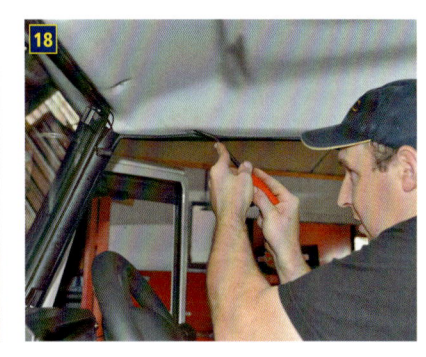

19 … konnte der vordere Abschnitt abgesenkt und entfernt werden.

20 An diesem Punkt sollte man einen Blick auf die feste Verkabelung werfen, die hinter dem Dachhimmel verläuft. Während der ursprüngliche Dachhimmel zum Großteil aus Stoff besteht und somit viel flexibler ist, zeigt sich der von La Salle steif und liegt stellenweise eng an den Rippen des Fahrzeugdachs an. Die Verkabelung muss ungehindert verlaufen können. Zwischen den gebogenen Kanten des Dachhimmels und des Fahrzeugdachs gibt es genügend Platz, daher stellten wir sicher, dass die Originalverkabelung auch dort verläuft.

> **Top Tip**
> Der Zeitpunkt zum Einziehen eines Kabels für weitere Einbauten ist jetzt günstig!

21 Die Vorbereitungszeit ist nie verlorene Zeit, doch haben wir länger gebraucht als erwartet. Das führt zur einzigen Kritik am La Salle-Produkt: Die Anleitung ist unzureichend und das Anbringen der Oberlichtverkleidung ist viel zu sehr ein Glücksspiel.

22 Um die Positionen für die Oberlichtaussparungen festzulegen kam für mich nur infrage, die Oberlichtscheiben am Fahrzeug abzunehmen, um die Öffnungen als Schablonen zu verwenden und die Umrisse zu zeichnen.

23 Doch darum kümmerten wir uns später, denn zwischenzeitlich gingen wir über zum nächsten Arbeitsschritt, welcher den Einbau der Isoliermatten vorsah. Diese sind genau abzumessen und zu markieren. Die Netzstruktur auf der Reflektionsseite vereinfacht das Schneiden entlang einer geraden Linie.

24 Anschließend knickt man die Isoliermatten zurück und schneidet von der anderen Seite durch das Trägerpapier.

25 Glücklicherweise ist die Isolierung ziemlich flexibel und kann so an die Form des Fahrzeugdachs angepasst werden. Doch gilt es zunächst einige wichtige Punkte zu berücksichtigen:

Reinigen Sie die Oberfläche des Fahrzeugdachs gründlich mit einem geeigneten Mittel, beispielsweise Brennspiritus oder Entfetter. Testbenzin und auch Nitroverdünnung können einen öligen Film zurücklassen, der den Lack oder die Verkleidung im Fahrzeuginneren beschädigen kann.

Wenn Sie den ersten Teil kleben beginnen Sie damit, das Trägerpapier von dem Abschnitt zu lösen, der an den gebogenen Teil des Daches geklebt werden soll, und bringen zuerst diesen an. Drücken Sie die Isolierung in die untere Ecke und schmiegen Sie sie an die Biegung. Nachdem der gebogene Bereich beklebt wurde, fassen Sie nach hinten, ziehen das übrige Trägerpapier ab und kleben den Rest der Isolierung an.

Das Isoliermaterial von La Salle wird in ausreichender Menge geliefert. Etwaiger Verschnitt lässt sich prima nutzen, um Stellen aufzufüllen, wo notwendig.

26 Die Isolierung besteht aus offenzelligem Schaumstoff, der in der Lage ist, Feuchtigkeit aufzunehmen. Daher wird es immer zu einer geringen Kondensation kommen. Bei La Salle ist man der Auffassung, dass es besser sei, die Feuchtigkeit durch den Schaumstoff absorbieren und später verflüchtigen zu lassen, als dass sie vom Dachhimmel tropft.

27 Der Testeinbau hat gezeigt, dass zwischen der Oberseite des Dachhimmels und der Isolierung ein Spalt besteht, zudem klapperte der Dachhimmel beim Abklopfen. Deshalb habe ich beschlossen, das übrige Isoliermaterial an der Oberseite der Glasfaserdachhimmels anzubringen, um die akustische Isolation weiter zu erhöhen, was anscheinend perfekt geklappt hat.

28 Ein weiterer Aspekt der Vorbereitung ist die Veränderung, die ich an den Sonnenblenden-Befestigungen vornahm. Der Umbausatz beinhaltet eine Schraube und eine Mutter, was leider den großen Nachteil hat, dass die Sonnenblenden später, also nach Einbau des Dachhimmels, nicht mehr entfernt werden können. Ich bohrte die Befestigungslöcher und die montierten Nietmuttern heraus, sodass die Schrauben an den Sonnenblenden nun entfernt und jederzeit wieder angebracht werden können.

29 Die Radioantenne an meinem Defender war immer schwach – da hatte ich einen passenden Moment der Erleuchtung! Wieso nicht eine Dachantenne einbauen? Wieso nicht gleich eine Haifischantenne montieren, wenn wir schon dabei sind? Da hier kein Dachhimmel im Weg stand, war dieser Arbeitsschritt ein Kinderspiel.

30 Nach sorgfältigem Ausmessen und Anbringen einer Vorbohrung wurde eine Lochsäge verwendet, um ein größeres Loch in die darunterliegende Rippe zu bohren und letztendlich die Befestigungsmutter anzubringen – so kam die Haifischantenne an ihren Platz.

31 Hier sehen Sie den hinteren Abschnitt des Dachhimmels. La Salle empfiehlt, bei 110er-Modellen mit dem Einbau des hinteren Abschnitts zu beginnen, wobei ich nicht glaube, dass es irgendeinen Unterschied macht, ob man vorn oder hinten anfängt.

32 Wie dem auch sei, wir haben mit der Rückseite angefangen. Man braucht wirklich noch zwei helfende Hände, um diese Arbeit durchzuführen! Der Dachhimmel muss in Position gehalten werden, damit Markierungen und letztendlich eine Vorbohrung für eine selbstschneidende Schraube angebracht werden können. An diesem Punkt kann der hintere Abschnitt mit lediglich vier Schrauben fixiert werden, die in gleichmäßigem Abstand zueinander am äußeren Rand eingeschraubt werden.

33 Gemäß den Angaben von La Salle, sollte als nächstes der mittlere Abschnitt montiert werden. Dem stimme ich jedoch nicht zu. Auch der vordere Abschnitt wird mehr oder weniger so fixiert wie der hintere, daher denke ich, dass dieser wohl zuerst an der Reihe ist.

34 Am besten setzt man alle drei Schrauben der Halterung an der hinteren Seitenscheibe ein, ohne sie gleich festzuziehen. Wir mussten damit beginnen, über viel längere 5-mm-Schrauben den Dachhimmel hineinzuziehen, damit die Standardschrauben anschließend gesetzt werden konnten.

35 Die hinteren Seitenteile des vorderen Abschnitts können mit ein paar selbstschneidenden Schrauben fixiert werden, wie wir sie auch für den hinteren Abschnitt eingesetzt hatten. Beachten Sie, dass wir den Tiefenanschlag des Bohrers verwendet haben, damit wir nicht zu tief hineinbohrten. Doch gibt es hier zu viele unebene Flächen, also hat das alles nicht richtig gut geklappt. Diese hinteren Schrauben wurden nicht festgezogen, sodass wir jetzt den mittleren Abschnitt anbringen konnten.

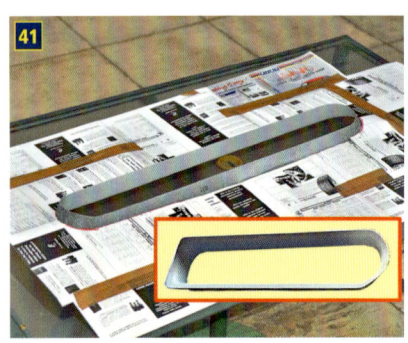

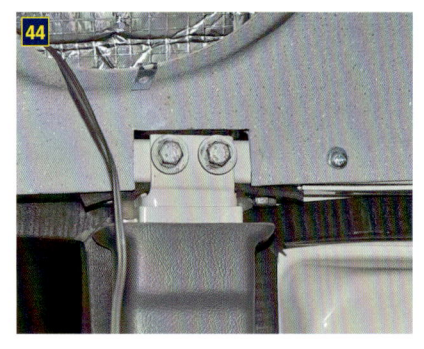

36 Der Gedanke, den mittleren Abschnitt am Schluss zu montieren, wird durch die Tatsache gestützt, dass er keine feste Position hat und daher – wenn man berücksichtigt, dass die Land Rover in ihren Abmessungen variieren – hinter die Überlappung am vorderen Abschnitt geschoben oder nach oben und gegen den hinteren Abschnitt gehoben werden kann, um gleichmäßige Abstände an den Anschlussstellen sicherzustellen. Auch hier wurden dem Gewinde entsprechende Bohrungen ausgeführt und selbstschneidende Schrauben eingesetzt.

37 Nachdem unserer Meinung nach alles korrekt eingebaut wurde, konnten wir die Markierungen für die verschiedenen Aussparungen anbringen, beispielsweise oberhalb der B-Säulen und für die Oberlichtöffnungen, von welchen wir vorher ja die Außenscheiben entfernt hatten.

38 Setzen Sie eine geeignete Feinstaubmaske auf, bevor sie mit einer Stichsäge die Öffnung für das Funkgerät im vorderen Abschnitt des Dachhimmels ausschneiden. Nachdem die richtigen Abmessungen markiert wurden, wurde in jede Ecke gebohrt. Die langen Schnitte mussten jeweils von verschiedenen Seiten der Verkleidung aus durchgeführt werden, die kurzen von Hand. Am besten schützt man die Innenseite der Verkleidung mit Klebeband, sodass der Fuß der Stichsäge keinen Schaden anrichten kann.

39 Es empfiehlt sich immer, etwas unter Maß zu sägen und die Öffnung anschließend passend auszufeilen, bis der Einbaurahmen des Funkgeräts perfekt passt.

40 Die Größe der Öffnungen für die Lautsprecher hängt natürlich von der Lautsprechergröße selbst ab. Wenn Sie auf eine passende Lochsäge zurückgreifen können, ist es noch besser.

41 Leider half mir das Markieren der Oberlichtöffnungen auf dem Mittelstück das Dachhimmels nicht beim Herausfinden der Schnittpositionen in den Verkleidungen. Daher nahm ich ein Stück Karton und experimentierte solange herum, bis ich die richtige Form und Größe gefunden hatte und diese auf die La Salle-Verkleidung übertragen konnte (siehe Bild im Bild).

42 Hier sehen Sie den ursprünglich mit Bleistift gezeichneten Umriss, umgeben von einer roten Filzstiftlinie, die mithilfe der Kartonschablone aus dem vorherigen Bild angefertigt wurde. Zudem ist auch ein Aluminiumstreifen sichtbar, der auf den Bogen des Glases auf der linken Seite geklebt wurde, was den Ausschnitt darstellt, sowie ein weiterer Aluminiumstreifen, der entlang der Unterkante verläuft. Diese Streifen wurden mit Epoxidharz-Kleber angebracht, um als Stütze zu fungieren. Ich war besorgt, dass das Fiberglasmaterial während oder nach dem Sägen brechen könnte.

43 Ich gehe davon aus, dass man die Oberlichtverkleidung auch mit Schrauben fixieren kann, doch habe ich mich für Epoxidharz entschieden. Man muss nicht nur aufpassen, dass die Klammern die Oberfläche beschädigen, sondern auch darauf achten, dass kein überschüssiger Kleber an den sichtbaren Verbindungsstellen herausgedrückt wird.

44 Währenddessen wurde der vordere Abschnitt so ausgeschnitten, dass er sich um die Oberseite der B-Säule schmiegt. Den Ausschnitt habe ich allerdings vermasselt …

Dachhimmel 157

45 … und machte aus dem Problem einen Vorteil, indem ich ein Aluminiumblech unter die Schrauben und Unterlegscheiben setzte. Neben der Verschleierung meines eigenen Fehlers hat dies noch den Vorteil, den Dachhimmel oberhalb der B-Säule zu fixieren. Es ist wirklich nicht ratsam, durch das Fiberglas hindurchzuschrauben, da es sich um eine tragende Karosseriestruktur handelt, an welcher die Schrauben mit ihrem ursprünglichen Drehmoment festgezogen werden müssen. Und genau das hält das Fiberglasmaterial nicht aus, da es bricht. Doch lassen sich die Schrauben gegen ein Aluminiumblech ausreichend festziehen.

46 Nachdem nun der Dachhimmel in seiner finalen Position war, war es an der Zeit, die Dinge wieder zusammenzuführen. Hier sehen Sie die neuen Gummis und Einsätze, die ich gekauft habe. Das begründete ich mit der Tatsache, dass das Fahrzeug sechs Jahre alt war und es nicht schaden konnte, neue Gummis einzusetzen. Es verleiht dem Bereich, in welchem es mit der Zeit öfter zu Brüchen und Lecks kommt, eine höhere Lebensdauer. Doch leider schaffte es niemand von uns, das Oberlichtglas wieder einzusetzen.

47 So haben wir uns an einen Scheiben-Profi gewandt, der sofort sah, dass die Gummis aus dem Zubehörkatalog (rechts) nicht exakt dasselbe Profil hatten wie die Originalteile (links), weswegen wir dann doch die Originalteile verbauen mussten. Was lernen wir daraus? Nur Originalersatzteile von Land Rover kaufen!

48 Der Profi fing damit an, den Hauptgummi einzusetzen, wobei die Verbindungsstelle nach unten zeigt.

49 Anschließend wurde die Scheibe eingesetzt, dabei half ein Kunststoffspreizer der Dichtlippe über die Scheibe. Das Komplizierteste daran ist, die Scheibe in die entsprechende Aussparung im Gummi einzuführen, was ohne geeignetes Werkzeug schlichtweg unmöglich ist. Um das Ganze zu vereinfachen wurde der Gummi noch mit WD-40 behandelt (man könnte auch Seifenwasser verwenden).

50 Als wir sahen, wie die Profis binnen Minuten eine Aufgabe lösten, an der wir seit einer gefühlten Ewigkeit unsere Zähne ausgebissen hatten, waren die paar Pfund, die wir zahlten, gut angelegtes Geld.

Einbau-Clips, Einbau-Tipps

51 Ich beschloss, alle Befestigungen, die durch die Verkleidung bedeckt werden, mithilfe von Schrauben und Unterlegscheiben durchzuführen, um die Last zu verteilen. Dagegen werden alle sichtbaren Befestigungen mit Verkleidungsclips umgesetzt. Bei La Salle sind diese Verkleidungsclips im Lieferumfang enthalten, doch der Markt hält noch bessere bereit. Währenddessen zeigte mir die Erfahrung, dass der Spiralbohrer am besten mit einem Holzklotz versehen wird, um zu vermeiden, dass er zu tief eindringt und die Außenhaut durchdringt.

52 Hier sehen Sie den Clip. Diesen finden Sie entweder über die Google- oder eBay-Suchfunktion, wenn Sie »VW T5 trim clip« eingeben.

53 Stellen Sie sicher, dass der Dachhimmel oben eng an der Karosserierippe anliegt, wo er fixiert werden soll. Drücken Sie anschließend den äußeren Teil des Clips ein, bis Sie ein Klick-Geräusch hören.

54 Drücken Sie nun den Einsatz mit ihrem Daumen hinein und hämmern Sie ihn in seine finale Position. Dieser Einsatz kann später mit einem Inbusschlüssel herausgedreht werden. Man braucht ihn nicht mit dem Verkleidungswerkzeug herauszuhebeln.

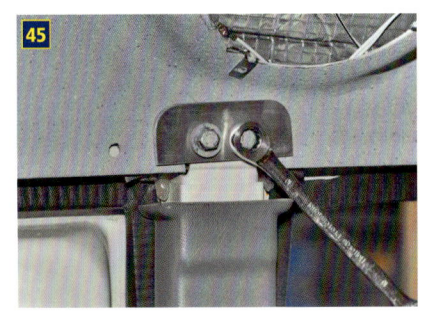

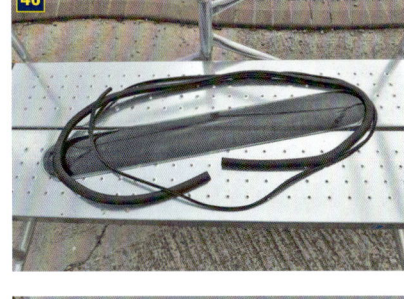

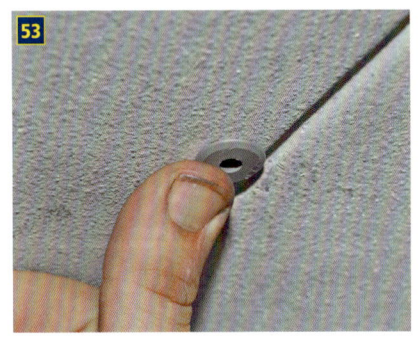

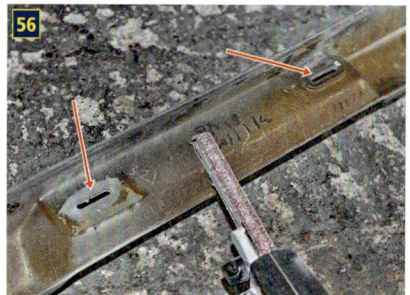

55 Hier ist eine unserer Modifikationen zu sehen. Die beiden Griffe von oberhalb der hinteren Tür wurden seitlich über der Beifahrer- und Fahrertür montiert. Leider kamen die Griffe in dieser Position den Sonnenblenden in die Quere, was zur Folge hatte, dass sie weiter nach hinten versetzt werden mussten.

56 Ein weiteres Problem stellten diese Erhöhungen (Pfeile) dar, da sie die Innenverkleidung weiter wegdrückten als nötig. Somit wurden sie soweit abgeschliffen, dass die Innenverkleidung nach der Montage der Griffe richtig sitzt.

57 Da die ursprünglichen Innenleuchten nicht weiterverwendet werden (sie wurden durch LED-Leuchten von MCL ersetzt), haben wir beschlossen, Fernschalter einzubauen: einen am Gehäuse des Funkgerätes an der Vorderseite, den anderen an der Heckscheibeneinfassung. Die Verkabelung hatten wir schon verlegt, als der Dachhimmel abgenommen war, wir bohrten nur noch ein Loch passender Größe für den Schalter. Nach Anschluss und Montage des Schalters …

58 … überprüften wir, ob die Leuchten korrekt funktionierten, bevor wir diese wieder montierten.

59 Hier wird die seitliche Innenverkleidung teilweise durch die hintere Fensterverkleidung und durch die Sicherheitsgurt-Befestigungen fixiert. Doch die Stahlclips, die ursprünglich auf der Rückseite der Innenverkleidung angebracht waren und sich in die Schienen am Dach einhakten, konnten nicht mehr verwendet werden, da letztere nun vom Dachhimmel verdeckt werden. Sollten Sie der Meinung sein, dass die Verkleidung noch mehr Halt braucht, können Sie extralange, selbstschneidende Schrauben einsetzen, die Sie durch die Innenverkleidung hindurch und in den dahinterliegenden Dachhimmel eindrehen.

60 Nachdem nun die ursprüngliche Innenverkleidung wieder angebracht war, sah der Dachhimmel von La Salle aus, als gehörte er dazu.

61 Vorn haben Sie nun die zusätzlichen Optionen, ein Funkgerät und Lautsprecher einzubauen.

Allgemein gesehen sind die Dachhimmel von La Salle gut gemacht, gut verarbeitet und könnten die gesamte Lebensdauer des Fahrzeugs überdauern. Ich freue mich sehr darüber. Ich brauchte mehr Zeit als erwartet um sie einzubauen, aber ich bin auch etwas besessen davon, alles perfekt zu machen. Das Fehlen brauchbarer Einbauanweisungen ist mein einziger Kritikpunkt. Die Passgenauigkeit ist extrem gut für ein Produkt, das aus dem Zubehörmarkt stammt, und die Verarbeitungsqualität ist hervorragend.

Sitzheizung und elektrische Lordosenstütze

Hier sehen Sie, wie Defender-Sitze mit Sitzheizungen und elektrisch verstellbaren Lordosenstützen von »Rostra« versehen werden.

1 Der Umbausatz Lendenwirbelstütze und Sitzheizung von Rostra besteht bei jedem Sitz (von links nach rechts) aus Pumpe und Beutel, Kissen, Schalter, Kabelbaum, Anleitungen und Montagematerial.

2 Der Umbausatz Sitzheizung von Rostra enthält (im Uhrzeigersinn von unten) Heizelemente, Regler, Kabelbaum, Schalter und Montagematerial.

3 Man begann mit dem Aushängen der Rückenlehne von der Sitzfläche und dem Auftrennen des Kunststoffreißverschlusses an der Unterseite.

4 Sie brauchen den Rückenlehnen-Bezug nicht ganz abzunehmen. Es reicht, diesen soweit aus dem Weg zu räumen, bis sich die hier gezeigten Bauteile installieren lassen.

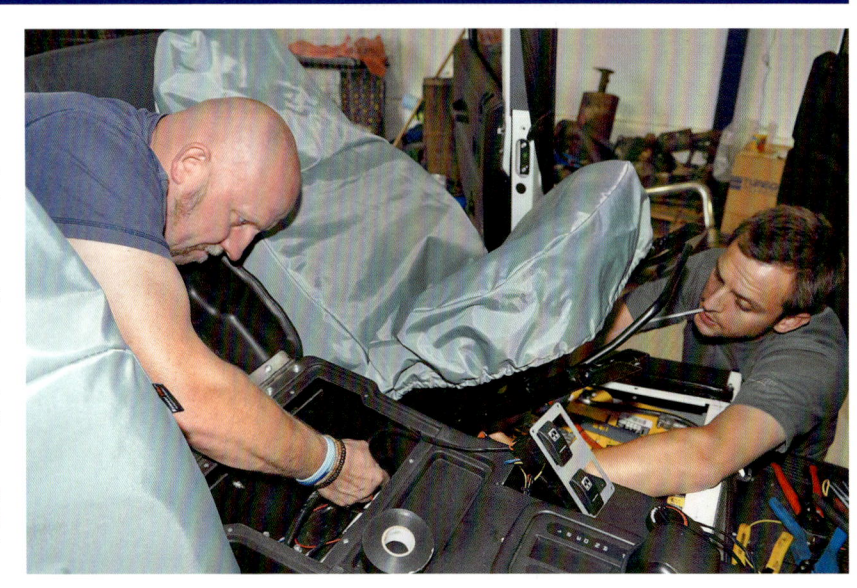

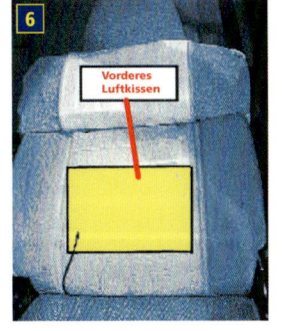

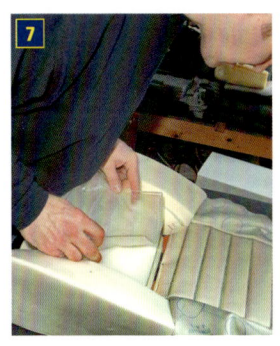

Lordosenstütze

5 Die Lordosenstütze besteht aus einem Kunststoff-Luftkissen. Schneidet man in dieses hinein, wird es beschädigt. Wir waren der Meinung, die Außenkante etwas kürzen zu müssen, damit dieses Bauteil richtig in die Rückenlehne passt.

6 Bei Sitzen mit Federkern wird das Luftkissen hinten angebracht. Bei Defender-Sitzen wird das vordere Luftkissen hier montiert: Es zeigt in Richtung Sitzpolster und der Schlauch zeigt nach unten. Verlegen Sie den Schlauch auf der rechten Seite neben dem Sitzscharnier, sodass er unter dem Sitz hervorkommt. Achten Sie darauf, dass der Weg des Schlauches innen zwischen den Sitzscharnieren verläuft.

7 Ziehen Sie nun das Trägerpapier des doppelseitigen Klebebands ab und kleben Sie das Luftkissen einfach in dem entsprechenden Bereich der Rückenlehne auf. Es liegt natürlich in Ihrem Ermessen, auf welcher Höhe das Luftkissen aufgeblasen werden soll.

8 Der Schlauch darf nicht in der Nähe der Sitzführung verlegt sein. Vermeiden Sie es, dass der Schlauch geknickt wird oder an scharfen Kanten scheuert.

9 Obwohl die Empfehlung von Rostra vorsah, das Luftkissen zwischen dem Sitzbezug und dem Sitzpolster einzusetzen, haben wir zusätzlich ein dünnes Stück Schaumstoff darübergelegt. Somit können die Kanten des Luftkissens nicht durch den Sitzbezug gespürt werden. Das hat gut funktioniert.

10 Das Luftkissen wird von einer kleinen Pumpe und einem kleinen, in einem Beutel befindlichen Elektromotor betrieben. Theoretisch könnte man diesen im Längenradius des Schlauches überall montieren, doch am sinnvollsten ist es, den Beutel unter dem Sitzpolster anzubringen.

11 Montieren Sie ihn unter dem Sitz und sichern Sie ihn mittels Kabelbindern an geeigneten Stellen.

12 Es ist zwar nur ein Gedanke, doch sollten Sie den Beutel vielleicht möglichst nahe an der Vorderseite unterhalb des Sitzpolsters anbringen, weil der Sitz dort am wenigsten komprimiert wird.

13 Nun können Sie das Rohr des Luftkissens mit dem Gummischlauch verbinden, der aus dem Beutel ragt.

14 Sichern Sie das Rohr und den Gummischlauch mithilfe von Kabelbindern vor Verrutschen. Rostra empfiehlt: »Bringen Sie keine weiteren Löcher am Beutel an, verwenden Sie die bestehenden Löcher. Die darin enthaltenen Komponenten könnten beschädigt werden und die Garantie erlischt.« Wir waren mutig und öffneten den Beutel: Es offenbarte sich uns kein logischer Grund, weshalb man den Beutel nicht anpassen könnte – denken Sie aber an das Erlöschen der Garantie. Beachten Sie auch, dass die Leistung des Luftkissens hauptsächlich von seiner Einbauposition abhängt, sowie von der Art und Weise, wie er fixiert ist.

15 Bevor Sie nun die Sitzunterseite verlassen, stecken Sie den entsprechenden Stecker in die Buchse am Luftkissen ein.

16 Die Verkabelung muss noch zurechtgerückt und mittels Kabelbinder fixiert werden, sodass sie den Sitzschienen oder der Mechanik nicht in die Quere kommt. Dabei muss auch die geplante Schalterposition berücksichtigt werden.

17 Nachdem Sie die Einbauposition des Schalters festgelegt haben kann das Kabel so verlegt werden, dass es an geeigneter Stelle aus dem Bezug ragt.

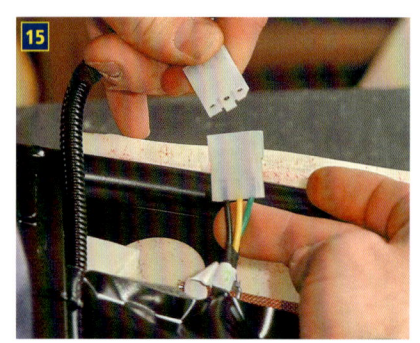

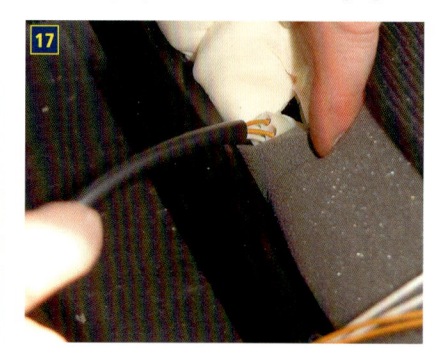

Sitzheizung und elektrische Lordosenstütze | **161**

Sitzheizung

18 Die Matten der Sitzheizung sind nicht dafür gedacht, auf der Rückseite des Schaumstoffs angebracht zu werden – so würde die Wärme abgeführt werden, bevor sie die Sitzfläche erreicht. Wie die Lordosenstützen werden diese Matten mit Klebestreifen befestigt.

19 Montieren Sie vor dem Einbau des Heizelements die Kabel probeweise, um zu sehen, wie es zu positionieren ist. Beim Heizelement für die Rückenlehne muss das Kabel nach unten zeigen, während das für das Sitzpolster nach hinten gerichtet sein muss.

20 Nachdem die korrekten Einbaupositionen festgelegt waren, wurde jede Matte auf den Schaumstoff gelegt – natürlich wurde zuvor der Bezug weit nach hinten gezogen – und festgeklebt. Es ist wichtig, beim Einbau des Heizelements besonders vorsichtig vorzugehen, denn sollte es geknickt werden, funktioniert es nicht. Es darf zudem nicht durchstochen oder durch metallische Gegenstände kurzgeschlossen werden.

21 Nachdem überprüft und sichergestellt wurde, dass das Heizelement auf dem Sitzpolster gut haftet, wurde auf beide Seiten Autosattler-Kontaktkleber gesprüht, bevor der Sitzbezug wieder an seinen Platz gebracht wurde.

22 Jetzt müssen die Seiten des Sitzbezugs zurechtgezogen …

23 … und sichergestellt werden, dass die Kabel der Heizelemente an den richtigen Stellen herausragen.

24 Hier ist der Sitzbezug wieder an seinem ursprünglichen Ort. Man sieht das Rostra-Kabel mit montiertem Stecker, der darauf wartet, angeschlossen zu werden.

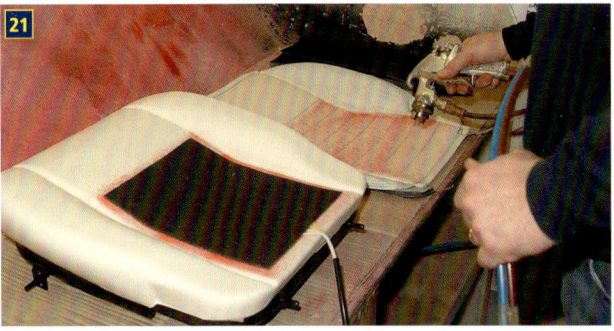

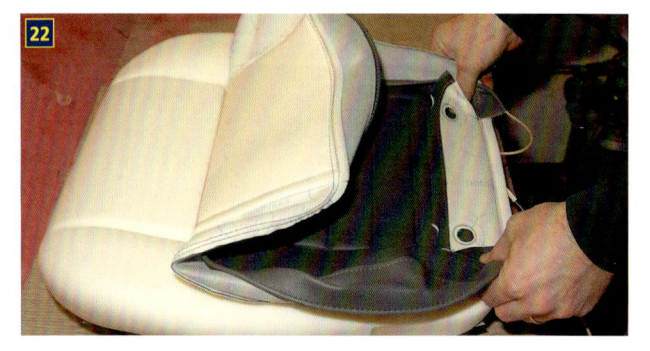

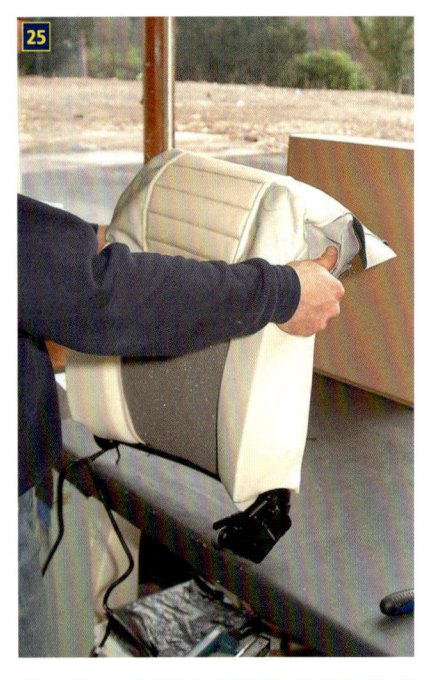

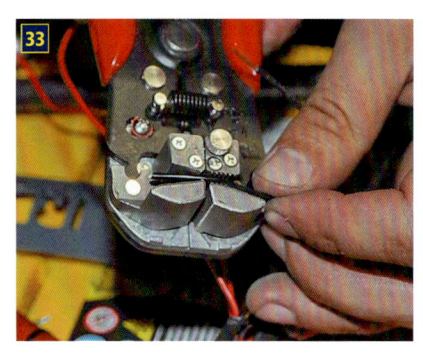

25 Der Rückenlehnenbezug wurde lediglich nach oben geschoben. Daher musste er nur wieder heruntergezogen und gleichmäßig ausgebreitet werden, bis er …

26 … wieder vollständig an seinem Ort war und das Stromkabel sowie der Schlauch des Kissens an der richtigen Stelle herausschauten.

27 Der im Lieferumfang enthaltene Schalter für die Sitzheizung bietet hohe und niedrige Temperaturen. Die Standardeinstellungen heizen nur die Rückenlehne oder die Sitzfläche und die Rückenlehne zusammen.

28 Wenn Sie ohnehin immer die Sitzfläche und die Rückenlehne zusammen, jedoch in verschiedenen Leistungsstufen beheizen wollen, ist die externe Kabelverbindung an der Steuereinheit (Pfeile) zu unterbrechen.

Schalter

29 Lordosenstütze: Bohren Sie ein passendes Loch in die Konsole oder die Seitenblende am Sitz, um den Schalter für die Lordosenstütze einzubauen.

30 Sitzheizung: Bohren Sie ein 21-mm-Loch, um den runden Sitzheizungsschalter zu montieren.

31 Beide Schalter rasten ein, wenn man sie in die Bohrungen drückt.

32 Bei dieser Installation haben wir extra eine Konsole gebaut und Carling-Schalter, die wir über MCL bezogen, montiert. Spezielle Anschlussblöcke können separat erworben und damit die Kabel auf der Rückseite so angebracht werden, dass man sie jederzeit mühelos anschließen und trennen kann.

33 Das Kabel der Stromversorgung wurde abisoliert und mit einem Ringkabelschuh versehen, …

34 … bevor dieser am Sicherungskasten für Extrazubehör (auch bei MCL erworben) angeschlossen wurde. Wir haben ihn unter dem Beifahrersitz angebracht.

Wenn Sie bisher weder eine Sitzheizung noch eine elektrisch verstellbare Lordosenstütze hatten, werden Sie sie nach dem Einbau erkennen, wieso so viele neue Autos bereits damit ausgestattet sind – vor allem an kalten Wintermorgen, wenn die Heizung ihres Defender lange Zeit braucht, um auf Temperatur zu kommen. Sie werden nie wieder auf diese Vorzüge verzichten wollen!

Rücksitze

In diesem Abschnitt zeigen wir, wie wir hinten ein komplettes Set klappbarer Einzelsitze von Britpart mit entsprechenden Beckengurten montiert haben.

1 Jeder Sitz wird zerlegt in einer separaten Verpackung geliefert. Die Arbeit beginnt mit dem Ausbreiten der Teile und deren Vergleich mit der Einbauanleitung. Wir haben uns zwar nicht an die in der Einbauanleitung genannte Reihenfolge gehalten, doch letztendlich hat alles perfekt geklappt.

2 Bevor wir anfingen, die Sitze zu montieren, haben wir die Sitzflächen positioniert, um die Montageorte der Sitze zu bestimmen.

3 Es ist wichtig, vor dem Einbau der Sitze die Löcher für die Sicherheitsgurte zu bohren. Andernfalls besteht ein großes Risiko, die Sitze mit dem Bohrer zu beschädigen. Halten Sie sich an die hier gewählte Herangehensweise: Markieren Sie bei vorübergehend montierten Sitzen die Bohrpositionen für die Sicherheitsgurte, nehmen Sie anschließend die Sitze heraus, bohren Sie die Löcher und bauen Sie die Sicherheitsgurte und die Sitze ein. Sie können auch zuerst die Sitze und anschließend die Gurte montieren.

4 Jede der Rückenlehnen und Sitzpolster verfügt über integrierte Einschlagmuttern. Die Montagepositionen sind klar durch rote Punkte auf der Oberfläche der Verkleidung gekennzeichnet. Sie benötigen ein scharfes Messer um die Verkleidung so zu öffnen, dass die Befestigungsschrauben sauber eingeführt werden können. Schneiden Sie nicht zu viel Material weg – Sie möchten bestimmt keine ausgefransten Kanten unter den Halterungen hervorstechen sehen.

5 Die Halterungen für die Rückenlehne müssen richtig herum angebracht werden, so wie es in der Einbauanleitung abgebildet ist. Es ist sehr wichtig, dass jede Schraube per Hand mit äußerster Vorsicht in ihr Gewinde geschraubt wird, bevor man anfängt, sie festzuziehen. Wenn sich eine Schraube verkantet, bricht die Einschlagmutter mit großer Wahrscheinlichkeit aus dem Sitz, was ein Befestigen des Rahmens unmöglich macht.

6 Bei dieser Installation wurden die Halterungen der Rückenlehne an den bestehenden Löchern in der Karosserie ausgerichtet. Zusätzlich gibt es in den Seitenschienen noch schlitzartige Öffnungen, die es einem erlauben, die entsprechenden Unterlegscheiben und Befestigungsmittel anzubringen.

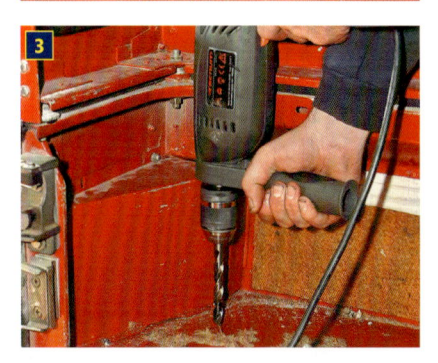

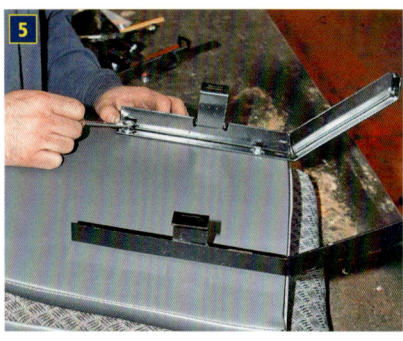

164 Interieur

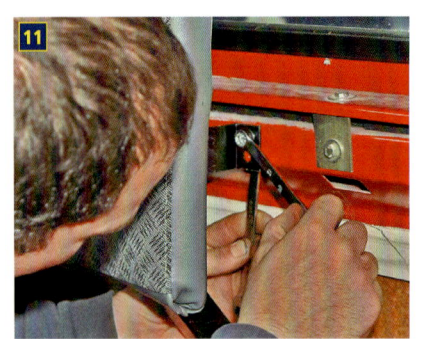

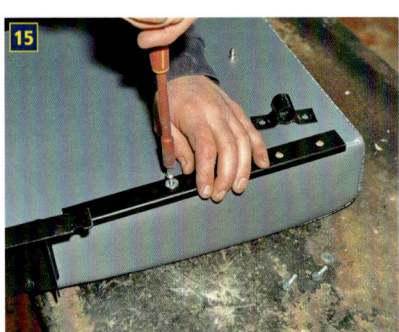

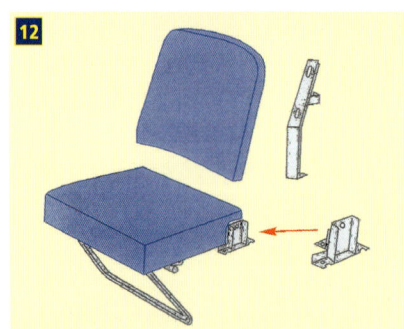

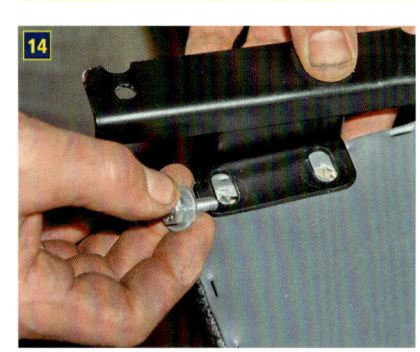

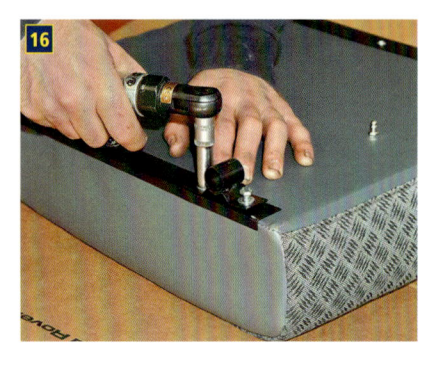

7 Nach dem Befestigen der oberen Halterungen können nun die unteren Enden der Halterungen nach hinten oder vorn gedrückt werden, bis sie parallel zu den Karosserieflanken verlaufen. Die Positionen der Befestigungslöcher können dann auf die obere Oberfläche des Radkastens übertragen werden.

8 Um Aluminiumoberflächen anzukörnen, empfiehlt sich der Einsatz eines spitzen Körners, auf den man einmal schön knackig mit dem Hammer schlägt. Setzt man hier zu viel Kraft ein oder hämmert man öfter auf den Körner, wird auch das umgebende Material eingedrückt. Denken Sie daran: Aluminium ist viel weicher als Stahl!

9 Bohren Sie ausreichend große Löcher, ...

10 ... bevor Sie die Schrauben in den Radkästen montieren und mithilfe der großen, flachen Unterlegscheiben die Last auf der Unterseite des Kastens verteilen.

11 Ziehen Sie die oberen Sitzlehnen-Montageschrauben über die geschlitzten Öffnungen in der Karosserieschiene fest.

12 In dieser Zeichnung von Britpart sieht man die Schwenkhalterung, die am Sitz an der durch den Pfeil markierten Stelle anzubauen ist. Das ist auch die Zeichnung, anhand welcher wir vorhin herausfinden mussten, wie herum die Sitzhalterungen zu montieren sind.

13 Als nächstes muss das der Bezug hinten eingeschnitten werden, ...

14 ... damit die Halterungen befestigt werden können. Dabei sind die Schrauben äußerst vorsichtig per Hand in die Einschlagmuttern unter dem Bezugsmaterial einzudrehen.

15 An der Außenkante auf der Unterseite jeder Sitzfläche ist ein dünner schwarzer Streifen anzubringen.

16 Denken Sie daran, dass die zwei vorderen Schraubenlöcher auch zum Befestigen der Schwenkhalterung dienen.

Rücksitze 165

17 Die Sitzstütze an der ersten Schwenkhalterung muss befestigt werden, bevor Sie die zweite anbringen. Andernfalls werden Sie nicht in der Lage sein, die Stütze in Position zu bringen.

18 Nun kann die zweite Schwenkhalterung angeschraubt werden.

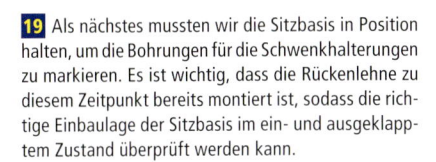

19 Als nächstes mussten wir die Sitzbasis in Position halten, um die Bohrungen für die Schwenkhalterungen zu markieren. Es ist wichtig, dass die Rückenlehne zu diesem Zeitpunkt bereits montiert ist, sodass die richtige Einbaulage der Sitzbasis im ein- und ausgeklapptem Zustand überprüft werden kann.

20 Raus mit dem Sitz, rein mit der Bohrmaschine: Bohren Sie passende Löcher, um die Sitzbasis festzuschrauben.

21 Was hält den Sitz nach oben, wenn dieser nicht verwendet wird? Dieser Riemen. Er wird an der Unterseite des Sitzes festgehakt, nachdem er zuvor an der Rückenlehne festgeschraubt wurde. Haben wir etwa den ersten vergessen?

22 Haben wir! Also mussten wir die Rückenlehne wieder entfernen. Danach haben wir daran gedacht, die Riemen an allen Rückenlehnen anzubringen, bevor wir deren Halterungen montierten.

23 Anschließend schraubten wir den ersten Sicherheitsgurt an.

24 Man braucht zwei weitere Hände, um die Sitze und die Sicherheitsgurte festzuziehen.

25 Nachdem alle Sitze und Sicherheitsgurte montiert sind, kann man die zusätzliche Flexibilität erkennen, die man damit in langen und kurzen Defendern erhält.

Schalldämmmatten

Keine Schalter, keine elektrischen Verbindungen, keine Leuchten, keine Geräusche – sie sind einfach montiert und tun genau das, was sie sollen. Eine meiner Lieblingsmodifikationen am Defender. Hier sehen Sie, wie man Schalldämmmatten von »Wright Offroad« montiert.

Was ist eine Schalldämmmatte?
Schalldämmmatten bestehen aus dichtem, gegossenem Polyurethan und dienen der drastischen Verringerung von Lärm – auch in Baggern und Traktoren. Sie bieten zudem eine strapazierfähige und langlebige Oberfläche, die dem harten täglichen Gebrauch standhält. Die Haupteigenschaften sind:
- sie verringern den Bedarf an Motor- und Getriebe-Ummantelungen;
- sie sind strapazierfähiger als Gummi und werden wahrscheinlich die Lebensdauer Ihres Land Rover übertreffen;
- sie sind einfach zu reinigen (Staubsauger);
- sie bieten eine Isolierung, um auch Hitze fernzuhalten;
- sie verrotten nicht und speichern kein Wasser, zudem sind sie widerstandsfähig gegen Kraftstoff, Öl, Wasser sowie Sonnenlicht und
- sie sind brandhemmend und wiederverwendbar.

1 Das Schalldämmmatten-System ist so ausgelegt, dass es überall dort, wo es angebracht wird, die bestehende Innenverkleidung ersetzt. Bei älteren Modellen ist die Standardverkleidung an der Spritzwand sowie im Fußraum sehr umfassend. Allerdings ist sie nicht so effizient ist wie das System aus Polyurethan (PU) und nimmt sogar Feuchtigkeit auf. Sollte man das neue System einfach über die alten Matten legen, könnte es zu weit abstehen. Beim Ausbau müssen Sitze, Sitzverankerungen, Sicherheitsgurt-Befestigungen am Boden sowie Handbremshebel, Kabel und Stecker, Schrauben für die im Fußraum befindlichen Trittplatten und die Verkleidung um den Sitzkasten herum entfernt werden.

Schalldämmmatte für die Spritzwand
Die kleinere Dämmmatte für die Spritzwand wird hinter dem Sicherungskasten montiert. Entfernen Sie die Abdeckung und nehmen Sie den Sicherungskasten und die Platte von der Spritzwand ab. Entfernen Sie anschließend die bestehende Verkleidung. Bei jüngeren Modellen kann es möglich sein, die Schalldämmmatte über die bestehende Verkleidung zu legen. Das hängt davon ab, wie die Bodenplatten montiert sind.

Auf der Rückseite der Matten gibt es Aussparungen für Klimaanlagen-Leitungen, sofern eine solche werksseitig verbaut wurde.

Knicken Sie die Schalldämmmatten niemals. Sie können zwar etwas angepasst werden und kehren dann wieder in ihre gegossene Form zurück, doch werden sie geknickt, brechen sie oder werden dauerhaft deformiert.

Schalldämmmatte für den Sitzkasten
Als nächstes sollte diese angebracht werden. Legen Sie die Matte auf den Sitzkasten und markieren Sie von unten die Bohrungen der Befestigungen für den Sitz und die Handbremse. Kontrollieren Sie die Markierun-

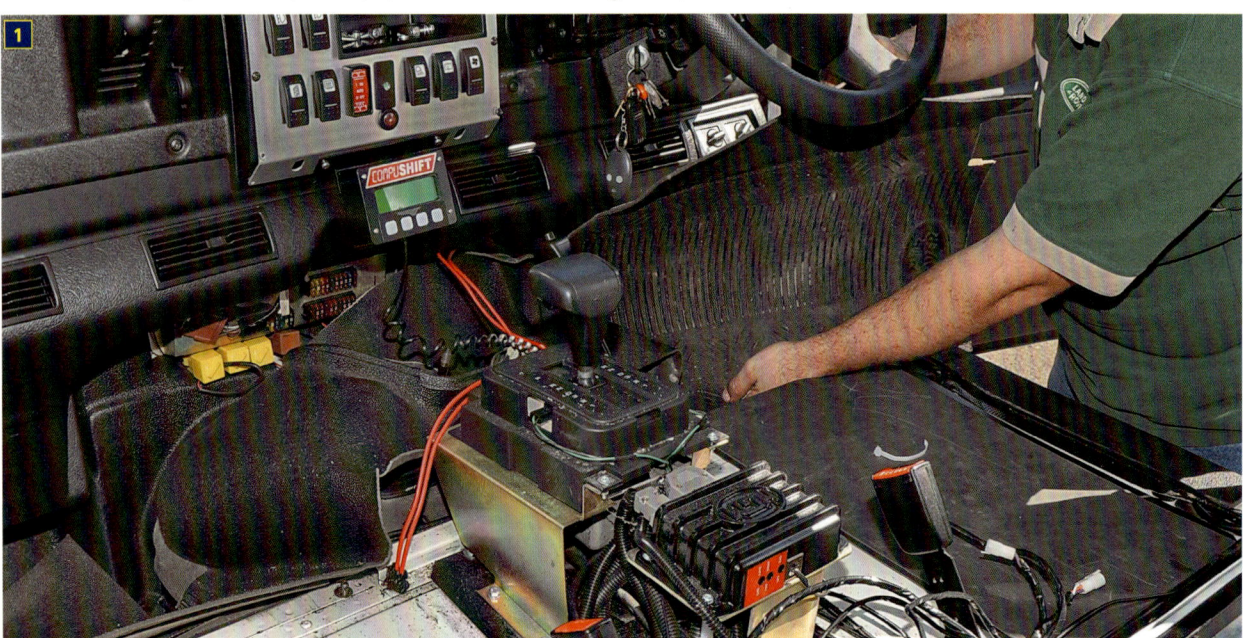

Schalldämmmatten

gen erneut. Diese Positionen können dann auf die Vorderseite der Matte übertragen werden.

2 Es müssen auch zwei Schlitze angebracht werden, die mit den Sicherheitsgurt-Befestigungen übereinstimmen. Wir haben damit begonnen, in die Enden der Schlitze zu bohren. Verwenden Sie Seifenwasser, um den Bohrer zu schmieren – so verhindern Sie, dass er steckenbleibt.

3 Der Ausschnitt an sich sollte mit einem geeigneten Teppichmesser erfolgen. Stellen Sie sicher, dass hierfür eine neue Klinge eingesetzt wird und dass genügend Ersatzklingen vorhanden sind – das Messer wird hierbei schnell stumpf! Auf der Unterseite der Matte sehen Sie einige Abdrücke des Sitzkastens. Entsprechend dieser Markierungen verlaufen die Sitzschienen. Denken Sie daran, dass sie an einem Land Rover arbeiten, daher können die Montagepositionen variieren. Es empfiehlt sich, zuerst zu messen und anschließend zu überprüfen!

4 Ich beschloss, die Klappen für den Zugang zu den Sitzkastendeckeln an jeder Seite etwa 25 mm breiter zu machen als die Deckel. Somit hatten wir die Ausschnitte für den Sitzkastendeckel abgemessen. Es ist kein Nachteil, den Schnitt in die Matte breiter zu wählen als die Breite des Deckels.

5 Wir haben versucht, die Deckelschlösser durch das Material hindurch einzubauen, doch die Dicke der Matte drückte die Schlösser zu weit nach vorn. Also haben wir die Matte dort mit Schlitzen versehen, wo die Schlösser montiert werden. Übrigens haben wir Nietmuttern in die Löcher an den Sitzkästen eingesetzt, wo ursprünglich Blindniete verwendet wurden. Dadurch konnten wir 5-mm-Schrauben einsetzen. Keine wichtige, aber eine nette Lösung.

Schalldämmmatte für den Boden

Es empfiehlt sich, diese zuletzt anzubringen. Falls noch nicht geschehen, entfernen Sie den Schaltsack. Bewahren Sie das Stück Schaumstoff, das unter den Schaltsack führt, auf, denn es dient der akustischen Isolierung der Oberseite des Getriebes.

Nur 90/110 LT77-Getriebemodelle (älter)

Die Getriebetunnelöffnung und der Mittelkanal müssen der Aussparung am Fahrzeug entsprechend geschnitten werden.

Die Sitzbefestigungslöcher sind auch markiert. Wählen Sie die nötigen Markierungen und bohren Sie die Löcher, doch stellen Sie sicher, dass sie die richtigen verwenden – etwa zur Einführung des 200 Tdi wurde der Sitzkasten des Land Rover insofern geändert, dass die Sitzbefestigungen um etwa 25 mm weiter nach innen versetzt wurden.

Legen Sie die Matte auf den Sitzkasten und markieren Sie von unten die Sitzbefestigungslöcher.

6 Wenn Sie die neue Matte auflegen, stellen Sie sicher, dass die Vorderkante nach oben zeigt. Legen Sie die Matte über den Schalthebel und winkeln Sie sie vorn etwas nach unten an. Legen Sie die Vorderkante unter die Pedale und drücken Sie nun die Öffnung über den Schalthebel. Anschließend können Sie den Schaltsack mithilfe des mitgelieferten Kabelbinders wieder anbringen.

Stellen Sie sicher, dass die Pedale vollständig durchgetreten werden können und in keiner Weise von der Matte beeinträchtigt werden!

Nachdem die Matte auf dem Sitzkasten in ihre Position gebracht und alle Schnitte gesetzt wurden, können nun der Handbremshebel, die Manschette und die Sicherungskastenabdeckung wieder angebracht werden.

7 Schalldämmmatten für den hinteren Bereich des Fahrzeugs werden in riffelblechartigem Muster in 2,40 m x 1,20 m geliefert. Für einen 110er Station Wagon benötigt man zwei volle Matten. Weil diese Matten festgeklebt werden, nahm ich Seifenwasser und einen Hochdruckreiniger, um die Oberfläche abzuwaschen, bevor es mit dem Einbau losging.

8 Es ist eine wirklich mühsame Arbeit, jedes einzelne Teil abzumessen, zu markieren und ein passendes Loch zu schneiden. Mit einem Bleistift geht das am besten – Filzstift lässt sich nur schwer entfernen.

9 Verwenden Sie Entfetter oder Brennspiritus, um die Matte und die lackierten Metalloberflächen zu reinigen, nachdem letztere zunächst mit einem milden Scheuermittel vorbehandelt wurde. Nachdem eine dünne, gleichmäßige Schicht Kontaktkleber auf beiden Oberflächen aufgetragen war, ...

10 ... wurde dieses senkrechte Stück vor dem Aufkleben vorsichtig positioniert. Stellen Sie sicher, dass Sie die wichtigen Sicherheitsanweisungen auf dem Kontaktkleberbehälter befolgen.

11 Ich habe mir Aluminiumzierleisten für den Hausgebrauch besorgt, um die Kanten zu schützen (Vorsicht, scharf!). Diese Zierleisten sind auch als selbstklebend erhältlich, aber PU-Platten sind sehr wählerisch: an ihnen haftet nicht alles. Also verwendete ich PU-Dicht- und Klebemittel – nicht zu viel, andernfalls tritt es überall aus!

12 Die fertigen Matten sehen nicht nur großartig aus, sondern bieten auch fantastische Eigenschaften. Weshalb hat Land Rover diese nicht bereits werksseitig montiert?

Aufbewahrungsboxen

Sie heißen »BareBoxes«, sind aber gar nicht nackt! Hier ist zu sehen, wie wir BareBoxes in meinem Projekt-Defender einbauen.

Viele dieser BareBoxes werden bereits voll aufgebaut, aber in unveredeltem – oder »nacktem« – Zustand geliefert – daher auch ihre Bezeichnung. Somit haben die Kunden die Möglichkeit, das Oberflächen-Finish selbst zu wählen. Für mich wählte ich die schwarze, pulverbeschichtete Variante mit Verschlüssen.

1 Hier sehen Sie eine BareCub Box, die im Inneren pulverbeschichtet und auf der Außenseite matt schwarz lackiert ist. Die BareCub verfügt auch über einen abnehmbaren Getränkehalter, ein inneres Münz- bzw. Schlüsselfach und ein Schloss mit zwei Schlüsseln. Zunächst wird die Box in Position gebracht, anschließend wird durch sie hindurch und in das darunter liegende Blech gebohrt. Zudem sind weitere Bohrungen durchzuführen: auf der Vorderseite und im hohlen Bereich der Box, der quer über der Vorderseite der Sitzstützen verläuft.

2 Jede Bohrung wurde dann auf den geeigneten Durchmesser für eine Nietmutter ausgeweitet – ein Gewindeeinsatz, in welchen …

3 … Befestigungsschrauben sowohl für das Innere der BareCub …

4 … als auch für den äußeren Bereich und das Kleinteilefach …

5 … eingesetzt wurden. Die vordere Schraube wird durch den Getränkehalter-Einsatz verdeckt.

6 Hier sehen Sie das Kleinteilefach, das sich im Inneren des Deckels der BareCub befindet. Wie Sie sich vorstellen können, wird es darin ziemlich klappern – es sei denn, sie setzen Anti-Rutsch-Matten ein.

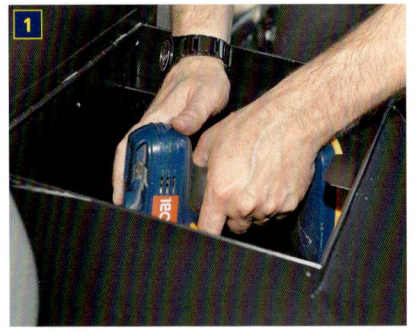

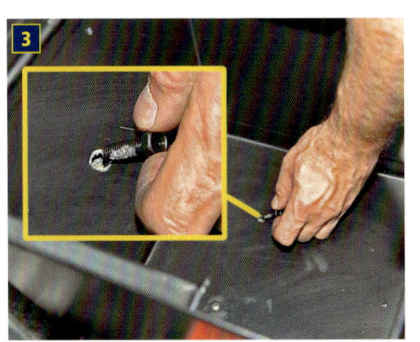

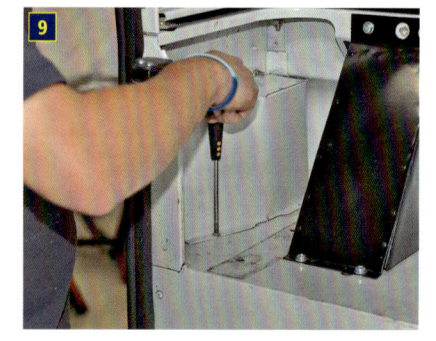

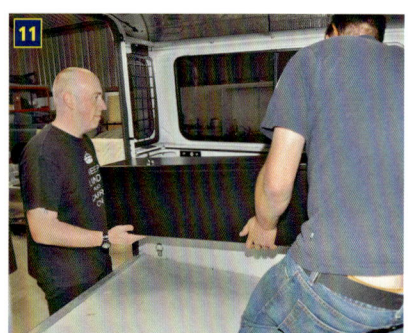

7 Die große BareBox ist so geformt, dass sie genau in den Freiraum oberhalb des Radkastens sowohl des 90er- als auch des 110er-Modells hineinpasst. In meinem Fall sitzt hier ein einzigartiger Einfüllstutzen, der sich unterhalb des Radkastens schlängelt, für einen Tank. Daher hatte ich vorher die hier sichtbare, schwarze Abdeckung gefertigt und eingebaut, um den dazugehörigen Schlauch zu verbergen.

8 Bei Standardmodellen des Defender ist der Einfüllstutzen auf der rechten Fahrzeugseite weniger herausstechend, doch das Prinzip, wie eine derartige Abdeckung herauszuschneiden ist, bleibt dasselbe. Für die Standardversion muss man aber viel weniger Material abnehmen, als hier zu sehen ist.

9 Eine weitere, möglicherweise einzigartige Modifikation wurde an den Aluminiumabdeckungen der Rückleuchten durchgeführt. Wir formten sie neu, sodass sie nicht weiter herausragten als der Flansch um den Türrahmen herum, wodurch die BareBox möglichst weit hinten montiert werden konnte.

10 Wenn Sie kein Interesse daran haben, den kompletten hinteren Bereich mit diesen Boxen auszufüllen, müssen Sie auch nicht diese Schneid- und Verschlussarbeiten durchführen, die hier gezeigt werden.

11 Hier wird die längste BareBox in Position gehoben ...

12 ... und die Position meiner Einfüllstutzen-Abdeckung markiert. Es musste ziemlich viel Material abgenommen werden, damit die Box eingebaut werden konnte.

13 Die Maße wurden auf die Rückseite der Barebox übertragen, ...

14 ... woraufhin in jeder Ecke ein Loch gebohrt wurde.

15 Mit der Flex haben wir dann entlang der Eckpunkte geschnitten ...

16 ... und das herausgetrennte Stahlblech entfernt, bevor wir die Kanten geglättet haben. Später wurden die Kanten noch lackiert.

17 Die BareBox wurde zum ersten Mal eingesetzt.

18 Hier sehen Sie, wie eine Nietmutter eingepresst wird.

19 Hiermit können Sie die Box festschrauben. In diesem Beispiel wurden die Schrauben auch zur Befestigung des darunterliegenden Tanks verwendet. Deshalb wurde ein Verstärkungsblech unter den Schraubenköpfen eingesetzt.

20 Hier ist eine der kleineren Boxen an ihrem Einbauort auf der anderen Seite im Fahrzeug. Man kann sehen, wie gut sie den verfügbaren Platz nutzt – aber auch, wie der Schlüssel an der Oberseite gegen die Seitenwand bzw. die Schiebescheiben zu stoßen neigt. Man kann die Box nicht öffnen, ohne dass der Schlüssel steckt. Das ist ein Nachteil.

21 Hier sehen Sie das fertige Heck – der Rest ist ständig in Arbeit –, womit klar wird, wie viel nützlicher Stauraum durch die verschieden langen BareBoxes entsteht.

Das Einzige, was mich hier stört, ist die Tatsache, dass jedes Schloss einen eigenen Schlüssel hat. Doch sind das kleinere Kritikpunkte, aber diese extrem nützlichen Boxen eine unschätzbare Ergänzung im Heck eines jeden Defender.

Aufbewahrungsboxen 171

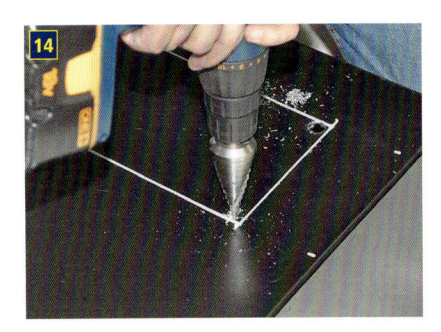

Map Browser

500 m
500 yd

10/06/2009 12:25:23
=> 11 TATTON ROAD, SALE, ENGLAND
Longitude -002.31983
Latitude +53.42526
Direction (°) 174.0
Speed (mph) 0.0

6
Sicherheit

»Cobra«-Wegfahrsperre	174
Selbstüberwachender Peilsender	176

»Cobra«-Wegfahrsperre

Hier sehen Sie, wie Sie eine der neuesten Diebstahlsicherungen in ihren Land Rover einbauen können.

Für mich ist mein Defender DiXie in vielerlei Hinsicht wertvoll. Ich habe nicht nur ein kleines Vermögen dafür ausgegeben – er wäre praktisch unersetzbar, wenn er je gestohlen würde. Deshalb wollte ich zu der Alarmanlage noch ein Tracking-System einbauen. Ich hatte bereits Erfahrungen mit »CobraTrak« gemacht, weil dieser an unserem Wohnwagen montiert ist und ich weiß aus erster Hand, wie freundlich und kompetent die Kundenbetreuer dort sind.

Wenn Ihr Fahrzeug als gestohlen erscheint (beispielsweise wenn Sie die Batterie abklemmen und vergessen, Cobra darüber zu informieren), werden Sie sofort angerufen und davon unterrichtet.

Die größten Vorteile der CobraTrak-Systeme sind:

- normalerweise kann man einen Rabatt auf den Versicherungsbeitrag erwarten;
- es werden drei Jahre Garantie gewährt und
- das System ist bei Fahrzeugwechsel übertragbar.

Das CobraTrak First-System erkennt ein unbefugtes Bewegen des Fahrzeugs bei ausgeschalteter Zündung (beispielsweise wenn das Fahrzeug abgeschleppt wird) und setzt modernste GPS/GPRS/GSM-Technologie für die punktgenaue Lokalisierung eines gestohlenen Fahrzeugs ein.

Cobra nimmt über Sicherheitszentralen in 36 europäischen Ländern, Russland und Südafrika Verbindung zur Polizei in der entsprechenden Landessprache auf. Jede der Sicherheitszentralen von Cobra ist entsprechend den vom Innenministerium erlassenen Standards gegen Angriffe geschützt.

1 Der Techniker Gary von CobraTrack und ich erörterten gemeinsam, welche Verbindungsart wir am besten einsetzen sollten. Er ist nicht der erste Techniker, der mir kürzlich erzählt hat, dass einige Hersteller keine gelöteten Verbindungen zulassen und ihre eigenen zugelassenen Krimpverbindungen als die bessere Wahl darstellen. Doch meiner Meinung nach mögen Krimpverbindungen vielleicht am ersten Tag am besten sein, doch was ist ein paar Jahre danach, wenn vielleicht Korrosion eingesetzt hat? Und was ist mit Krimpverbindungen, die nicht ordnungsgemäß durchgeführt wurden? Gary und ich beschlossen, Lötverbindungen herzustellen. So begann unsere Arbeit damit, Kabel abzuisolieren, diese zusammenzudrehen …

2 … und anschließend zu verlöten.

3 Interessanterweise bevorzugt es Gary, die Lötverbindungen mit Kunststoffklebeband zu umwickeln, …

4 … bevor eine weitere Schicht Gewebeband aufgeklebt wird. Dies soll die ursprüngliche Kabelbeschaffenheit bestmöglich wiederherstellen.

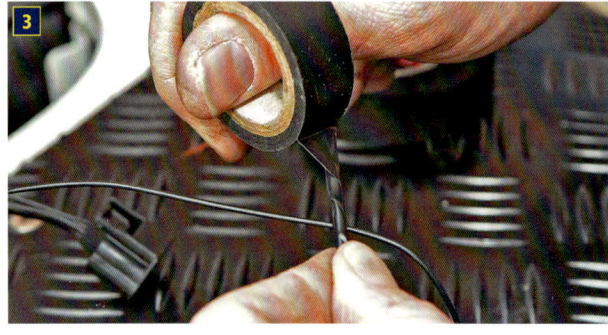

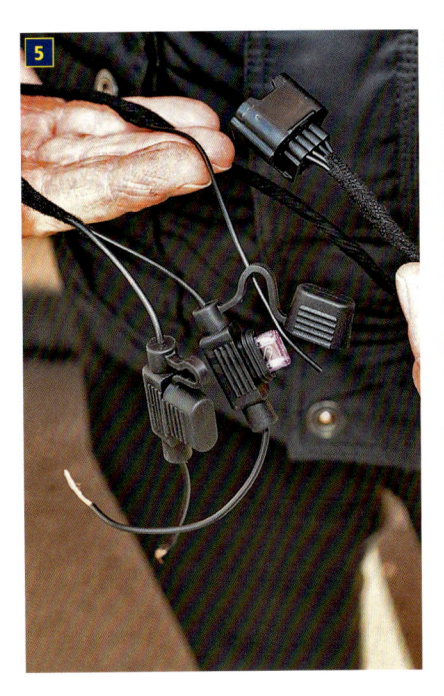

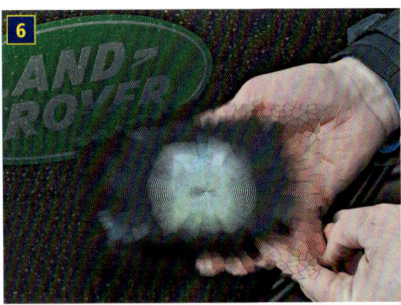

»Cobra«-Wegfahrsperre 175

5 Wie alle anderen elektrischen Einbauten wird auch diese Einheit zunächst abgesichert, bevor sie letztendlich angeschlossen wird.

6 Aus offensichtlichen Gründen können wir nicht zeigen, wie die CobraTrak-Einheit aussieht, doch kann ich Ihnen versichern, dass sie sogar noch kleiner ist, als das, was sie hier sehen. Sie wird versteckt installiert, sodass Diebe nicht einmal erkennen können, dass ein Tracking-System im Fahrzeug ist. Seit dem Einbau unserer ersten CobraTrack-Einheit hat die Firma sowohl die Hard- als auch die Software aktualisiert. Die neueste Version verfügt über integrierte GSM/GPRS-Funktionalität sowie über eine GPS-Antenne, eine integrierte LED für die Selbstdiagnose während des Einbaus, ein wasserdichtes Gehäuse und einen integrierten, aufladbaren Akku. Zudem bietet das Gerät einen hochsensiblen GPS-Empfänger, ein Quad-Band-Modem (inklusive GPRS) und sogar einen 3-Achsen-Beschleunigungssensor für die Erkennung von Bewegungen. Ziemlich beeindruckend!

7 Ein alternatives System ist CobraTrak First Mobile, das alle Vorteile des CobraTrak First bietet – mit dem Unterschied, dass die Fahrzeugposition direkt auf einer Karte in ihrem Handy oder PDA angezeigt wird. Zusätzlich kann über das Mobiltelefon oder den PDA ein Transport-Modus (beispielsweise für den Transport des Fahrzeugs auf einem Anhänger) bzw. ein Garagen-Modus (bei Werkstattaufenthalten) ein- oder ausgeschaltet werden. Der einzige Nachteil ist hier, dass man den Dienst jedes Jahr neu abonnieren muss und es keine Möglichkeit einer lebenslangen Mitgliedschaft gibt.

Weiter hinauf im Sortiment

Das nächsthöhere System ist CobraTrack ADR, ein automatisches Fahrer-Erkennungssystem. Die Idee dahinter ist, eine Chipkarte (Scheckkartenformat) mit sich zu führen, die mit dem Fahrzeug kommuniziert und es einem »erlaubt«, damit zu fahren. Beim Verlassen des Fahrzeugs schaltet sich das System automatisch scharf. Wird das Fahrzeug ohne mitgeführte Chipkarte bewegt, wird die Sicherheitszentrale sofort wegen eines potenziellen Diebstahls alarmiert. Das bedeutet, dass selbst wenn das Fahrzeug mit ihren eigenen Schlüsseln aufgesperrt, angelassen und bewegt wird, der Diebstahl sofort auffällt.

CobraTrack 5 ist das Flaggschiff im Sortiment. Dieses System bietet alle Vorteile des CobraTrack ADR und fügt dem Ganzen noch eine Fernsteuerung der Zündung hinzu. Dadurch kann die Polizei Cobra dazu befähigen, dem Fahrzeug eine Warnung zu schicken und das Starten des Motors zu unterbinden, sollte dieser einmal abgestellt werden. Das erhöht die Chance, das Fahrzeug unversehrt wiederzufinden und hilft der Polizei, Verfolgungsjagden zu vermeiden.

Sicherheit

Selbstüberwachender Peilsender

Hier sehen Sie den Lieferumfang zusammen mit dem optionalen Zubehör des »Visionaire Tracker«:
A Hauptsteuereinheit;
B optionale Fernschaltbox;
C Reihensicherungen;
D optionale Fernschaltbox für die Wegfahrsperre;
E Kabelbaum;
F optionale Warnleuchte;
G optionale Fernbedienung;
H optionales, Defender-spezifisches Motorhaubenschloss;
I optionaler Schlüsselschalter und
J optionale, wasserdichte Schlüsselabdeckung.

Üblicherweise werden gestohlene Defender in Einzelteilen weiterverkauft, weswegen die Wahrscheinlichkeit gering ist, einen als Ganzes wiederzufinden. Wenn man gewaltsam in einen Defender einbricht – und das tun die Diebe auch –, kann er praktisch im Handumdrehen ausgeräumt werden. Wird er also gestohlen, beginnt ein Wettlauf mit der Zeit, um ihn ausfindig zu machen. Was also kann man tun?

In den vergangenen Jahren erfreuen sich Tracking-Systeme einer immer größeren Beliebtheit. Wie bei anderen elektronischen Geräten auch, sind die Preise in den Keller gefallen, wodurch sie immer erschwinglicher werden. Doch abhängig von Ihren Bedürfnissen haben leider alle einen Nachteil.

Einige Hersteller brüsten sich damit, dass sich ihre Produkte um die komplette Nachverfolgung kümmern und Sie im Falle eines Diebstahls sofort informieren. Diese Geräte kosten viel Geld und die Registrierung ist teuer. Dazu können die meisten nur aktiviert werden, nachdem Ihnen ein Aktenzeichen für ein Verbrechen vergeben wurde. Und bis dahin wird Ihr Defender in tausend Einzelteile zerlegt worden sein.

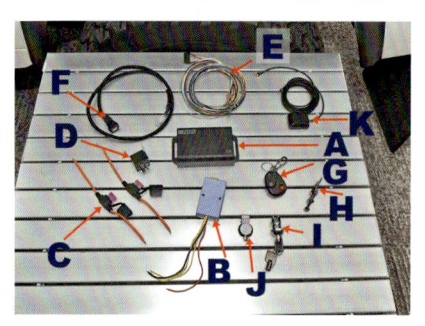

1 Zum Zeitpunkt des Schreibens ist der Visionaire Tracker das dem Autor einzig bekannte Gerät dieser Art. Die Besonderheiten dieses Geräts sind:
- es kann Sie benachrichtigen, wenn das Fahrzeug bewegt, kurzgeschlossen oder angelassen (selbst mit ihren eigenen Schlüsseln), abgeschleppt oder angehoben wird;
- 24-Stunden-Zugang von jedem Internet-PC oder Mobiltelefon aus;
- es speichert Kilometerstand, Fahrdauer und Geschwindigkeiten;
- es kann Sie benachrichtigen, wenn das Fahrzeug manipuliert, die Motorhaube geöffnet oder die Batterie abgeklemmt wird und wenn die Bordspannung gering ist;
- es verfügt über einen Panikalarm;
- es sendet zu jeder Zeit – Sie können sich anmelden und sehen, wie es sich auf Google Maps bewegt. Wenn sich das Fahrzeug bewegt, aktualisiert sich seine angezeigte Position alle zwei Sekunden – und das ununterbrochen;
- es können bis zu drei Personen per SMS und/oder E-Mail benachrichtigt werden (die E-Mail enthält eine Karte mit der Fahrzeugposition);
- es gibt weitere Informationen an den Benutzer aus – einen Verlauf über 12 Monate mit aufgezeichneter Strecke;
- Sie können die angezeigten Informationen mit Anderen »teilen« und den Zugang entsprechend sperren, wenn Sie das wünschen;
- es kann selbst eingebaut werden, der Einbau durch einen Fachmann wird jedoch empfohlen;
- bei Lieferung ist der Datenplan bereits eingerichtet und alles, was Sie tun müssen, ist, das Gerät zu verwenden. Sie müssen nicht darauf warten, bis ein GPRS-Plan steht;
- es ist mit einer integrierten Notbatterie ausgestattet und
- es gibt keine Abonnementgebühren.

2 Einbau: Offensichtlich benötigt man eine Zuführung zur Zündung und ein Dauer-Plus. Nicht alle hier gezeigten Kabel werden für diesen Arbeitsschritt benötigt – zur selben Zeit haben wir noch andere Arbeiten durchgeführt!

3 Es empfiehlt sich, zuerst den Kabelbaum zu installieren, um zu vermeiden, dass das System kurzgeschlossen oder fehlerhaft aktiviert wird. Nach der Installation muss einfach nur das Gerät angeschlossen und etwa fünf Minuten gewartet werden, bis es sich selbst konfiguriert.

4 Hier sehen Sie die optionale GPS-Antennenverlängerung, die eingesetzt wird, wenn das Gerät tief im Fahrzeug versteckt montiert werden soll.

5 Das hier ist die »Panik-Taste«, über die Sie im Falle eines Unfalls oder einer Panne sofort mit ausgewählten Kontakten in Verbindung treten können. Zudem kann eine optionale Warn-LED eingebaut werden, die Ihnen zeigt, dass das Gerät »scharf« geschaltet ist.

Insgesamt betrachtet geht der Einbau sehr einfach vonstatten, wenn man ein bestimmtes Maß an technischen Fertigkeiten besitzt. Für den kompetenten Fahrzeugelektriker wäre dieser Einbau ein Kinderspiel. Falls erforderlich, bekommt man auch von den Visionaire-Leuten Hilfe während des Einbauvorgangs.

Das Gerät ist sehr klein und bei Visionaire hat man einige Land Rover-spezifische Einbauorte festgelegt, die eine perfekte Funktion in maximaler Verborgenheit garantieren. Das Ziel hierbei ist, dass das Gerät möglichst lange unentdeckt bleibt, damit man genügend Zeit hat, die Polizei über den Aufenthaltsort des Fahrzeugs zu informieren.

Übrigens glauben wir nicht, dass es ein Problem ist, das Gerät hier zu zeigen. Im Internet kann man von fast allen Peilsendern entsprechende Bilder finden. Sollte ein Dieb auf einen Tracker eines namhaften Herstellers stoßen und versuchen, das Gerät zu manipulieren, werden Sie sowieso sofort benachrichtigt.

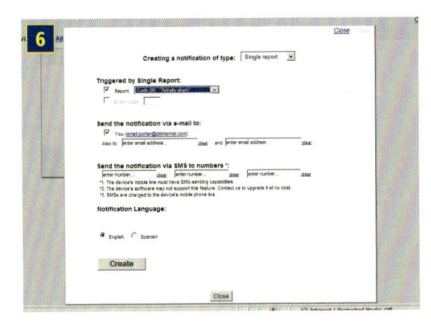

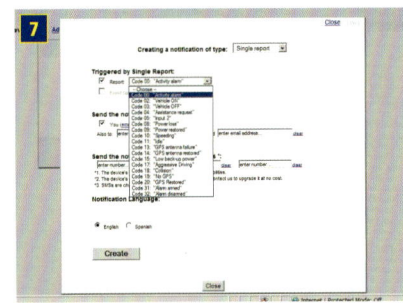

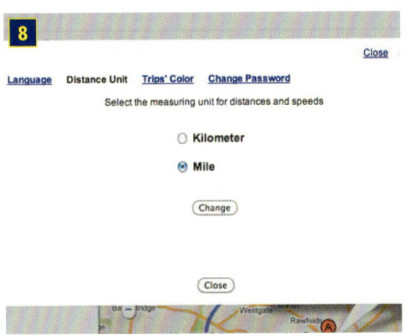

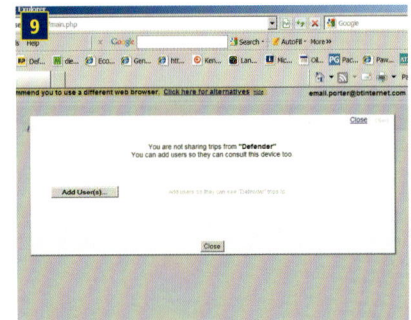

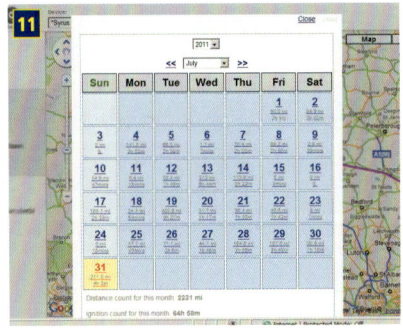

Einrichtung

6 Nach Eingabe des Benutzernamens und des Passworts gelangen Sie auf die Bedienoberfläche.

7 Hier können Sie die Parameter einstellen, anhand welcher der Tracker seine Benachrichtigungen versendet. Darunter finden Sie die Punkte »Zündung ein«, »Abschleppalarm«, »Motorhaube offen«, »Spannungsverlust«, »geringe Bordspannung«, »Panik« und »zu schnelles oder aggressives Fahren«. Dadurch lässt sich feststellen, ob jemand anderes Ihr Fahrzeug in unangemessener Weise fährt.

8 Hier sehen Sie die Seite für die Einstellung der bevorzugten Streckeneinheiten. Zudem gibt es viele Kniffe, wie sie diese Ansicht auf ihre Bedürfnisse anpassen können.

9 Eine besonders nützliche Funktion ist das Teilen der übertragenen Informationen mit anderen Leuten, die über einen Computer oder ein Handy auf ihre E-Mails zugreifen können.

10 Ein Mehrbenutzer-Zugang kann große Vorteile bringen. Bei Visionaire erzählte man mir von einem jungen Defender-Besitzer, der in Tunesien auf Entdeckungsreise war. Seine Mutter verfolgte seine Route am Rechner mit – er hatte sie ihr vor Reiseantritt gegeben. Deshalb bemerkte sie eines Tages, dass er vom Kurs abgekommen war. Sie rief ihn auf dem Handy an und wies ihm den richtigen Weg, bevor er in Schwierigkeiten geraten konnte!

11 Ereignisse werden in einem Kalender festgehalten, was Ihnen ermöglicht, auf jeden beliebigen Tag oder jede beliebige Reise innerhalb der vergangenen 12 Monate zurückzuspringen. Der Kalender zeigt auch die Laufleistung eines jeden Tages und die Gesamtbetriebsstunden des Motors an.

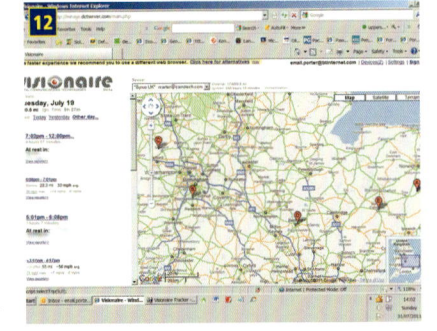

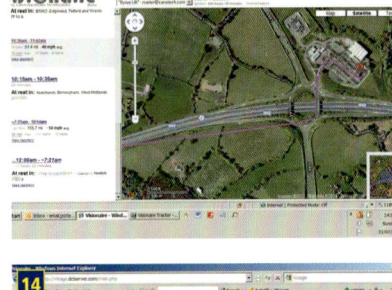

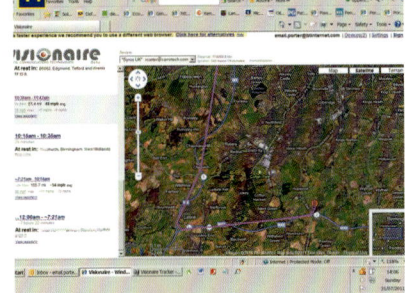

12 Vergessen Sie nicht, dass sie Benachrichtigungen, Kartenansichten und Ortsinformationen auch auf einem Mobiltelefon empfangen können. Das ist großartig, wenn man nicht gerade an einem Rechner sitzt. Das Gerät kann Sie auch informieren, wenn Ihr Fahrzeug mit gestohlenen Schlüsseln angelassen wird.

13 Wenn Sie möchten, können Sie das System so einstellen, dass Sie bei jedem Anlassen eine Benachrichtigung erhalten. Das bedeutet, dass Sie gelegentlich ziemlich viele Benachrichtigungen erhalten werden – trotzdem ist bei mir diese Option standardmäßig aktiviert.

14 Die Option, jeden Schritt eine Reise zu protokollieren, ermöglicht viele weitere Anwendungen – einschließlich der Aufzeichnungen Ihrer Abenteuer im Grünen. Wenn Sie sich mit Computer-Landkarten auskennen, werden Sie erkennen, dass Google Maps für die Weiterleitung von Standortdaten verwendet wird. Somit können Sie die Vorteile aller auf Google Maps verfügbaren Optionen nutzen.

Eine bemerkenswerte Funktion, die ich entdeckt habe, ist, dass der Tracker auch in Gegenden funktioniert, in welchen die Sende- und Empfangsleistung für einen Anruf über das Mobilfunknetz nicht ausreicht. Ich wohne in einer solchen Gegend. Das ist am beruhigendsten.

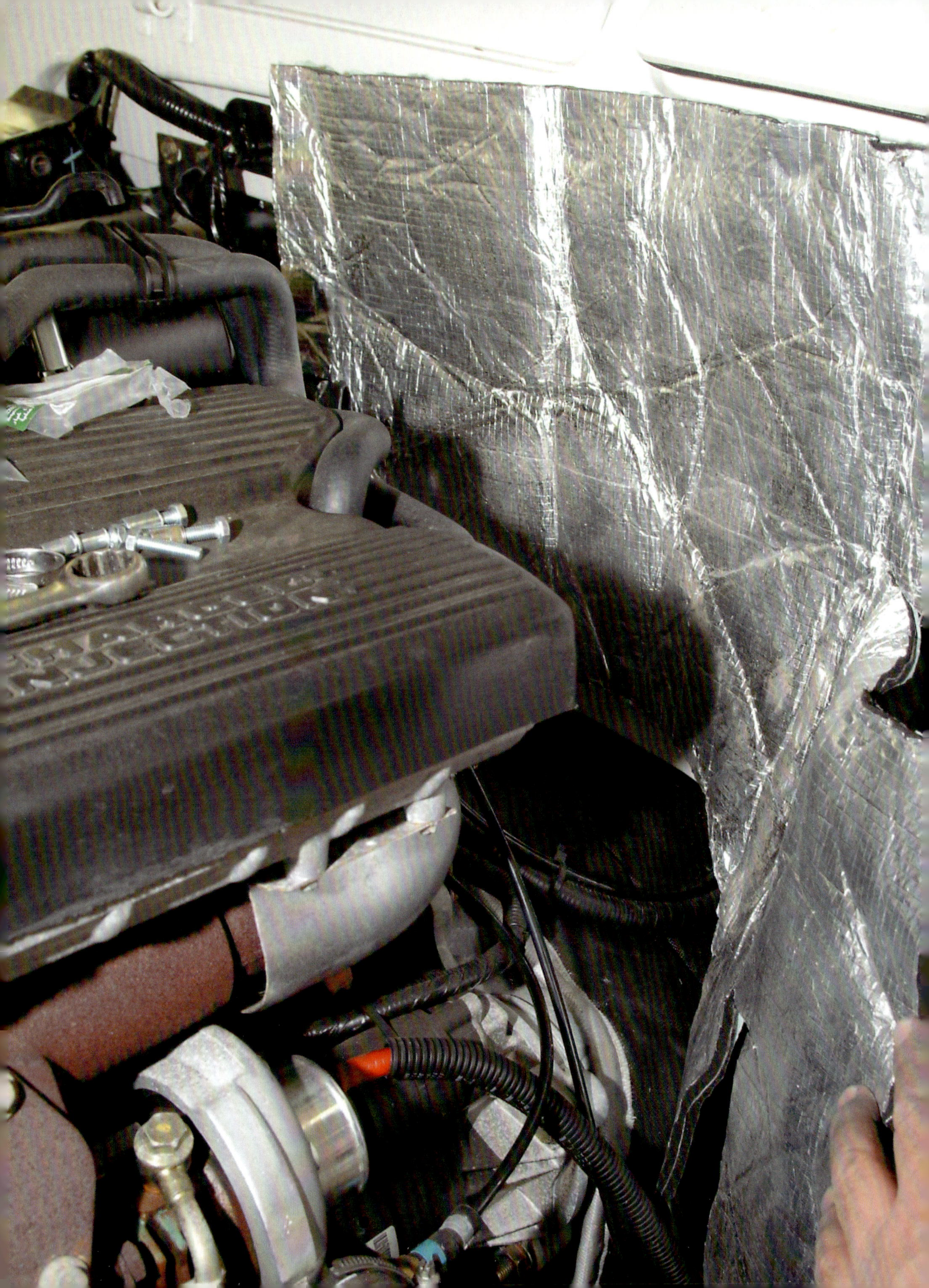

7 Komfort

Scheibenbelüftung	**180**
Tempomat	**184**
»Noise Killer«-Schalldämmung	**188**
Klimatisierung	**192**
Motorvorwärmung	**200**
Diesel-Standheizung	**204**

Scheibenbelüftung

Hier sehen Sie, wie Sie mit dem »DefenderVENT Kit« der dänischen Spezialisten »Wilberg & Wilberg« die Defrosterdüsen Ihres Defender so leistungsfähig machen, wie man es von modernen Fahrzeugen her kennt. Das Defrosten einer beschlagenen Defender-Windschutzscheibe bei eisigen Temperaturen war immer eine Mischung aus Wischen und Warten. Und was die Seitenscheiben angeht, können Sie es ganz vergessen! Wenn man nicht sieht, wohin man eigentlich fährt, woher man kommt und ob sich ein anderes Fahrzeug nähert, kann einem durchaus der Atem stocken. Daher freute ich mich, als ich von dem DefenderVENT-Umbausatz hörte. Für den Einbau benötigt man ein paar Stunden, doch ist diese Arbeit relativ einfach, wie Sie hier sehen werden.

Der Umbausatz umfasst zwei Seitendüsen, zwei DefenderVENTS, ein Stück Flexschlauch (noch abzulängen), zwei Kunststoff-Schlauchklemmen sowie eine Montageanleitung. Der Hersteller veranschlagt für den Umbau ein bis zwei Stunden, doch ist das abhängig vom Defender-Modell und von der Menge an Einbauten, die abgenommen werden müssen, um überhaupt einen Zugang zum Einbauort zu erhalten.

Klemmen Sie die Batterie ab, bevor Sie mit der Arbeit beginnen, um das Risiko von Kurzschlüssen im Armaturenbrett zu vermeiden. Notieren Sie etwaige Radio-Sicherheitscodes und deaktivieren Sie die Alarmanlage, sofern Sie eine haben, damit diese nicht losheult.

1 Zuerst muss die Einfassung der Instrumententafel entfernt werden. Verwenden Sie einen kleinen Kreuzschlitzschraubendreher, um die Schrauben in den Aufsätzen der Heizungshebel zu entfernen. Seien Sie vorsichtig – Sie fallen leicht herunter und können verloren gehen!

Top Tipp
Nachdem wir die Aufsätze entfernt hatten, brachten wir die winzigen Schrauben wieder an den Hebeln an, um sie sicher aufzubewahren.

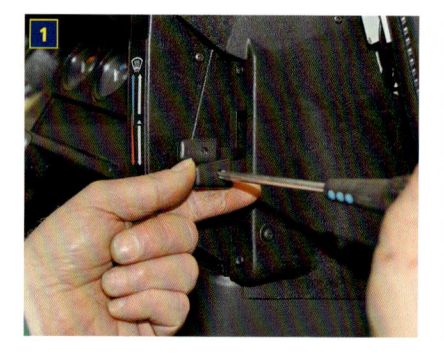

2 Es ist einfach, sich hier beflügeln zu lassen und alle sichtbaren Schrauben zu entfernen, auch wenn nur einige davon gelöst werden müssen.

3 Wenn Sie mehr Schrauben entfernen als notwendig, ist das auch kein Weltuntergang. Es passiert nichts, …

4 … sofern Sie sich notiert haben, welche Schraube wohin gehört. Und nein – Sie werden sich das nicht merken können, ohne sich Notizen zu machen.

Scheibenbelüftung

5 Am anderen Ende des Armaturenbretts muss der Knopf am Bedienhebel der Lüftung nicht abgenommen werden, da dieser nicht wie die Hebel auf der anderen Seite durch einen Schlitz hindurchgeführt werden muss.

6 Beachten Sie, dass der Lüftungsbetätigungs-Block über andere Schrauben befestigt wird, die nicht entfernt werden müssen – er kann dort bleiben, wo er ist.

7 Die Instrumententafel muss herausgenommen werden, damit die Abschlussblende entfernt werden kann. Sie müssen die gebogenen Heizungshebel durch den Schlitz in der Endplatte führen.

8 Am Armaturenbrett müssen Sie die eindrückbare »Land Rover«-Logo-Platte vorsichtig heraushebeln, wodurch eine Inbusschraube sichtbar wird, die die Oberseite der Abschlussblende in Position hält.

9 Eine Kreuzschlitzschraube muss aus dem darunterliegenden, Zuckerwatte-artigen Material entfernt werden. Das Material ist so weich, dass das Gewinde oftmals reißt. Ich bin mir nicht mal sicher, wozu diese Schraube dienen soll, …

10 … denn es gibt zwei Zapfen, die in zwei Sockel im unteren Teil des Armaturenbretts hineingedrückt werden, wodurch die Unterseite der Abschlussblende fixiert wird. Manchmal muss man die Abschlussblende ziemlich stark anheben.

11 Nun können Sie sich an der Blende der Defrosterdüse zu schaffen machen. Entfernen Sie die beiden Schrauben. Hierfür benötigen Sie allerdings einen kurzen Schraubendreher, andernfalls ist die Windschutzscheibe im Weg.

12 Entfernen Sie anschließend die Schrauben an der Unterseite der Armaturenbrettabdeckung.

13 Heben Sie die obere Schiene an, um zu sehen, ob Sie irgendetwas vergessen haben. Wenn alle Befestigungen gelöst sind, nehmen Sie diese Schiene ab und entfernen Sie sie.

14 Auf der Unterseite der Mittelkonsole gibt es zwei mehr oder weniger waagerechte Schrauben. Beachten Sie, dass wir beschlossen hatten, das Radio nicht auszubauen.

15 Jetzt, nachdem die obere Schiene entfernt wurde, sehen Sie drei weitere Schrauben, welche die Mittelkonsole in Position halten.

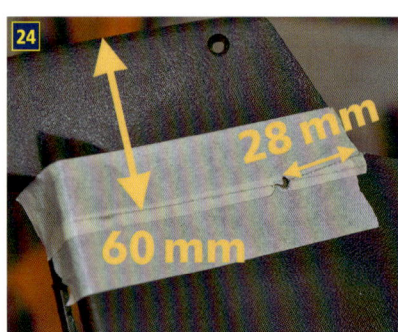

16 Wenn Sie diese herausschrauben, kann die ganze Mittelkonsole nach vorn herausgezogen werden. Wir haben Sie aber nicht ausgebaut, denn alles, was wir brauchten, war ein Zugang. Den erhielten wir dadurch, dass wir die Mittelkonsole und das Radio lediglich etwas zur Seite gedrückt haben.

17 Bevor bei diesem Modell der Mittelteil des Armaturenbretts entfernt werden kann, sind die Ventilatortasten und die Befestigungsschrauben zu entfernen.

18 Blickt man über die Vorderseite des Armaturenbretts, sind diese Schrauben gut sichtbar. So auch die Schraube für den viel kleineren Abschnitt auf der Fahrerseite.

19 Nachdem wir den längeren Mittelteil des Armaturenbretts nach vorn geschoben hatten, konnten wir mit einem Schraubendreher an den beiden Schrauben ansetzen (Pfeil), …

20 … die durch den Stahlrahmen gehen und in die beiden Spitzmuttern (Pfeile) am Körper der alten Lüftungsdüse eindringen. In diesem Bild wird die Düse vom Schlauch abgezogen und entfernt.

21 Schauen Sie sich hier nur einmal den Unterschied an! Die ursprüngliche Lüftungsdüse ist oben. Üblicherweise ist der Schlitz teilweise verschlossen, da der Kunststoff von schlechter Qualität und/oder das Gießverfahren fehlerhaft sind. Die von DefenderVENT (unten) hat eine viel breitere Öffnung und besteht aus viel widerstandsfähigerem Kunststoff. Die Spitzmuttern haben wir aus dem ursprünglichen Bauteil übernommen. Diese können einfach mit einem Schlitzschraubendreher aus der alten Düse heraus- und in die neue Düse hineingedrückt werden.

22 Wir haben den Schlauch auf eine Länge gekürzt, die wir für richtig hielten: Tun Sie das nicht! Schneiden Sie stattdessen den mitgelieferten Schlauch in der Mitte durch und längen Sie diesen später entsprechend ab. Den Grund hierfür erfahren Sie in ein paar Augenblicken. Schieben Sie das eine Ende des Schlauches auf den seitlich an der neuen Düse angebrachten Stutzen auf. Sie müssen kräftig schieben, damit der Schlauch auch über die Wölbung am Ende des Stutzens gelangt.

23 Im Lieferumfang sind zwar keine Schlauchklemmen enthalten, doch wieso sollte man wegen einer billigen Schlauchklemme riskieren, dass dieses verflixte Ding wieder abgeht?

24 An jeder Abschlussblende muss eine Seitendüse montiert werden. Das Positionieren ist eine komplizierte Angelegenheit. Hier sehen Sie, wie wir das gelöst haben. Bringen Sie auf der Abschlussblende der Fahrerseite Klebeband an, sodass Sie im Abstand von 60 mm eine parallel zur Oberkante verlaufende Linie zeichnen können. Wie sie hier sehen, muss im Abstand von 28 mm von der Ecke eine Vorbohrung auf dieser Linie gesetzt werden.

Scheibenbelüftung 183

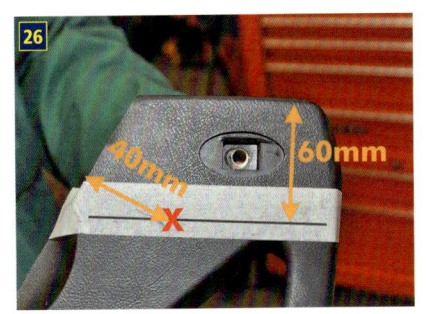

25 Sollten Sie gerade kein Lineal zur Hand haben, können Sie auch ein Stück des Verpackungskartons anlegen, um ausgehend von der Ecke der Abschlussblende eine Linie in einem Winkel von 90° zu zeichnen.

26 Auch auf der Beifahrerseite benötigt man eine Linie im Abstand von 60 mm zur Oberkante und eine Linie im Abstand von 40 mm von der Schrägen. Hierfür haben wir das Behelfs-Winkelmesssystem aus dem vorherigen Bild eingesetzt.

27 Wie auf der anderen Seite muss auch hier eine Vorbohrung angebracht werden – direkt durch die innenliegende Verstärkung aus Stahl hindurch und in diese Blende hinein.

28 Dann haben wir uns erneut den mitgelieferten Anweisungen widersetzt. Mit einem Topfbohrer, einer geringen Drehzahl und viel Bohrmilch bohrten wir ein 20-mm-Loch an der Stelle der Vorbohrung.

29 Die Enden der Seitendüsen sind mit Wülsten versehen (Pfeil), doch waren wir der Meinung, dass diese eher hinderlich als hilfreich sind. Am Wulst misst der Stutzen 22 mm, sein Hauptabschnitt aber nur 20 mm. Wenn Sie nun ein 22-mm-Loch gebohrt haben, damit sich der Wulst einführen lässt, wird sich der Stutzen lose im Loch bewegen. Daher haben wir den Wulst so abgefeilt, dass der Stutzen einen gleichmäßigen Durchmesser aufweist – passend zur 20-mm-Bohrung.

30 Anschließend geschah ein kleiner Fauxpas: Nachdem ein Stück des Schaumstoffs auf der Rückseite der Abschlussblende weggeschnitten wurde, beschloss ich, den Stutzen mit PU-Dichtmittel festzukleben. Das Ärgerliche war, dass Andy den Schlauch aufschieben musste und es nicht vermeiden konnte, seine Hände mit Dichtmittel vollzuschmieren.

31 Die neue Düse wurde am Schlauch angebracht und festgeschraubt. Jetzt kann der Schlauch verlegt und entsprechend abgelängt werden, wodurch man genügend Spielraum zum Aufschieben des Schlauchs hat.

32 So kam der Schlauch auf seinen Stutzen (auch ohne den Wulst handelt es sich hier um einen Formschluss) ...

33 ... und wurde mit den mitgelieferten Schlauchklemmen fixiert.

34 Wir stellten sicher, dass sich die Leitbleche der Düsen in senkrechter Position befanden – das schien uns die beste Lösung –, bevor wir jede Abschlussblende anbrachten...

35 ...und das Armaturenbrett wieder zusammenbauten.

Nun ist diese Funktion des Defender so verbessert, wie es Land Rover eigentlich hätte tun müssen.

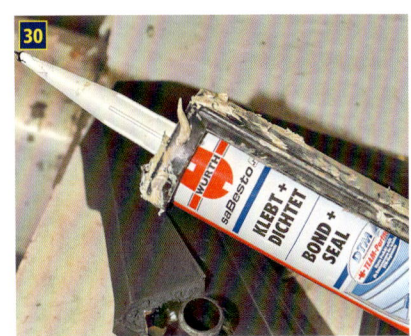

Komfort

Tempomat

Früher erschien ein Tempomat als etwas Magisches aus dem Weltraumzeitalter, doch ist er bei den Fahrzeugen von heute meist eine Option. Irgendwie sind langsame Land Rover besser zum Cruisen geeignet als schnellere Fahrzeuge. Hier sehen Sie, wie man den Tempomat einbaut.

Wenn Sie eine lange Strecke auf der Autobahn fahren, kann es schwierig sein, die Geschwindigkeit konstant zu halten, ohne dass ihr Kopf oder ihr rechter Fuß dabei einschläft. In den vergangenen 30 Jahren habe ich bei neueren Fahrzeugen immer einen Tempomat benutzt und möchte nicht mehr darauf verzichten.

Arbeitsweise

Der Unterdruckversteller bzw. der elektrisch betriebene Servomechanismus zieht (mithilfe zweier Magnetventile und eines Seilzugs) am Drosselklappenzug, wodurch die gewünschte Geschwindigkeit konstant gehalten wird. Der Computer empfängt und interpretiert die Signale vom Geschwindigkeitssensor, die zur Regelung des Servomechanismus dienen. Das Steuermodul sagt dem Computer, welche Geschwindigkeit konstant zu halten ist und ob die Einstellung erhöht oder verringert werden soll.

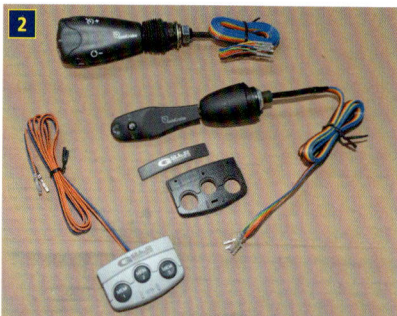

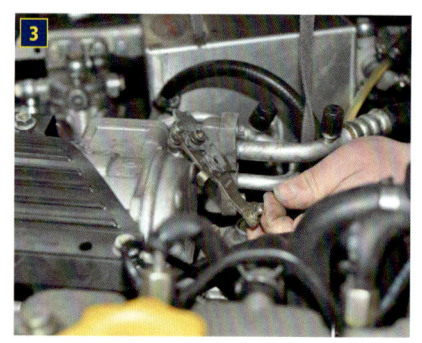

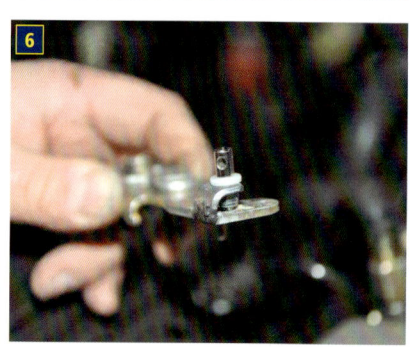

1 Die Geschwindigkeitsregelanlage in meinem Projekt-Defender verfügt über eine elektrisch betriebene Magnetspule, was die einzig realistische Lösung bei Dieselfahrzeugen darstellt. Man könnte auch die Vakuumpumpe anzapfen, aber es gibt hier keine. Eine Alternative für Fahrzeuge mit Ottomotor ist diese vakuumbetriebene Ausführung.

2 Bei Conrad Anderson sind viele Arten von Betriebsschaltern verfügbar. Die hier gezeigten Teile können an der Lenksäulenverkleidung angebracht werden. Dazu gibt es noch eine optionale Speichertaste, über die Ihr Fahrzeug eine der drei gespeicherten Geschwindigkeiten abruft. Nützlich ist das auf Autobahnen mit vielen Baustellen.

3 Hier sehen Sie den Drosselklappenhebel der Kraftstoffpumpe eines 300 Tdi-Motors. Bei Td5-Modellen ist ein »Fly-by-Wire«-System installiert, bei dem kein Gaszug zwischen Gaspedal und Einspritzpumpe verläuft. Bei diesem und ähnlichen jüngeren Motoren wird der Tempomat einfach an die Elektronik angeschlossen.

4 Der erste Versuch, einen Gaszug am Drosselklappenhebel der Einspritzpumpe meines 2.8 TGV zu montieren, sah vor, eine dort angebrachte, bislang arbeitslose Kugel an den Seiten flach zu schleifen, diese mittig anzukörnen …

5 … und zu versuchen, ein Loch hineinzubohren. Doch das Material war zu hart!

6 Plan B umfasste das Anschweißen einer Halterung an den Hebel, in welche ein geeigneter Seilzugnippel eingesetzt werden konnte.

7 Es muss nicht nur eine Befestigungsposition für das Seilzugende gefunden werden – es gilt auch, den Seilzugmantel zu fixieren. Wenn Sie eine geeignete, feste Halterung an der richtigen Stelle finden, …

8 … danken Sie dem Himmel und fangen Sie an zu bohren.

Unterdruck- oder elektrischer Servo

Laut Conrad Anderson ist der Grund, weshalb sie bei Defender-Modellen elektrische Servos verbauen, der, dass über dem Gaspedal sehr wenig Platz ist und das Unterdruckstellglied mit seinem festen Hub von 38 mm dort keinen Platz hätte. Der elektrische Servo GC55 verfügt über vier verschiedene Hublängen, die über zwei Scheiben mit verschiedenen Durchmessern ausgewählt werden können. Hierdurch lassen sich die Hublänge und die Länge des Hebels, der an das Pedal angebracht werden muss, verringern. Normalerweise werden Unterdruckservos in Dieselfahrzeugen verbaut, da in diesen fast immer Unterdruckpumpen installiert sind, und die elektrischen Servos finden bei Benzinern Anwendung.

9 Anschließend können Sie eine Seilzughalterung bauen, …

10 … die an diese bequem zugängliche Motorhalterung angeschraubt wird.

11 Am Ende des Außenmantels wurden Standard-Klemmmuttern eingesetzt, um diesen zu befestigen.

12 Nach etwas Grübelei schien die Mitte der Spritzwand der geeignetste Ort für den Einbau des elektrischen Stellantriebs. Das ist ein hohler Bereich, daher müssen Nietmuttern verwendet werden.

Hinweise zur Montage von Servos

Es empfiehlt sich, den Servo im Inneren des Motorraums, an der Fahrzeugkarosserie oder an eine geeignete Halterung zu montieren. Wird dieser direkt an die Spritzwand geschraubt, sind Gummiunterlegscheiben einzusetzen, um die Schallübertragung zu verringern. Montieren Sie den Servo nie an den Motor.

- Der Stellantrieb sollte mindestens 30 cm entfernt von Hochspannungsleitungen, wie Zündverteiler, Zündspule, Zündkabel oder Lichtmaschine, installiert werden. Er ist auch von heißen Teilen wie Abgas- und Kühlsystemen und beweglichen Teilen fernzuhalten.
- Stellen Sie sicher, dass ein etwaiger Biegeradius zwischen Seilzug und Verbindungsstelle zur Drosselklappe nicht größer als 15 cm ist.
- Die Halterung kann an eine der vier verschiedenen Positionen des Stellglieds angebracht werden.
- Werden Zündkabel mit Drahtseele aus dem Zubehörprogramm verwendet, muss der Seilzug von diesen entfernt verlegt werden.

In den meisten Fällen, in denen ein Unterdrucksystem verbaut ist, wird dieses an die Speiseleitung des Bremskraftverstärkers angeschlossen. Ist ein Rückschlagventil eingebaut, setzen Sie das T-Stück zwischen dem Rückschlagventil und der Pumpe ein.

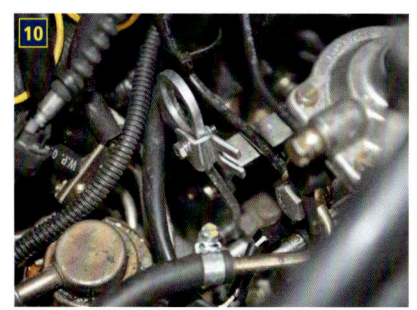

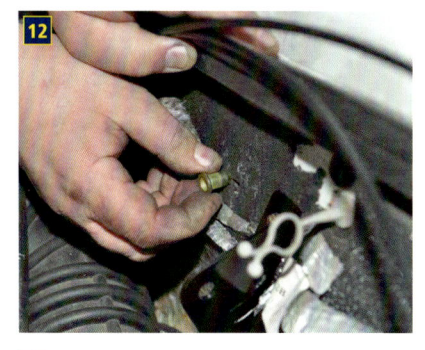

13 Es wurden die Löcher mit den richtigen Durchmessern gebohrt und nachdem die Nietmuttern eingesetzt waren, wurde die Montagehalterung des Stellantriebs festgeschraubt.

14 Hier sehen Sie die zwei Seilzugscheiben verschiedener Größe für den Stellantrieb. Beachten Sie den Abstandsunterschied zwischen dem Umfang der Scheibe und der Öffnung für den Seilzugnippel.

15 Nach der Berechnung der notwendigen Seilzuglänge wurde eine entsprechend dimensionierte Seilzugscheibe ausgewählt und an den Schaft des Stellantriebs montiert, …

Unterdruckbetriebene Systeme

Wird ein System mit unterdruckbetriebenem Stellantrieb eingebaut, kann die Unterdruckverbindung mit einem der drei mitgelieferten T-Stücke hergestellt werden. Wenn Sie sich in Sachen Dichtigkeit nicht sicher sind, empfiehlt sich der Einsatz von Schlauchschellen.

Unterdruckverbindung bei Benzinmotoren

Finden Sie eine gut zugängliche Unterdruckquelle am Ansaugkrümmer. Verwenden Sie keinen portierten Anschluss wie die Verteiler-Unterdruckverstellung oder den Unterdruckregler des AGR-Systems. Bei kleineren Motoren ist der Bremskraftverstärker die einzig geeignete Quelle. Um eine Unterdruckquelle zu prüfen, reicht es, den Schlauch bei laufendem Motor abzuziehen. Geht der Motor aus oder läuft er unrund, ist das ein geeigneter Unterdruckanschluss.

Dieselmotoren mit Unterdruckpumpe

Es wird empfohlen, die Verbindung zwischen der Pumpe und dem Rückschlagventil am Zulauf des Bremskraftverstärkers herzustellen.

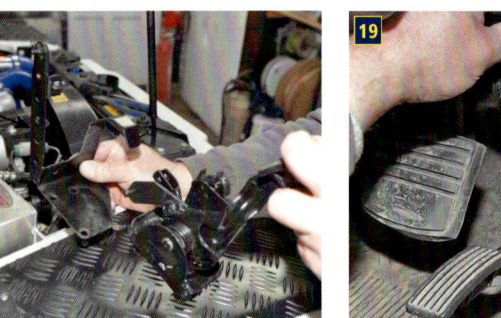

Anordnung des Gaszugs

Der Hub des Stellzugs muss bei Benzinmotoren zwischen 38 mm und 50 mm, bei Dieselmotoren zwischen 38 mm und 42 mm betragen. Die Einstellung des Stellzugs sollte bei betriebswarmem Motor erfolgen, um Probleme mit Kaltstartfunktion und Leerlaufdrehzahl zu umgehen.

Vorsicht! Prüfen Sie immer die reibungslose Funktion des Gaspedalmechanismus durch Betätigen des Pedals oder durch Bewegen des Betätigungsarmes per Hand. Stellen Sie sicher, dass weder der Gaszug noch der Stellzug blockiert werden können. Sollte ein fester Kontakt- oder Kick-down-Schalter hinter dem Gaspedal montiert sein, muss der Stellzug direkt am Gaspedal befestigt werden.

16 … bevor der Seilzug in seine Position gedrückt …

17 … und der Stellantrieb an seine Halterung montiert wurde.

18 Nachdem nun klar ist, wie der Seilzug für den Betätigungshebel der Einspritzpumpe einzubauen ist, zeigte man mir, dass bei Fahrzeugen mit Automatikgetriebe der Seilzug am Gaspedal angebracht werden muss. Somit musste eine Halterung an der Gaspedal-Baugruppe angeschweißt werden (Pfeil), …

19 … um den Kabelmantel zu fixieren, während der Seilzug selbst an den Gaspedalhebel montiert wird.

20 Nach vollständigem Anschluss an das Pedal und richtigem Ablängen des Seilzugs wurde die Abdeckung für den Stellantrieb angebracht.

21 Um den Betätigungshebel anzuschließen, wurde die Lenksäulenverkleidung des Defender abgenommen …

22 … und eine geeignete Stromquelle gesucht.

23 Glücklicherweise eignen sich die standardmäßig an der Defender-Spritzwand verbauten Kabeldurchführungen ideal für weitere Kabel.

24 Guter Stromfluss ist von grundlegender Bedeutung. Aus diesem Grund wurden alle Verbindungen gelötet anstatt gekrimpt.

Warnhinweise von Conrad Anderson

- Verwenden Sie kein Testlämpchen. Verwenden Sie immer einen LED-Tester oder ein Multimeter.
- Wenn Sie die Fahrzeugbatterie abklemmen, denken Sie an den möglichen Verlust des Radio-Codes, der Computereinstellungen, Alarmsysteme und andere Kurzzeitdaten.
- Um sicherzustellen, dass der Motor beim Gangwechsel nicht überdreht, ist es unerlässlich, den Kupplungsschalter zu installieren, damit der Tempomat abschaltet, sobald das Kupplungspedal getreten wird.

25 Bei Fahrzeugen ohne elektronisches Tachometer müssen ein primitiver Magnet und eine Abgreifeinrichtung an eine Antriebswelle oder die Kardanwelle montiert werden. Beim Td5-Tachometer kann das Geschwindigkeitssignal am entsprechenden Kabel auf der Rückseite des Tachos abgenommen werden.

Anschluss des Geschwindigkeitssensors

Bei Fahrzeugen mit Handschaltung und ohne Spule (im Allgemeinen Dieselfahrzeuge) ist für die Geschwindigkeitsmessung so vorzugehen wie für Fahrzeuge mit Automatikgetriebe. Zudem wird auch ein mechanischer Kupplungsschalter oder ein Überdrehschutz erforderlich.

Fahrzeuge mit Automatikgetriebe, ältere Modelle: Fahrzeuge ohne elektronisches Steuermodul (ECM) benötigen einen Magnetsensor an der Antriebswelle oder einen Geschwindigkeits-Impulsgenerator.

Bei jüngeren Fahrzeugen wird entweder ein Magnetsensor verwendet, ein Geschwindigkeits-Impulsgenerator eingesetzt oder eine direkte Verbindung mit dem Geschwindigkeits-Signalkabel des elektronischen Steuermoduls (ECM) hergestellt, sofern das Fahrzeug über ein derartiges verfügt.

26 Nachdem der Einbauort für den Bedienhebel gefunden wurde, kann ein Loch in die Lenksäulenverkleidung gebohrt, …

27 … der Hebel in Position gebracht …

28 … und befestigt werden.

29 Es bedarf einiger Einstellarbeiten, bis die gewünschte Position und der richtige Winkel für den Schalter gefunden sind.

30 Einbau des Steuermoduls: Stecken Sie nach dem Verlegen die sechs Leitungen in den 8-Fach-Stecker, achten Sie dabei auf die Farben und die Kontaktrichtung. Stecken Sie den Stecker anschließend in die entsprechende Buchse am Kabelbaum der Geschwindigkeits-Regelanlage.

31 Es empfiehlt sich, überschüssiges Kabel vollständig aufzurollen und mit einem Kabelbinder zusammenzuhalten, bevor Sie dieses aus dem Blickfeld räumen. Es lohnt sich, den Einbauort der Reihensicherung im Handbuch zu vermerken.

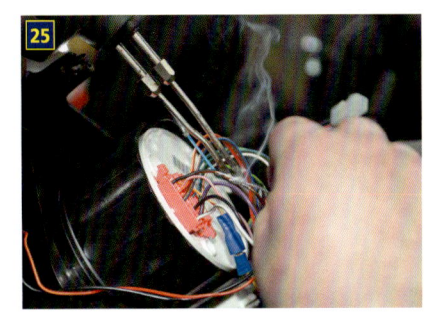

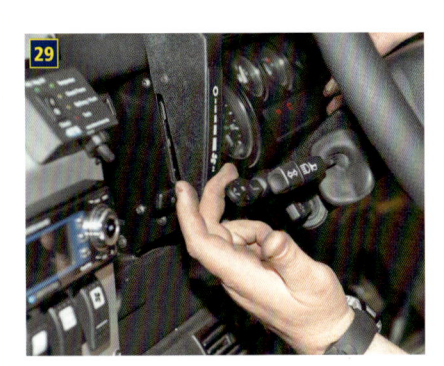

32 Für die Memory-Box gibt es zwei verschiedene Abdeckungen. Damit können Sie die Kabel verdecken, die oberhalb der Einheit herausragen und somit das äußerliche Erscheinungsbild verbessern.

33 Der Bedienhebel für die Geschwindigkeits-Regelanlage passt gut zu den anderen Schaltern des Land Rover. In dieser Einbauposition lässt er sich einfach bedienen und stört auch nicht bei der Betätigung der Hupe oder des Blinkers.

Das System ist eingebaut und ich nutze es regelmäßig. Großartig!

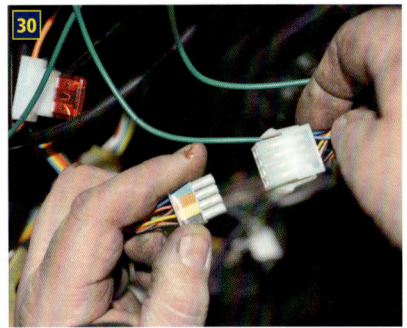

»Noise Killer«-Schalldämmung

Da mein 300 Tdi-Defender DiXie anfänglich eine absolut nackte Basisversion war, verfügte er über keinerlei Schalldämmung. Hier zeigt Steve Bithell von »Noise Killer«, wie man einen Defender auch ohne Gehörschutz in ein leises Fahrzeug verwandelt.

1 Ja nach Fahrzeugmodell und gewünschter Schalldämmung besteht der Einbausatz von Noise Killer aus bereits größtenteils vorgeschnittenen Matten, die teilweise selbstklebend sind und die Möglichkeit vorsehen, durch weitere selbst zugeschnittene Matten erweitert zu werden. Die ungeschnittenen Matten sind 2 m lang und 1,20 m breit.

2 Selbstklebende Akustikmatten bestehen aus Akustikschaumstoff der Brandschutzklasse 0, der zwischen zwei selbstklebende, feste Dämmplatten geklebt ist, um eine größtmögliche Schalldämmung zu erreichen. Die Dämmmatten halten Abrollgeräusche, Auspufflärm und Vibrationen fern, während der Akustikschaumstoff die Frequenzen absorbiert, die durch die Dämmmatten dringen. Die flachen Matten sind ideal für den Sitzkasten, müssen aber wegen der Clips etwas angepasst werden.

3 Im Inneren dämmen die vorgeschnittenen Teile die Spritzwand. Hier sehen Sie oben eine werksseitige Schalldämmung – danke für den Versuch, Land Rover, aber das ist wohl etwas zu wenig!

4 Für den Fußraum gibt es mehrere Teile, …

5 … die für die Fahrer- und Beifahrerseite zurechtgeschnitten sind.

6 Zu diesem Zeitpunkt war der Getriebetunnel meines Fahrzeugs ausgebaut, doch ändert sich hierdurch nichts. Sie markieren und schneiden die Positionen für die Befestigungsschrauben aus, …

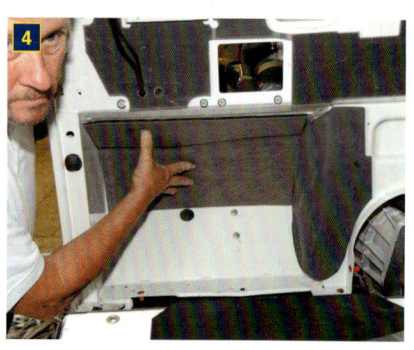

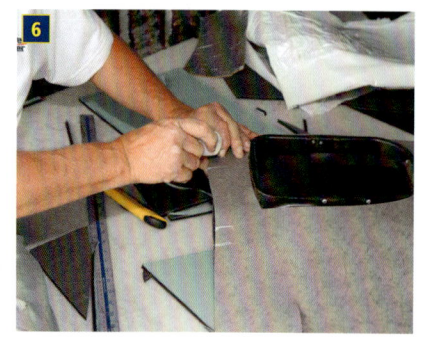

7 ... ziehen die Schutzfolie ab, um die selbstklebende Seite freizulegen, ...

8 ... und kleben die Teile an. Dabei beginnen Sie mit der Oberseite und versuchen, eine flache Matte so gut wie möglich an Rundungen anzulegen.

Damit es auch kleben bleibt
Es gibt viele Missverständnisse darüber, was notwendig ist, damit selbstklebende Matten auch kleben bleiben. Das trifft auf alle zu, nicht nur auf die unter der Motorhaube.

9 Die Unterseiten von Motorhauben sind nach einer Weile besonders dreckig und es ist **nicht** damit getan, den Schmutz einfach wegzuwischen. Auch die unsichtbaren Spuren von Fett, Politur, Öl und Silikon müssen entfernt werden. Reinigen Sie stark verkrustete Bereiche mit Entfetter und anschließend mit warmem Wasser und einem hohen Anteil an Reinigungsmittel.

Danach behandeln Sie die Fläche mit einem Entfettungsmittel oder Brennspiritus. Benzin ist nicht nur gefährlich, sondern auch ölig – so wie Terpentin.

Verwenden Sie den Spiritus im Freien, in einem gut belüfteten Bereich und fern von Flammen und sonstigen Zündquellen.

Wenn Sie das Trägerpapier abziehen, müssen Sie die Dämmmatte natürlich festhalten. Daher sollten Sie sicherstellen, dass auch Ihre Finger sauber sind.

10 Bei abmontierter Motorhaube wird die erste der selbstklebenden Matten für die Motorhaube exakt positioniert und von oben nach unten angepresst, um etwaige Lufteinschlüsse zu vermeiden.

11 Anschließend wird mit einem Farbroller nachgefahren, um die Klebeverbindung zu festigen.

12 So verfahren Sie mit dem Rest der Motorhaube, bis alle Bereiche beklebt sind.

13 Aus nichtklebender Akustikbodenmatte schnitten wir ein Stück heraus und klebten es mit Kontaktkleber an dieser Stelle der Spritzwand auf, die normalerweise durch den vorderen Kotflügel bedeckt wird. Wenn Sie da nicht rankommen, weil die Kotflügel montiert sind, ist das auch nicht tragisch, es ist nämlich nicht unbedingt nötig.

14 Die Schallschutzmatten von Noise Killer sind folierte Hochleistungs-Polymerdämmmatten mit einer selbstklebenden Rückseite. Sie sind besonders nützlich an Spritzwänden, Radläufen, Türen, unter Ersatzrädern und an hinteren Kotflügeln. Zudem werden sie oft verwendet, um die Bassqualität der hinteren Lautsprecher zu erhöhen sowie den Lärm und die Vibrationen der Abgasanlage zu dämmen. Leider gibt es keine vorgefertigte Matte für die Motorseite der Spritzwand, somit fertige ich Schablonen aus Karton. Bei dieser Vorgehensweise gibt es jedoch viel zu erklären, da es je nach Defender-Modell unterschiedliche Spritzwandversionen mit vielen verschiedenen Befestigungen und Anschlüssen gibt.

15 Schallschutzmatten lassen sich leicht in die entsprechende Form bringen und perfekt an die Spritzwand anpassen. Die folierte Oberfläche und die Zellstruktur helfen auch, die Wärme des Motors von der Fahrgastzelle fernzuhalten.

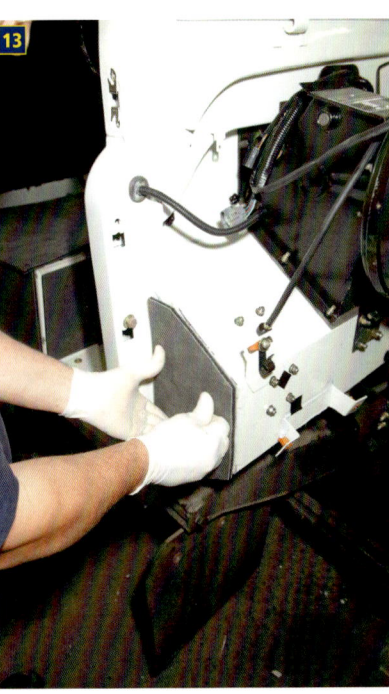

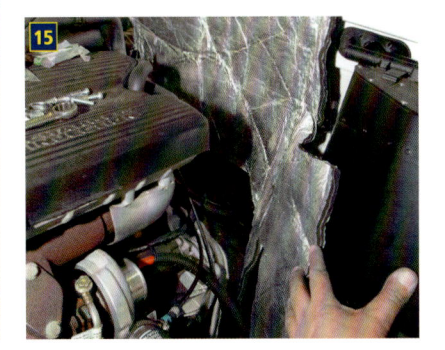

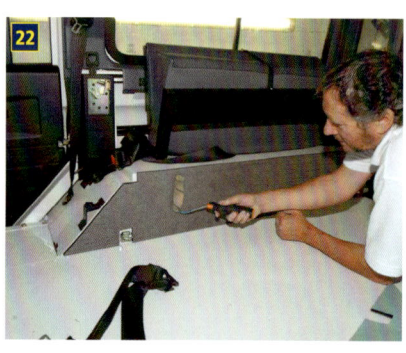

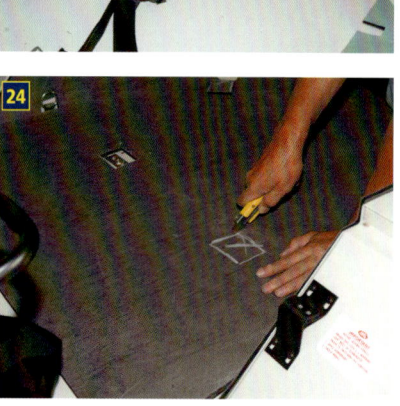

16 Hier eine weitere Möglichkeit, die nicht klebenden Matten zu befestigen. Ein breites doppelseitiges Klebeband eignet sich sehr gut, aber nur, wenn Sie die Oberfläche gut reinigen, wie es vorher schon beschrieben wurde.

17 Mit einem Kontakt-Sprühkleber funktioniert das auch, aber nur wenn keine Gefahr besteht, umliegende wichtige Bauteile zu besprühen.

18 Wir fuhren mit der so modifizierten Spritzwand in die Stadt …

19 … und in Kombination mit der Schalldämmung unter der Motorhaube wurde das Motorengeräusch drastisch reduziert, was besonders auffällt, wenn die Lüftungsdüsen geöffnet sind.

20 Noch mehr Luxus erhalten Sie, wenn sie den Schallschutz auch im Heck des Fahrzeugs anbringen. Hier sind die bereits zugeschnittenen Matten vor deren Einbau zu sehen. Auch diese bestehen aus Akustikschaumstoff der Brandschutzklasse 0, der zwischen zwei selbstklebenden, festen Dämmplatten sitzt. Normalerweise werden diese Matten unter dem bestehenden Fahrzeugteppich auf dem Fahrzeugboden und seitlich am Getriebetunnel entlang angebracht.

21 Dort, wo sich die Zurrösen befinden, wurden Öffnungen herausgeschnitten.

22 Anschließend wurde das Trägerpapier abgezogen und die Schaumstoffmatte auf die senkrechte Oberfläche des Radkastens geklebt, bevor diese mit einem Farbroller zusätzlich angepresst wurde.

23 Für den Fall, dass hinten Sicherheitsgurte montiert sind, müssen diese zuerst entfernt werden.

24 Wir verlegten die Bodenmatte und tasteten nach den Befestigungspunkten für den Sicherheitsgurt. Diese wurden mit Schneiderkreide markiert und mit einem scharfen Teppichmesser herausgeschnitten.

25 Um die Matte aufzukleben, die hinter den Sitzen angebracht werden sollen, schneidet und entfernt man …

26 … die Hälfte des Trägerpapiers, um zu vermeiden, dass die Matte an einer ungewünschten Stelle anhaftet. Danach wird diese eingesetzt, wobei das restliche Trägerpapier abgezogen und alles festgedrückt wird.

27 Markieren Sie zuerst die Positionen der hinteren Sitzgestelle und der Halterungen der Sicherheitsgurte …

28 … und messen Sie dann die Abstände von den Seiten, …

29 … bevor Sie die Schnittlinien aufzeichnen.

30 Nehmen Sie die Matte wieder aus dem Fahrzeug heraus und führen Sie mit einem Schneidebrett als Unterlage vorsichtig die Schnitte aus. Für weniger Erfahrene empfiehlt es sich, an einem Lineal entlang zu schneiden.

31 Entfernen Sie nun das Trägerpapier und kleben Sie die Matte auf.

32 Steve machte sich – wie sich herausstellte unnötige – Sorgen, dass es Probleme mit den Rücksitzen geben könnte, weshalb er an dieser Stelle dünnere Matten einsetzte. Natürlich trifft dies nur auf Station Wagons zu.

33 Bei den hinteren Sitzen musste die Schalldämmung dort weggeschnitten werden, wo die Sitzrahmen am Fahrzeugboden aufliegen, andernfalls würden die Sicherheitsverschlüsse nicht richtig passen.

34 Im Heck wurde eine Akustikmatte mit dünneren Seitenbereichen auf dem Fahrzeugboden angebracht. Sowohl der hintere Boden …

35 … als auch der hintere Ladebereich sind von der ursprünglichen Gummimatte bedeckt.

Es gibt noch ein weiteres Produkt, dass hier zwar nicht eingebaut wurde, welches ich aber bereits eingesetzt habe und durchaus empfehlen kann: Das »Noise Killer Lead Sandwich«. Bei diesem Produkt ist eine Bleimatte zwischen zwei Schichten Akustikschaumstoff der Brandklasse 0 mit selbstklebender Rückseite eingearbeitet. Die Bleischicht dient als Schalldämmung und die beiden Schaumstoffschichten absorbieren den Luftschall. Diese Matte ist verdammt schwer, doch wenn Sie sie auf den Motors oder und/oder das Getriebe legen, werden Sie darüber erstaunt sein, wie viel Schall geschluckt wird.

Ich kann die Schallschutz-Kits von Noise Killer uneingeschränkt empfehlen. Man darf nur nicht erwarten, dass diese Produkte die Lautstärke im Inneren eines Defenders auf das Niveau der heutigen Range Rover verringern. Der Lautstärkeunterschied reicht aber aus, um längere Fahrten ohne Ermüdung zu absolvieren, sich normal zu Unterhalten oder Radio zu hören.

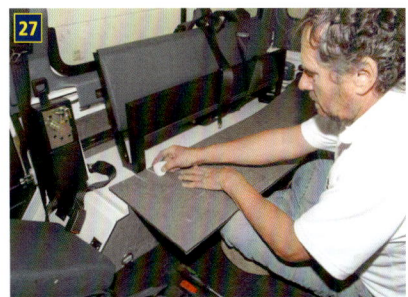

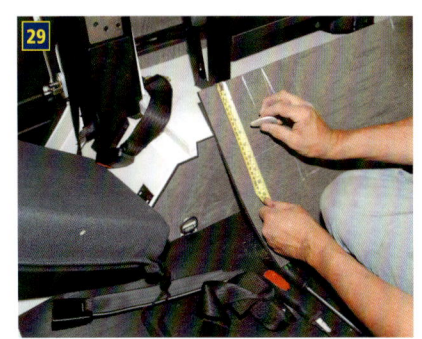

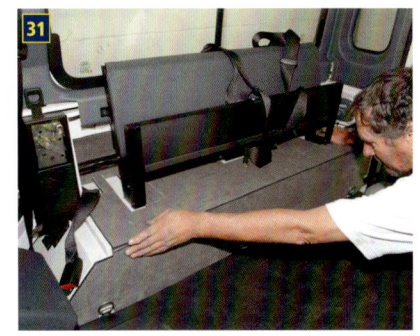

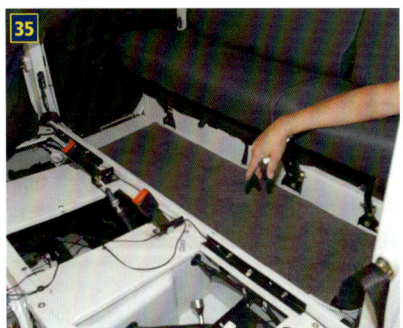

192 Komfort

Klimatisierung

»Elite Automotive Systems« waren viele Jahre der Klimaanlagen-Lieferant für Land Rover. Sie haben sich auch auf kleinere Systeme für den Einbau in Militärfahrzeugen oder Morgans spezialisiert. Es war sogar so, dass Land Rover die fabrikneuen Fahrzeuge an Elite Automotive Systems geliefert hat, wo sie mit Klimasystemen ausgestattet wurden. Doch mit den neuen Unternehmenseignern war es laut Elite Automotive Systems mit dem Vertrag vorbei. So hatte Geschäftsführer Paul Miller die Idee, die Klimasysteme direkt an die Land Rover-Enthusiasten und an die spezialisierten Teilelieferanten wie Bearmach zu liefern. Mein Defender DiXie war zu Besuch bei Elite Automotive Systems, wo er einen dieser benutzerfreundlichen Bausätze verpasst bekam.

Zunächst ein paar Dinge über das Befüllen der Anlage, da man das leider nicht selbst durchführen kann – es ist schwierig, das richtige Kältemittel zu bekommen. Außerdem braucht man eine Spezialausrüstung, um ein teilweises Vakuum im System zu erzeugen, bevor man es einfüllen kann. Zudem müssen noch die hochwichtigen Gesundheits-, Sicherheits- und Umweltvorschriften beachtet werden. Doch heißt es hier *nil desperandum* – es gibt genügend Werkstätten, die das für Sie erledigen.

Wenn Sie einen dieser Nachrüstsätze montieren, ist es notwendig, den Anweisungen von Elite Automotive Systems Folge zu leisten. Sie enthalten die unerlässlichen Sicherheitsinformationen sowie die richtigen Drehmomentangaben.

1 Der Techniker von Elite Automotive Systems entfernte meinen Kühlergrill, um mit der Montage des extrem umfangreichen Nachrüstsatzes zu beginnen. Hierunter findet man zwei wirklich großartige Lösungen, nämlich die Armaturenbrett-Unterbaugruppe in Werksqualität und die kompakten Bauteile des Klimakondensators, wodurch sich der Standardkühlergrill weiterverwenden lässt, ohne einen breiteren zu benötigen und sich Sorgen um die zuvor eingebaute Seilwinde machen zu müssen. Übrigens ist hier auch darauf aufmerksam zu machen, dass der Klimaunterbau am Armaturenbrett, trotz seines Aussehens, keinen Einfluss auf die Beinfreiheit hat.

2 Nachdem der Kühlergrill demontiert war, wurden die unteren Schrauben der Einfassung entfernt, …

3 … gefolgt von denen an der Oberseite. Anschließend wurde die Kühlergrilleinfassung vorübergehend abgenommen.

4 Danach wurden das Schlossblech und die Halterungen abgeschraubt …

5 … und vorsichtig auf den Motor gelegt, ohne den Öffnerseilzug abzunehmen.

6 Um die Einfassung zu entfernen, wurden die Halterungen an der Oberseite des Kühlers abgenommen. Wir bitten um etwas Geduld – dies ist eine langwierige Sache.

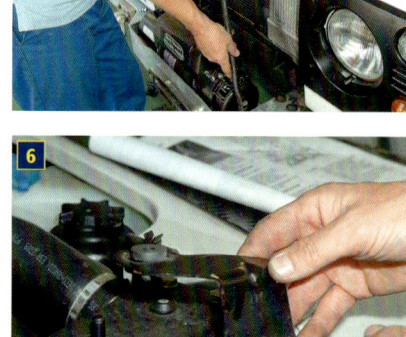

Klimatisierung 193

7 Als nächstes kümmerte man sich um die Kondensator/Kühler- und Ventilatorbaugruppe.

8 Zuerst hoben wir den Kühler an einer Seite an und schoben die Kondensatorhalterung über den Montagezapfen und taten anschließend dasselbe auf der anderen Seite. Die Kühlerschläuche wurden nicht abgenommen, somit musste nichts abgelassen werden.

9 Die oberen Halterungen des Kondensators werden einfach oben am Rahmen aufgeschoben und an den Öffnungen für die oberen Befestigungsschrauben des Kondensators ausgerichtet.

10 Die Version für den 300 Tdi in Linkslenkerausführung ist ähnlich wie die Rechtslenkerversion, nur dass hier die Rohre (B) von der anderen Seite ankommen. An den Schlossblech-Halterungen müssen die mitgelieferten Distanzstücke (C) eingesetzt werden, sodass die Stützrohre nicht den Kondensator-Kühler beeinträchtigen.

11 In unserem Fall waren links eine und rechts zwei Distanzstücke erforderlich. Der Nachrüstsatz enthält drei Distanzstücke.

12 Der Kondensator für den Td5 hat einen freistehenden Rahmen. So wird er eingebaut:
- Entfernen Sie die Halterung der Eingriffssicherung des Haubenschlosses vom Schlossblech, indem Sie die vier Nieten herausbohren.
- Passen Sie die obere Blende (Bild im Bild) anhand der im Nachrüstsatz enthaltenen Vorlage an.
- Schrauben Sie die Blende nun mithilfe der integrierten Halterungen oben an das Schlossblech (A) an.
- Bringen Sie die Halterung der Eingriffssicherung des Haubenschlosses zusammen mit den oberen Halterungen des Kondensators wieder am Schlossblech an. Achten Sie dabei darauf, dass die oberen Halterungen über den Rahmen des Kondensators geschoben und die vier im Nachrüstsatz enthaltenen Nieten verwendet werden.
- Die Rohre (C) verlaufen ähnlich wie beim 300 Tdi hinter dem Kühler.

13 Hier die Rückseite der Armaturenbrett-Unterbaugruppe. Diese enthält Ventilatoren, Lüftungskanäle und elektrische Schalter.

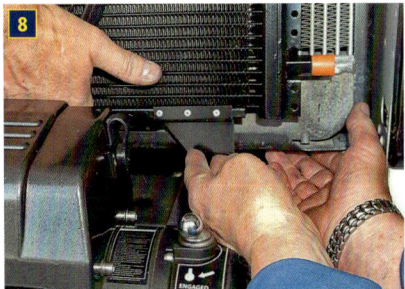

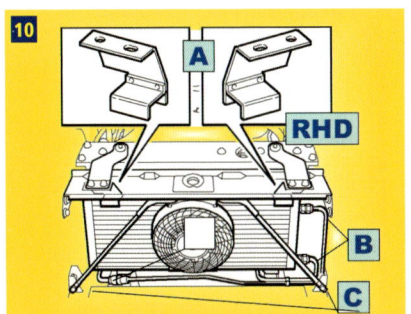

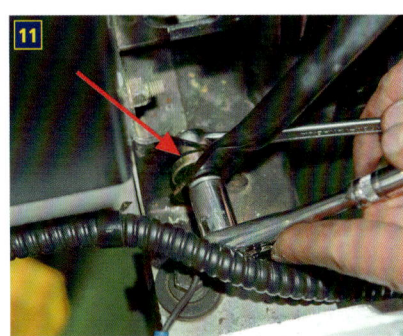

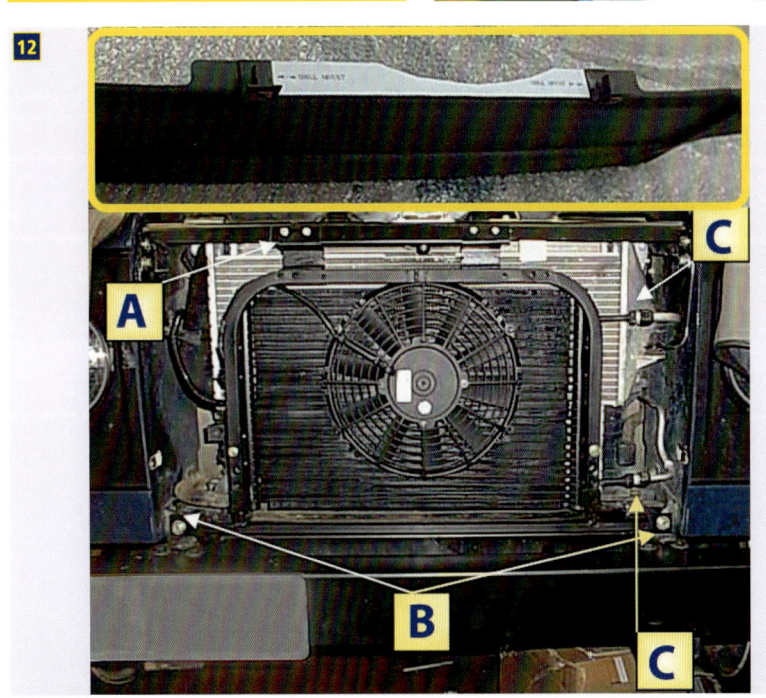

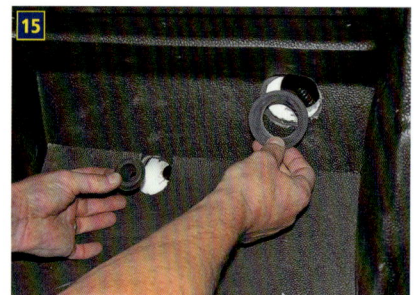

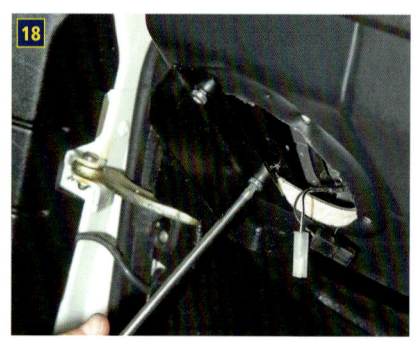

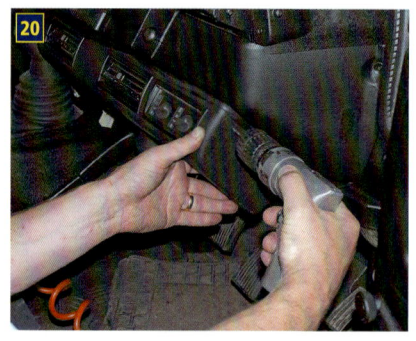

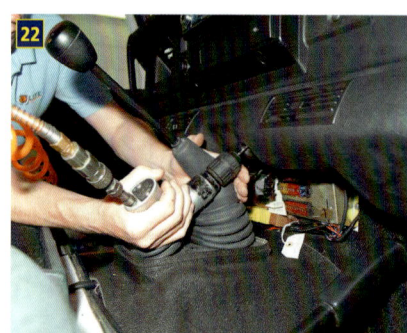

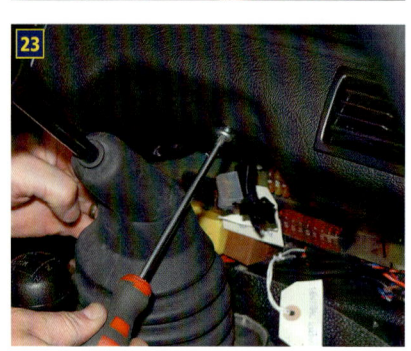

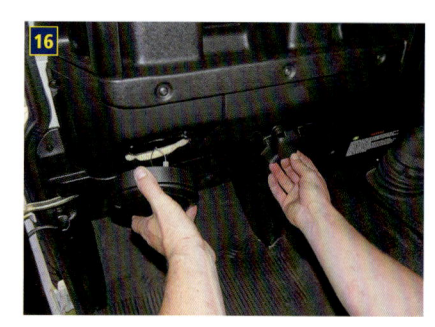

14 Die Verkleidungsmatten des Land Rover verfügen über vorgestanzte Öffnungen für den Klimaanlagen-Nachrüstsatz. Der Techniker von Elite Automotive Systems durchschnitt das Material an den besagten Stellen ...

15 ... und entfernte die kreisförmigen Verkleidungsstücke sowie die darunterliegenden Dichtungen. Der Nachrüstsatz enthält zwei Dichtungen. Schmieren Sie diese mit Geschirrspüler (**kein** Fett – bei einigen Gummiarten hat Fett eine schädigende Wirkung), damit sie leichter hineingehen und die Rohre des Unterbaus leichter einzusetzen sind.

16 Die Lautsprecher sind vorübergehend zu entfernen. Die Bogenstücke der Heizung hingegen sind permanent zu entfernen.

17 Die beiden äußeren Schraubenlöcher der Lautsprecher dienen der Montage der äußeren Enden des Klimasystem-Unterbaus und müssen daher auf 6,5 mm aufgebohrt werden, um die mitgelieferten 6-mm-Schrauben aufnehmen zu können.

18 An der linken Lautsprecheröffnung werden ein inneres und ein äußeres Blech angeschraubt, ...

19 ... was anschließend auch auf der anderen Seite durchgeführt wird. Die innenliegenden Bleche verfügen über Einschlagmuttern.

20 Hier haben wir den Klimasystem-Unterbau testweise eingebaut. Man benötigt einen Helfer, um ihn am Armaturenbrett auszurichten. Es muss auch sichergestellt werden, dass er so positioniert ist, dass weder der Schalthebel noch der Handbremshebel beeinträchtigt werden. Wir drückten den Unterbau bis zum Anschlag an die Halterung und nutzten die dortigen Löcher zum Anbringen der Führungsbohrungen, bevor wir je zwei Befestigungsschrauben locker einschraubten.

21 Im Nachrüstsatz sind ein extralanger 5,5-mm-Bohrer und Befestigungsschrauben enthalten.

22 Nach Einsatz des Bohrers ...

23 ... setzten wir die Befestigungsschrauben ein, die wir jedoch zu diesem Zeitpunkt noch nicht festzogen. Nachdem wir uns über die Passgenauigkeit dieses Unterbaus gefreut hatten, entfernten wir ihn wieder.

24 Auch wenn es zu diesem Zeitpunkt noch nicht notwendig war, haben wir die beiden Relais an die mitgelieferte Halterung geschraubt, ...

25 ... bevor diese an einem geeigneten Ort an der Spritzwand (oberer Pfeil) befestigt wurde. Merken Sie sich auch die korrekte Position der breiten Dichtung, wo sie durch den Fußraum dringt.

26 Die Einbauanleitung schlägt vor, eine bestehende Spritzwanddichtung zu verwenden, um die Verkabelung in den Fahrzeuginnenraum zu führen.

Klimatisierung   195

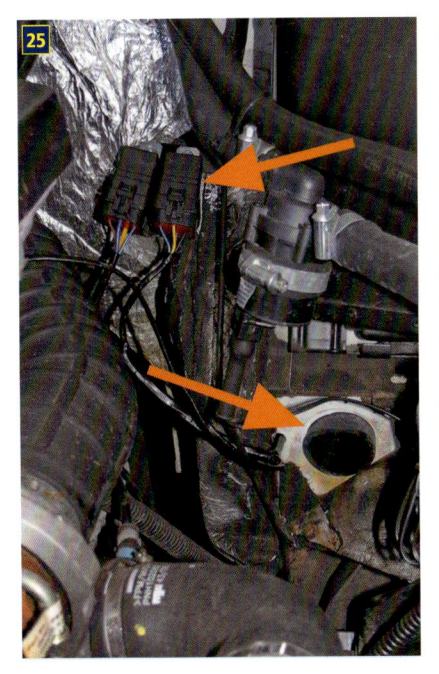

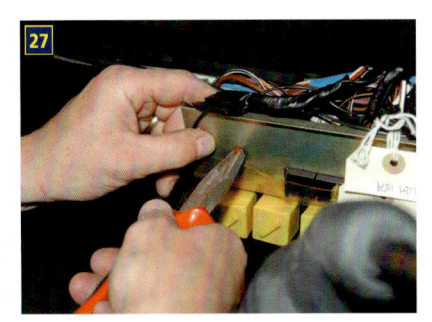

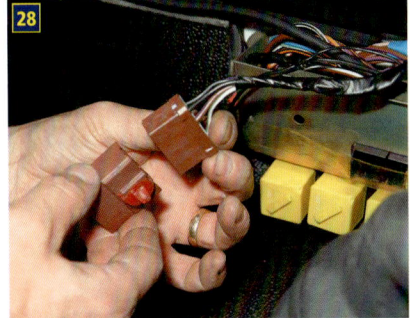

Wie sicherlich alle Landy-Besitzer wissen werden, gibt es keine zwei gleichen Land Rover. Und unserer hatte dort keine Dichtung, wo wir eigentlich eine gebraucht hätten. Also wurde ein neues Loch gebohrt.

27 Nach dem Entfernen des Sicherungskastendeckels verwendeten wir eine Zange, um den Clip zu quetschen, ...

28 ... der die werksseitig eingebaute Zusatzbuchse in Position hält, in die der Kabelbaum für das Klimatisierungssystem bei späteren Modellen eingesteckt wird.

29 Die Kabel von den Relais aus dem Motorraum wurden durch das gebohrte Loch geführt (wir haben den Stecker abgezogen, um die Kabel einzeln durchzuschieben und den Stecker im Innenraum wieder zusammenzubauen). Im Fußraum ist auch der weiße Anschluss der Relais sichtbar. Der Kabelbaum des Nachrüstsatzes ist verzweigt. Er verfügt über einen weißen Stecker, der in die Relais gesteckt wird, und über einen braunen für den Klimasystemanschluss am Fahrzeug. Somit bleibt ein brauner Stecker übrig, der am neuen Bedienpaneel der Klimaanlage einzustecken ist.

30 Anschließend ist der Unterbau wieder anzubringen und festzuschrauben. Doch bevor Sie das tun, stellen Sie sicher, dass die Heizungsausgänge am Unterbau ordnungsgemäß ausgerichtet sind. Unserer hat sich leicht verschoben, was einen geringeren Warmluftstrom im Winter bedeutet hätte.

31 Als letztes mussten die Lautsprecher am neuen Unterbau festgeschraubt werden.

32 Nach Montage des Unterbaus musste der Kompressor an den 300 Tdi-Motor angeschlossen werden. Hierfür musste dieser zusätzliche Riemenspanner für den Antriebsriemen eingebaut werden. Die geschlitzte Platte ersetzt den Steuerriemendeckel und die Riemenscheibe ist die Weichere von den beiden mitgelieferten Rollen. Die schwarze Scheibe dient dem Staubschutz.

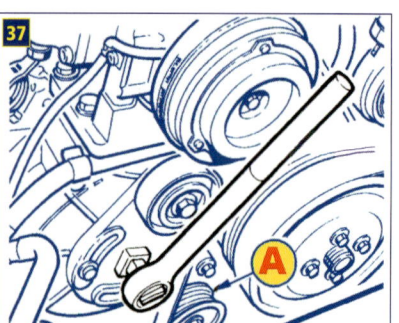

33 Spannung im bestehenden Riemen lässt sich schnell abbauen, indem ein langer Hebel am Riemenspanner angesetzt wird (eine schnelle Methode, die scheinbar auch im Herstellerwerk angewandt wird/wurde).

34 Der alte Riemen wird entfernt.

35 Die Deckplatte (unten) wurde entfernt und die Riemenscheibe an die neue Einstellplatte mit dem empfohlenen Drehmoment geschraubt.

36 Es ist eine Schweinearbeit, an den Riemensteller zu gelangen, wenn er montiert ist. Daher empfiehlt es sich, die formschlüssig sitzende Staubkappe anzubringen, **bevor** die Schrauben der Einstellplatte handfest an den Motor geschraubt werden.

37 Die andere, im Lieferumfang enthaltenen Riemenscheibe (A) ist gerippt und wird mit den mitgelieferten M10 x 30 mm-Schrauben an das Zahnriemengehäuse montiert. Wie soll da die formschlüssige Staubkappe angebracht werden?

38 Der lange Hebel wurde erneut eingesetzt, und durch Klopfen und Drücken kam die Abdeckung wieder an ihren Platz zurück.

39 Der Kompressor wird von einer Aluminiumhalterung aufgenommen. Die drei mitgelieferten Zapfen müssen eingeschraubt werden. Hierbei fängt man mit dem kürzesten Gewinde an.

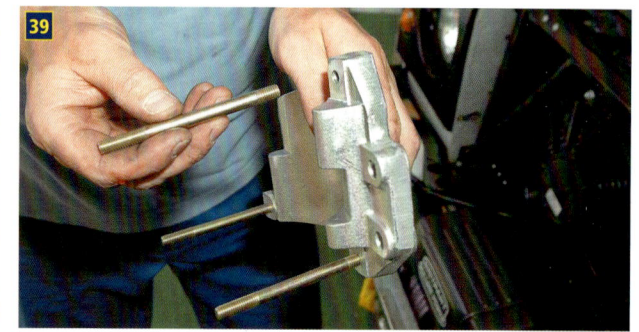

Klimatisierung 197

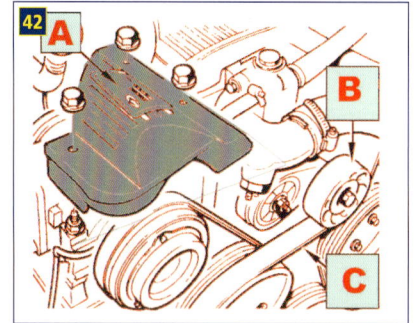

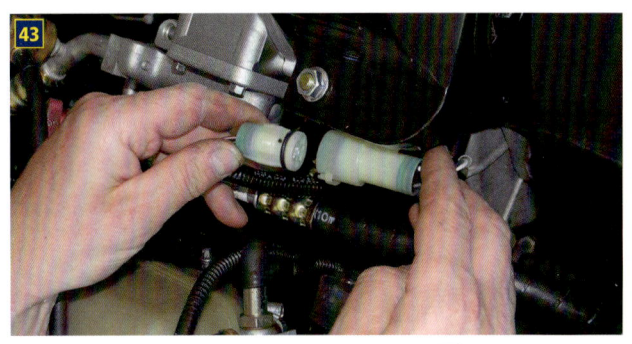

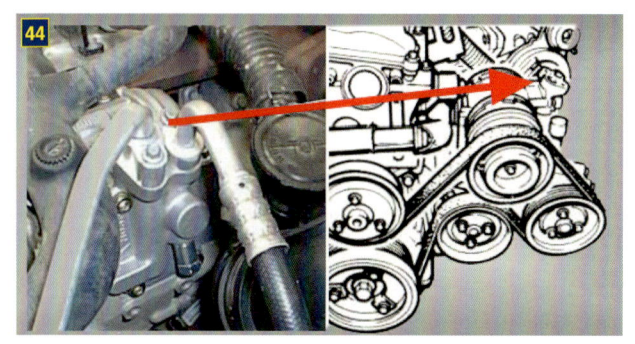

40 Die Halterung wird mit den vier im Lieferumfang enthaltenen Schrauben und den beiden dem Motor am nächsten gelegenen Zapfen an das Aggregat geschraubt. Sollte der Gaszug zuvor entfernt worden sein, kann dieser nun wieder angebracht werden. Der Kompressor wird auf die drei Zapfen aufgeschoben.

41 Als nächstes wurde der neue Riemen aufgeschoben, wobei darauf geachtet wurde, dass die Rillen des Riemens an den Rippen der unteren Riemenscheibe ausgerichtet waren.

42 Bevor der Riemenspanner (B) am Riemen (C) gespannt wird, müssen die drei Flanschmuttern am Kompressor unter Berücksichtigung des richtigen Drehmoments festgeschraubt werden. Der Kompressordeckel (A) muss auf die drei Befestigungszapfen geschoben werden. Die Abbildung von Schritt 37 zeigt, wie ein Halbzoll-Drehmomentschlüssel in die viereckige Öffnung des Spanners einzusetzen ist, um diesen mit einem Anzugsmoment von 33 Nm bis 36 Nm befestigt wird, bevor die drei M8-Schrauben des Spanners festgezogen werden.

43 Alle Stecker und Buchsen des Kabelbaumes sind eindeutig gekennzeichnet und können daher nicht verwechselt werden.

44 Hier sehen Sie die verschiedenen Einbaustellen für den Kompressor an einem Td5-Motor – beim 300 Tdi wird der Kompressor auf der anderen Seite montiert.

45 Für die jüngeren Defender mit Puma-Aggregaten sind ebenfalls Nachrüstkits von Elite Automotive Systems verfügbar. Und hier sehen Sie, wie der Kompressor an seinen Platz geschraubt wird.

46 Zurück zum 300 Tdi. Als nächstes Bauteil wurde der Trockner am linken Rahmenträger (bei Rechtslenkermodellen auf der Beifahrerseite) angebracht, und zwar direkt vor dem Anschlagpuffer der Federung. Der Ein- und Ausgang des Trockners ist mit »In« und »Out« markiert.

47 Bei den Td5-Modellen wird der Trockner im Motorraum in der Nähe des Ladeluftkühlerschlauches (R = Rechtslenkermodelle) oder vorn rechts am Rahmen (L = Linkslenkermodelle) montiert.

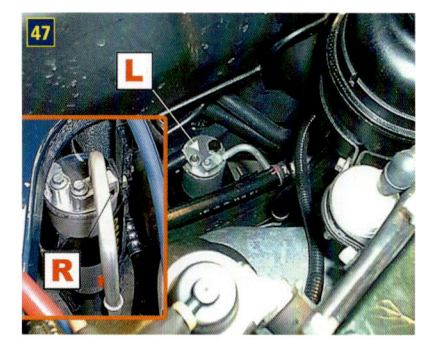

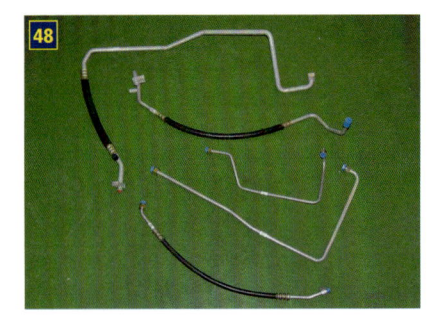

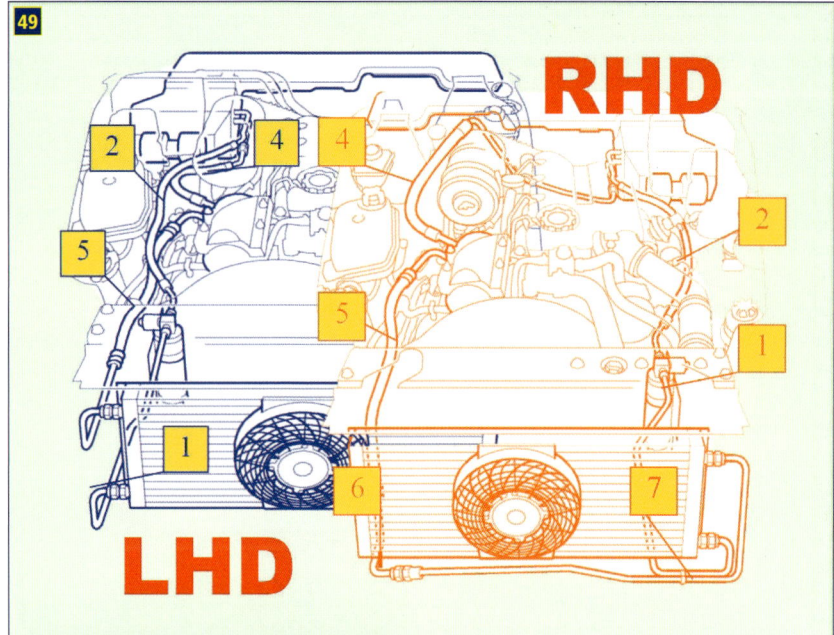

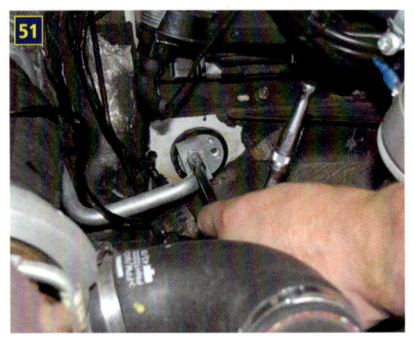

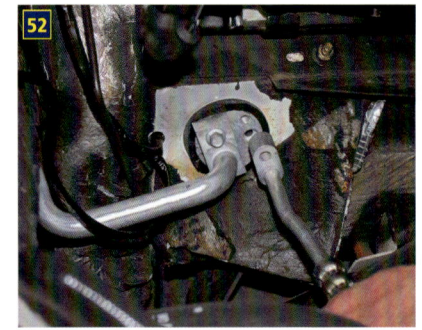

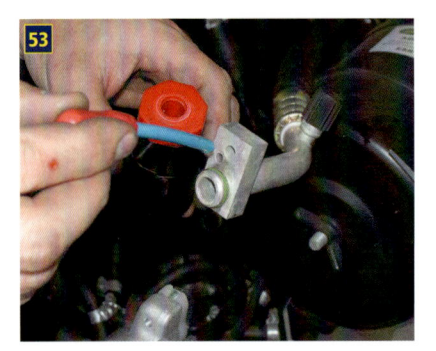

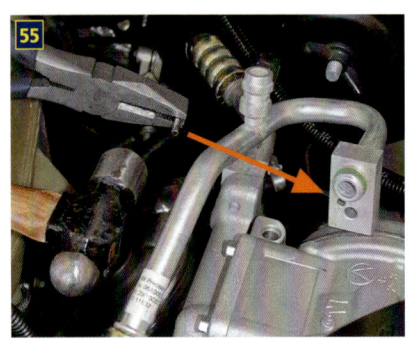

48 Nachdem alle Komponenten montiert waren, wurden alle einzubauenden Aluminium-Rohre entsprechend ausgelegt.

49 Obwohl die Anleitung verständlich ist: Jedes dieser Rohrstücke wurde ursprünglich für den werksseitigen Einbau konzipiert, weshalb man – wenn man bedenkt, wie so manches Zubehör eingebaut wird – möglicherweise improvisieren muss.

50 Dieses Flexrohr verläuft zwischen Kompressor und Kondensator-Kühler. Dieses Stück Rohr da durch zu bekommen, war eine große Herausforderung.

51 Der Verdampfer wird in die Unterbaugruppe montiert und die Rohranschlussstellen sind durch eine Öffnung auf der Motorseite im Fußraum sichtbar. Zunächst muss die selbstklebende Schutzfolie entfernt werden.

52 Anschließend wird der Verdampfer in Position gebracht und die beiden Rohrenden werden angeschlossen. Die Anschlüsse werden über die Stichleitungen und O-Ringe hergestellt. Hierbei ist es wichtig, dass sie **genau** ausgerichtet sind, bevor die Befestigungsschrauben festgezogen werden. Normalerweise muss man die Rohre biegen, bis sie perfekt aneinander ausgerichtet sind.

53 Beachten Sie, dass alle O-Ringe mit speziellem Öl geschmiert werden müssen, bevor Sie die Anschlüsse einführen. Wie es scheint, ist das Öl nicht im Lieferumfang enthalten. Gehen Sie daher zu einem Spezialisten für Klimasysteme und besorgen sich etwas davon.

54 An der Kompressorpumpe befinden sich zwei Blindstopfen aus Kunststoff, die entfernt werden müssen, bevor die Rohre ausgerichtet und montiert werden können.

55 Dieser besondere Kondensatoranschluss hatte einen Sicherungsstift, doch gab es dafür nirgends ein entsprechendes Loch am Kondensator. Daher haben wir den Sicherungsstift mit einer Zange einfach entfernt.

56 Nachdem die vorderen Rohre in Position gebracht waren, bereiteten wir uns auf deren Anschluss an den Kondensator-Kühler vor.

Klimatisierung 199

57 Beim Festziehen von Rohrverbindungen empfiehlt es sich, immer mit zwei Schraubenschlüsseln zu arbeiten. Einer davon dient zum Festhalten des Sechskantkranzes. Andernfalls besteht das Risiko, die weiche Aluminiumverbindung abzureißen.

58 Es sind ein paar Rohrklemmen enthalten, wie diese Doppelklemme, die die Rohre zusammenhält. Wenn Sie Klappergeräusche vermeiden wollen, nehmen Sie sich die Zeit und klemmen Sie die Rohre sicher zusammen, damit sie nicht an der Karosserie scheuern.

59 Der Kondensator für den Td5 verfügt über einen eigenen Halterahmen, der direkt an die Karosserie (A) montiert wird. Hier sehen Sie die Rohranschlüsse (B) für die Rechtslenkerversion.

60 Und das hier ist das System, das bei Defender-Modellen mit Puma-Motor verwendet wird.

61 Hier ist der Ablaufschlauch, der am Verdampfer angeschlossen ist und unter dem Boden unterhalb des Armaturenbretts verläuft. Ich bat darum, eine Schlauchklemme hinzuzufügen, weil ich oft gesehen habe, wie diese Schläuche abrutschen, was zu Wasseransammlungen im Innenraum führt.

62 Die Kabel für den Ventilator wurden angeschlossen und vorsichtig in Position geklemmt.

63 Dieser Nachrüstsatz enthält eine Diebstahlsicherung für den Einbau am Haubenschloss. Mein Fahrzeug wurde 2006 gebaut und verfügte somit bereits über einen werksseitig verbauten Diebstahlschutz. Sollte Ihr Defender noch ohne sein, ist dies eine sinnvolle Modifikation.

64 Natürlich verfügt Elite Automotive Systems über eine hauseigene Kältemittel-Befüllungsanlage. Zunächst wird das System mit Trockenluft auf Dichtigkeit geprüft und danach ein teilweises Vakuum erzeugt, wodurch dem System Luft und Feuchtigkeit entzogen und das Gas eingeleitet wird.

65 Nach dem Befüllen des Systems wurde der Motor angelassen. Obwohl draußen Temperaturen nahe der 30 °C plus herrschten, zeigte dieses elektronische Thermometer, dass die Luft aus der Klimaanlage 7 °C kalt war.

66 Übrigens: In meinem Fall hing der Knopf des Handbremshebels an der neuen Klimaanlagenblende fest. Obwohl diese eine extra Aussparung bekam, verlief der Handbremshebel nicht darin. Die Lösung war eine typische Land Rover-Lösung – ich drückte den Handbremshebel zur Seite, bis er durch die Aussparung verlief, und jetzt ist alles in Ordnung. Ich habe sogar eine größere seitliche Beinfreiheit als zuvor!

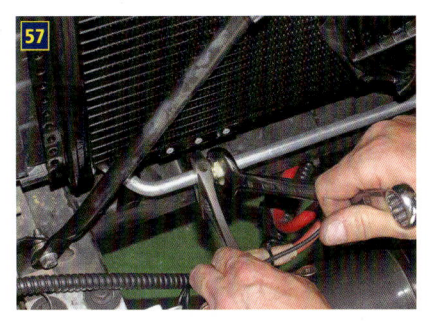

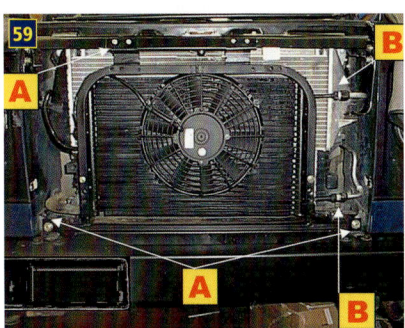

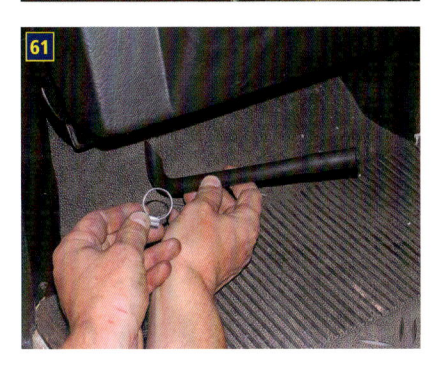

Motorvorwärmung

Hier sehen wir, wie ein »Eberspächer II Hydronic D5WS«-Motorvorwärmer in DiXie eingebaut wurde.

Das System von Eberspächer hat den Vorteil, unter Verwendung des fahrzeugeigenen Kraftstoff- und Kühlsystems sowohl den Fahrgastraum als auch den Motor vorzuwärmen. Das vereinfacht das Anlassen und schützt den Motor vor schnellem Verschleiß aufgrund niedriger Temperaturen, spart Kraftstoff und ist – laut Eberspächer – umweltschonender. Andere Vorteile sind:

- Verteilung der Warmluft über die fahrzeugeigenen Lüftungsdüsen;
- Zuschaltung der Heizung über Timer, Funkfernbedienung oder Mobiltelefon und
- mögliches Vorkühlen im Sommer.

Das Hauptbild zeigt den Großteil der Bauteile, die in dieser Installation verwendet wurden. Grob von links nach rechts betrachtet und unter Nichtbeachtung der äußeren Rohre, Schläuche, Halterungen und Kabel bestehen die Hauptkomponenten aus der EasyStart Mini Timer-Steuereinheit, der Kraftstoffpumpe, der Wasserpumpe, einem Flächenheizgerät und der EasyStart-Fernbedienungseinheit.

1 Die EasyStart Mini Timer-Steuereinheit muss irgendwo am Armaturenbrett montiert werden. Mein Fahrzeug wurde mit einer Raptor-Armaturentafel ausgestattet. Also wurde die mitgelieferte, selbstklebende Schablone dort angebracht und nach Anweisung entsprechende Löcher gebohrt.

2 Auch der Timer verfügt über eine selbstklebende Fläche. Er wurde aufgeklebt, festgeschraubt und die Abdeckung angebracht.

3 Der Defender-Nachrüstsatz von Eberspächer ist hauptsächlich für die Td5-Modelle konzipiert. Hier sehen Sie die Halterungen.

4 Die Untere davon wird an diese beiden M6-Bolzen der Ventilatorhalterung montiert. Der Fuß der Halterung muss abgetrennt werden (Bild mit freundlicher Genehmigung von Eberspächer).

5 Bei meiner (ursprünglichen) 300 Tdi-Version beschlossen wir, die Halterung zu verwenden, die den Innenkotflügel fixiert. Jon Jennings, der technische Leiter für Eberspächer UK, der dieses Projekt überwachte, fertigte diese Platte an und schraubte sie fest, …

6 … um dort den speziell konstruierten Montageträger für die Heizeinheit anzubringen.

7 Dieses Bild zeigt, wie genau die Hydronic-Einheit in die linke Seite des Motorraums hineinpasst.

8 Als Nächstes musste der Einbauort für die Wasserpumpe bestimmt werden. Die Lösung von Eberspächer ermöglicht eine Montage der Pumpenhalterung seitlich am Gehäuse des Heizgerätes, was sich in unserem Fall als perfekt erwies.

9 Die Schlauchstutzen, die senkrecht aus dem Deckel ragen, verursachten nach und nach Probleme, woraufhin sie abgeschnitten wurden.

10 Die Halteklammern der Schlauchstutzen wurden vorsichtig aufgebrochen (der einzige Weg, diese zu entfernen) …

11 … und die im Nachrüstsatz enthaltenen Winkelstutzen zusammen mit den neuen O-Ringen und Halteklammern eingesetzt.

12 Bevor Sie die Oberseite festschrauben, müssen die Winkel der Stutzen entsprechend eingestellt sein, denn sie rasten beim Festschrauben ein und lassen sich danach nicht mehr drehen.

13 Bei den meisten Defender-Modellen ist der Einbau der Kühlsystem-Rohre relativ einfach, wie man hier sieht. Die mitgelieferten Kühlmittelschläuche passen zum Td5-Motor, sie können aber für frühere Motoren relativ einfach zurechtgeschnitten und angepasst werden.

14 Das Rückschlagventil zwischen Kühler und Ausgleichsbehälter: Zwischen der Oberseite des Kühlers und dem Ausgleichsbehälter verläuft eine 8-mm-Expansionsleitung aus schwarzem Nylon. Wenn der Motor abkühlt, sammelt sich an der Oberseite des Aggregats Luft, und wenn der Vorwärmer eingeschaltet wird, strömt die Luft direkt zur Wasserpumpe des Heizgeräts. Damit das nicht passiert, montiert man bei Eberspächer ein Rückschlagventil im schwarzen Nylon-Schlauch, und zwar in Flussrichtung vom Motor zum Ausgleichsbehälter. Somit wird verhindert, dass bei Abkühlen des Motors an der Oberseite des Motors Luft eindringt und sich das vom Motor kommende Wasser dennoch ausdehnen kann. Das Ventil ist im Heizungs-Einbausatz für den Td5 enthalten (Bild mit freundlicher Genehmigung von Eberspächer).

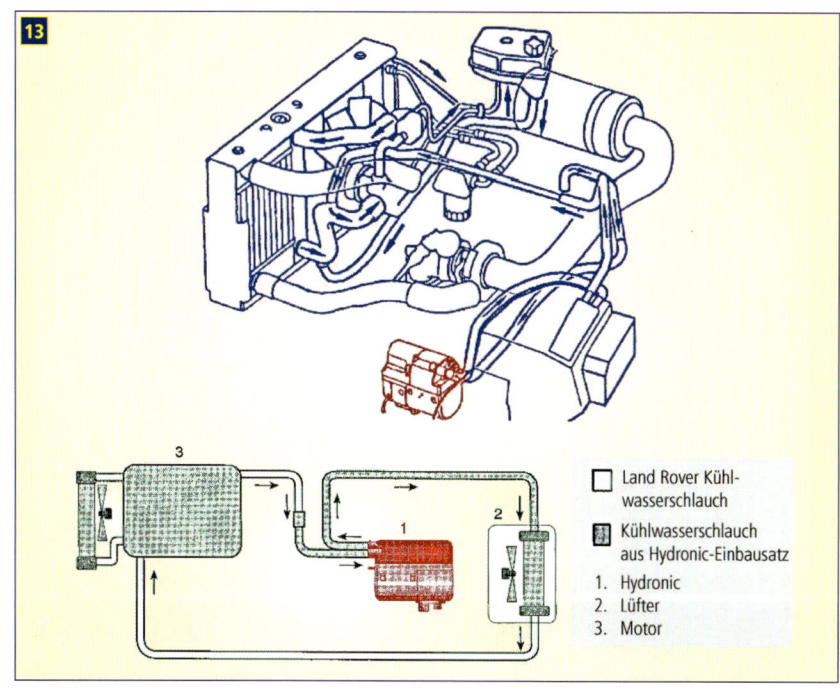

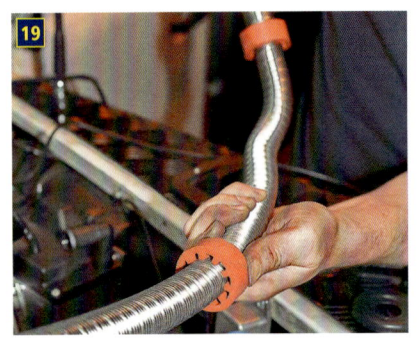

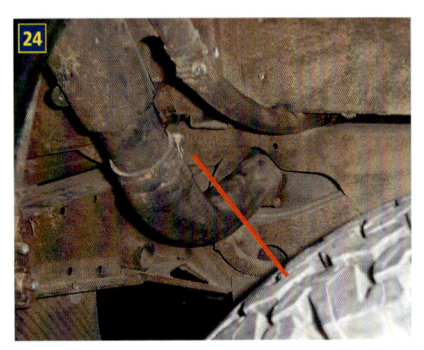

15 In meinen Schläuchen wurden bereits T-Stücke für den Pflanzenöl-Umbau eingesetzt. Wir haben die Heizung und die nahegelegenen Schläuche abgeklemmt, andere Schläuche abgeschnitten und entfernt …

16 … und die Hydronic-Einheit in den Heizkreislauf installiert.

17 Bei Defender-Modellen mit Td5-Motor sollte die Wasserzulaufleitung, die vom Motor zur Ventilatorbaugruppe führt, an der letzteren entfernt und an der Hydronic-Einheit angeschlossen werden (Bild mit freundlicher Genehmigung von Eberspächer).

18 Nachdem wir einen geeigneten Verlauf für die rostfreie Abgasleitung gefunden hatten, …

19 … wurden diese hitzebeständigen Silikonringe auf die Abgasleitung geschoben, um empfindliche Komponenten zu schützen, die wir beim Verlegen der Abgasleitung vorgefunden haben.

20 Der Schalldämpfer wurde provisorisch direkt hinter dem Schmutzfänger montiert. Er muss später anderswo montiert werden, damit er nicht ungeschützt in tieferer Position liegt als der Rahmenträger selbst.

21 Hier der von Eberspächer empfohlene Einbauort des Schalldämpfers bei Td5-Modellen.

22 Es gibt auch einen Schlauch für die Ansaugluft. Er zieht natürlich kalte Luft, daher ist er einfacher zu verlegen als die Abgasleitung. Man muss nur sicherstellen, dass nichts in das offene Ende des Schlauches fallen oder hineingesaugt werden kann, dass der Schlauch vom Luftstrom des Fahrzeugs weggerichtet ist und dass der Einlass so hoch wie möglich positioniert wird, um zu vermeiden, dass Wasser eindringt.

23 Der Nachrüstsatz enthält auch eine Kraftstoffentnahmeleitung, die bei Td5-Modellen am Einfüllstutzen montiert werden kann. Man kann nicht einfach die Kraftstoffleitung anzapfen, wie beim 200 und 300 Tdi, denn die steht unter Druck.

24 Die Anleitung von Eberspächer, in welcher beschrieben ist, wo das Einfüllstutzenrohr zu trennen ist, um die Kraftstoffentnahmeleitung für Td5-Versionen einzubauen, besagt: »Gummischlauch an der Linie abschneiden. Mit zwei 50 bis 70 mm-Klammern sichern.« (Bild mit freundlicher Genehmigung von Eberspächer)

25 Jon hatte einen wichtigen Punkt angesprochen: Trennt man die im Lieferumfang enthaltenen Kraftstoffschläuche mit einem Seitenschneider, werden sie flach (Bild im Bild). Daher empfiehlt sich der Einsatz geeigneter Schneidewerkzeuge, um den ursprünglichen Innendurchmesser beizubehalten.

26 Je nach Einbauort der Kraftstoffpumpe gibt es eine Reihe von geraden und abgewinkelten Schlauchanschlüssen für die Kraftstoffleitungen. In diesem Beispiel wurde der Dieselkraftstoff an dem in der Nähe

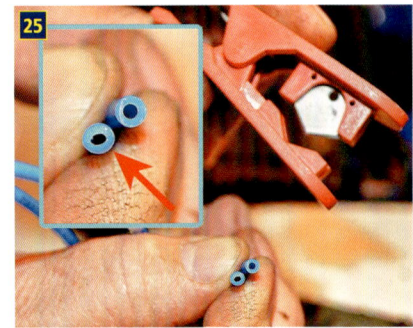

Motorvorwärmung

der Pedaleinheit verlaufenden Schlauch abgezapft. Daher wird die Pumpe dort im Winkel von 15 bis 35 Grad an einer Halterung angebracht.

27 Das andere Ende der Kraftstoffleitung wurde am Stutzen an der Oberseite der Heizeinheit montiert.

28 Bevor die Kraftstoffleitung ihre endgültige Verlegeposition einnahm und mit Kabelbindern fixiert wurde, musste sie noch mit der im Lieferumfang enthaltenen Ummantelung versehen werden.

29 Der Hydronic-Relaisträger muss neben dem Sicherungshalter im Batteriefach unter dem Beifahrersitz angebracht werden. Eine alternative Einbauposition für den Relaisträger wäre neben der Ventilatorbaugruppe an der Vorderseite der Spritzwand unter der Motorhaube. Bringen Sie das Relais am Träger an.

30 Der Anleitung zufolge müssen Sie nun das schwarze und das schwarz-violette Kabel verlegen, die zur Ventilatorbaugruppe unter der Motorhaube führen. Trennen Sie das violett-grüne Kabel, das zum Zweifachstecker in der Nähe des Ventilatormotors des Land Rover führt. Verbinden Sie die Kontakte und die Gehäuse mit dem violett-grünen Kabel und schließen Sie das schwarze und das schwarz-violette Kabel, die von der Hydronic-Einheit kommen, wie dargestellt an (Bild mit freundlicher Genehmigung von Eberspächer).

31 Nachdem der Kabelstrang in den Land Rover-Stromkreis integriert wurde, muss nur noch die Heizeinheit mit dem frisch eingebauten Kabelbaum mithilfe des Steckers und der Buchse aus dem Lieferumfang verbunden werden.

32 Eine weitere Verzweigung vom Kabelbaum wird an die Kraftstoffpumpe angeschlossen.

33 Wie es scheint, wird folgende Option selten in Betracht gezogen, doch denke ich, dass dies einen enormen Vorteil darstellt. Es handelt sich um eine Fernbedienung für den Schlüsselring und um eine Empfängereinheit, die im Fahrzeug installiert wird. Die Fernbedienung hat eine sagenhafte Reichweite von 1 km (bei freier Sicht – in einem bebauten Gebiet natürlich viel geringer). Ich habe sie als unerlässlich befunden um die Hydronic-Einheit einzuschalten, bevor ich mich dem Parkplatz nähere oder das Haus verlasse.

34 Nach ein paar Anlassdurchgängen, um den Kraftstoff zur Heizeinheit zu pumpen, zündete diese zum ersten Mal und begann fast sofort mit dem Aufheizen der Kühlflüssigkeit. Wenn ein derartiges Gerät zum ersten Mal zündet, ist eine leichte Rauchentwicklung unvermeidbar, da sich der neue Brenner erst einmal räuspern muss.

Es gibt keinen Zweifel an dieser erstklassigen Ausrüstung von Eberspächer. Bei wärmerem Wetter kommt mein Motor fast umgehend auf Betriebstemperatur und erreicht somit ebenso schnell seinen vollen Wirkungsgrad. Bei kälteren Temperaturen ist der Heizer sofort in der Lage, warme Luft zu erzeugen und damit sowohl meine Füße aufzutauen als auch die Windschutzscheibe zu trocknen.

Aufgrund der Tatsache, dass diese Heizer im Kühlwassersystem des Motors integriert sind, ist die Hydronic-Steuereinheit in der Lage, bei Bedarf den Heizungsventilator anzuschalten und warme Luft über die Lüftungsdüsen ins Fahrzeuginnere zu leiten.

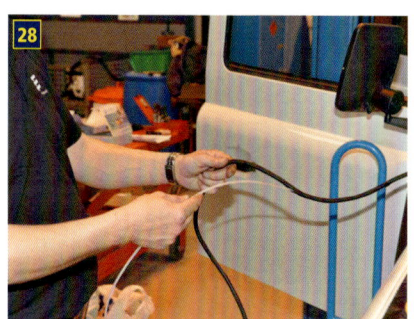

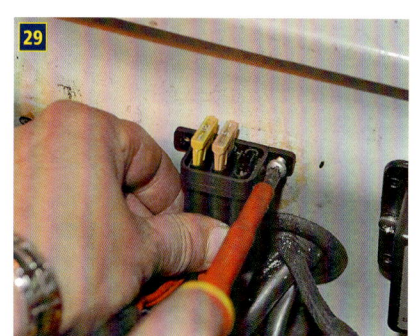

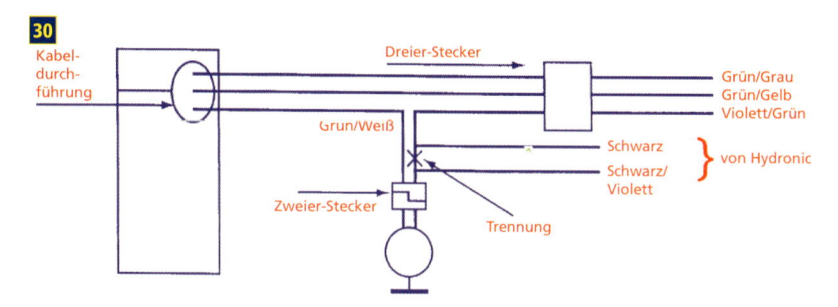

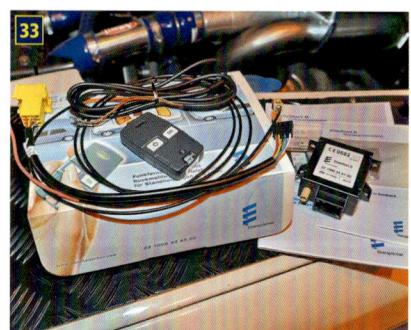

Komfort

Diesel-Standheizung

Marokkanische Trekker werden sagen, im Winter sei es auf dem Atlas-Gebirge sehr eisig. Land Rover-Fahrer aus Headingley, Hereford und Hemel Hempstead werden das mit ihren tauben Fingern bestätigen. Eine Lösung wäre, eine dieselbetriebene Warmluftheizung wie die bekannte »Webasto Air Top 2000« einzusetzen, die üblicherweise eher in Wohnmobilen verwendet wird. Hier zeigen wir, wie wir ein solches System in DiXie eingebaut haben.

1 Die Webasto Air Top 2000 wird als Bausatz geliefert. Seien Sie vorsichtig, wenn Sie günstige Angebote auf eBay sehen, denn die wichtigen Bauteile wie Kraftstoffpumpe, Steuerung und Schläuche sind oftmals nicht enthalten und sehr teuer nachzukaufen. Bei Webasto hat man sich wirklich Gedanken gemacht und Halterungen und Klemmen verschiedener Form und Größe beigelegt, um fast allen Einbauerfordernissen gerecht zu werden.

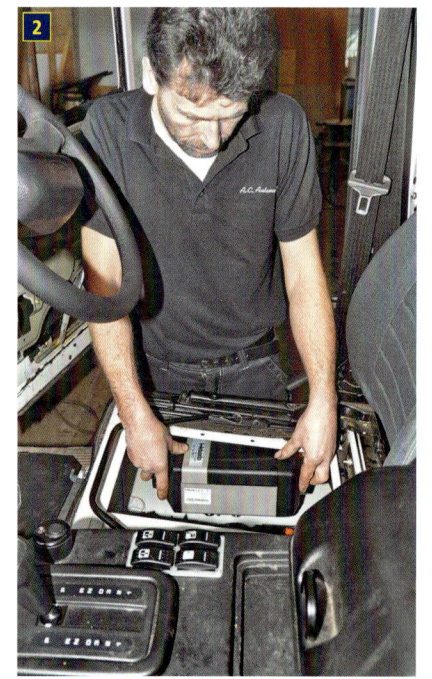

2 Die Air Top 2000 lässt sich gut unter dem Fahrersitz installieren. In den meisten Fällen werden dort Sicherungskästen und entsprechende Halterungen vorzufinden sein, die zuerst entfernt und woanders montiert werden müssen.

3 Es lohnt, sich Zeit zu nehmen und zu überprüfen, ob der gewählte Einbauort auch geeignet ist, denn es sind Bohrungen im Fahrzeugboden sowie ein Lufteinund -auslass für das Heizsystem erforderlich.

4 Nach Festlegung der Einbauposition haben wir mithilfe der Dichtung die genauen Positionen für die Einlass-, Ausslass- und Befestigungslöcher ausgemessen.

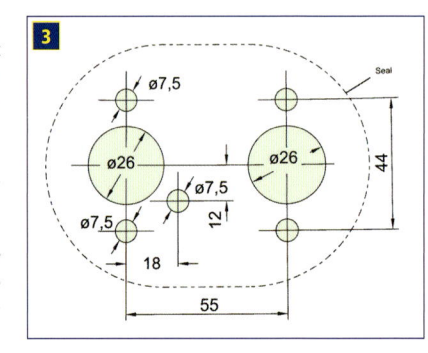

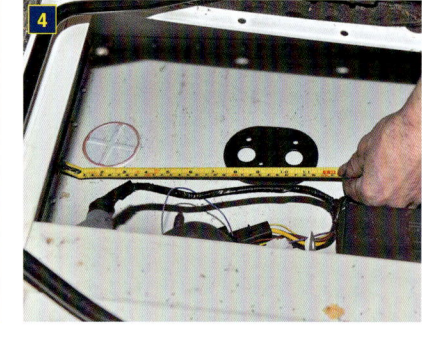

5 Zum Bohren der Löcher mit den erforderlichen Durchmessern haben wir einen abgestuften Lochschneider ...

6 ... und einen Magnet verwendet, um die Stahlspäne aufzusammeln. Natürlich ist Aluminium nicht magnetisch, daher saugten wir die Aluminiumspäne mit einem Staubsauger ab, als wir die Seitenwände durchbohrten. Blanker Stahl sollte selbstverständlich grundiert und lackiert werden.

7 Wie man den vorherigen Bildern entnehmen kann, ist der im Lieferumfang enthaltene Belüftungsauslass gewölbt, doch sind bei »AC-Automotive« auch flachere Versionen verfügbar, die weniger stark hervorstehen. Obwohl der Luftstrom hier nicht ganz so gut geleitet wird, dachten wir, dass diese Lösung besser in einen Fahrzeugfußraum passt.

8 Der Einbauort des Kaltlufteinlasses und des Warmluftauslasses ist eigentlich frei wählbar, doch angesichts des großen unbeheizten Raumes im Heck beschloss ich, den Warmluftauslass nach hinten zu richten. Nachdem also der Einbauort für den Lufteinlass bestimmt war, ...

9 ... wurde ein Führungsloch gebohrt, gefolgt von einem größeren Loch, durch das der Einlassanschluss passt.

10 Auf der Rückseite des Sitzkastens wurde ebenso vorgegangen. Alle dort befindlichen Schrauben müssen unberührt bleiben.

11 Die Unterseite der Air Top 2000 wurde für den Einbau vorbereitet, indem die Dichtung angebracht und das Kabel säuberlich in die Zugangsöffnung gesteckt wurde.

12 Nachdem die Einheit von oben eingesetzt war, wurden die vier Befestigungsschrauben angebracht und von der Fahrzeugunterseite festgeschraubt.

13 Nun war es an der Zeit, die Verbindungen herzustellen. Also musste der Kabelbaum für den Einbau vorbereitet werden.

14 Der Kabelbaum enthält viele Kabel, die bei dieser Installation nicht benötigt wurden, wohl aber erforderlich sind, wenn man eine Fernsteuerungs- oder Timer-Einheit verwenden möchte. Daher schnitten wir die überflüssigen Kabel ab (optional) und begannen, die übrigen am Anschlussblock des Sicherungskastens anzuschließen.

15 Der Kabelbaum ist sowohl innen als auch an der Fahrzeugunterseite sauber und mit Sorgfalt zu verlegen. Er ist mit Kabelbindern und Klemmen so zu befestigen wie das werksseitig verbaute Original. Vor allem darf er keine mechanischen Komponenten berühren und nicht in der Nähe von heißen Bauteilen wie beispielsweise dem Abgassystem verlaufen.

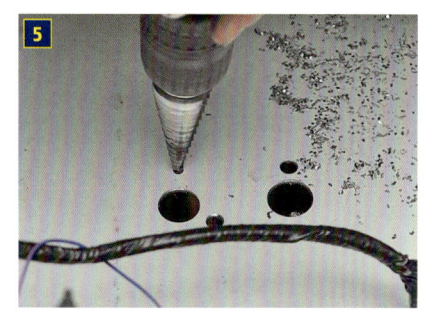

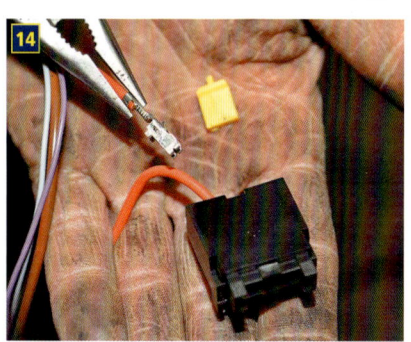

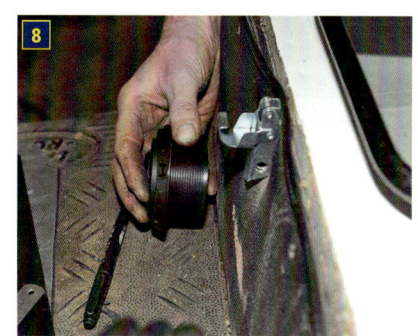

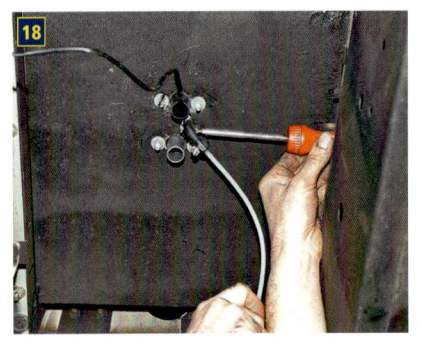

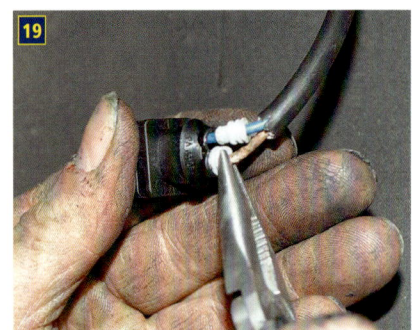

16 Die Lieferung von Webasto enthielt eine Rohrschelle und einen Anti-Vibrations-Anschluss …

17 … für den Einbau der Kraftstoffpumpe an einem geeigneten Ort vorzugsweise unter dem Fahrzeug. Die genaue Montageposition hängt in gewissem Maße auch vom Einbauort des Kraftstofftanks ab – dazu später mehr.

18 Im Nachrüstsatz ist ein ausreichend langes Rohr und ein Winkelverbinder für den Anschluss an der Unterseite der Air Top 2000-Einheit enthalten.

19 Wir schlossen die Kabel aus dem Kabelbaum am Stecker für die Kraftstoffpumpe an, wobei wir darauf achteten, dass die wasserfesten Dichtungen vollständig eingesetzt waren, bevor der Kabelbaum mit dem Pumpenanschluss verbunden wurde.

20 Nachdem wir herausfanden, wie lang das Abgasrohr sein würde und wo es verlaufen sollte, längten wir es entsprechend ab.

21 Die Abgasleitung wurde mithilfe der im Lieferumfang enthaltenen Halterungen und Anschlüsse am Fahrzeugunterboden angebracht. Man sieht auch den schwarzen Schlauch für die Ansaugluft, welcher auch am Fuß der Air Top-Einheit verbaut ist. Die Abgasleitung muss leicht nach unten gebogen werden und von der Fahrtrichtung weggerichtet sein. Die Einlassöffnung ist ebenfalls nicht in Fahrtrichtung zu positionieren.

22 Zurück zum Thema Elektrik. Wir beschlossen, die Steuereinheit in der Mittelkonsole meines Fahrzeugs einzubauen. Wir verwendeten die Fußplatte des Schalters und ein Maßband, um die genaue Einbauposition zu ermitteln, …

23 … bevor das erforderliche Loch in die Konsole gebohrt wurde.

24 Der bereits verlegte Kabelbaum wurde einfach an den Kontakt des Schalters angeschlossen, …

25 … der wiederum mit der großen Messingmutter an der Mittelkonsole befestigt wurde. Anschließend wurde die Messingmutter mit einer Stecknuss vorsichtig auf dem Kunststoffgewinde festgezogen.

26 Da man bei Webasto nicht weiß, wo sich die Fahrzeugbatterie befindet, an welche der Brenner angeschlossen wird, befinden sich im Lieferumfang ein ausreichend langes Kabel und verschiedene Stecker. An einem Ende des Zuleitungskabels wurde ein Ringkabelschuh aufgekrimpt …

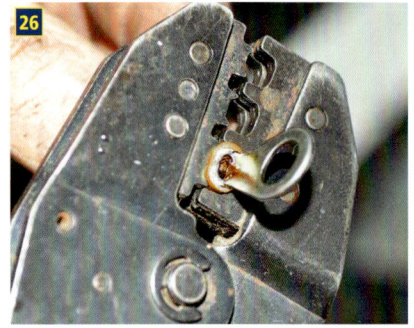

27 … und am anderen Ende ein Anschluss für den Sicherungskasten angebracht. Anschließend wurden die Verbindungen hergestellt, ohne die Sicherung einzusetzen.

28 Als nächstes zerlegten wir die Luftdüsenbauteile, trugen Silikondichtmittel auf und montierten die Ein- und Auslassdüsen in den Sitzkasten.

29 Webasto bietet Komponenten für die Montage einer Kraftstoffleitung an einen Tank mit Ablassschraube (oben) oder an einem Standardtank aus Kunststoff (unten). Allerdings kann sich an der Ablassschraube viel Schmutz ansammeln. In dieser Zeichnung ist jedoch ein Rohrstutzen zu sehen, der über etwaige Ablagerungen hinaus in den Tank hineinragt. Es ist vorzuziehen, den Kraftstoff weiter oben im Tank abzugreifen.

30 Mein Land Rover verfügt über einen Zusatztank aus Stahl. Wir entfernten und entleerten diesen. Anschließend bohrten wir ein Loch, das groß genug war, um den Steckanschluss aufnehmen zu können.

31 Nachdem dieser Steckanschluss eingesetzt war, wurde eine Mutter mit großer Unterlegscheibe aufgeschraubt. Die Entnahmeleitung am unteren Ende dieses Anschlusses haben wir bereits entsprechend abgelängt.

32 Die Kraftstoffleitung muss, wie auch die Verkabelung, sorgfältig und sicher an der Fahrzeugunterseite befestigt werden – weit weg von heißen Bauteilen.

Nachdem alles angeschlossen war und die Sicherung eingesetzt wurde, haben wir das System aktiviert und die Pumpe fing an zu arbeiten – doch nichts passierte. Das liegt daran, dass das System den Kraftstoff erst vom Kraftstofftank zum Brenner pumpen muss und ein mehrmaliges Anlassen notwendig ist, bevor dieses sanfte Zündgeräusch des Brenners eintritt.

Nun erwärmt sich der Fahrzeuginnenraum selbst an den kältesten Tagen innerhalb von etwa einer Minute (im Gegensatz zu den 10–15 Minuten, die der Motor braucht, um Wärme an die Insassen abzugeben). Wenn die Hunde mal bei –10 °C im Auto bleiben müssen oder ich darin sitze und auf meinem Laptop tippe (was nicht selten vorkommt!), weiß ich, dass die Temperatur in der Fahrgastzelle nun auf einem zivilisierten Niveau gehalten werden kann. In anderen Worten: Der Wagen ist nun alles andere als ein herkömmlicher Land Rover!

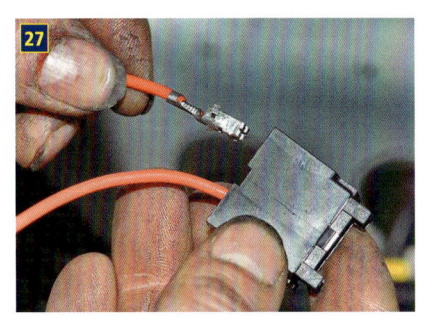

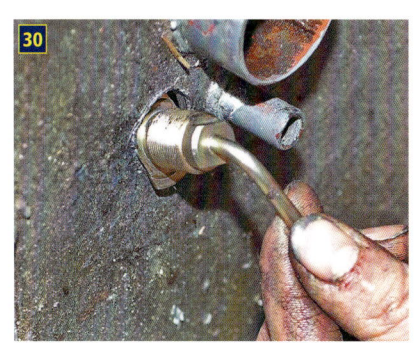

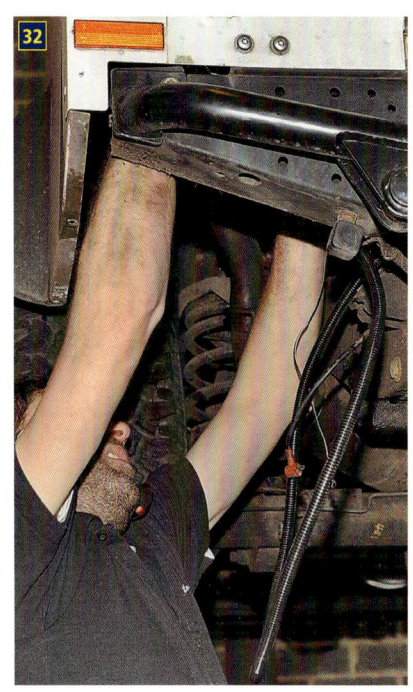

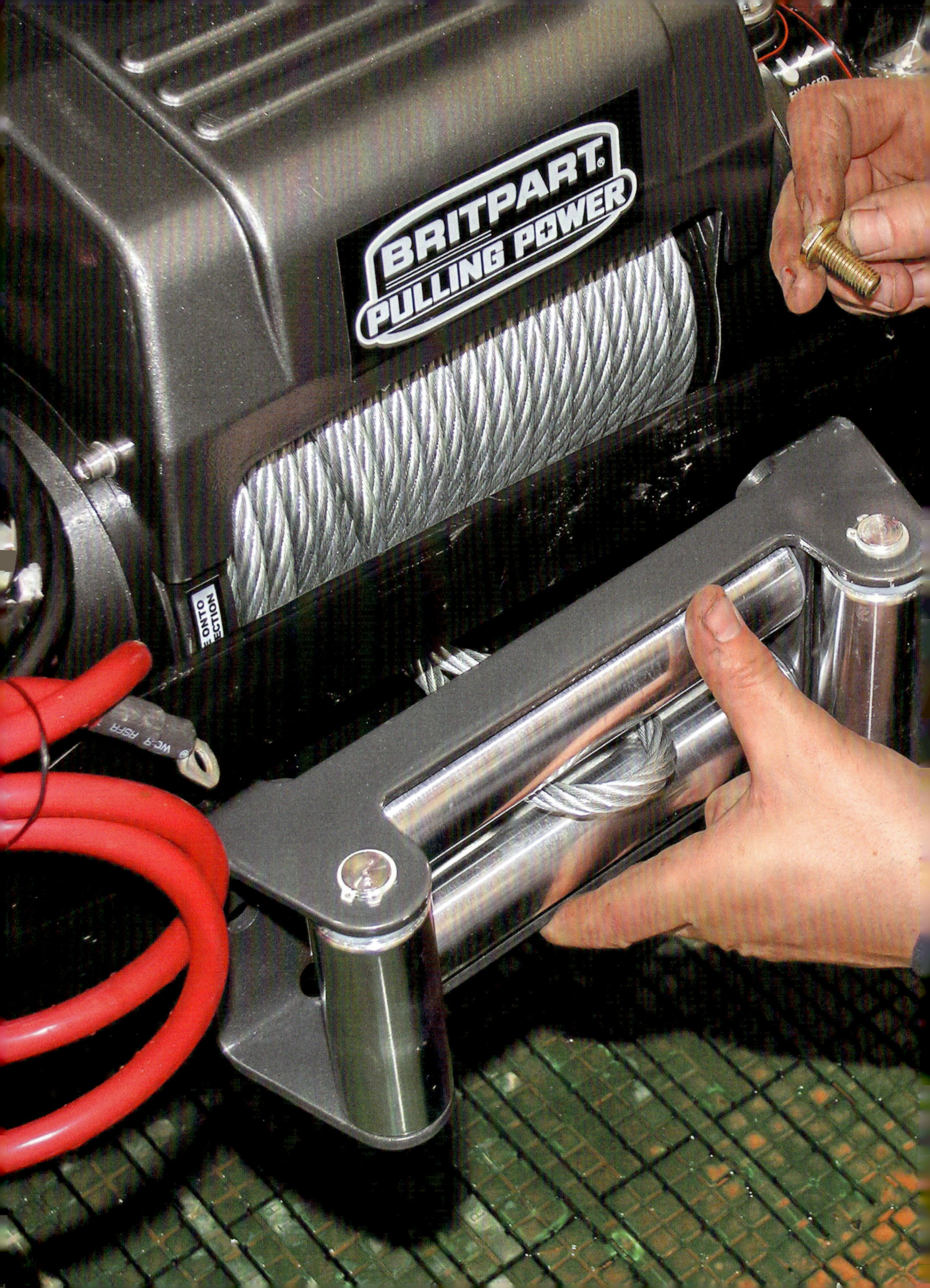
BRITPART
PULLING POWER

8

Batterieschaltung, Beleuchtung und Seilwinde

Batteriefach, Doppel-Batteriesystem, Sicherungskasten und Trennsystem	**210**
LED-Innenleuchten	**214**
Zusatzscheinwerfer	**216**
Positions-, Arbeits-, Nebel- und Rückfahrleuchten in LED-Technik	**219**
Einbau einer Seilwinde	**222**
Abnehmbare Rangierhilfe mit Kugelkopf und Aufnahmeplatte	**225**

Batteriefach, Doppel-Batteriesystem, Sicherungskasten und Trennsystem

Hier wird nicht nur gezeigt, wie man zwei Batterien in einen Defender einbaut, sondern wie sich diese auch ordnungsgemäß aufladen lassen und miteinander arbeiten.

Die Batterieleistung zu verdoppeln, kann eigentlich nur gut sein. Doch was die meisten Leute nicht erkennen, ist, dass der Großteil der Batterieinstallationen grundsätzliche Konstruktionsfehler aufweist. Der Hauptzweck einer normalen Starterbatterie ist, Energie zu speichern um den Motor anlassen zu können. Alle elektrischen Verbraucher werden vom Generator versorgt, während der Motor läuft. Eine derartige Starterbatterie ist dafür konzipiert, in einem geladenen Zustand gehalten und nicht tiefentladen zu werden. Durch den Einbau weiterer Accessoires und den Strombedarf bei ausgeschaltetem Motor erhöht sich das Risiko einer sich entladenden Batterie signifikant. Eine solche Situation ist bestenfalls ungünstig, doch im Falle eines Expeditionsfahrzeugs kann sie über Leben und Tod entscheiden. Um die Haupt-Starterbatterie zu erhalten, empfiehlt es sich, den Strombedarf untergeordneter Fahrzeugsysteme über eine zweite Batterie zu bedienen, die bei ausgeschaltetem Motor von der Hauptbatterie getrennt wird. Sobald der Motor läuft, werden beide Batterien aufgeladen.

Der Einsatz einer Seilwinde ist ein emotionales Thema und bietet viele Optionen. Es ist Fakt, dass eine große Seilwinde bis zu 400 A benötigt, und um einen so hohen Strom über längere Zeit liefern zu können, braucht man eine stärkere Elektrik. Was die Frage betrifft, an welche Batterie wir die Seilwinde wohl anschließen sollten, wählten wir die übliche Vorgehensweise und behandelten sie als Zubehör. Wir schlossen sie an die Zweitbatterie an. Wenn man die Seilwinde bei laufendem Motor einsetzt, werden beide Batterien parallel geschaltet, um den maximalen Strom und die maximale Leistung zu liefern.

Batterietypen
- Herkömmliche Starterbatterie: eine Batterie, die einen hohen Strom über eine kurze Dauer liefert, um einen Motor zu starten. Muss ständig voll aufgeladen werden.
- Verbraucher-/Tiefzyklusbatterie: entwickelt, um einen geringen Strom über längere Zeit zu liefern und mit Tiefentladung zurechtzukommen.

Da wir ein Aufladeverfahren mit Batterietrennung verwenden (siehe unten), werden wir zwei brandneue, identische »Yello Top«-Batterien von »Optima« einsetzen. Diese werden parallel geschaltet und müssen daher von Aufbau und Innenwiderstand so ähnlich wie möglich sein, um ein durch verschiedene Ladeanforderungen hervorgerufenes Ungleichgewicht während des Aufladevorgangs zu vermeiden.

Die Optima 4.2 Yellow Top kann sowohl als Starter- als auch als Tiefzyklusbatterie eingesetzt werden und passt daher optimal in ein Doppel-Batteriesystem. Sie ist in der Lage, 765 A Kaltstartstrom zu liefern, während die meisten Standardbatterien des Defender »nur« 630 A liefern. Somit hat man, verglichen mit der ursprünglichen Batterie, mehr Kraft für den Kaltstart. Diese Batterie kommt auch mit Tiefentladungen klar und bietet kürzere Wiederaufladezeiten für zusätzliche batteriegespeiste Funktionen. Es ist eine AGM-Batterie (absorbierende Glasfasermatten), was bedeutet, dass der Elektrolyt in einer Matte absorbiert, die Batterie daher auslaufsicher und viel besser vor Vibrationen und Erschütterungen geschützt ist. Bei Optima-Batterien kommt auch eine Spiralzelle zum Einsatz, wodurch eine größere Oberfläche erzielt wird. Diese Batterien arbeiten sogar unter Wasser!

Kabel- und Windenstärke
Kabel werden in verschiedenen Querschnitten verkauft. Nehmen Sie immer das Größtmögliche für Ihren Zweck!

Windenstärke (PS)	A / 12V	min. Querschnitt
1	70	16 mm²
2	140	25 mm²
3	210	30 mm²
4	280	40 mm²
5	350	50 mm²
6	420	60 mm²
7	490	70 mm²
8	560	90 mm²

Aufladearten
- Doppelgenerator: je ein Generator pro Batterie. Erfordert umfassende Fertigungs- und Montagearbeiten, ist jedoch sehr effektiv.
- Generator-Laderegler: verwendet den Ausgang eines einzelnen Generators und leitet den Ladestrom proportional und je nach Ladezustand an die Batterien weiter.
- Batterietrennung: hierbei werden Batterien über einen Schalter, ein Relais oder eine Spule parallel geschaltet.

Das Batterie-Trennverfahren ist unsere erste Wahl, da es kosteneffektiv ist und die erforderliche Performance bereitstellt. Außerdem können hier auch höhere Ströme übertragen werden als bei den anderen Verfahren. Und bei der Flaggschiff-Version »Blue Sea« hat man auch die Möglichkeit, die Batterien für die eigene Starthilfe manuell zu kombinieren.

Die einfachste Form des Batterie-Trennverfahrens sieht vor, zwei Batterien manuell über einen Schalter miteinander zu verbinden.

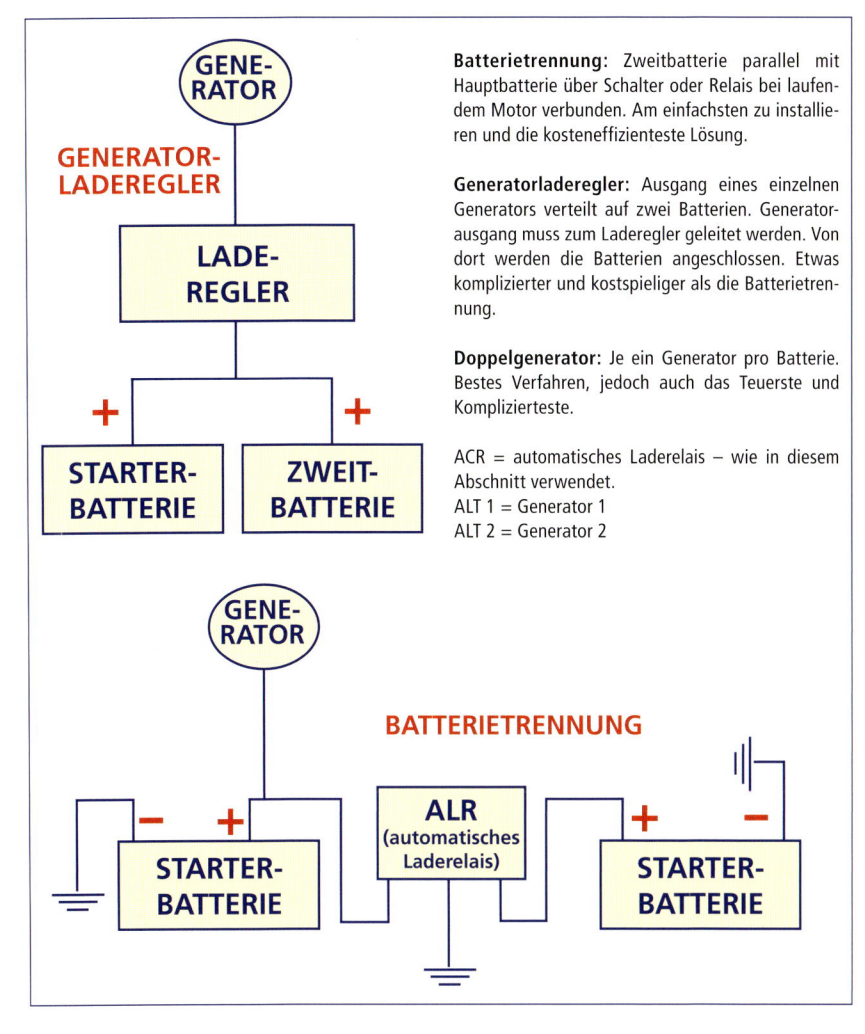

Batteriefach, Doppel-Batteriesystem, Sicherungskasten und Trennsystem 211

GENERATOR-LADEREGLER

GENERATOR → LADEREGLER → + STARTERBATTERIE / + ZWEITBATTERIE

Batterietrennung: Zweitbatterie parallel mit Hauptbatterie über Schalter oder Relais bei laufendem Motor verbunden. Am einfachsten zu installieren und die kosteneffizienteste Lösung.

Generatorladeregler: Ausgang eines einzelnen Generators verteilt auf zwei Batterien. Generatorausgang muss zum Laderegler geleitet werden. Von dort werden die Batterien angeschlossen. Etwas komplizierter und kostspieliger als die Batterietrennung.

Doppelgenerator: Je ein Generator pro Batterie. Bestes Verfahren, jedoch auch das Teuerste und Komplizierteste.

ACR = automatisches Laderelais – wie in diesem Abschnitt verwendet.
ALT 1 = Generator 1
ALT 2 = Generator 2

BATTERIETRENNUNG

GENERATOR → STARTERBATTERIE (− +) → ALR (automatisches Laderelais) → STARTERBATTERIE (+ −)

Dieser Prozess kann auch semi-automatisiert werden. Hierfür benötigt man ein Relais und einen geeigneten Auslöser, wie ein Signal der Zündung. Die hier verwendete Option ist ein vollautomatisches Laderelais. Es erkennt, wenn die Spannung einer der beiden Batterien für 2 Minuten auf ein Niveau von 13,0 Volt ansteigt, welches auf eine aktive Ladequelle schließen lässt. In diesem Fall schließen die Kontakte des Relais, wodurch nun beide Batterien aufgeladen werden. Fällt die Spannung an beiden Batterien für eine Dauer von 30 Sekunden auf 12,75 Volt ab, öffnet es und die Batterien werden isoliert. Sollten Sie also ein Solarpaneel anschließen und die Spannung in diesem System für mehr als zwei Minuten über 13,0 Volt steigen, verbindet das Relais die beiden Batterien und lädt sogar Ihre Starterbatterie auf, ohne dass der Motor läuft!

Wenn man zwei Batterien miteinander kombiniert, gibt es den Nebeneffekt der hohen Einschaltströme, wenn eine der Batterien voll entladen ist und die andere eine volle Ladung aufweist, da hier ein Ausgleich stattfindet. Durch das Relais fließen auch hohe Ströme, wenn das System mit hohen Lasten klarkommen muss. Darunter fällt auch der Einsatz einer Seilwinde, bei dem Ströme von 500 A keine Seltenheit sind.

Die meisten Relais auf dem Markt sind für weniger als die Hälfte dieser Stromstärke ausgelegt, manche sogar für gerade einmal 30 Ampere! Das Relais aus dem Blue Sea-Sortiment ist für einen durchgängigen Strom von 500 A und für Stromspitzen von 2500 A ausgelegt und somit das am höchsten ausgelegte Bauteil auf dem Markt – und das zu gleichen Kosten wie schwächer ausgelegte. Mit einer durchgängigen Stromstärke von 120 A und Spitzenströmen von 250 A ist auch eine schwächer ausgelegte Version des Blue Sea-Relais verfügbar.

Wir haben uns für einen Sicherungshalter von ANL entschieden, der in Nenngrößen von bis zu 750 A verfügbar ist. Es wird auch der Einbau einer Hauptsicherung möglichst nahe an der Zweitbatterie und noch vor dem Spannungsabgriff für Verbraucher empfohlen.

Blue Sea ist ein Hersteller qualitativ hochwertiger Marineelektrik, daher genügen die dort angebotenen Produkte durch die Verwendung bester Materialien den höchsten Anforderungen. Ein Nebeneffekt dieser Marinespezifikation ist, dass einige Produkte tauchfähig und wasserdicht sind, darunter auch die Laderelais – eine großartige Eigenschaft für abenteuerlustige Land Rover!

Einbau

Wir verwenden ein System, welches die beiden Batterien nicht nur in bestem Zustand erhält, sondern auch sicherstellt, dass die Zweitbatterie per Knopfdruck als eine Art interne Starthilfe zugeschaltet werden kann. Als Teil des Batteriefach-Projekts haben wir auch einen neuen Sicherungskasten eingebaut. Das ist ein großartiger Fortschritt im Gegensatz zu all den an losen Kabeln angeschlossenen Sicherungen, die bei jedem Neuanbau von elektrischem Zubehör eben mal einfach eingesetzt werden.

1 Vorn und im Heck des Fahrzeugs können Stecker von Anderson verwendet werden, um dort Strom zu liefern, wo man ihn braucht, ohne Starthilfekabel an die Batterie anschließen zu müssen. Außerdem besteht damit nicht die Gefahr eines Kurzschlusses.

2 Vom Batteriefach ausgehend, wurde etwas Hochleistungskabel in Richtung Front und Heck des Fahrzeugs verlegt.

3 Am Ende des Kabels wurde jeweils ein Stecker von Anderson montiert und das Ganze an eine Karosseriehalterung geschraubt.

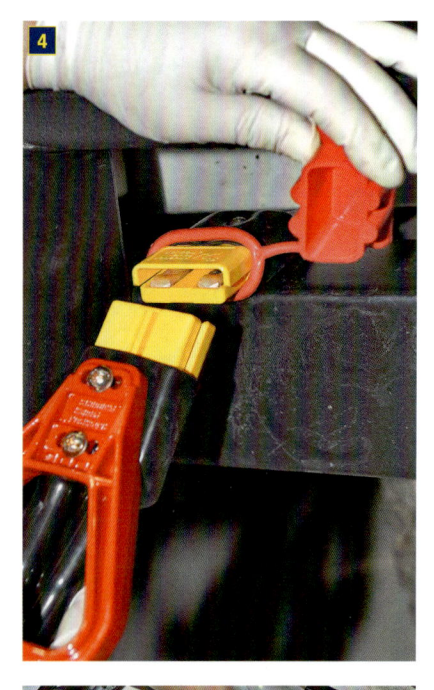

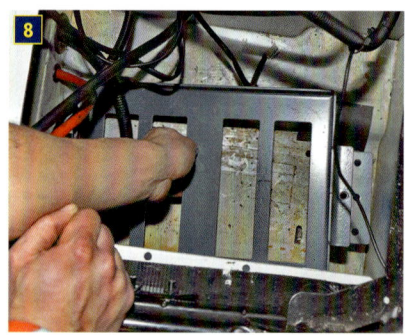

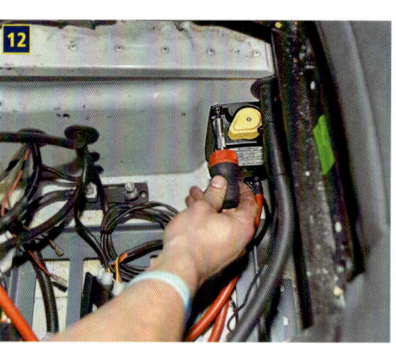

Batterieschaltung, Beleuchtung und Seilwinde

4 Es ist viel einfacher und sicherer, die Verbindung über einen Stecker von Anderson herzustellen als direkt mit einer Batterie. Jeder Stecker verfügt über eine wetterfeste Abdeckung, die angebracht wird, sobald der Stecker nicht verwendet wird.

5 Aus Sicherheitsgründen wurden alle Kabel ummantelt und die Kabelenden mit einem Schrumpfschlauch abgedichtet.

6 Natürlich mussten neue Löcher in das Batteriefach gebohrt werden, um die Hochleistungskabel aufzunehmen. Ian bevorzugt den Einsatz eines Stufenbohrers, da man dadurch ein Loch mit rechtwinkligen Flanken erhält und dessen Durchmesser genauer beurteilen kann.

7 In jedes Loch wurde eine Dichtung eingesetzt, damit die Kabel nicht scheuern. Anschließend wurden alle nötigen Kabel durch die Dichtungen hindurch und in das Batteriefach geführt, um später mit den Batterien verbunden zu werden.

8 Tief im Batteriefach setzten wir den Fuß für den Spezial-Batterieträger ein, der bei IRB extra für Batterien wie die Optimas gefertigt wurde. Nichts Besonderes bisher!

9 Von extremer Bedeutung ist das in Amerika gefertigte Blue Sea-Laderelais. Dieses verfügt über viele wichtige Funktionen und wird über einen Schalter an der Instrumententafel bedient, den wir uns an späterer Stelle genauer ansehen werden.

10 Zudem mussten wir einen Ort für die Hochleistungs-Sicherung finden, die auch bei MCL erhältlich ist.

11 Nachdem wir die Batterien erneut aus dem Batteriefach entfernten, haben wir einen Einbauort für die Sicherung seitlich am Batterieträger gefunden.

12 Bereits als die Batterien noch eingebaut waren, hatten wir den Montageort für das automatische Laderelais bestimmt. Daher wurde das Relais nun seitlich am Batteriefach befestigt.

13 Der umfangreiche Zusatz-Sicherungskasten von MCL wurde bereits auf einer Halterung montiert, die auch im Batteriefach befestigt wurde. Diese Halterung war auch hoch genug, um darunter eine der Batterien verstauen zu können.

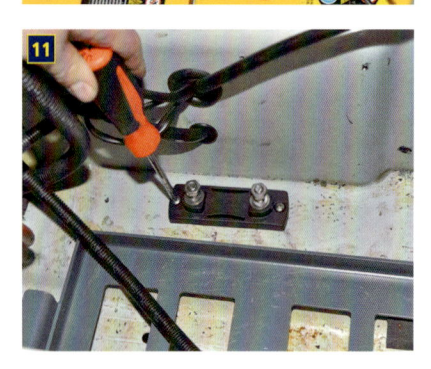

14 Aufgrund des Einbauorts des Sicherungskastens müssen beide Batterien in der hinteren Hälfte des Batteriefaches positioniert werden. Wir stellten die erste auf die Trägerbasis und schoben sie an die Vorderseite des Batteriefachs, …

15 … bevor die zweite auf dem Träger abgestellt und in Position gebracht wurde.

16 Eine eigens angefertigte Befestigung spannt sich über beide Batterien. Hier wird sie mittig über diesen festgeschraubt.

17 Nachdem die Haupt-Kabelverbindungen mit der Sicherung, dem automatischen Laderelais von Blue Sea und den beiden Batterien hergestellt und die Nebensysteme mit dem Zusatz-Sicherungskasten verkabelt waren, wurden entsprechend dimensionierte Sicherungen eingesetzt, um die Zusatzausrüstung mit Strom zu versorgen.

18 Der Deckel des Sicherungskastens bietet die Möglichkeit, die Sicherungen je nach Einsatzzweck zu kennzeichnen, was in unserem Fall sehr sinnvoll ist.

19 Hier sehen Sie den am Armaturenbrett montierten Schalter, den ich an früherer Stelle erwähnt habe. Bei normalem Gebrauch befindet er sich in mittiger Position, wodurch beide Batterien ordnungsgemäß vom Generator aufgeladen werden. Bringt man ihn in die untere Position, wird das Laderelais Im Batteriefach ausgeschaltet und die Verbindung zur Zweitbatterie unterbrochen. In der oberen Schalterposition aktiviert sich die Spule im automatischen Laderelais, wodurch ein Strom von der Zweit- zur Hauptbatterie fließt – eine fantastische Art, die Starterbatterie des Land Rover aufzuladen!

20 Sollte kaum noch Ladung in der Hauptbatterie vorhanden sein, kann der Schalter am Armaturenbrett die Spule im Relais nicht betätigen. Für diesen Fall kann der Knopf an der Oberseite des Relais gedrückt und der Hebel gedreht werden, um es per Hand anzuziehen und die Zweitbatterie zu aktivieren.

Dieses von MCL entwickelte System stellt zweifellos eine überlegenere Art der Nutzung zweier Batterien dar. Es bietet Ihnen folgende Vorteile:
- die Möglichkeit, die Zweitbatterie für Zusatzfunktionen wie Starthilfe, Seilwinde, Innenraumheizung oder Hilfsbeleuchtung zu verwenden;
- maximale Aufladung beider Batterien – wichtig, um ihre Langlebigkeit zu gewährleisten und
- die Möglichkeit, beide Batterien ordnungsgemäß zu befestigen – extrem wichtig für die Sicherheit und die Lebensdauer der Batterien.

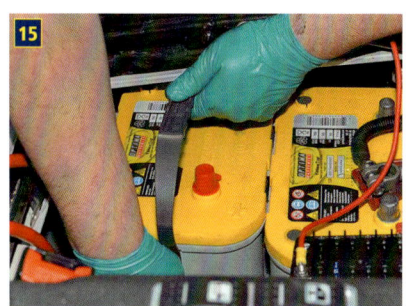

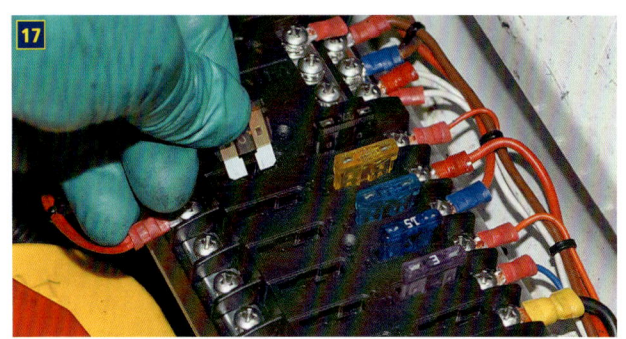

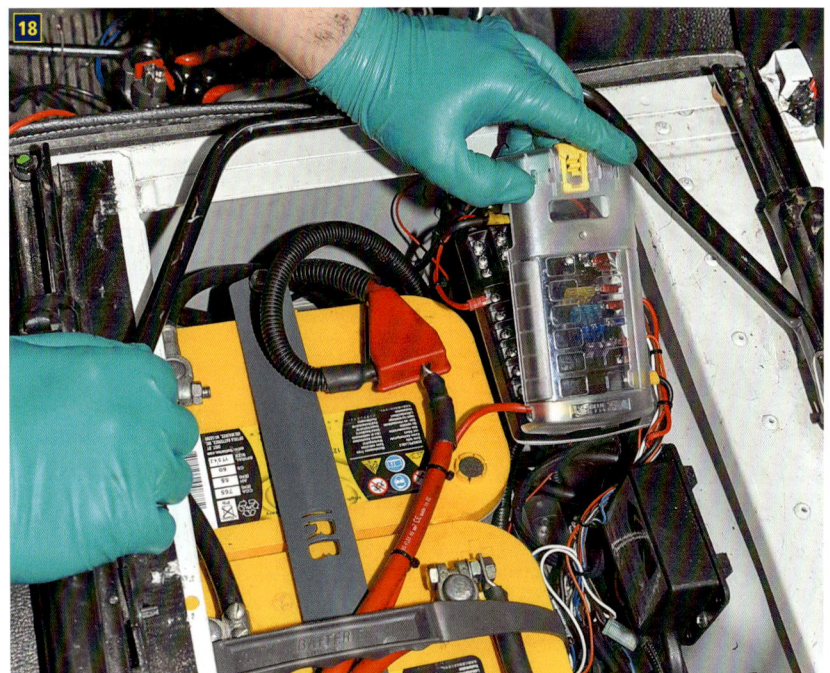

214 Batterieschaltung, Beleuchtung und Seilwinde

LED-Innenleuchten

Der Einbau einer LED-Innenbeleuchtung bietet die Vorteile eines geringeren Stromverbrauchs und eines helleren Defender-Innenraums.

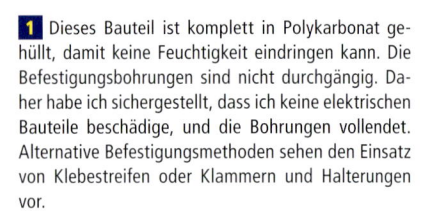

1 Dieses Bauteil ist komplett in Polykarbonat gehüllt, damit keine Feuchtigkeit eindringen kann. Die Befestigungsbohrungen sind nicht durchgängig. Daher habe ich sichergestellt, dass ich keine elektrischen Bauteile beschädige, und die Bohrungen vollendet. Alternative Befestigungsmethoden sehen den Einsatz von Klebestreifen oder Klammern und Halterungen vor.

2 Welch ein erstaunlicher Zufall: Die Mittelpunkte der Befestigungslöcher stimmten mit den Mittelpunkten von zwei Dachhimmel-Befestigungsclips überein. Ich hätte es zwar nicht tun müssen, doch markierte ich die Stellen mit einem 1,5-mm-Bohrer und …

3 … entfernte die beiden Clips mit dem Spezialwerkzeug, sodass an beiden Seiten je eine selbstschneidende Schraube eingesetzt werden konnte, die das Gewinde für den späteren Einsatz in das Material schnitt.

4 Das Streuglas wurde entfernt …

5 … und die Beleuchtungseinheit selbst abgeschraubt, um die dahinterliegende Verkabelung zu erreichen.

6 Nachdem wir den richtigen Spannungsversorgungs-Kontakt gefunden hatten, haben wir dort ein neues Kabel angelötet. Beachten Sie, dass das andere Ende dieses weißen Kabels eine Steckverbindung besitzt, über welche die elektrische Verbindung nach Wiedereinbau der Beleuchtungseinheit hergestellt werden kann.

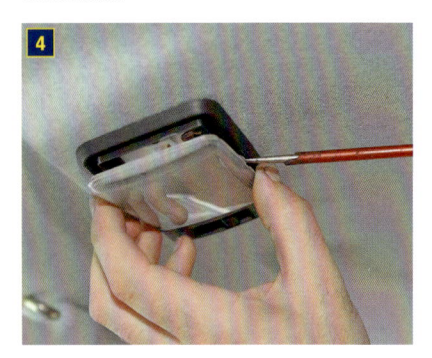

LED-Innenleuchten 215

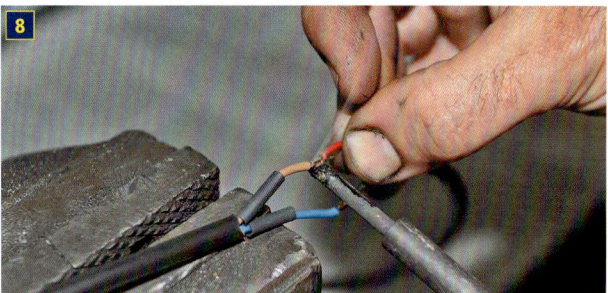

7 Als Nächstes haben wir das Kabel für die LED-Beleuchtung vorbereitet, die hinter dem Dachhimmel verläuft. Die Kabel ragen hinten am Leuchtelement heraus und können daher nicht vollständig ummantelt werden. Um deren Erscheinungsbild zu verbessern, beschlossen wir, ein Stück Schrumpfschlauch zu verwenden.

8 Das mitgelieferte Kabel war nicht lang genug, daher haben wir eine Verlängerung angelötet …

9 … und jedes Kabel mit einem dünnen Schrumpfschlauch isoliert.

10 Anschließend wurde ein größeres Stück verwendet, um beide Kabel gemeinsam zu isolieren. Letztendlich und nachdem alles doppelt und dreifach isoliert wurde, schoben wir ein enges Stück Kabelkanal auf den ungeschützten Rest des Kabels und setzten noch ein weiteres Stück Schrumpfschlauch ein, um das bereits ummantelte Kabel noch zu isolieren.

11 Wenn Sie den Dachhimmel dort herunterziehen, wo der vordere und mittlere Teil anliegen, können Sie das Stromkabel an das Ende eines Führungsdrahtes befestigen und diesen dann hinter dem Dachhimmel vorn durchziehen.

12 Letztendlich musste gerade so viel Kabel herausragen, um die LED-Leuchte ordnungsgemäß verkabeln und befestigen zu können.

13 Anschließend wurden alle Dachhimmel-Clips wieder angebracht und sichergestellt, dass sich die beiden vorgebohrten und vorgeschnittenen Clips an den entsprechenden Positionen befanden, um die Beleuchtungseinheit festzuschrauben.

14 Auf der Rückseite der ursprünglichen Beleuchtungseinheit mussten weitere Elektroarbeiten durchgeführt werden. Dort wurde der Anschlussblock weggeschnitten und durch zwei getrennte Anschlüsse ersetzt. Das Minuskabel für die LED-Leuchte wurde einem dieser Anschlüsse hinzugefügt. Beachten Sie, dass LED-Leuchten nur arbeiten, wenn die Polarität der Anschlüsse stimmt.

15 Zusätzlich zur vorderen Beleuchtungseinheit wurden im Heck zwei LED-Lichtleisten mit doppelseitigem Klebeband befestigt. Die hinteren Leuchten wurden an die ursprüngliche Lampeneinheit angeschlossen. Vorn und hinten wurden die alten Lampen entfernt und deren Fassungen als Schalteinheiten für die LED-Leuchten verwendet.

Der Helligkeitsunterschied ist bemerkenswert! Die LEDs in diesen Leuchten haben eine höhere Leuchtkraft, und das bei weniger eingesetzten LEDs und geringerem Energieverbrauch. Diese Leuchtleisten sind als 522-mm-Version mit 24 Hochleistungs-LEDs oder als 1,02-m-Ausführung mit der doppelten Anzahl an LEDs verfügbar.

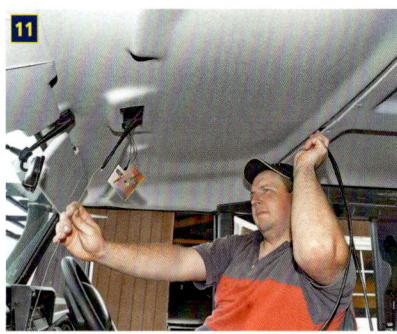

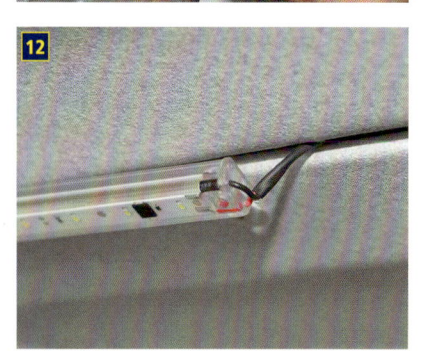

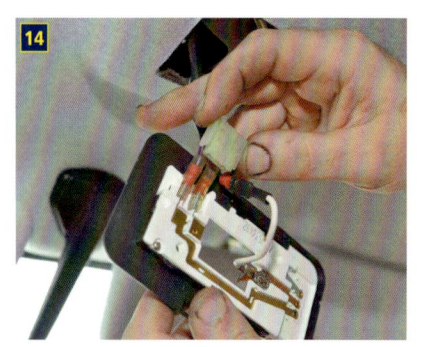

Zusatzscheinwerfer

Zusatzscheinwerfer gibt es in allen Formen, Größen und Preisklassen. Neben der Tatsache, dass man das erhält, wofür man bezahlt und dass man von billigen Zusatzscheinwerfer nicht erwarten kann, dass sie ewig halten oder das beste Licht erzeugen, muss man auch das Befestigungssystem am eigenen Land Rover berücksichtigen. Sollten die gekauften Leuchten nicht passen, müssen Halterungen gebaut oder andere Veränderungen durchgeführt werden, wie sie hier beschrieben werden.

1 Die hier eingebauten »Hella Luminator«-Zusatzscheinwerfer werden mit einer Vielzahl an Schaltplänen für die verschiedenen Installationsarten geliefert. Einer dieser Schaltpläne sieht vor, dass die Zusatzscheinwerfer zusammen mit den Frontscheinwerfern angehen. Dieser hier hingegen zeigt, wie die Zusatzscheinwerfer so angeschlossen werden, dass sie zwar an die Frontscheinwerfer gekoppelt sind, jedoch nur über einen separaten Schalter zugeschaltet werden können. Übrigens stimmen die in der Zeichnung enthaltenen Zahlen mit den Kontaktnummern eines Standardrelais überein.

2 Unser erster Einbau wurde von Tim Consolante von MCL Ltd. Durchgeführt. Dort sind alle hier erwähnten LED-Zusatzscheinwerfer der Firma »Speaker« erhältlich. Hier misst Tim den Kabelverlauf aus. Das Relais wurde innen am linken Kotflügel im Motorraum angebracht.

3 Das Kabel wurde über diese Öffnung neben der Rückseite des Kühlers in den Zwischenraum hinter dem Kühlergrill eingeführt.

4 An den Kabelenden wurden Stecker aufgekrimpt, um diese später an die Kabelbuchsen anzuschließen, die mit den Speaker-Produkten kompatibel sind.

5 Anschließend wurde eine Schrumpfschlauch-Isolierung an den Kabeleingängen des Steckers angebracht.

6 Als Nächstes wurde eine relativ günstige Scheinwerferrückseite des schwedischen Herstellers »NBB« am weichen A-Holm befestigt.

7 Die Kabelenden wurden abisoliert, Standardanschlüsse aufgekrimpt …

8 … und, nachdem sie durch die Scheinwerferrückseiten geschoben wurden, mit den Anschlüssen auf der Rückseite des Reflektors verbunden. Dann machte man sich daran, Halogenlampen einzusetzen.

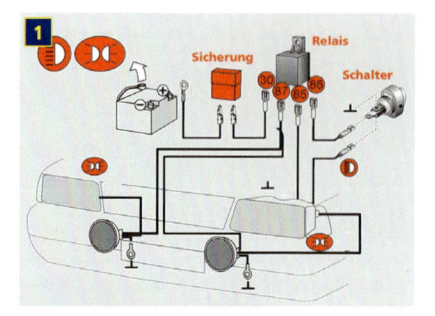

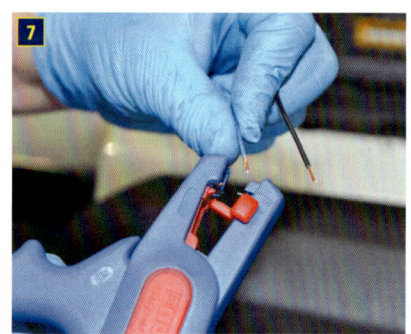

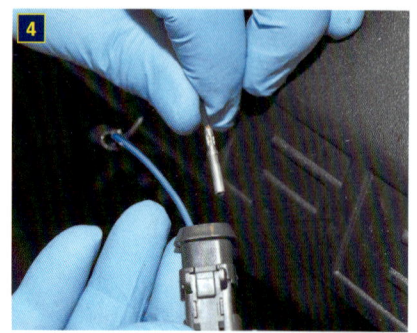

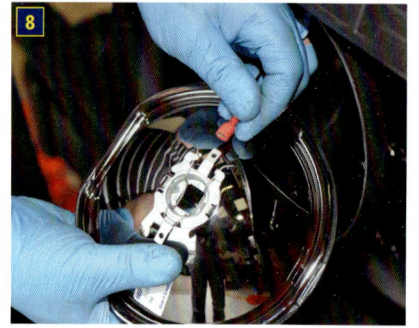

Zusatzscheinwerfer

9 Man sieht, wie diese Komponenten einen absolut brauchbaren Lichtstrahl erzeugen, doch wenn man das Gelb der Halogenlampe mit dem Weiß der LED-Version miteinander vergleicht, relativiert sich alles.

10 Der Lichtstrahl des Speaker TS3000 ist selbst verglichen mit den LED-Scheinwerfern sehr hell. Beachten Sie jedoch das vom Hersteller angegebene Abstrahlmuster, denn Helligkeit ist nicht alles! Ein sehr fokussierter Strahl beleuchtet eine kleine Fläche über eine große Entfernung, während ein breiterer Strahl das Licht zerstreut und somit zwar weniger hell erscheint, jedoch eine größere Fläche abdeckt.

11 Während die hohlen, leichtgewichtige Leuchten von NBB direkt angeschraubt werden konnten, mussten die hier gezeigten LED-Zusatzscheinwerfer mit 5-mm-Blechen mit integrierten Bolzen versehen werden, um genügend Zwischenraum zwischen dem Befestigungspunkt und dem Kühlergrill sicherzustellen.

12 Sollten Sie teure Leuchten einsetzen, empfiehlt sich wahrscheinlich der Einsatz von rostfreien Abreißmuttern (Pfeil). Wenn Sie die Mutter festgezogen haben, schert der Sechskantkopf ab und hinterlässt nur den Gewindekegel, der nur sehr schwer zu entfernen ist. Daher müssen Sie sicher sein, später nichts mehr abbauen zu wollen!

13 Diese Zeichnung zeigt die Hella Celis Luminator Fahrleuchte, für die ich mich letztendlich entschieden habe. Beachten Sie, dass ich die Anweisungen von Hella bewusst missachtet habe, wovon man abgeraten wird! Diese Zusatzscheinwerfer verfügen über »Angel Eyes«-LED-Lampen im Leuchtenring, die sich zusammen mit den Begrenzungsleuchten einschalten.

14 Wir fingen damit an, die Kotflügelverbreiterung zu entfernen, um an eine der Begrenzungsleuchten-Einheiten zu gelangen …

15 … und deren Stecker abzuziehen.

16 Die Anweisungen von Hella sehen vor, »Scotchlock«-Stecker zu verwenden. Ich mag diese überhaupt nicht, da Feuchtigkeit eindringt und sie ihre elektrische Verbindung verlieren. Sollten Sie sie nicht kennen, können Sie im Internet nachsehen. Stattdessen beschlossen wir, mit einem Gaslötkolben eine Lötverbindung herzustellen.

17 Eine Abisolierzange half, die Isolierung aufzuweiten und ein Stück Draht freizulegen, ohne daran herumschneiden zu müssen.

18 Beide Stücke wurden mit Lot »verzinnt«, bevor sie zusammengelötet wurden.

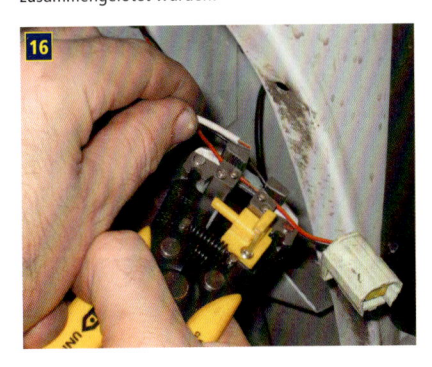

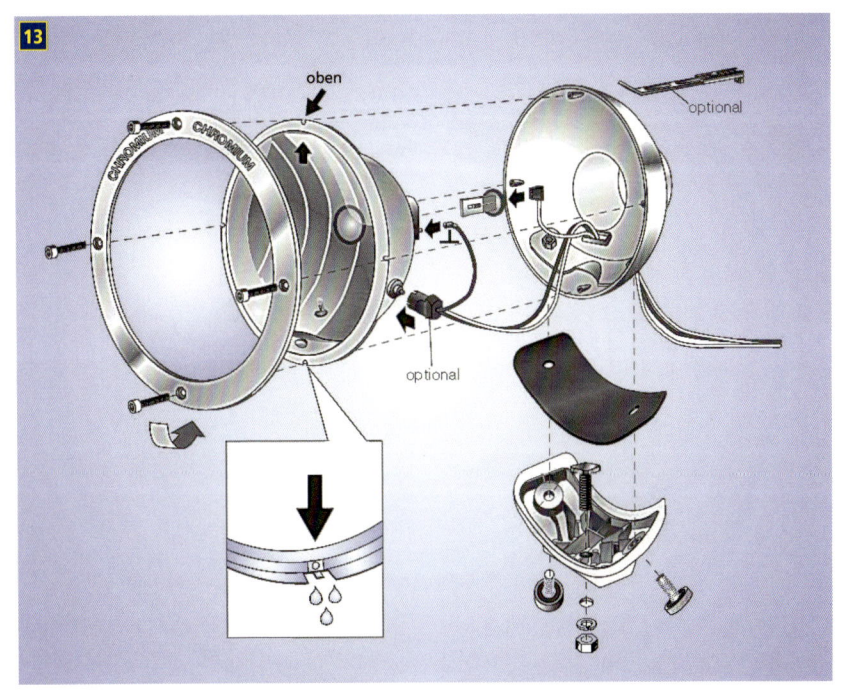

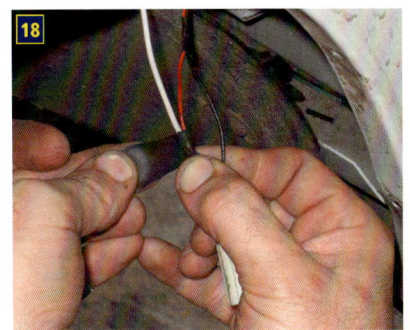

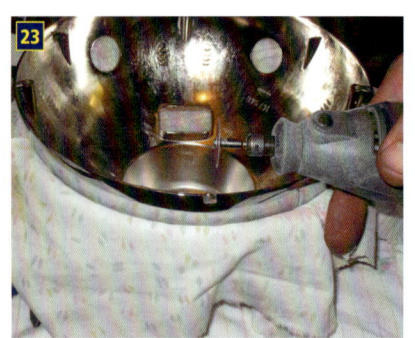

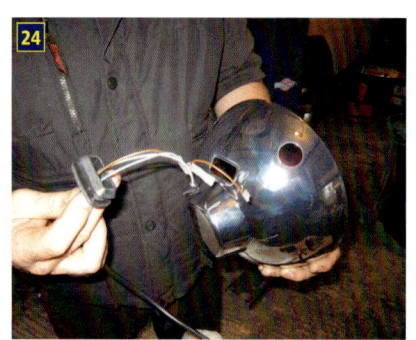

218 Batterieschaltung, Beleuchtung und Seilwinde

19 Das um die Verbindung gewickelte selbstverschweißende Isolierband von Würth ist fast wasserdicht und da es sich selbst verklebt, löst es sich auch nicht.

20 Die Stecker, die hinter dem Kühlergrill eingesetzt wurden, waren auch von Würth. Wie bei den vorher gesehenen Steckern müssen auch hier die Kontakte an den Kabelenden aufgekrimpt …

21 … und in den Anschlussblock eingesetzt werden.

22 Diese Stecker sind wasserdicht und verfügen über integrierte Dichtungen, um die Kabeleingänge am Steckerkörper abzudichten.

23 Die Hella Celis Luminator-Zusatzscheinwerfer verfügen über eigene Montagebleche aus rostfreiem Stahl. Ich habe diese modifizierten Versionen der Stahlhalterungen verwendet, die schon an früherer Stelle gezeigt wurden. Am Kühlergrill musste etwas Material abgenommen werden, um die ganze Tiefe des Lampenkörpers aufzunehmen.

24 Der Hersteller empfiehlt, die Scheinwerfer nicht auf dem Kopf stehenden einzubauen – doch wir taten das! Soweit ich sehen konnte, war der einzige Grund hierfür das Fehlen einer Ablauföffnung. Also nahm ich meinen Dremel und schnitt einen kleinen Schlitz an der Oberseite des Gehäuses hinein, der exakt dem an der Unterseite entsprach.

25 Der Kabeleingang und die Befestigungslöcher stellten vielleicht noch weiteres Problem dar, daher zerstreuten wir unsere Bedenken mit etwas Dichtmittel.

26 Ich war mir sicher, dass die Hauptbefestigungsschrauben nahezu unerreichbar sein würden. Also wurden die großen Rändelschrauben, die unten rechts in der Explosionszeichnung dargestellt sind, durch M8-Sicherheitsbolzen ersetzt. Man benötigt unbedingt das richtige Einbauwerkzeug.

27 Die Sicherheitsbolzen wurden eingesetzt, um die Hauptscheinwerfergehäuse zu fixieren.

28 Die wasserdichten Stecker wurden verbunden und hinter dem Kühlergrill versteckt.

29 Obwohl es sich um Halogenlampen handelt und die meisten vergleichbaren Zusatzscheinwerfer von Hella viel hellere HID-Birnen enthalten, finde ich diese hier ausreichend hell!

Positions-, Arbeits-, Nebel- und Rückfahrleuchten in LED-Technik

Heck- und Arbeitsleuchten in LED-Technik

Unserer Meinung nach schrie der leere Bereich über der Hecktür des Defender förmlich nach einer der vierteiligen Arbeitsleuchten Typ »9049 12V« von MCL. Diese spezielle Beleuchtungseinheit erzeugt eine Leuchtkraft von sechs Halogenlampen bei einem Energiebedarf von nur einer.

1 Die Arbeit begann damit, dass wir die hintere Verkleidungsblende entfernten, die man an Station Wagons vorfindet. Sie kann einfach abgenommen werden.

2 Die Verkleidung an der Oberseite der Hecktür wird mit diesen Eindrückclips fixiert. Man braucht ein entsprechendes Werkzeug, um die Clips herauszubekommen, ohne sie zu beschädigen.

3 Nachdem alle Kunststoffclips entfernt wurden, ist die Blende locker und kann entfernt werden.

4 Diese Stopfbuchsendichtung zum Durchführen der elektrischen Kabel durch die Karosserie ist nur ein kleines Beispiel der hohen Qualität dieser MCL-Komponenten. Die Mutter auf der rechten Seite fixiert die Stopfbuchse an der Karosserie, während die linke Mutter auf die Stopfbuchse geschraubt wird, nachdem die Kabel hindurchgeführt wurden.

5 Während wir das Bauteil wie im Einleitungsbild zu sehen an die Montageposition hielten, markierten wir die, wie wir fanden, beste Kabeldurchführungsposition auf der Karosserie. Ein Stufenbohrer wurde verwendet, um das Loch mit dem richtigen Durchmesser für die Stopfbuchse zu bohren. Obwohl man es hier mit Aluminium zu tun hat, empfiehlt es sich, die Bohrkanten mit Grundierung zu behandeln, da Aluminium zwar nicht so schnell rostet wie Stahl, aber dennoch mit der Zeit korrodiert.

6 Der Stecker an der Beleuchtungseinheit von MCL ist nach Industriestandard und wasserdicht.

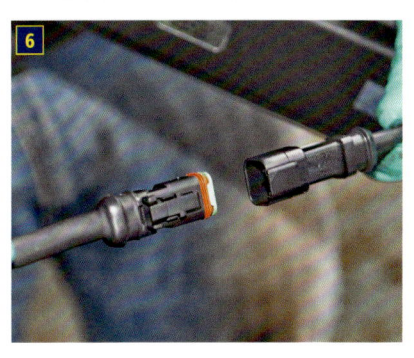

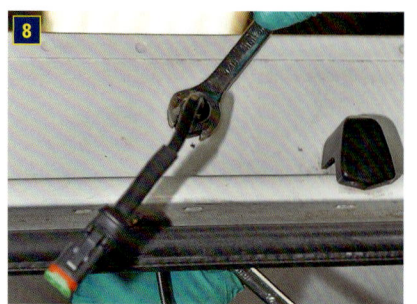

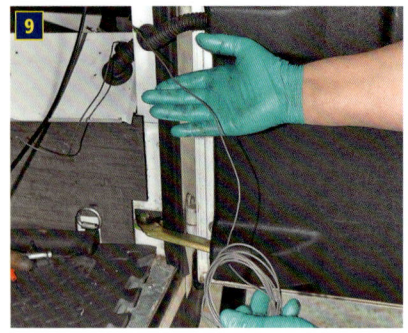

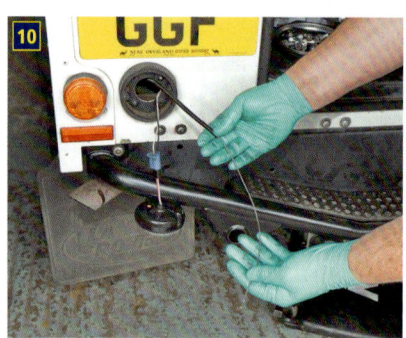

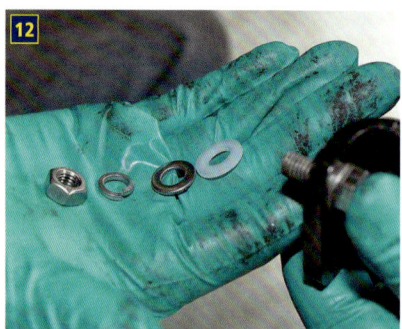

7 Ian schob das Kabel durch die Stopfbuchse, …

8 … ließ aber genügend Kabel heraushängen, um die Beleuchtungseinheit anschließen zu können. Zuerst befestigte er die Mutter an der Innenseite der Karosserie und anschließend die Stopfbuchsenmutter, die sie um das Kabel schließt. Nachdem die Stopfbuchse verschraubt ist, kann das Kabel nur durch Lösen der Muttern bewegt werden.

9 In der Zwischenzeit hatte Tim Consolante von MCL alle Hände voll zu tun, um die Kabel entsprechend zu verlegen.

10 Wenn Sie wünschen, die Arbeitsleuchten als Rückfahrscheinwerfer zu nutzen, benötigen Sie eine Zuleitung aus dem Stromkreis des Rückfahrscheinwerfers. Beachten Sie dazu die Straßenverkehrs-Zulassungsordnung (StVZO).

11 Hier ist die Halterung zu sehen, über welche die Beleuchtungseinheit an der Karosserie befestigt ist. Die im Lieferumfang enthaltenen Schrauben sind aus rostfreiem Stahl. Deswegen setzten wir auch rostfreie Unterlegscheiben ein.

12 Nachdem die beiden Halterungen an den Enden der Beleuchtungseinheit angebracht wurden, haben wir uns den Karosseriebefestigungen gewidmet. Zwischen der Halterung und der Karosserie befindet sich eine Unterlegscheibe aus Nylon, auf der Karosserie-Innenseite hingegen eine Unterlegscheibe, eine Federscheibe und eine Mutter.

13 Tim hielt die Beleuchtungseinheit in Position …

14 … und nachdem alle Schrauben eingesetzt waren, zog er die Verbindungen fest und brachte die Verkleidung oberhalb der Hecktür wieder an.

15 Beachten Sie, dass während Sie die Fensterverkleidung wieder anbringen lediglich die Federklammern an der Kante der Aluminiumblende ausgerichtet werden müssen. Drücken Sie sie mit der Hand bis zum Anschlag hinein.

16 Über MCL erhielten wir sämtliche Schalter von Carling, die wir in unsere Raptor-Instrumententafel einbauten. Dort fanden wir auch einen geeigneten Schalter für die Arbeitsleuchte am Heck, die wir an die Hilfsbatterie unter dem Beifahrersitz anschlossen.

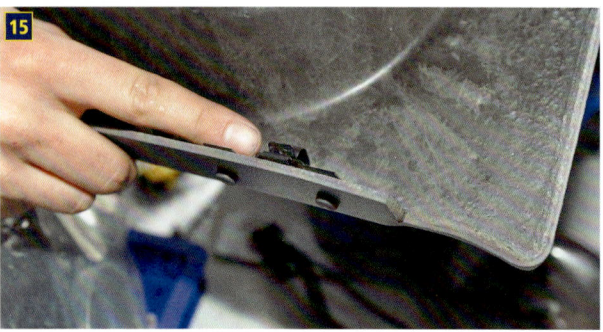

Positions-, Arbeits-, Nebel- und Rückfahrleuchten in LED-Technik

17 Als Alternative oder Zusatz zum Einschalten der Arbeitsleuchten über die Instrumententafel kann auch ein Fernsteuerungs-Nachrüstsatz (Bild im Bild) genutzt werden.

18 Wie man es auch betrachten mag, mit den leistungsfähigen LED-Arbeitsleuchten von MCL können Sie ihre Arbeiten nach Einbruch der Dunkelheit einfach zu Ende bringen. Im wahrsten Sinne des Wortes blendend!

222 Batterieschaltung, Beleuchtung und Seilwinde

Einbau einer Seilwinde

Dank sintflutartiger Regenfälle war es bei einer Show so matschig, dass die Leute froh waren, eine Seilwinde zu besitzen, wenn sie steckenblieben. Und im Rahmen eben dieser Show hat Stuart Harrison von Britpart eine solche Seilwinde an unseren Projekt-Defender »Wilfred« montiert.

Wir entschieden uns für eine »Britpart DB 12000i«-Seilwinde und eine Winden-Stoßstange. Die hauseigenen Elektroseilwinden DB8000, DB9500i und DB12000i verfügen alle über eine automatische Lasthaltebremse, eine gehärtete Seiltrommel, ein galvanisiertes Seil (Mindestbremskraft 6,5 Tonnen; die meisten Leute wechseln innerhalb kurzer Zeit zu Nylonseilen), wetter- und staubfeste Schützsteuerungen, einen Überhitzungsschutz (Modelle DB9500i und DB12000i), ein Planetengetriebesystem für eine hohe Seilgeschwindigkeit und Freilauf.

1 Wir fingen damit an, die Schrauben zu entfernen, die den Kühlergrill fixieren.

2 Nachdem der Kühlergrill abgenommen war, wurde die vordere Stoßstange abgeschraubt.

3 Normalerweise wird die Britpart-Windenstoßstange dort angeschraubt, wo vorher die ursprüngliche Stoßstange montiert war. Als Teil von Wilfreds Umbau aber wurden andere Stoßstangenträger angeschweißt, deren Zugangslöcher viel kleiner waren als die der ursprünglichen Träger.

4 Somit war es unmöglich, die Stoßstangenschrauben-Mutternplatte einzuführen und zu befestigen, wie man hier sieht. Doch hatten wir einen schlauen Plan! An die Mutternplatte wurde ein Sägeblatt geklebt, …

5 … womit sie durch den engen Schlitz im Träger eingeführt werden konnte. Mit ein bisschen Gefummel wurden die neuen Schrauben eingesetzt und an den Gewinden der Mutternplatte ausgerichtet, leicht eingedreht und letztendlich festgezogen.

6 Außerdem wird auch der vordere Teil des Rahmens über die Stoßstangenschrauben gehalten. Daher war etwas mehr Fummelei notwendig, um alles ordnungsgemäß auszurichten.

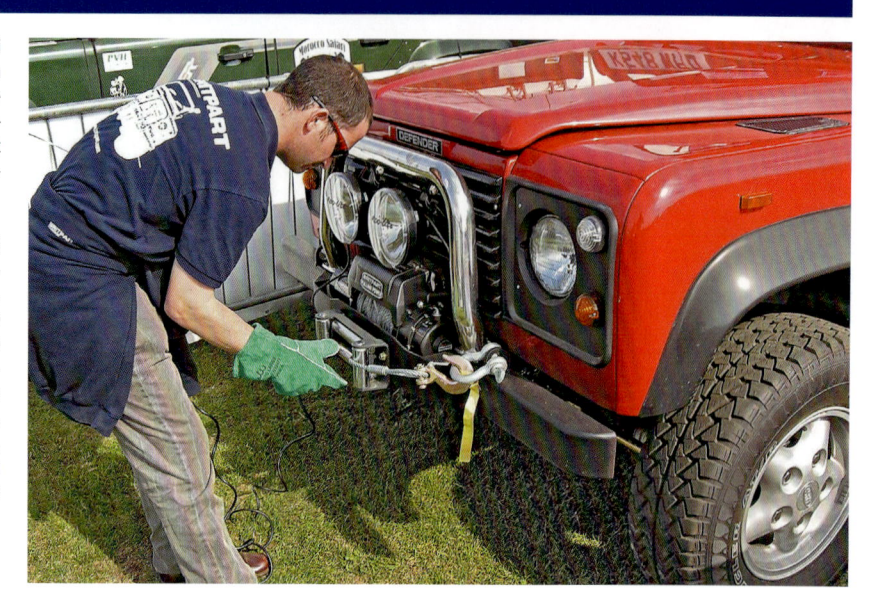

Einbau einer Seilwinde

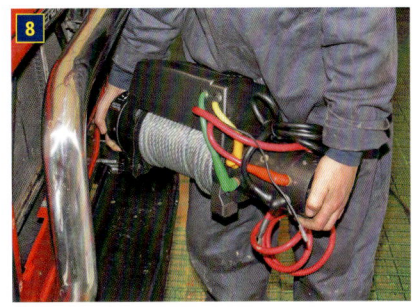

7 Wir beschlossen, die jeweils vorderste der drei seitlich angeordneten Schrauben nicht einzusetzen. Sollten Sie diese dennoch einsetzen, benötigen Sie den montierten A-Rahmen als Führung, um die zusätzlichen Bohrungen in das Stoßstangenblech zu bohren.

8 Die Seilwinde ist ein ziemlicher Brocken, daher ist es sicherer (und somit wärmstens empfohlen), diese zu zweit anzuheben.

9 Wir positionierten die Winde auf der Stoßstange und bemerkten plötzlich, dass es mit festgeschraubter Seilwinde nicht möglich ist, die Seilführung anzubringen.

10 Also haben wir sie nach hinten geschoben und konnten so die beiden im Lieferumfang enthaltenen Schrauben einführen, …

11 … die Sicherungsmuttern anbringen und festziehen.

12 Nun können die Schrauben – vier davon – in den entsprechenden Bohrungen an der Grundplatte der Seilwinde eingesetzt werden. Die Schraubenköpfe sitzen in Kerben um zu vermeiden, dass sich die Schrauben beim Festziehen der Sicherungsmuttern mitdrehen.

13 Das Seilwindengehäuse muss so auf der Stoßstange positioniert werden, dass die Schrauben an der Unterseite herausragen, wie man hier von unten sieht. Die Überwurfmuttern werden aufgeschraubt …

14 … und festgezogen, nachdem alle vier Schrauben und Muttern angebracht waren.

15 Das Sortiment von Britpart verfügt über viel Zubehör. Hier setzen wir einen Schäkel zwischen dem Windenhaken und der Öse an der Winden-Stoßstange ein.

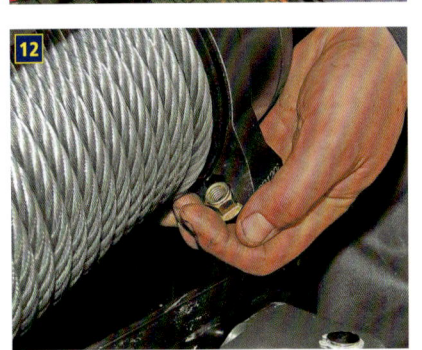

224 Batterieschaltung, Beleuchtung und Seilwinde

16 Als Nächstes bereiteten wir uns auf den Einbau des Trennschalters und der Hochleistungskabel vor, die bei Britpart als Extras erhältlich sind.

17 Sie können den Trennschalter an jeder Stelle einbauen. Ein beliebter Einbauort ist unter der Motorhaube, doch Stuart zieht eine Montage an der Spritzwand vor, die vom Fahrersitz aus leicht zu erreichen ist. Diese Öffnung in der Spritzwand des 200 Tdi ist fast gebrauchsfertig.

18 Wir mussten noch zwei neue Löcher für die Befestigungsschrauben des Schalters bohren.

19 Diese Löcher befinden sich nah an der größeren Öffnung. Achten Sie daher darauf, dass das Material dazwischen nicht durchbricht. Am besten beginnt man mit dem Ankörnen der Bohrpositionen, bevor eine Vorbohrung durchgeführt wird.

20 Nachdem die Einbauposition des Schalters bestimmt wurde, muss das Kabel sauber verlegt werden. Es empfiehlt sich, Kabelklemmen einzusetzen, um die soeben gezogenen Kabel zu fixieren.

21 Die Kabel werden mit bereits montierten Steckern geliefert, doch müssen eventuell neue Stecker angebracht werden, nachdem die Kabel entsprechend abgelängt wurden.

22 Letztendlich werden die Kabel an der Batterie angeschlossen. Hier gibt es keine Sicherung, daher muss sichergestellt werden, dass die Kabel keine Kurzschlüsse verursachen können. Andernfalls käme es mit an Sicherheit grenzender Wahrscheinlichkeit zum Brand und/oder einer Explosion der Batterie. Sie setzen am besten eine Hochleistungssicherung in die Plusleitung der Batterie ein. Stellen Sie sicher, dass der Trennschalter immer ausgeschaltet ist, wenn Sie die Seilwinde nicht verwenden. Achten Sie darauf, den Schalter so nah wie möglich an der Batterie zu montieren.

23 Bei den meisten Installationen muss der Kühlergrill aus Platzgründen stellenweise ausgeschnitten werden. Das Kunststoffmaterial lässt sich sehr einfach mit einer Blechschere durchschneiden.

24 Stellen Sie sich auf einige Testmontagen ein, bevor alles passt. Das ist allemal besser, als zu viel wegzuschneiden und letzten Endes eine hässliche Lücke zu erhalten.

25 Zum Schluss wurde der Kühlergrill wieder angeschraubt.

Unsere Seilwinde ist eine große Bereicherung. Sie können noch einen draufsetzen, indem Sie etwas mehr Geld für Seilführungsrollen aus rostfreiem Stahl ausgeben. Diese sind als optionale Extras erhältlich.

Abnehmbare Rangierhilfe mit Kugelkopf und Aufnahmeplatte

Wie wäre es mit einer abnehmbaren Rangierhilfe an Ihrem Defender? Und wieso nicht auch noch die Möglichkeit besitzen, einen Kugelkopf an die Fahrzeugfront montieren zu können – sogar mit abnehmbarem Windenanschluss? Wieso also nicht das Gesamtpaket an den vorderen Unterfahrschutz und an die hintere Trittstufe montieren – ist das extrem genug für Sie?

Die hintere Aufnahmeplatte von Extreme 4x4, die wir hier einbauen, wird in einer NAS-Trittstufe montiert geliefert (entsprechende Einbauanleitung siehe Kapitel 4), während die vordere Aufnahmeplatte in einen extrem nützlichen und stabilen Unterfahrschutz eingebaut wird. Extreme 4x4 bietet auch eine einfachere, herkömmlich aussehende Anhängekupplung, die auch mit derselben, hier gezeigten Aufnahmeplatte montiert wird.

Falls Sie sich jetzt wundern, so ist eine vorderseitig montierte Anhängekupplung eine fantastische Sache, wenn es darum geht, Anhänger und Wohnwagen auf engstem Raum und mit hoher Präzision zu bewegen.

Achtung: Bitte erkundigen Sie sich im Vorfeld, welche Vorrichtungen der Straßenverkehrs-Zulassungsordnung (StVZO) entsprechen! Die Rangierhilfe muss abnehmbar sein und vor Teilnahme am Straßenverkehr demontiert werden.

1 Im Hauptbild können Sie sehen, wie die Aufnahmeplatte vorn am Fahrzeug verwendet wird. Im Bedarfsfall kann diese auch an der hinteren Aufnahmeplatte montiert werden.

2 Das ist der Unterfahrschutz von Extreme 4x4 mit eingebauter Aufnahmevorrichtung für den Kugelkopf. Dieser wird mit längeren Befestigungsschrauben und Befestigungszapfen geliefert.

3 Der Lenkungsdämpfer geht durch den Unterfahrschutz, daher fingen wir damit an, den Lagerbolzen auf der Fahrerseite zu entfernen; …

4 … gefolgt von der Sicherungsmutter und den Unterlegscheiben auf der Beifahrerseite.

5 Die beiden Durchgangsschrauben, die durch den Rahmen gehen und die Abschleppösen befestigen, wurden als Nächstes abgeschraubt …

6 … und gemeinsam mit den Abschleppösen entfernt. Der Unterfahrschutz hat bereits integrierte Abschleppösen. Außerdem entfernten wir auch die beiden Schrauben weiter hinten am Rahmen, die einen Teil der Verbindung mit der Spurstange auf der Fahrerseite darstellen, sowie die nicht verwendete Halterung auf der Beifahrerseite (siehe unten).

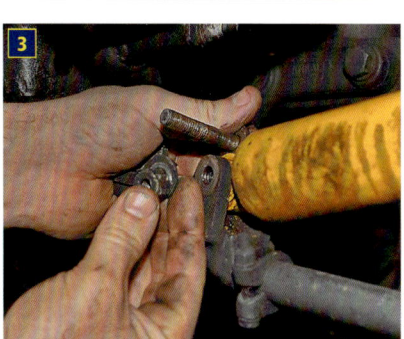

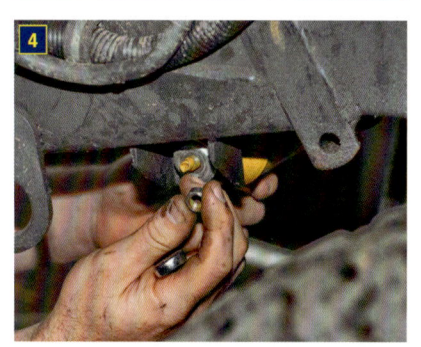

Batterieschaltung, Beleuchtung und Seilwinde

7 Wir haben Kupferpaste aufgetragen – wir müssen da ja unbedingt durch – und die neue Schraube in die Befestigungsstelle auf der Beifahrerseite eingeführt.

8 Auf der Fahrerseite wurde die neue Schraube komplett durchgeschoben, auf der Beifahrerseite hingegen bündig an der Öffnung ausgerichtet.

9 Die Oberflächen der Längsträger, an welche der Unterfahrschutz angebracht wird, wurden mit Hohlraumversiegelung behandelt. Anschließend hoben wir den Unterfahrschutz in Position und hakten eines der Enden an die Schraube, die durch den Rahmen hindurchragt. Heben Sie nun das andere Ende des Unterfahrschutzes mit dem Knie an, greifen Sie um …

10 … und drücken Sie die andere Schraube durch den Rahmen und das Befestigungsloch auf der Rückseite des Unterfahrschutzes, welcher nun an den beiden hinteren Befestigungsstellen hängt.

11 Die vorderen Schrauben, von denen nun die Abschleppösen entfernt wurden, mussten noch mit breiten Unterlegscheiben versehen werden, und zwar dort, wo der Schraubenkopf auf dem Längsträger aufliegt.

12 Es war viel einfacher, die Vorderseite des Unterfahrschutzes anzuheben als seine Rückseite. Wegen des engen Raumangebots war es etwas kompliziert, die Muttern wieder auf die Schrauben zu drehen.

13 Die vorderen Schrauben haben wir angezogen, indem die Muttern mit einem Gabelschlüssel gesichert wurden, der wir in den Spalt zwischen Unterfahrschutz und Stoßstange einführten.

14 Die hinteren Muttern waren leichter zu erreichen. Hier die Spurstangenseite …

15 … und hier die andere.

16 Hier kann man sehen, wie der Lenkungsdämpfer durch diese Öffnung im Unterfahrschutz ragt. Nach Anbringen der Überwurfmutter muss diese mit einem Schraubenschlüssel gehalten werden, während die Sicherungsmutter aufgeschraubt wird.

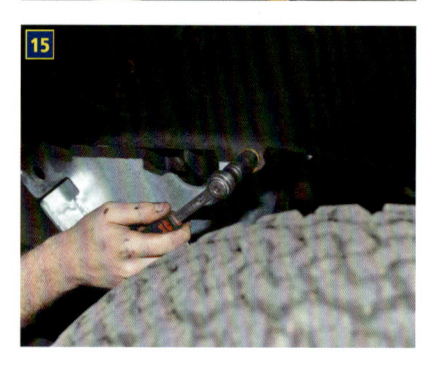

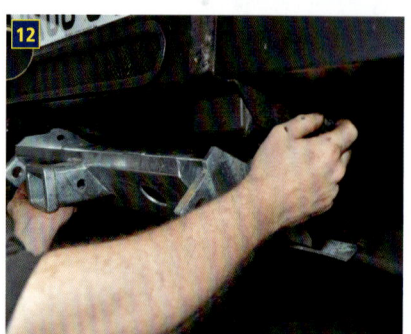

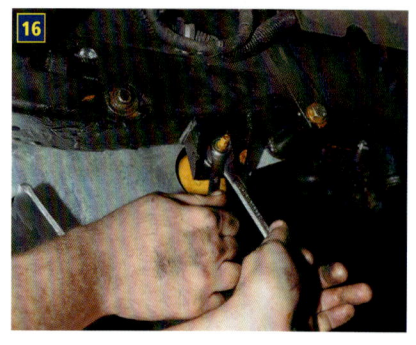

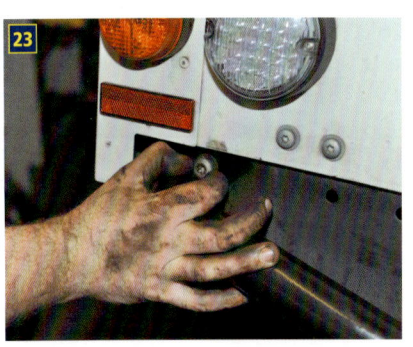

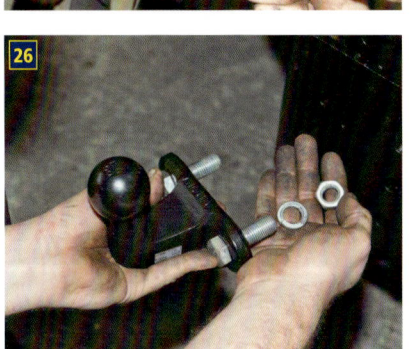

Abnehmbare Rangierhilfe mit Kugelkopf und Aufnahmeplatte 227

17 Dass offene Ende der Aufnahmeplatte braucht unbedingt eine Abdeckkappe, wenn sie nicht verwendet wird. Diese eher dürftige Version habe ich günstig bei eBay erstanden – man bekommt bei Extreme 4x4 bessere Teile.

18 Die vordere Aufnahmeplatte ragt ein bisschen heraus, doch nach dem Anbau der vorderen Schutzbügel sieht das wieder gut aus.

19 Am Heck fing unsere Arbeit damit an, die NAS-Trittstufe auf Passgenauigkeit zu prüfen. Im Lieferumfang sind Distanzstücke für die beiden Endplatten enthalten. In unserem Beispiel brauchten wir sie nicht.

20 Sowohl die beiden Stifte, die in die Wagenheberaufnahmen eingesetzt werden, als auch die Innenseite der Wagenheberaufnahmen selbst wurden mit einer weiteren Dosis Hohlraumversiegelung behandelt.

21 Die Trittstufe wird mit zwei dicken Inbusschrauben am hinteren Querträger befestigt. Einige Trittplattennoppen mussten mit einem scharfen Messer abgeschnitten werden, damit die Schrauben genügend Platz haben.

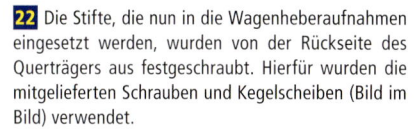

22 Die Stifte, die nun in die Wagenheberaufnahmen eingesetzt werden, wurden von der Rückseite des Querträgers aus festgeschraubt. Hierfür wurden die mitgelieferten Schrauben und Kegelscheiben (Bild im Bild) verwendet.

23 Die beiden Enden der Trittstufe werden mithilfe der bestehenden Chassisschrauben am Querträger befestigt, ...

24 ... während man darunter dicke Verstärkungsstreben montiert, die vom Chassis ausgehen und unter der Trittstufe verlaufen.

25 Wir schoben die Halterung in die Aufnahmeplatte, und hier – von der Unterseite aus betrachtet – sieht man, wie der Sicherungsstift eingesetzt wird. Es ist ein wenig Fummelarbeit, ihn von unten in Position zu bringen – so ist das Leben mit einem Land Rover!

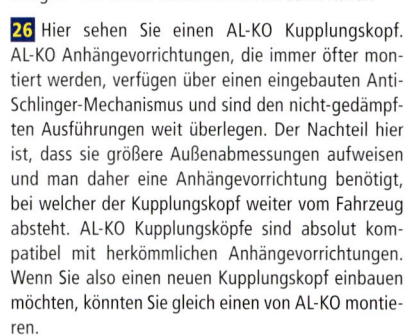

26 Hier sehen Sie einen AL-KO Kupplungskopf. AL-KO Anhängevorrichtungen, die immer öfter montiert werden, verfügen über einen eingebauten Anti-Schlinger-Mechanismus und sind den nicht-gedämpften Ausführungen weit überlegen. Der Nachteil hier ist, dass sie größere Außenabmessungen aufweisen und man daher eine Anhängevorrichtung benötigt, bei welcher der Kupplungskopf weiter vom Fahrzeug absteht. AL-KO Kupplungsköpfe sind absolut kompatibel mit herkömmlichen Anhängevorrichtungen. Wenn Sie also einen neuen Kupplungskopf einbauen möchten, könnten Sie gleich einen von AL-KO montieren.

228 Batterieschaltung, Beleuchtung und Seilwinde

27 Die Schrauben werden mit einem Pressluftschrauber eingedreht, bevor Sie per Hand vollständig festgezogen werden.

28 Jetzt hatten wir einen Kugelkopf, der bei Bedarf auch an der Fahrzeugfront montiert werden kann. Hierzu müssen lediglich der Sicherungsstift und die Halteklammer angebracht werden, bevor es losgehen kann. Einen Anhänger an der Fahrzeugfront zu befestigen und zu bewegen, ist ein bedeutender Unterschied. Jetzt werden Sie verstehen, wieso auf jedem Campingplatz ein Traktor steht, der mit einem vorn angebrachten Kupplungskopf Wohnwagen rangiert.

29 Das ist die Windenablage von Extreme 4x4. Diese wird an die vordere oder hintere Aufnahmeplatte montiert, so wie die Halterung für den Kupplungskopf.

30 Das Befestigungsende des Nylonseils, hier komplett mit Führung, wurde durch die Öffnung vorn an der Windenablage geführt.

31 Die Seilwinde in Position zu bringen ...

32 ... und in den in der Ablage vorgebohrten Löchern festzuschrauben, war die einfachste Aufgabe.

33 Wenn die Seilwinde am Heck meines Defender montiert wird, kann sie nur mit geöffneter Hecktür betrieben werden, da der Ersatzradträger dort angebracht ist. Vielleicht würde eine Winde mit einem niedrigeren Profil das Problem lösen, doch bin ich mit allem soweit zufrieden.

Stecker von Anderson

34 Um die Möglichkeit zu erhalten, die Seilwinde sowohl an der Vorderseite des Fahrzeugs als auch am Heck zu verwenden, hatte Tim Consolante von MCL dort bereits Buchsen von Anderson eingebaut. Nun mussten wir nur noch die passenden Stecker an der Winde anbringen, um loslegen zu können! Also wurde die Windenabdeckung abgenommen, ...

35 ... damit wir die Verbindungskabel einsetzen konnten, nachdem jeweils neue Kabelenden aufgekrimpt und festgelötet wurden.

36 Am anderen Kabelende brachten wir einen Stecker von Anderson an, wodurch sich die Winde nun je nach Bedarf kinderleicht abnehmen und anbringen lässt.

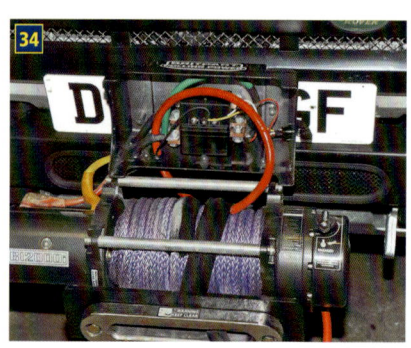

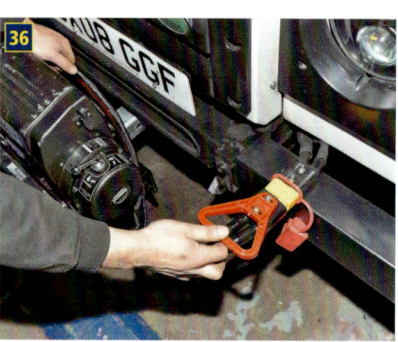

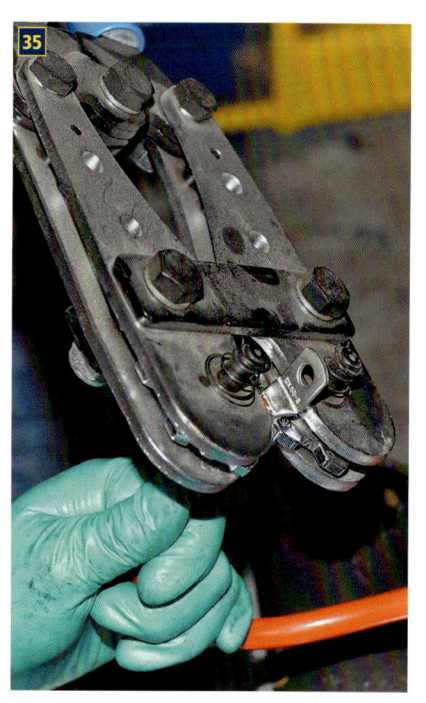

Spezialisten & Lieferanten

4x4 Reborn
Unit 3, Quarry Farm, Old Milverton,
Warwickshire, CV32 6RW
Tel: +44 1926 258894
www.4x4reborn.co.uk

AB Parts
65 Parkside, Spennymoor,
Co Durham, DL16 6SA. Tel: +441388 812 777
www.abpartsstore.co.uk

AC Automotive Limited
Unit 4, Llanthony Business Park,
Llanthony Road, Gloucester. GL2 5QT
Tel: +44 1452 309983
www.ac-automotive.co.uk

AL-KO KOBER SE
Ichenhauser Str. 14
89359 Kötz
Postfachadresse: Postfach 1165,
89301 Günzburg
Telefon: + 49[0] 8221 - 97 0
Telefax: + 49[0] 8221 - 97 8 393
E-Mail: info@al-ko.de
www.al-ko.de

Allard Motor Sport
Cae Pen House, Lone Lane, Penault,
Monmouthshire NP25 4AJ
Tel: +44 020 8133 9108
www.allardaluminiumproducts.co.uk

Allisport Ltd
23–25 Foxes Bridge Road, Forest Vale Ind. Est.,
Cinderford, Forest of Dean GL14 2PQ
Tel: +44 1594 826045
For the full range of intercoolers, covering
most Land Rover vehicles,
see www.allisport.com

ARB Corporation Ltd
42–44 Garden Street, Kilsyth, VIC 3137,
Australia. Tel: 03 9761 6622, www.arb.com.au.
Über GKN Driveline:
www.gkndriveline.com

Ashcroft Transmissions Ltd
Units 5 & 6, Stadium Estate, Cradock Road,
Luton, Beds, LU4 0JF. Tel: +44 1582 496040
www.ashcroft-transmissions.co.uk

(Autoglass) Carglass GmbH
Godorfer Hauptstr. 175, D-50997 Köln,
webmaster@carglass.de,
Telefon: 0800 0 36 36 36, www.carglass.de

Autoland 4x4 Services
Unit 8, Houghton Regis Trading Centre,
Cemetery Road, Houghton Regis,
Dunstable, LU5 5QH, Tel: +44 1582 866680
www.4x4service.co.uk

Barebox
PAR Technical Services Ltd,
Tel: +44 1252 860488
www.barebox.co.uk

Bearmach Ltd
Bearmach House, Unit 8, Pantglas Industrial
Estate, Bedwas, Caerphilly, CF83 8GE
Tel: +44 292 085 6550
www.bearmach.com

Blue Sea Systems
www.bluesea.com

Bolt On Bits
12, Tofts Rd, Cleckheaton, BD19 3BE
Tel: +44 1274-869955

Britpart
The Grove, Craven Arms, Shropshire, SY7 8DB.
Tel: +44 1588 672711
www.britpart.com

Carrotech Ltd
Norfolk, IP20 9NH, Tel: +44 845 5575594
www.carrotech.com

Clarke International Ltd
Hemnall Street, Epping, Essex, CM16 4LG.
Tel: +44 1992 565 300
www.clarkeinternational.com

ClimAir Plava Kunststoffe GmbH
Am Spitzacker 20–22 D-61184 Okarben
Tel: +49[0] 6039 - 916 30
Fax: +49[0] 6039 - 21 85
E-Mail: info@climair.de
www.climair.de

Cobra Deutschland GmbH
Buschurweg 4
76870 Kandel
Tel: +49[0] 7275 / 913260
Fax: +49[0] 7275 / 913275
info.de@cobra-at.com
www.cobra-alarm.de

Conrad Anderson L.L.P.
57–59 Sladefield Road, Ward End, Birmingham
B8 3PF.
Tel: +44 121 247 0619
www.conrad-anderson.co.uk

Durite
über **Extreme 4x4 Ltd**,
Tel**:** +44 1255 411611
www.extreme4x4.co.uk

**Eberspächer Climate Control Systems
GmbH & Co. KG**
Eberspächerstraße 24
73730 Esslingen
Tel: +49[0] 711 939-00
Fax: +49[0] 711 939-0634
info@eberspaecher.com
www.eberspaecher.com

Edward Howell Galvanizers
Watery Lane, Wednesfield,
West Midlands, WV13 3SU.
Tel: +44 1902 637 463; www.wedge-galv.co.uk

Elecsol Europe Limited
47 First Avenue, Deeside Industrial Park,
Flintshire, CH5 2LG
Tel: 0800 163298; www.elecsol.com

Elite Automotive Systems Limited
Elite House, Sandy Way,
Amington Industrial Estate, Tamworth,
Staffs B77 4DS
Tel: +44 1827 300100
www.eliteautomotive.co.uk

Europa Specialist Spares Limited
Fauld Industrial Park, Tutbury, Staffs,
DE13 9HS.
Tel: +44 1283 815609.
www.eurospares.com

Extreme 4x4 Limited
Durite Works, Valley Road, Dovercourt, Essex,
CO12 4RX. Tel: +44 1255 411411
www.extreme4x4.co.uk

FERTAN Korrosionsschutz
Vertriebsgesellschaft mbH
Postfach 10 09 53
66009 Saarbrücken
Tel. +49[0] 681 710 46
Fax +49[0] 681 710 48
verkauf@fertan.de
www.fertan.de

Handirack UK Ltd
C/o Kamino International Transport Ltd, Unit 4
Mereside Park, Shield Road, Ashford, TW15 1BL
Tel: +44 870 961 9130; www.handiworld.com

HELLA KGaA Hueck & Co.
Rixbecker Straße 75, 59552 Lippstadt
Tel: +49[0] 2941 380
info@hella.com; www.hella.com

Holden Vintage and Classic Ltd
Linton Trading Estate, Bromyard, Herefordshire,
HR7 4QT
Tel: +44 1885 488488; www.holden.co.uk

Illbruck Sealant Systems UK Ltd
Trade Division, Coalville, Leicester,
LE67 3JJ
Tel: +44 1530 835 722
www.illbruck.com

IRB Developments
Ian Baughan, Unit C, Middleton House Fm,
Middleton, B78 2BD
Tel: +44 121 288 1105 or 07
www.irbdevelopments.com

KBX Upgrades Ltd
AB Parts Store, 65 Parkside, Spennymoor, Co
Durham, DL16 6SA. Tel: +44 1388 812 777
www.kbxupgrades.co.uk

LaSalle Interior Trim
Roughburn, Dundreggan, Glenmoriston,
Inverness, IV63 7YJ. Tel: +44 1320 340220
www.lasalle-trim.co.uk

Makita Werkzeug GmbH
Makita-Platz 1
40885 Ratingen
Tel: +49[0] 2102 1004-0
Fax: +49[0] 2102 1004-129
E-Mail: info@makita.de
http://makita.de

Mantec Services (UK) Ltd
Unit 4, Smart Drive, Haunchwood Park Ind.
Est., Galley Common, Nuneaton, Warks CV10
9SP. Tel: +44 2476 395 368
www.mantec.co.uk

Maplin
The electrical and electronics specialist. Stores
all over the UK or buy online at
www.maplin.co.uk.

MM 4x4
Droitwich Road, Martin Hussingtree, Worcs,
WR3 8TE. Tel: +44 1905 451 506
www.mm-4x4.com

Mobile Centre Limited
PO Box 222, Evesham, WR11 4WT
Tel: +44 844 578 1000, www.mobilecentre.co.uk

Morris Lubricants
Castle Foregate, Shrewsbury,
Shropshire, SY1 2EL. Tel: +44 1743 232 200
www.morrislubricants.co.uk

Motor & Diesel Engineering (Anglia) Ltd
Rowan Farm, Priory Road, Ruskington, Sleaford,
Lincs. NG34 9DJ. Tel: +44 1526 830 185
www.mdengineering.co.uk

MUD UK
Unit 20, Moderna Business Park, Mytholmroyd,
West Yorkshire HX7 5QQ
Tel: +44 1422 881 951, www.mudstuff.co.uk

Nene Overland
Manor Farm, Ailsworth, Peterborough, PE5 7AF
Tel: +44 1733 380687, www.neneoverland.co.uk

Noisekiller Acoustics (UK) Ltd
Unit 7, Parkside Ind Est, Edge Lane Street,
Royton, Oldham OL2 6DS
Tel: +44 161 652 7080
www.noisekiller.co.uk

Optima Batteries
www.optima-batteries.com

Pela Extractor Pumps
www.pelapumps.co.uk   Retail: Craythorne
& de Tessier, 7 Sawmill Yard, Blair Atholl,
Perthshire, PH18 5TL
Tel: +44 1796 482119, www.cdet.co.uk

Pentagon Auto-Tint (Reading)
Unit 3B, 175/177 Cardiff Road, Reading,
RG1 8HD
Tel: +44 800 107 5518

Prins Maasdijk
Postbus 39, 2676ZG, Maasdijk, Holland
Tel. +31 174-516011, www.prinsmaasdijk.nl

Raptor Engineering
Phil Proctor, Mob: +44 7503 12 22 23
(Call Mon-Fri after 5.30pm, Sat/Sun anytime)
www.raptor-engineering.co.uk

RH Nuttall Limited
Great Brook Street, Nechells Green,
Birmingham, B7 4EN   Tel: +44 121 359 2484
www.rhnuttall.co.uk

Richard Cusick
Maintech Solutions, 30 Mountstewart Road,
Newtownards, Co. Down BT22 2AL
www.maintechsolutions.com.
Tel: +44 7980 292182

Ring Automotive Ltd
Gelderd Road, Leeds, LS12 6NA,
Tel: +44 113 213 2000
www.ringautomotive.co.uk

R T Quaife Engineering Ltd
Vestry Road, Otford, Sevenoaks, Kent, TN14 5EL
Tel: +44 1732 741144
www.quaife.co.uk

Sam's 4x4
14 Deykin Park, Witton, Birmingham, B6 7HN
Tel: +44 121 328 3622

Scorpion Electro Systems Ltd
Drumhead Road, Chorley North Business Park,
Chorley PR6 7DE
Tel: +44 1257 249928, www.scorpionauto.com

Screwfix Direct Ltd
www.screwfix.com

SPAL Automotive UK Limited
Unit 3 Great Western Business Park,
McKenzie Way, Tolladine Road, Worcester,
WR4 9PT
Tel: +44 1905 613 714
www.spalautomotive.co.uk

Stig's Stainless Fasteners
19 Leith Road, Darlington Co Durham
DL3 0GL.
Tel: +44 1325 464243
www.a2stainless.com

Think Automotive
292 Worton Road, Isleworth, Middlesex
TW7 6EL. Tel: +44 20 8568 1172
www.thinkauto.com

Towcraft Ltd
22 Birmingham Road, Rowley Regis,
West Midlands, B65 9BL
Tel: +44 121 559 0116
www.towcraft.co.uk

Tyresave
Duncan Clubbe, 4 Dock Road, Connah's Quay,
Deeside, Flintshire, CH5 4DS
Tel: +44 1244 813030
www.tyresave.co.uk

Tyron Developments Ltd
Castle Business Park, Pavilion Way,
Loughborough, Leicestershire LE12 5HB
Tel: +44 845 4000 600
www.tyron.com

U-Pol
automotive refinish products.
1 Totteridge Lane, London N20 0EY
Tel: +44 208 492 5900
www.u-pol.com

viaMichelin
www.viaMichelin.com

X-Eng (PSI Design Ltd)
Units 5c & 5d Sumners Ponds, Chapel Road,
Horsham West Sussex, RH13 0PR
Tel: +44 1403 888 388
www.x-eng.co.uk

Webasto SE
Kraillinger Straße 5
82131 Stockdorf
Tel: +49[0] 89 8 57 94-0
Fax: +49[0] 89 8 57 94-4 48
kundencenter@webasto.com
www.webasto-group.com

Wiberg & Wiberg
Nyrupvej 70, Vielsted, 4180 Sorø, Denmark
Tel: +45 5760 1002
www.wiberg-wiberg.com

Witter Towbars
Drome Road, Deeside Industrial Park, Deeside,
Flintshire, CH5 2NY
Tel: +44 1244 284 500
www.witter-towbars.co.uk

Wright Off-road
Tel: +44 1604 882990 or +44 7950 633712
www.wrightoffroad.com

Adolf Würth GmbH & Co. KG
Reinhold-Würth-Straße 12–17
74653 KÜNZELSAU-GAISBACH
Tel: +49[0] 7940 15-0
Fax: +49[0] 7940 15-1000
info@wuerth.com
www.würth.de

LANDY IN SICHT!

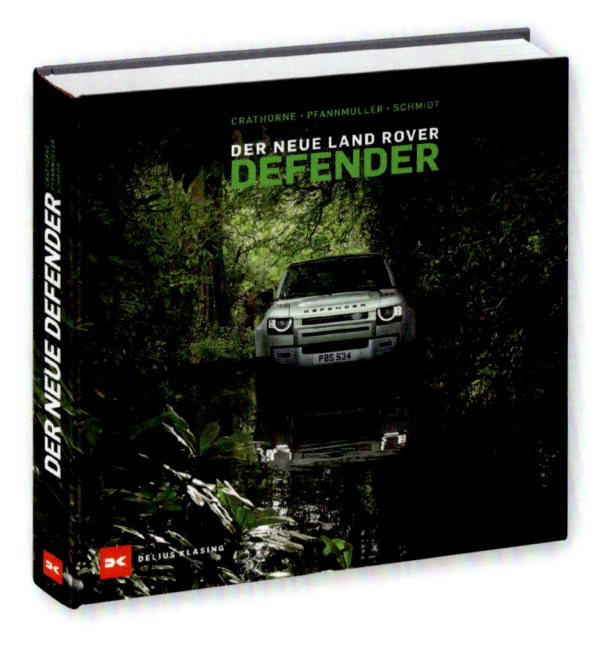

Seit über 70 Jahren zählt der klassische Land Rover zu den Klassikern der Automobilgeschichte. Crathorne, Pfannmüller und Schmidt begleiten die Entstehung des komplett neu entwickelten Defender mit jener Kompetenz und kritischen Distanz, die schon ihre früheren Titel ausgezeichnet und Offroad- wie Markenfans mit vielen Insider-Informationen begeistert hat. Eine Modellchronik und exklusives Bildmaterial runden diese Must-Have-Monografie ab.

R. Crathorne, M. Pfannmüller, B. Schmidt
Der neue Land Rover Defender
ISBN 978-3-667-11662-8

Kenner schätzen nicht nur seine Größe, sondern vor allem die Flexibilität ihres „Landys", der sich im Stadtalltag genauso gut macht wie in rauem Gelände. In übersichtlichen Schritt-für-Schritt-Anleitungen erklärt Lindsay Porter in diesem Band zahlreiche kleine und große Reparaturmaßnahmen. Der Fokus liegt dabei auf Karosserie und Fahrwerk, doch auch Lackierung, Technik und Interieur des Defenders kommen nicht zu kurz. Außerdem hilft das Handbuch bei der Planung des Restaurationsprojekts und verrät, worauf man im breiten Ersatzteilangebot achten sollte.

L. Porter / R. Etzold (Hrsg.)
Land Rover 90, 110 & Defender restaurieren
(So wird's gemacht Special Band 8)
ISBN 978-3-667-11114-2

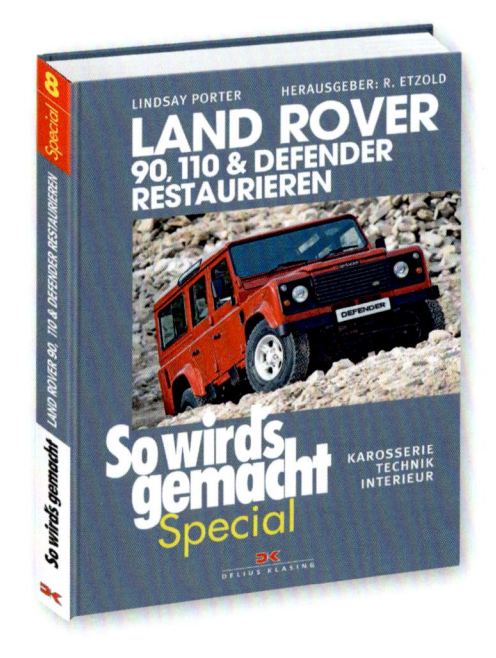

DELIUS KLASING

www.delius-klasing.de